空天科学技术系列教材

远程火箭与卫星轨道力学

王志刚　编著

西北工業大學出版社

西　安

【内容简介】 本书从理论基础的角度介绍了远程火箭弹道学与卫星轨道力学的基本原理和方法。除绪论外，全书共分12章，内容包括常用坐标系与变质量力学原理、火箭飞行的力学环境、火箭的运动方程、火箭主动段的运动、火箭载荷自由飞行段的运动、卫星轨道基本理论、卫星轨道摄动理论、星-地空间几何、常用卫星轨道、卫星轨道的机动理论、再入段弹道以及多级火箭等。

本书既可作为高等学校航空航天工程、飞行器设计、航天器控制及相关专业本科生的教材，也可供相关专业的研究生和从事航天器设计、研究和研制等领域的科研人员阅读、参考。

图书在版编目(CIP)数据

远程火箭与卫星轨道力学 / 王志刚编著. — 西安 :
西北工业大学出版社，2021.12
ISBN 978-7-5612-8052-2

Ⅰ.①远… Ⅱ.①王… Ⅲ.①火箭-飞行力学 ②卫星
轨道-轨道力学 Ⅳ.①V412.1 ②V412.4

中国版本图书馆CIP数据核字(2021)第241622号

YUANCHENG HUOJIAN YU WEIXING GUIDAO LIXUE
远 程 火 箭 与 卫 星 轨 道 力 学

责任编辑： 蒋民昌　　**策划编辑：** 蒋民昌
责任校对： 朱晓娟　　**装帧设计：** 董晓伟
出版发行： 西北工业大学出版社
通信地址： 西安市友谊西路127号　　邮编：710072
电　　话： (029)88491757，88493844
网　　址： www.nwpup.com
印 刷 者： 兴平市博闻印务有限公司
开　　本： 787 mm×1 092 mm　　1/16
印　　张： 16.125
字　　数： 423千字
版　　次： 2021年12月第1版　　2021年12月第1次印刷
定　　价： 65.00元

前 言

根据航空航天大类专业教学改革发展的需要，为加强高等学校本科生航空航天专业基础知识教学，培养航天器设计、动力学与控制、GPS导航定位等领域的科技人才，特组织编写《远程火箭与卫星轨道力学》一书。

根据近地飞行航天器（远程火箭类和卫星类）飞行力学的教学需要，本书从飞行力学原理的共性角度出发，系统地将远程火箭飞行的主动段、被动段和再入段的飞行力学理论与卫星类航天器飞行的发射段、轨道运行段和返回再入段的飞行力学理论融为一个理论体系，并突出各自的特性。这一特点是在现有教材基础上的大胆创新与探索。

本书由“远程火箭飞行力学”和“卫星轨道力学”两部分内容组成，现有教材几乎都没有将二者进行有机的融合。因此，本书是从课程教学的实际需要出发，结合笔者数十年来的教学经验以及参加科研工作的心得体会，并在参阅了国内外大量相关教材、专著等资料的基础上编写而成的。

本书从理论基础角度介绍了远程火箭弹道学与卫星轨道力学的基本原理和方法，除绪论外，共分12章：第1章，常用坐标系与变质量力学原理；第2章，火箭飞行的力学环境；第3章，火箭的运动方程；第4章，火箭主动段的运动；第5章，火箭载荷自由飞行段的运动；第6章，卫星轨道基本理论；第7章，卫星轨道摄动理论；第8章，星-地空间几何；第9章，常用卫星轨道；第10章，卫星轨道的机动理论；第11章，再入段弹道；第12章，多级火箭。此外，附录包括：附录A，雷诺迁移定理；附录B，球面三角学。

在编写本书的过程中，曾得到有关专家、学者及同事的指导与帮助，并参阅了相关作者的文献、资料，在此一并表示感谢。

鉴于教学经验和编写水平有限，书中疏漏和不足之处在所难免，恳请读者批评指正。

编著者

2021年7月

目　　录

绪　论

飞行器的飞行可以分为航空、航天、航宇3种不同的类型。飞行器在地球大气层之内的飞行称为航空；在地球大气层之外，太阳系引力影响范围之内的飞行称为航天；飞出太阳系引力影响范围，进入宇航空间的飞行称为航宇。当前世界科学技术发展水平，已经能成功地进行航空和航天，但是尚未进行航宇。

航天又可按引力影响范围再细分为近地飞行、近月飞行和行星际飞行。在银河系-太阳系系统中，太阳系的引力影响球是近似以太阳为中心的、半径约为9.46×10^{12} km的球面。在太阳-地球系统中，地球的引力影响球是近似以地球为中心的、半径约为9.3×10^{5} km的球面。在地球-月球系统中，月球的引力影响球是近似以月球为中心的、半径约为6.6×10^{4} km的球面。

航天器在地球引力影响范围之外、太阳系引力影响范围之内的航天飞行称为行星际飞行；航天器在地球引力影响范围之内的航天飞行称为近地飞行。近月飞行是近地飞行中的一种特殊的情况，因为月球引力的影响球包含在地球引力影响球之内(月-地平均距离为3.8×10^{5} km)，当近地飞行器进入月球引力影响范围时，称为近月飞行。

人造地球卫星为近地飞行的航天器，卫星在自由运动时，近似地认为只受与距离平方成反比的地球引力的作用。1957年10月苏联第一颗人造卫星成功地发射，标志着人类开始了航天飞行的阶段，并开辟了航宇飞行的道路。

由于航天器具有许多优越的特性，可以完成过去难以进行的多种任务，从而给科学技术、国民经济、人民生活、国防等方面带来了巨大而深远的影响。航天技术通过新技术、新产品、新材料、新工艺及新管理方法向国民经济部门推广和转移，也带来了可观的经济效益。

航天器按其性能可以分为以下五类。

(1)利用航天器对地球、地外空间以及地外物体进行研究，获得天文、地理、物理、化学、生物学等基础科学的新知识，深化和丰富了人类对自然界的认识，并为进一步的航天飞行做了理论和技术上的准备。这类航天器包括以下几种：

1)宇航探测器：各种月球、行星和行星际探测器，人造地球卫星，行星及月球的人造卫星等。

2)科学和技术实验人造地球卫星：对卫星本身的技术进行实验的卫星技术实验站，进行环境观察的观察站，进行天文观测的天文观测站等。

(2)利用人造地球卫星飞行高度高、覆盖面积大、速度快的优越性能，进行地面及大气层信息的收集、处理和传输。这类应用技术卫星包括以下几种：

1)地球观察站：侦察卫星、地球资源技术卫星、气象卫星、海洋监视卫星和预警卫星等。

2)中继站：用于进行电磁波信息传输的通信卫星、直播卫星、跟踪卫星、跟踪和数据中继卫星等。

3)基准站:用于提供定位信息的导航卫星、测地卫星等。

(3)开发和利用地外空间的半永久性和永久性的空间站。

(4)载人或不载人的往返于航天器与地面基地之间的运输系统,包括运载火箭、运货飞船、载人飞机、航天飞机、空天飞机等。

(5)作为武器系统直接为军事目的服务,包括弹道导弹、轨道武器系统、定向能武器和动能武器的天基作战平台、歼击卫星等。

远程火箭的整个运动过程包含发射、轨道运行、再入返回等飞行阶段。根据其在飞行过程中的受力情况,通常可以将其飞行轨道分几段进行。首先根据飞行器的主发动机工作与否,将飞行轨道分为两段,一是主动段,另一是被动段。而被动段则根据飞行器所受空气动力的大小分为自由飞行段和再入飞行段。将飞行轨道进行分段的目的是在不同的飞行段上可采用不同的方法来积分运动方程式,以求得飞行器运动的客观规律。

下面以远程弹道为例介绍各飞行阶段的特点。

(1)主动段:从导弹离开发射台到主发动机停止工作为止的一段弹道。因为在这一飞行段中发动机一直工作,故称为主动段,或称动力飞行段。该段的特点就是发动机和控制系统一直在工作,作用在弹道上的主要有重力及发动机推力、空气动力、控制力和它们产生的相应的力矩。导弹的主发动机点火工作,在其提供的推力超过导弹所受的重力后,导弹的高度约为200 m,速度约为40 m/s。此后,导弹在控制系统作用下开始“转弯”,并指向“目标”。随着时间的增长,导弹的飞行速度、飞行的高度和行程均逐渐增大,而速度与发射点处地平线的夹角逐渐减小。当发动机关机时,亦即到主动段终点时,导弹的速度约为7 000 m/s,主动段终点离地面的高度约为200 km,离发射点的水平距离约为700 km。该段的飞行时间为200～300 s。

(2)被动段:从主发动机推力为零起到导弹落向地面为止的一段弹道。在被动段开始时,弹头与弹体分离,这一段弹道也就是弹头的弹道。若在弹头上不安装动力系统与控制系统,则弹头依靠在主动段终点获得的能量做惯性飞行。由于该段弹头不受发动机的推力作用,因此将该段称为被动段或无动力飞行段。虽然在被动段中,不对弹头进行控制,但作用在弹头上的力是可以相当精确地计算的,因而基本上可较准确地掌握弹头的运动规律,从而可保证弹头在一定射击精度要求下命中目标。

前面已提及,被动段又可分为自由段和再入段,这主要是由于自由段的飞行高度较高,空气稀薄,可以略去空气动力的影响,而再入段要考虑空气动力对弹头的作用。由于空气密度随高度的变化是连续的,因而截然划出一条有、无空气的边界是不可能的,为了简化研究问题起见,人为地以一定的高度划出一条边界作为大气边界层。事实上,一般离地高度为80 km左右处的大气密度只有地面大气密度的1/10 000,因此可取该高度为自由段与再入段的分界点。

1)自由段:远程导弹主动段终点的高度约为200 km,弹头由主动段终点飞行至再入点的一段是在极为稀薄的大气中进行,这时,作用在弹头上的重力远大于空气动力,故可近似地将空气动力略去,即可认为弹头是在真空中飞行。自由段弹道可近似地看作椭圆曲线的一部分,并且此段弹道的射程和飞行时间占全弹道的90%以上。

考虑到对中远程导弹而言,其主动段终点高度约为100 km,为讨论问题方便,有时将再入点取为与主动段终点等高度的点。

需要指出的是,导弹在主动段运行时,因受到空气动力矩和控制力矩的作用,而产生了绕质心的旋转运动。因此,在主动段终点(即自由段起点处),当导弹绕质心的旋转角速度不为零时，由于弹头和弹体分离时的扰动，在自由段不受空气动力矩和控制力矩作用的弹头不会保持其在分离时的姿态，而是以固定的角速度绕其质心自由转动。

2)再入段：再入段就是弹头重新进入大气层后飞行的一段弹道。弹头高速进入大气层后，将受到巨大的空气动力作用，由于空气动力的作用远远大于重力的影响，这既引起导弹强烈的气动加热，也使导弹做剧烈的减速运动。所以，弹头的再入段弹道与自由段有着完全不同的特性。

航天科学技术是当代重要的技术领域，是当代生产力发生飞跃变化的重要技术根源，对当代科学技术的面貌产生了显著的影响。航天科学技术(或称为空间科学技术)是人类利用不同类型的航天器来研究和开发地外空间及地外物体的一大类科学技术的总称，航天科学技术包含了与航天飞行有关的一系列理论和技术问题。以航天器的运动规律作为研究内容的航天器动力学是航天科学技术的重要组成部分。

航天动力学是以数学、力学和控制理论等为基础，研究各类航天器在各飞行阶段运动规律的一门学科。航天器的运动可以分为质心运动和绕质心运动。当航天器在大气层内飞行(如发射主动段和再入返回段)时，由于有大气作用，这两种运动相互影响较强，不能分开来研究，需要联立求解描述这两种运动的方程组来分析航天器的运动规律。而当航天器在大气层外飞行时，虽然这两种运动是相互影响的，但考虑到控制系统的作用，特别是在航天飞行环境下，由于没有大气作用，这两种运动相互影响相对较弱，可以分别进行研究，因而航天动力学又可分为轨道动力学和姿态动力学两部分。由于航天器的性能、飞行环境、飞行中的导航制导和控制、飞行器的结构和动力装置与航天器运动状态有着密切的关系，因此在航天器的研究、设计、使用、实验过程中提出了大量有关航天动力学的问题，促进了航天动力学的发展。

本书主要介绍远程火箭弹道学和卫星轨道力学。

第 1 章 常用坐标系与变质量力学原理

1.1 常用坐标系及其变换

在飞行力学中，为方便描述影响火箭运动的物理量及建立火箭运动方程，要建立多种坐标系。本章主要介绍常用坐标系及这些坐标系之间的相互转换关系。

1.1.1 常用坐标系

1. 地心惯性坐标系 $O_EX_IY_IZ_I$

坐标系的原点在地心 O_E 处。O_EX_I 轴在赤道面内指向平春分点，由于春分点随时间变化而具有进动性，根据 1796 年国际天文协会决议，1984 年起采用新的标准历元，以 2000 年 1 月 1.5 日的平春分点为基准。O_EZ_I 轴垂直一赤道平面，与地球自转轴重合，指向北极。O_EY_I 轴与 O_EX_I 轴和 O_EZ_I 轴组成右手直角坐标系。

该坐标系可用来描述洲际弹道导弹、运载火箭的飞行弹道及地球卫星、飞船等的轨道。

2. 地心坐标系 $O_EX_EY_EZ_E$

坐标系原点在地心 O_E，O_EX_E 轴在赤道平面内指向某时刻 t_0 的起始子午线（通常取格林尼治天文台所在子午线），O_EZ_E 轴垂直于赤道平面指向北极。$O_EX_EY_EZ_E$ 为一右手直角坐标系。由于 O_EX_E 轴与所指向的子午线随地球一起转动，因此这个坐标系为一动坐标系。

地心坐标系对确定火箭相对于地球表面的位置很适用。

3. 发射坐标系 $Oxyz$

坐标原点与发射点 O 固连，Ox 轴在发射点水平面内，指向发射瞄准方向，Oy 轴垂直于发射点水平面指向上方。Oz 轴与 xOy 面相垂直并构成右手直角坐标系。由于发射点 O 随地球一起旋转，所以发射坐标系为一动坐标系。

这里所述是发射坐标系的一般定义。当把地球分别看成是圆球或椭球时，其坐标系的具体含义是不同的。因为过发射点的圆球表面的切平面与椭球表面的切平面不重合，即当把地球看成圆球时，Oy 轴与过 O 点的半径 R 重合，如图 1.1 所示；而当把地球看成椭球时，Oy 轴与椭圆过 O 点的主法线重合，如图 1.2 所示。它们与赤道平面的夹角分别称为地心纬度（记作 ϕ_0）和地理纬度（记作 B_0）。在不同的切平面 Ox 轴与子午线切线正北方向的夹角分别称为地心方位角（记作 α_0）和射击方位角（记作 A_0），这些角度均以绕 Oy 轴转动方向为正。

利用发射坐标系可建立火箭相对于地面的运动方程，便于描述火箭相对大气运动所受到的作用力。

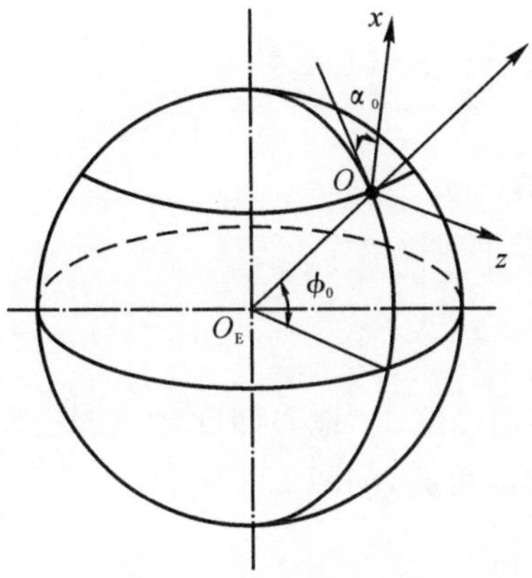

图 1.1　发射坐标系之一

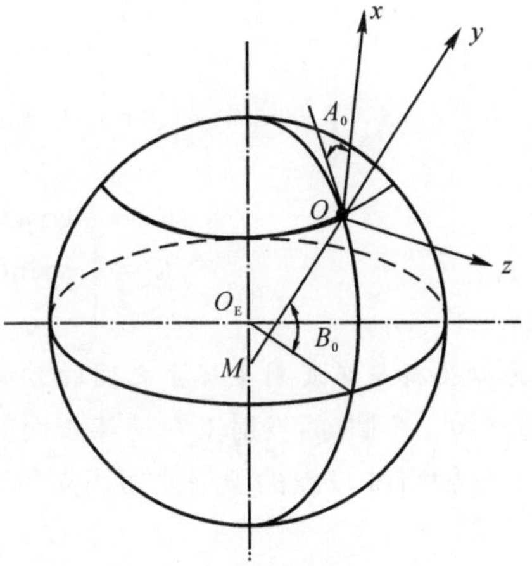

图 1.2　发射坐标系之二

4. 发射惯性坐标系 $O_A x_A y_A z_A$

火箭起飞瞬间，坐标原点 O_A 与发射点 O 重合，各坐标轴与发射坐标系各轴也相应重合。火箭起飞后，O_A 点及坐标系各轴方向在惯性空间保持不动。

利用该坐标系来建立火箭在惯性空间的运动方程。

5. 平移坐标系 $O_T x_T y_T z_T$

该坐标系原点 O_T 根据需要可选择在发射坐标系原点 O，或是火箭的质心 O_1，始终与 O 或 O_1 重合，但其坐标轴与发射惯性坐标系各轴始终保持平行。

该坐标系用来进行惯性器件的对准和调平。

6. 箭体坐标系 $O_1 x_1 y_1 z_1$（弹体坐标系）

坐标原点 O_1 为火箭的质心。$O_1 x_1$ 轴为箭体外壳对称轴，指向火箭的头部。$O_1 y_1$ 轴在火箭的主对称面内，该平面在发射瞬时与发射坐标系 xOy 平面重合，$O_1 y_1$ 轴垂直于 $O_1 x_1$ 轴。$O_1 z_1$ 轴垂直于主对称面，顺着发射方向看去，$O_1 z_1$ 轴指向右方。$O_1 x_1 y_1 z_1$ 为右手直角坐标系。

该坐标系在空间的位置反映了火箭在空中的姿态。

7. 速度坐标系 $O_1 x_v y_v z_v$

坐标系原点为火箭的质心。$O_1 x_v$ 轴沿飞行器的飞行速度方向。$O_1 y_v$ 轴在火箭的主对称面内，垂直于 $O_1 x_v$ 轴，$O_1 z_v$ 轴垂直于 $x_v O_1 y_v$ 平面，顺着飞行方向看去，$O_1 z_v$ 轴指向右方，$O_1 x_v y_v z_v$ 为右手直角坐标系。

用该坐标系与其他坐标系的关系反映出火箭的飞行速度矢量状态。

1.1.2　坐标系间转换

1. 地心惯性坐标系与地心坐标系之间的方向余弦阵

由定义可知，这两坐标系的 $O_E Z_I$，$O_E Z_E$ 是重合的，而 $O_E X_I$ 指向平春分点，$O_E X_E$ 指向所讨论时刻格林尼治天文台所在子午线与赤道的交点，$O_E X_I$ 与 $O_E X_E$ 的夹角要通过天文年历年表查算得到，记该角为 Ω_G，显然，这两个坐标系之间仅存在一个欧拉角 Ω_G，因此不难写出两个坐标系的转换矩阵关系为

$$\begin{bmatrix} X_E \\ Y_E \\ Z_E \end{bmatrix} = \boldsymbol{E}_I \begin{bmatrix} X_I \\ Y_I \\ Z_I \end{bmatrix} \tag{1.1}$$

式中

$$\boldsymbol{E}_I = \begin{bmatrix} \cos\Omega_G & \sin\Omega_G & 0 \\ -\sin\Omega_G & \cos\Omega_G & 0 \\ 0 & 0 & 1 \end{bmatrix} \tag{1.2}$$

2. 地心坐标系与发射坐标系之间的方向余弦阵

设地球为一个圆球，发射点在地球表面的位置可用经度 λ_0、地心纬度 ϕ_0 来表示，Ox 指向射击方向，该轴与过 O 点的子午北切线夹角为地心方位角 α_0，如图 1.3 所示。

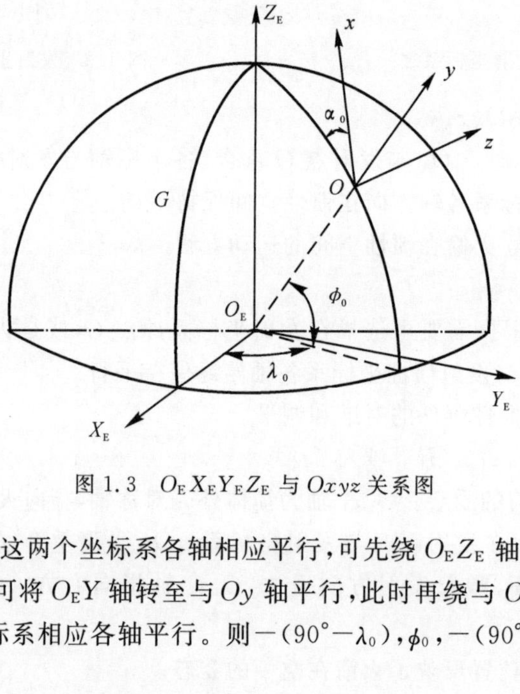

图 1.3　$O_EX_EY_EZ_E$ 与 $Oxyz$ 关系图

如图 1.3 所示，要使这两个坐标系各轴相应平行，可先绕 O_EZ_E 轴反转 $90°-\lambda_0$，然后绕新坐标系 O_EX' 正转 ϕ_0，即可将 O_EY 轴转至与 Oy 轴平行，此时再绕与 Oy 平行的新的第二轴反转 $90°+\alpha_0$，即使得两坐标系相应各轴平行。则 $-(90°-\lambda_0)$，ϕ_0，$-(90°+\alpha_0)$ 即为 3 个欧拉角。方向余弦阵关系式为

$$\begin{bmatrix} x^0 \\ y^0 \\ z^0 \end{bmatrix} = \boldsymbol{G}_E \begin{bmatrix} x_E^0 \\ y_E^0 \\ z_E^0 \end{bmatrix} \tag{1.3}$$

式中

$$\boldsymbol{G}_E = \begin{bmatrix} -\sin\alpha_0\sin\lambda_0 - \cos\alpha_0\sin\phi_0\cos\lambda_0 & \sin\alpha_0\cos\lambda_0 - \cos\alpha_0\sin\phi_0\sin\lambda_0 & \cos\alpha_0\cos\phi_0 \\ \cos\phi_0\cos\lambda_0 & \cos\phi_0\sin\lambda_0 & \sin\phi_0 \\ -\cos\alpha_0\sin\lambda_0 + \sin\alpha_0\sin\phi_0\cos\lambda_0 & \cos\alpha_0\cos\lambda_0 + \sin\alpha_0\sin\phi_0\sin\lambda_0 & -\sin\alpha_0\cos\phi_0 \end{bmatrix} \tag{1.4}$$

若将地球考虑为总地球椭球体，则发射点在椭球体上的位置可用经度 λ_0、地理纬度 B_0 确定，Ox 轴的方向则以射击方位角 A_0 表示。这样，两坐标系间的方向余弦阵只需将式(1.4)中之 ϕ_0，α_0 分别用 B_0，A_0 代替即可得到。

3. 发射坐标系与箭体坐标系间的欧拉角及方向余弦阵

这两个坐标系的关系用以反映箭体相对于发射坐标系的姿态角。为使一般状态下这两个

坐标系转至相应轴平行，现采用下列转动顺序：先绕 Oz 轴正向转动 φ 角，然后绕新的 y' 轴正向转动 ψ 角，最后绕新的 x_1 轴正向转 γ 角。两坐标系的欧拉角关系如图 1.4 所示，该图是将它们原点重合在一起的。这样不难写出两个坐标系的方向余弦关系式为

$$\begin{bmatrix} x_1^0 \\ y_1^0 \\ z_1^0 \end{bmatrix} = \boldsymbol{B}_G \begin{bmatrix} x^0 \\ y^0 \\ z^0 \end{bmatrix} \tag{1.5}$$

式中

$$\boldsymbol{B}_G = \begin{bmatrix} \cos\varphi\cos\psi & \sin\varphi\cos\psi & -\sin\psi \\ \cos\varphi\sin\psi\sin\gamma - \sin\varphi\cos\gamma & \sin\varphi\sin\psi\sin\gamma + \cos\varphi\cos\gamma & \cos\psi\sin\gamma \\ \cos\varphi\sin\psi\cos\gamma + \sin\varphi\sin\gamma & \sin\varphi\sin\psi\cos\gamma - \cos\varphi\sin\gamma & \cos\psi\cos\gamma \end{bmatrix} \tag{1.6}$$

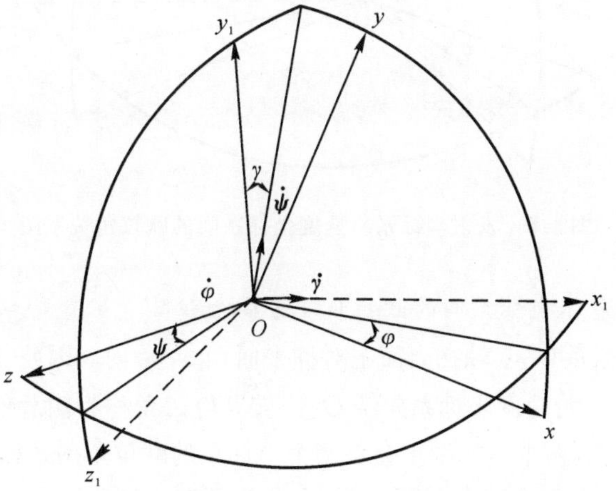

图 1.4　发射坐标系与箭体坐标系间的欧拉角关系图

由图 1.4 可看出各欧拉角的物理意义如下。

角 φ 称为俯仰角，为火箭纵轴 Ox_1 在射击平面 Oxy 上的投影量与 Ox 轴的夹角，投影量在 x 的上方为正角。

角 ψ 称为偏航角，为 Ox_1 轴与射击平面的夹角，Ox_1 轴在射击平面的左方，ψ 角取正值。

角 γ 称为滚动角，为火箭绕 Ox_1 轴旋转的角度，当旋转角速度矢量与 Ox_1 轴方向一致时，该角 γ 取为正值。

4. 发射坐标系与速度坐标系间的欧拉角及方向余弦阵

两个坐标系转动至平行的顺序及欧拉角如图 1.5 所示，图中将两个坐标系原点重合，绕 Oz 轴正向转动 θ 角（速度倾角），接着绕 y' 轴正向转动 σ 角（航迹偏角），最后绕 Ox_v 轴正向转动 ν 角（倾侧角），即可使地面坐标系与速度坐标系相重合，上述 θ，σ，ν 角即为 3 个欧拉角，图 1.5 中表示的各欧拉角均定义为正值，由此不难写出这两个坐标系的方向余弦阵为

$$\begin{bmatrix} x_v^0 \\ y_v^0 \\ z_v^0 \end{bmatrix} = \boldsymbol{V}_G \begin{bmatrix} x^0 \\ y^0 \\ z^0 \end{bmatrix} \tag{1.7}$$

式中，$\boldsymbol{V}_G$ 为方向余弦阵，即

$$\boldsymbol{V}_G = \begin{bmatrix} \cos\theta\cos\sigma & \sin\theta\cos\sigma & -\sin\sigma \\ \cos\theta\sin\sigma\sin\nu - \sin\theta\cos\nu & \sin\theta\sin\sigma\sin\nu + \cos\theta\cos\nu & \cos\sigma\sin\nu \\ \cos\theta\sin\sigma\cos\nu + \sin\theta\sin\nu & \sin\theta\sin\sigma\cos\nu - \cos\theta\sin\nu & \cos\sigma\cos\nu \end{bmatrix} \tag{1.8}$$

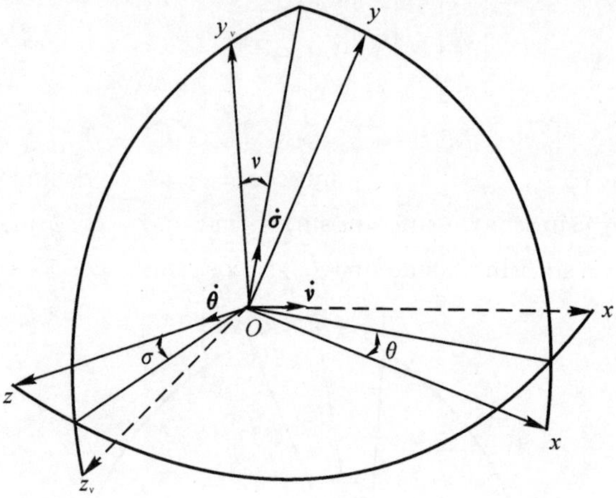

图 1.5 发射坐标系与速度坐标系间的欧拉角关系图

5. 速度坐标系与箭体坐标系间的欧拉角及方向余弦阵

根据定义，速度坐标系 O_1y_v 轴在火箭主对称平面 $O_1x_1y_1$ 内。因此，这两个坐标系间的转换关系只存在两个欧拉角。将速度坐标系先绕 O_1y_v 转 β 角，β 角称为侧滑角；然后，绕轴 O_1z_1 转动 α 角，α 角称为攻角，即达到两个坐标系重合。两个坐标系的欧拉角关系如图 1.6 所示，图中之 α，β 均为正值方向。因此，可得两个坐标系的方向余弦关系为

$$\begin{bmatrix} x_1^0 \\ y_1^0 \\ z_1^0 \end{bmatrix} = \boldsymbol{B}_v \begin{bmatrix} x_v^0 \\ y_v^0 \\ z_v^0 \end{bmatrix} \tag{1.9}$$

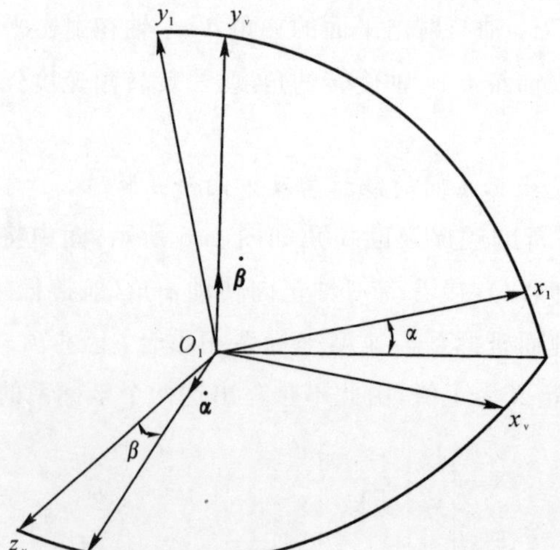

图 1.6 速度坐标系与箭体坐标系间的欧拉角关系图

其中，$\boldsymbol{B}_v$ 表示由速度坐标系到箭体坐标系的方向余弦阵，即

$$\boldsymbol{B}_v=\begin{bmatrix}\cos\beta\cos\alpha & \sin\alpha & -\sin\beta\cos\alpha \\ -\cos\beta\sin\alpha & \cos\alpha & \sin\beta\sin\alpha \\ \sin\beta & 0 & \cos\beta\end{bmatrix} \tag{1.10}$$

由图 1.6 可看出这两个欧拉角的意义如下：

侧滑角 β 是速度轴 x_v 与箭体主对称面的夹角，顺 O_1x_1 看去，O_1x_v 在主对称面右方为正。

攻角 α 是速度轴 O_1x_v 在主对称面的投影与 O_1x_1 的夹角，顺 O_1x_1 轴看去，速度轴的投影量在 O_1x_1 的下方为正。

6. 平移坐标系或发射惯性坐标系与发射坐标系的方向余弦阵

设地球为一个圆球。据定义，发射惯性坐标系在发射瞬时与发射坐标系是重合的，只是由于地球旋转，使固定在地球上的发射坐标系在惯性空间的方位发生变化。记从发射瞬时到所讨论时刻的时间间隔为 t，则发射坐标系绕地轴转动 $\omega_e t$ 角。

显然，如果发射坐标系与发射惯性坐标系各有一轴与地球自转轴相平行，那它们之间方向余弦阵将是很简单的。一般情况下，这两个坐标系对转动轴而言是处于任意的位置。因此，首先考虑将这两个坐标系经过一定的转动使得相应的新坐标系各有一轴与转动轴平行，而且要求所转动的欧拉角是已知参数。一般情况下两个坐标的关系如图 1.7 所示。由此我们可先将 $O_Ax_Ay_Az_A$ 与 $Oxyz$ 分别绕 O_Ay_A 或 Oy 轴转动角 α_0，即使得 O_Ax_A，Ox 转到发射点 O_A，O 所在的子午面内，此时 O_Az_A 与 Oz 即转到垂直于各自子午面在过发射点的纬圈的切线方向。然后再绕各自新的侧轴转 ϕ_0 角，从而得新的坐标系 $O_A\xi_A\eta_A\zeta_A$ 及 $O\xi\eta\zeta$，此时 $O_A\xi_A$ 轴与 $O\xi$ 轴均平行于地球自转轴。最后，将新的坐标系与各自原有坐标系固连起来，这样，$O_A\xi_A\eta_A\zeta_A$ 仍然为惯性坐标系，$Oxyz$ 也仍然为随地球一起转动的相对坐标系。

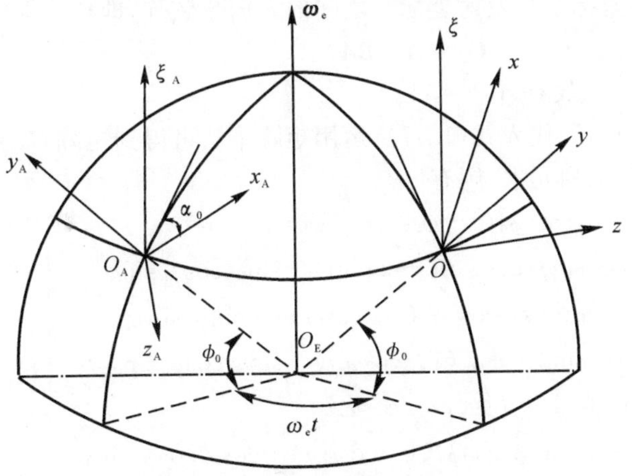

图 1.7　发射惯性坐标系与发射坐标系的关系图

根据上述坐标系的转动关系可写出转换关系式为

$$\begin{bmatrix}\xi_A^0 \\ \eta_A^0 \\ \zeta_A^0\end{bmatrix}=\boldsymbol{A}\begin{bmatrix}x_A^0 \\ y_A^0 \\ z_A^0\end{bmatrix} \tag{1.11}$$

$$\begin{bmatrix} \xi^0 \\ \eta^0 \\ \zeta^0 \end{bmatrix} = \boldsymbol{A} \begin{bmatrix} x^0 \\ y^0 \\ z^0 \end{bmatrix} \tag{1.12}$$

式中

$$\boldsymbol{A} = \begin{bmatrix} \cos\alpha_0\cos\phi_0 & \sin\phi_0 & -\sin\alpha_0\cos\phi_0 \\ -\cos\alpha_0\sin\phi_0 & \cos\phi_0 & \sin\alpha_0\sin\phi_0 \\ \sin\alpha_0 & 0 & \cos\alpha_0 \end{bmatrix} \tag{1.13}$$

注意,在发射瞬时 $t=0$ 处,$O_A\xi_A\eta_A\zeta_A$ 与 $O\xi\eta\zeta$ 重合,且 $O_A\xi_A$,$O\xi$ 的方向与地球自转轴 ω_e 的方向一致。那么,在任意瞬时 t,这两个坐标系存在一个绕 $O_A\xi_A$ 的欧拉角 $\omega_e t$,故它们之间有转换关系为

$$\begin{bmatrix} \xi^0 \\ \eta^0 \\ \zeta^0 \end{bmatrix} = \boldsymbol{B} \begin{bmatrix} \xi_A^0 \\ \eta_A^0 \\ \zeta_A^0 \end{bmatrix} \tag{1.14}$$

式中

$$\boldsymbol{B} = \begin{bmatrix} 1 & 0 & 0 \\ 0 & \cos\omega_e t & \sin\omega_e t \\ 0 & -\sin\omega_e t & \cos\omega_e t \end{bmatrix} \tag{1.15}$$

根据转换矩阵的传递性,由式(1.11)、式(1.12)及式(1.14),可得

$$\begin{bmatrix} x^0 \\ y^0 \\ z^0 \end{bmatrix} = \boldsymbol{G}_A \begin{bmatrix} x_A^0 \\ y_A^0 \\ z_A^0 \end{bmatrix} \tag{1.16}$$

式中,$\boldsymbol{G}_A$ 为发射惯性坐标系与发射坐标系之间的方向余弦阵,即

$$\boldsymbol{G}_A = \boldsymbol{A}^{-1}\boldsymbol{B}\boldsymbol{A} \tag{1.17}$$

由于 $\boldsymbol{A}$ 为正交矩阵,故有 $\boldsymbol{A}^{-1}=\boldsymbol{A}^{\mathrm{T}}$。

将式(1.13)、式(1.15)代入式(1.17),运用矩阵乘法可得到矩阵 $\boldsymbol{G}_A$ 中的每个元素。令 g_{ij} 表示 $\boldsymbol{G}_A$ 中的第 i 行第 j 列元素,则有

$$\left.\begin{aligned}
g_{11} &= \cos^2\alpha_0\cos^2\phi_0(1-\cos\omega_e t)+\cos\omega_e t \\
g_{12} &= \cos\alpha_0\sin\phi_0\cos\phi_0(1-\cos\omega_e t)-\sin\alpha_0\cos\phi_0\sin\omega_e t \\
g_{13} &= -\sin\alpha_0\cos\alpha_0\cos^2\phi_0(1-\cos\omega_e t)-\sin\phi_0\sin\omega_e t \\
g_{21} &= \cos\alpha_0\sin\phi_0\cos\phi_0(1-\cos\omega_e t)+\sin\alpha_0\cos\phi_0\sin\omega_e t \\
g_{22} &= \sin^2\phi_0(1-\cos\omega_e t)+\cos\omega_e t \\
g_{23} &= -\sin\alpha_0\sin\phi_0\cos\phi_0(1-\cos\omega_e t)+\cos\alpha_0\cos\phi_0\sin\omega_e t \\
g_{31} &= -\sin\alpha_0\cos\alpha_0\cos^2\phi_0(1-\cos\omega_e t)+\sin\phi_0\sin\omega_e t \\
g_{32} &= -\sin\alpha_0\sin\phi_0\cos\phi_0(1-\cos\omega_e t)-\cos\alpha_0\cos\phi_0\sin\omega_e t \\
g_{33} &= \sin^2\alpha_0\cos^2\phi_0(1-\cos\omega_e t)+\cos\omega_e t
\end{aligned}\right\} \tag{1.18}$$

将式(1.18)中含 $\omega_e t$ 的正弦、余弦函数展成 $\omega_e t$ 的幂级数,略去三阶及三阶以上的各项,可得

$$\left.\begin{aligned}
\cos\omega_e t &= 1-\frac{1}{2}(\omega_e t)^2 \\
\sin\omega_e t &= \omega_e t
\end{aligned}\right\} \tag{1.19}$$

并将 ω_e 在地面坐标系内投影，如图 1.8 所示。各投影分量可按下列步骤求取：首先在过发射点 O 的子午面内将 ω_e 分解为 Oy 方向和水平(垂直 Oy)方向的两个分量，然后再将水平分量分解为沿 Ox 轴方向与 Oz 轴方向的分量。由此可得 ω_e 在地面坐标系的三个分量为

$$\begin{bmatrix}\omega_{ex}\\ \omega_{ey}\\ \omega_{ez}\end{bmatrix}=\omega_e\begin{bmatrix}\cos\phi_0\cos\alpha_0\\ \sin\phi_0\\ -\cos\phi_0\sin\alpha_0\end{bmatrix} \tag{1.20}$$

将式(1.19)及式(1.20)代入式(1.18)，则得 $\boldsymbol{G}_A$ 准确至 $\omega_e t$ 的二次方项的形式为

$$\boldsymbol{G}_A=\begin{bmatrix}1-\frac{1}{2}(\omega_e^2-\omega_{ex}^2)t^2 & \omega_{ez}t+\frac{1}{2}\omega_{ex}\omega_{ey}t^2 & -\omega_{ey}t+\frac{1}{2}\omega_{ex}\omega_{ez}t^2\\ -\omega_{ez}t+\frac{1}{2}\omega_{ex}\omega_{ey}t^2 & 1-\frac{1}{2}(\omega_e^2-\omega_{ey}^2)t^2 & \omega_{ex}t+\frac{1}{2}\omega_{ey}\omega_{ez}t^2\\ \omega_{ey}t+\frac{1}{2}\omega_{ex}\omega_{ez}t^2 & -\omega_{ex}t+\frac{1}{2}\omega_{ey}\omega_{ez}t^2 & 1-\frac{1}{2}(\omega_e^2-\omega_{ez}^2)t^2\end{bmatrix} \tag{1.21}$$

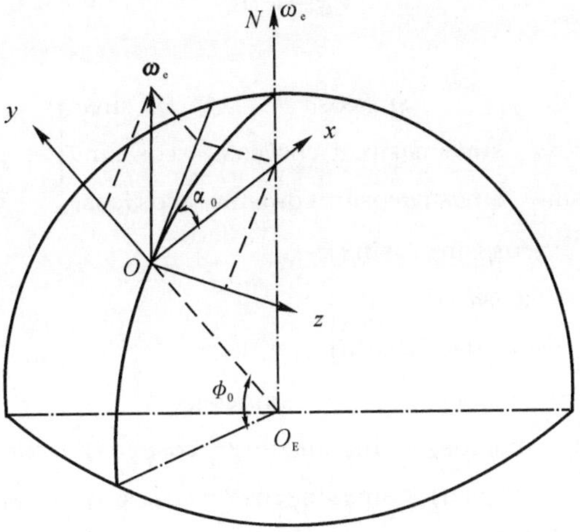

图 1.8　ω_e 在 $Oxyz$ 上投影

如果将 $\boldsymbol{G}_A$ 进一步近似至 $\omega_e t$ 的一次项，则由式(1.21)可得

$$\boldsymbol{G}_A=\begin{bmatrix}1 & \omega_{ez}t & -\omega_{ey}t\\ -\omega_{ez}t & 1 & \omega_{ex}t\\ \omega_{ey}t & -\omega_{ex}t & 1\end{bmatrix} \tag{1.22}$$

不难理解，由于平移坐标系与发射惯性坐标系各轴始终保持平行，因此，这两个坐标系与地面坐标系之间的方向余弦阵应是相同的，即

$$\boldsymbol{G}_T=\boldsymbol{G}_A \tag{1.23}$$

如果将地球考虑成标准椭球体，则只需将上述方向余弦阵元素中之地心方位角 α_0 和地心纬度 ϕ_0 分别以大地方位角 A_0 及大地纬度 B_0 代入即可。

以上介绍了一些坐标系之间的方向余弦阵，虽未给出所有常用坐标系中任意两个坐标系间的方向余弦关系，但运用转换矩阵的递推性是不难找到的。

1.1.3　一些欧拉角的联系方程

在实际运用中，一些描述坐标系关系的欧拉角可通过转换矩阵的递推性找到它们之间的

联系方程。这样，知道某些欧拉角后，就可以通过联系方程来求取另外一些欧拉角。

1. 速度坐标系、箭体坐标系及发射坐标系之间的欧拉角联系方程

由发射坐标系转换到速度坐标系，既可直接进行转换，即

$$\begin{bmatrix} x_v^0 \\ y_v^0 \\ z_v^0 \end{bmatrix} = \boldsymbol{V}_G \begin{bmatrix} x^0 \\ y^0 \\ z^0 \end{bmatrix}$$

也可利用转换矩阵的递推性，通过箭体坐标系再转换到速度坐标系，即

$$\begin{bmatrix} x_v^0 \\ y_v^0 \\ z_v^0 \end{bmatrix} = \boldsymbol{V}_B \boldsymbol{B}_G \begin{bmatrix} x^0 \\ y^0 \\ z^0 \end{bmatrix}$$

比较以上两式可得

$$\boldsymbol{V}_G = \boldsymbol{V}_B \boldsymbol{B}_G$$

该式的展开形式为

$$\begin{bmatrix} \cos\theta\cos\sigma & \sin\theta\cos\sigma & -\sin\sigma \\ \cos\theta\sin\sigma\sin\nu-\sin\theta\cos\nu & \sin\theta\sin\sigma\sin\nu+\cos\theta\cos\nu & \cos\sigma\sin\nu \\ \cos\theta\sin\sigma\cos\nu+\sin\theta\sin\nu & \sin\theta\sin\sigma\cos\nu-\cos\theta\sin\nu & \cos\sigma\cos\nu \end{bmatrix} =$$

$$\begin{bmatrix} \cos\beta\cos\alpha & -\cos\beta\sin\alpha & \sin\beta \\ \sin\alpha & \cos\alpha & 0 \\ -\sin\beta\cos\alpha & \sin\beta\sin\alpha & \cos\beta \end{bmatrix} \cdot$$

$$\begin{bmatrix} \cos\varphi\cos\psi & \sin\varphi\cos\psi & -\sin\psi \\ \cos\varphi\sin\psi\sin\gamma-\sin\varphi\cos\gamma & \sin\varphi\sin\psi\sin\gamma+\cos\varphi\cos\gamma & \cos\psi\sin\gamma \\ \cos\varphi\sin\psi\cos\gamma+\sin\varphi\sin\gamma & \sin\varphi\sin\psi\cos\gamma-\cos\varphi\sin\gamma & \cos\psi\cos\gamma \end{bmatrix} \tag{1.24}$$

式(1.24)左端的方向余弦阵中有三个欧拉角：θ,σ,ν，而等式右端的方向余弦阵中包含五个欧拉角：$\varphi,\psi,\gamma,\alpha,\beta$，由于方向余弦阵中的 8 个元素只有 5 个是独立的，因此由式(1.24)只能找到 3 个独立的关系。选定 3 个联系方程的方法是必须选不同一行或不同一列的 3 个方向余弦元素。在式(1.24)中，可选下列 3 个联系方程：

$$\left.\begin{aligned} &\sin\sigma=\cos\alpha\cos\beta\sin\psi+\sin\alpha\cos\beta\cos\psi\sin\gamma-\sin\beta\cos\psi\cos\gamma \\ &\cos\sigma\sin\nu=-\sin\psi\sin\alpha+\cos\alpha\cos\psi\sin\gamma \\ &\cos\theta\cos\sigma=\cos\alpha\cos\beta\cos\varphi\cos\psi-\sin\alpha\cos\beta(\cos\varphi\sin\psi\sin\gamma-\sin\varphi\cos\gamma)+ \\ &\sin\beta(\cos\varphi\sin\psi\cos\gamma+\sin\varphi\sin\gamma) \end{aligned}\right\} \tag{1.25}$$

或另选 3 个方程：

$$\left.\begin{aligned} &\sin\beta=\cos(\theta-\varphi)\cos\sigma\sin\psi\cos\gamma+\sin(\varphi-\theta)\cos\sigma\sin\gamma-\sin\sigma\cos\psi\cos\gamma \\ &-\sin\alpha\cos\beta=\cos(\theta-\varphi)\cos\sigma\sin\psi\sin\gamma+\sin(\theta-\varphi)\cos\sigma\cos\gamma-\sin\sigma\cos\psi\sin\gamma \\ &\sin\nu=\frac{1}{\cos\sigma}(\cos\sigma\cos\psi\sin\gamma-\sin\psi\sin\alpha) \end{aligned}\right\} \tag{1.26}$$

式(1.25)与式(1.26)是等价的，应用时可任选一组，看哪组方便为宜。

因 β,σ,ν,φ 和 γ 均较小，将它们的正弦、余弦量展成泰勒级数取至一阶数量，并将上述各量之一阶微量的乘积作为高阶微量略去，则式(1.26)可简化、整理为

$$\left.\begin{aligned}\sigma&=\psi\cos\alpha+\gamma\sin\alpha-\beta\\ \nu&=\gamma\cos\alpha-\psi\sin\alpha\\ \theta&=\varphi-\alpha\end{aligned}\right\}\tag{1.27}$$

将 α 也可视为小量，按上述原则作进一步简化可得

$$\left.\begin{aligned}\sigma&=\psi-\beta\\ \nu&=\gamma\\ \theta&=\varphi-\alpha\end{aligned}\right\}\tag{1.28}$$

由上述讨论可知，在这 8 个欧拉角中，只有 5 个是独立的，当知道其中的 5 个，即可通过 3 个联系方程将其他 3 个欧拉角找到。

2. 箭体坐标系相对于发射坐标系的姿态角与相对于平移坐标系姿态角间的关系

已知箭体坐标系与发射坐标系的方向余弦阵为 $\boldsymbol{G}_{\mathrm{B}}$，其中 3 个欧拉角顺序排列为 φ,ψ,γ，箭体坐标系与平移坐标系之间的欧拉角亦可按顺序排列记为 $\varphi_{\mathrm{T}},\psi_{\mathrm{T}},\gamma_{\mathrm{T}}$，其方向余弦阵 $\boldsymbol{T}_{\mathrm{B}}$ 与 $\boldsymbol{G}_{\mathrm{B}}$ 形式上相同，即

$$\boldsymbol{T}_{\mathrm{B}}=\begin{bmatrix}\cos\varphi_{\mathrm{T}}\cos\psi_{\mathrm{T}} & \cos\varphi_{\mathrm{T}}\sin\psi_{\mathrm{T}}\sin\gamma_{\mathrm{T}}-\sin\varphi_{\mathrm{T}}\cos\gamma_{\mathrm{T}} & \cos\varphi_{\mathrm{T}}\sin\psi_{\mathrm{T}}\cos\gamma_{\mathrm{T}}+\sin\varphi_{\mathrm{T}}\sin\gamma_{\mathrm{T}}\\ \sin\varphi_{\mathrm{T}}\cos\psi_{\mathrm{T}} & \sin\varphi_{\mathrm{T}}\sin\psi_{\mathrm{T}}\sin\gamma_{\mathrm{T}}+\cos\varphi_{\mathrm{T}}\cos\gamma_{\mathrm{T}} & \sin\varphi_{\mathrm{T}}\sin\psi_{\mathrm{T}}\cos\gamma_{\mathrm{T}}-\cos\varphi_{\mathrm{T}}\sin\gamma_{\mathrm{T}}\\ -\sin\psi_{\mathrm{T}} & \cos\psi_{\mathrm{T}}\sin\gamma_{\mathrm{T}} & \cos\psi_{\mathrm{T}}\cos\gamma_{\mathrm{T}}\end{bmatrix}\tag{1.29}$$

由转换矩阵的递推性有

$$\boldsymbol{T}_{\mathrm{B}}=\boldsymbol{T}_{\mathrm{G}}\boldsymbol{G}_{\mathrm{B}}\tag{1.30}$$

式中，$\boldsymbol{T}_{\mathrm{G}}$，$\boldsymbol{G}_{\mathrm{B}}$ 的矩阵可由式(1.21)和式(1.6)得到。

考虑到 $\psi,\gamma,\psi_{\mathrm{T}},\gamma_{\mathrm{T}}$ 和 $\omega_{\mathrm{e}}t$ 均为小量，将它们的正弦、余弦展成泰勒级数取至一阶微量，则可将式(1.30)写成展开式后准确至一阶微量的形式，即

$$\begin{aligned}&\begin{bmatrix}\cos\varphi_{\mathrm{T}} & -\sin\varphi_{\mathrm{T}} & \psi_{\mathrm{T}}\cos\varphi_{\mathrm{T}}+\gamma_{\mathrm{T}}\sin\varphi_{\mathrm{T}}\\ \sin\varphi_{\mathrm{T}} & \cos\varphi_{\mathrm{T}} & \psi_{\mathrm{T}}\sin\varphi_{\mathrm{T}}-\gamma_{\mathrm{T}}\cos\varphi_{\mathrm{T}}\\ -\psi_{\mathrm{T}} & \gamma_{\mathrm{T}} & 1\end{bmatrix}=\\ &\qquad\begin{bmatrix}1 & -\omega_{\mathrm{e}z}t & -\omega_{\mathrm{e}y}t\\ \omega_{\mathrm{e}z}t & 1 & -\omega_{\mathrm{e}x}t\\ -\omega_{\mathrm{e}y}t & \omega_{\mathrm{e}x}t & 1\end{bmatrix}\begin{bmatrix}\cos\varphi & -\sin\varphi & \psi\cos\varphi+\gamma\sin\varphi\\ \sin\varphi & \cos\varphi & \psi\sin\varphi-\gamma\cos\varphi\\ -\psi & \gamma & 1\end{bmatrix}\end{aligned}\tag{1.31}$$

在上面矩阵等式中选取不属同一行或同一列的 3 个元素建立 3 个等式，即可找到两种状态角的关系式为

$$\left.\begin{aligned}\varphi_{\mathrm{T}}&=\varphi+\omega_{\mathrm{e}z}t\\ \psi_{\mathrm{T}}&=\psi+(\omega_{\mathrm{e}y}\cos\varphi-\omega_{\mathrm{e}x}\sin\varphi)t\\ \gamma_{\mathrm{T}}&=\gamma+(\omega_{\mathrm{e}y}\sin\varphi+\omega_{\mathrm{e}x}\cos\varphi)t\end{aligned}\right\}\tag{1.32}$$

其中，相应姿态角的差值是由地球旋转影响地面坐标系方向轴的变化引起的。

1.2　坐标系间矢量导数的关系

设有原点重合的两个右手直角坐标系，其中 $Oxyz$ 坐标系相对于另一坐标系 P 以角速度 $\boldsymbol{\omega}$ 转动。$\boldsymbol{x}^0,\boldsymbol{y}^0,\boldsymbol{z}^0$ 为转动坐标系的单位矢量，则任意矢量 $\boldsymbol{A}$ 可表示为

$$\boldsymbol{A}=a_x\boldsymbol{x}^0+a_y\boldsymbol{y}^0+a_z\boldsymbol{z}^0 \tag{1.33}$$

将式(1.33)微分，可得

$$\frac{\mathrm{d}\boldsymbol{A}}{\mathrm{d}t}=\frac{\mathrm{d}a_x}{\mathrm{d}t}\boldsymbol{x}^0+\frac{\mathrm{d}a_y}{\mathrm{d}t}\boldsymbol{y}^0+\frac{\mathrm{d}a_z}{\mathrm{d}t}\boldsymbol{z}^0+a_x\frac{\mathrm{d}\boldsymbol{x}^0}{\mathrm{d}t}+a_y\frac{\mathrm{d}\boldsymbol{y}^0}{\mathrm{d}t}+a_z\frac{\mathrm{d}\boldsymbol{z}^0}{\mathrm{d}t} \tag{1.34}$$

定义

$$\frac{\delta\boldsymbol{A}}{\delta t}=\frac{\mathrm{d}a_x}{\mathrm{d}t}\boldsymbol{x}^0+\frac{\mathrm{d}a_y}{\mathrm{d}t}\boldsymbol{y}^0+\frac{\mathrm{d}a_z}{\mathrm{d}t}\boldsymbol{z}^0 \tag{1.35}$$

该 $\delta\boldsymbol{A}/\delta t$ 是处于转动坐标系 $Oxyz$ 内的观测者所见到的矢量 $\boldsymbol{A}$ 随时间的变化率。对于该观测者而言，只有 $\boldsymbol{A}$ 的分量能变，而单位矢量 $\boldsymbol{x}^0$，$\boldsymbol{y}^0$，$\boldsymbol{z}^0$ 是固定不动的。但对于处于 P 坐标系内的观测者来说，$\mathrm{d}\boldsymbol{x}^0/\mathrm{d}t$ 是具有位置矢量 $\boldsymbol{x}^0$ 的点由于转动 $\boldsymbol{\omega}$ 而造成的速度。由理论力学可知该点的速度为

$$\frac{\mathrm{d}\boldsymbol{x}^0}{\mathrm{d}t}=\boldsymbol{\omega}\times\boldsymbol{x}^0$$

同理可得

$$\frac{\mathrm{d}\boldsymbol{y}^0}{\mathrm{d}t}=\boldsymbol{\omega}\times\boldsymbol{y}^0,\quad \frac{\mathrm{d}\boldsymbol{z}^0}{\mathrm{d}t}=\boldsymbol{\omega}\times\boldsymbol{z}^0$$

将上述关系式代入式(1.34)，可得

$$\frac{\mathrm{d}\boldsymbol{A}}{\mathrm{d}t}=\frac{\delta\boldsymbol{A}}{\delta t}+\boldsymbol{\omega}\times\boldsymbol{A} \tag{1.36}$$

将 $\delta\boldsymbol{A}/\delta t$ 称为在转动坐标系 $Oxyz$ 中的“局部导数”(或称“相对导数”)。$\mathrm{d}\boldsymbol{A}/\mathrm{d}t$ 称为“绝对导数”，相当于站在惯性坐标系中的观测者所看到的矢量 $\boldsymbol{A}$ 的变化率。

需要强调的是，实际推导中并未用到惯性坐标系的假设，因此，对于任意两个有相对转动的坐标系，关系式(1.36)是普遍成立的。

1.3 变质量力学原理

当研究火箭的运动时，在每一瞬时，只将在该瞬时位于“规定”表面以内的质点作为它的组成。这一“规定”的表面，通常是取火箭的外表面和喷管的出口断面。火箭发动机工作时，燃料燃烧后的气体质点不断地由火箭内部喷出，火箭的质量不断减小，因此，整个火箭运动过程是一变质量系，实际上火箭质量变化原因除燃料(占起飞时质量的十分之八九)消耗外，还有控制发动机系统及冷却系统工作的工质消耗，以及作为再入大气层的弹头或飞行器烧蚀影响等，这些都使火箭整体不是一个定质点系。这样，动力学的经典理论就不能直接用来研究火箭的运动，因而有必要介绍有关变质量系运动的基本力学原理。

1.3.1 变质量质点运动的力学原理

设有一质量随时间变化的质点，其质量在 t 时刻为 $m(t)$，并具有绝对速度 $\boldsymbol{V}$，此时该质点的动量为

$$\boldsymbol{Q}(t)=m(t)\boldsymbol{V} \tag{1.37}$$

在时间 $\mathrm{d}t$ 内，有外界作用在系统质点上的力 $\boldsymbol{F}$，且质点 M 向外以相对速度 $\boldsymbol{V}_r$ 喷射出元质量 $-\mathrm{d}m$，如图 1.9 所示。显然

$$-\mathrm{d}m = m(t) - m(t+\mathrm{d}t) \tag{1.38}$$

假设在时间 $\mathrm{d}t$ 内质点 $m(t+\mathrm{d}t)$ 具有的速度增量为 $\mathrm{d}\boldsymbol{V}$，那么在 $t+\mathrm{d}t$ 时刻，整个质点的动量应为

$$\boldsymbol{Q}(t+\mathrm{d}t) = [m(t) - (-\mathrm{d}m)](\boldsymbol{V}+\mathrm{d}\boldsymbol{V}) + (-\mathrm{d}m)(\boldsymbol{V}+\boldsymbol{V}_{\mathrm{r}}) \tag{1.39}$$

略去 $\mathrm{d}m\mathrm{d}\boldsymbol{V}$ 项，则

$$\boldsymbol{Q}(t+\mathrm{d}t) = m(t)(\boldsymbol{V}+\mathrm{d}\boldsymbol{V}) - \mathrm{d}m\boldsymbol{V} \tag{1.40}$$

比较式(1.37)和式(1.40)，可得整个质点在时间 $\mathrm{d}t$ 内的动量变化量为

$$\mathrm{d}\boldsymbol{Q} = m\mathrm{d}\boldsymbol{V} - \mathrm{d}m\boldsymbol{V}_{\mathrm{r}} \tag{1.41}$$

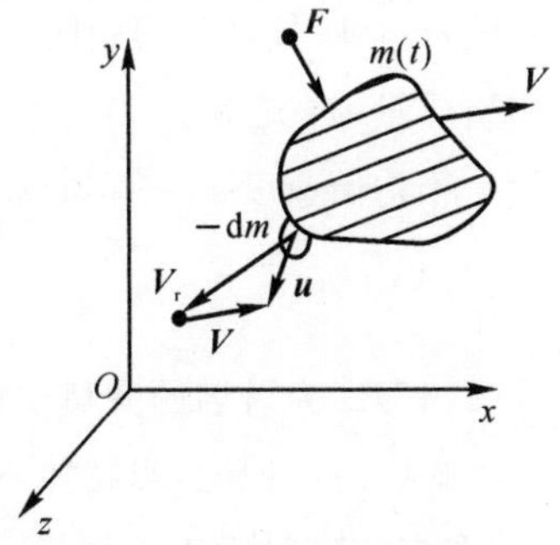

图 1.9　变质量质点示意图

根据常质量质心动量定理有

$$\frac{\mathrm{d}\boldsymbol{Q}}{\mathrm{d}t} = \boldsymbol{F} \tag{1.42}$$

式中，$\boldsymbol{F}$ 是指外界作用在整个质点上的力，则有

$$m\frac{\mathrm{d}\boldsymbol{V}}{\mathrm{d}t} = \boldsymbol{F} + \frac{\mathrm{d}m}{\mathrm{d}t}\boldsymbol{V}_{\mathrm{r}} \tag{1.43}$$

该方程称为密歇尔斯基方程，即为变质量质点基本方程。

对于不变质量质点，$\mathrm{d}m/\mathrm{d}t=0$，则由式(1.43)得到熟知的牛顿第二定律的一般表达式为

$$m\frac{\mathrm{d}\boldsymbol{V}}{\mathrm{d}t} = \boldsymbol{F} \tag{1.44}$$

如果将式(1.43)中具有力的量纲项$(\mathrm{d}m/\mathrm{d}t)\boldsymbol{V}_{\mathrm{r}}$ 视为作用在质点 M 上的力，记为 $\boldsymbol{P}_{\mathrm{r}}$。则可将式(1.43)写为

$$m\frac{\mathrm{d}\boldsymbol{V}}{\mathrm{d}t} = \boldsymbol{F} + \boldsymbol{P}_{\mathrm{r}} \tag{1.45}$$

式中，$\boldsymbol{P}_{\mathrm{r}}$ 称为喷射反作用力。

对于物体而言，$\mathrm{d}m/\mathrm{d}t<0$，故喷射反作用力的方向与 $\boldsymbol{V}_{\mathrm{r}}$ 方向相反，是一个加速力。

由上述可知，物体产生运动状态的变化，除外界作用力外，还可通过物体本身向所需运动反方向喷射物质而获得加速度，这称为直接反作用原理。

根据密歇尔斯基方程，如果质点不受外力作用，则有

$$m\frac{\mathrm{d}\boldsymbol{V}}{\mathrm{d}t} = \frac{\mathrm{d}m}{\mathrm{d}t}\boldsymbol{V}_{\mathrm{r}}$$

若设 $\boldsymbol{V}$ 与 $\boldsymbol{V}_{\mathrm{r}}$ 正好反向，即有

$$m\frac{\mathrm{d}v}{\mathrm{d}t} = -\frac{\mathrm{d}m}{\mathrm{d}t}v_{\mathrm{r}}$$

则

$$\mathrm{d}v = -v_{\mathrm{r}}\frac{\mathrm{d}m}{m}$$

当喷射元质量的速度 v_{r} 为定值时，对上式积分，可得

$$v - v_0 = -v_{\mathrm{r}}\ln\frac{m}{m_0} \tag{1.46}$$

式中，v_0，m_0 分别为起始时刻质点所具有的速度和质量；m_0 为物体结构质量 m_k 与全部可喷射物质质量 m_T 之和。

若初始速度 $v_0=0$，在 m_T 全部喷射完时，物体具有的速度则为

$$v_k=-v_r\ln\frac{m_k}{m_0} \tag{1.47}$$

式(1.47)即为著名的齐奥尔柯夫斯基公式，用该式计算出的速度为理想速度。

式(1.47)说明，当物体不受外力作用时，变质量质点在给定的 m_0 中，喷射物体占有质量 m_T 愈多或喷射物质质量一定，但喷射元质量的速度 v_r 愈大，则质点的理想速度就愈大。

1.3.2 变质量质点系运动的力学原理

当组成物体为变质量质点系时，其中除有一些质点随物体作牵连运动外，在物体内部还有相对运动，这对物体的运动也是有影响的。此时，若对该物体运用密歇尔斯基方程来建立运动方程，则存在近似性，因此必须对变质量质点系进行专门的讨论。

在理论力学中已介绍了离散质点系的动力学方程，即在惯性参考系 $OXYZ$ 中，有一质点系 S，该质点系由 N 个质点组成，离散质点 m_1 在惯性坐标系中的矢径为 $\boldsymbol{r}_i$，外界作用于系统 S 上的总外力 $\boldsymbol{F}_S$，则系统 S 的平动方程及转动方程分别为

$$\boldsymbol{F}_S=\sum_{i=1}^{N}m_i\frac{d^2\boldsymbol{r}_i}{dt^2} \tag{1.48}$$

$$\boldsymbol{M}_S=\sum_{i=1}^{N}m_i\boldsymbol{r}_i\times\frac{d^2\boldsymbol{r}_i}{dt^2} \tag{1.49}$$

现要研究连续质点(即物体)的运动方程，则将物体考虑成是由无数个具有无穷小质量的质点组成的系统。在这种情况下，方程式(1.48)和式(1.49)中的求和符号必须用积分符号来代替，于是有

$$\boldsymbol{F}=\int_m\frac{d^2\boldsymbol{r}}{dt^2}dm \tag{1.50}$$

$$\boldsymbol{M}=\int_m\boldsymbol{r}\times\frac{d^2\boldsymbol{r}}{dt^2}dm \tag{1.51}$$

式(1.50)和式(1.51)中虽只有一个积分符号，实质上，对于一个三维系统，该积分为三重积分。这是因为 dm 可以写成 ρdV，其中 ρ 是质量密度，dV 是体积元，故将该体积以 $\int_m$ 表示。

1. 连续质点系的质心运动方程

设系统 S 对惯性坐标系有转动速度 $\boldsymbol{\omega}_T$，而系统 S 中的任一质点元 P 在惯性坐标系中的矢径 $\boldsymbol{r}$ 可以表示为系统 S 质心的矢径 $\boldsymbol{r}_{c.m}$ 与质心到质点元 P 的矢量 $\boldsymbol{\rho}$ 之和，如图 1.10 所示，则有

$$\boldsymbol{r}=\boldsymbol{\rho}+\boldsymbol{r}_{c.m} \tag{1.52}$$

可得

$$\frac{d^2\boldsymbol{r}}{dt^2}=\frac{d^2\boldsymbol{r}_{c.m}}{dt^2}+\frac{d^2\boldsymbol{\rho}}{dt^2} \tag{1.53}$$

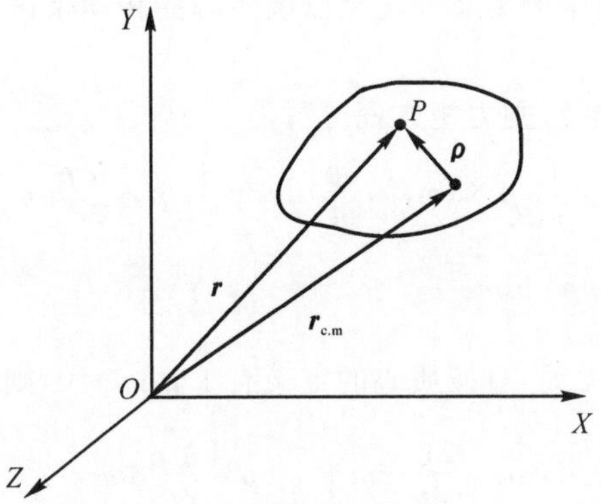

图 1.10　质点系矢量关系图

假定刚体相对坐标系 $OXYZ$ 有一个旋转角速度 $\boldsymbol{\omega}_T$，根据矢量运算关系，则有

$$\frac{\mathrm{d}\boldsymbol{\rho}}{\mathrm{d}t}=\frac{\delta\boldsymbol{\rho}}{\delta t}+\boldsymbol{\omega}_T\times\boldsymbol{\rho} \tag{1.54}$$

称$\frac{\mathrm{d}\boldsymbol{\rho}}{\mathrm{d}t}$为矢量 $\boldsymbol{\rho}$ 的绝对导数，$\frac{\delta\boldsymbol{\rho}}{\delta t}$为 $\boldsymbol{\rho}$ 的相对导数。把式(1.54)代入式(1.53)，得到

$$\frac{\mathrm{d}^2\boldsymbol{\rho}}{\mathrm{d}t^2}=\frac{\delta^2\boldsymbol{\rho}}{\delta t^2}+2\boldsymbol{\omega}_T\times\frac{\delta\boldsymbol{\rho}}{\delta t}+\frac{\mathrm{d}\boldsymbol{\omega}_T}{\mathrm{d}t}\times\boldsymbol{\rho}+\boldsymbol{\omega}_T\times(\boldsymbol{\omega}_T\times\boldsymbol{\rho}) \tag{1.55}$$

将式(1.55)代入式(1.53)，最后得到

$$\frac{\mathrm{d}^2\boldsymbol{r}}{\mathrm{d}t^2}=\frac{\mathrm{d}^2\boldsymbol{r}_{c.m}}{\mathrm{d}t^2}+2\boldsymbol{\omega}_T\times\frac{\delta\boldsymbol{\rho}}{\delta t}+\frac{\delta^2\boldsymbol{\rho}}{\delta t^2}+\frac{\mathrm{d}\boldsymbol{\omega}_T}{\mathrm{d}t}\times\boldsymbol{\rho}+\boldsymbol{\omega}_T\times(\boldsymbol{\omega}_T\times\boldsymbol{\rho}) \tag{1.56}$$

由于 $\boldsymbol{\rho}$ 表示系统 S 的质点到质心的矢径，根据质心的定义有 $\int_m \boldsymbol{\rho}\,\mathrm{d}m=0$，因此，将式(1.56)代入式(1.50)，则有

$$\boldsymbol{F}_S=m\frac{\mathrm{d}^2\boldsymbol{r}_{c.m}}{\mathrm{d}t^2}+2\boldsymbol{\omega}_T\times\int_m\frac{\delta\boldsymbol{\rho}}{\delta t}\mathrm{d}m+\int_m\frac{\delta^2\boldsymbol{\rho}}{\delta t^2}\mathrm{d}m \tag{1.57}$$

式(1.57)为适用于任意变质量物体的一般运动方程，从而可得任意变质量物体的质心运动方程为

$$m\frac{\mathrm{d}^2\boldsymbol{r}_{c.m}}{\mathrm{d}t^2}=\boldsymbol{F}_S+\boldsymbol{F}'_k+\boldsymbol{F}'_{rel} \tag{1.58}$$

式中

$$\boldsymbol{F}'_k=-2\boldsymbol{\omega}_T\times\int_m\frac{\delta\boldsymbol{\rho}}{\delta t}\mathrm{d}m$$

$$\boldsymbol{F}'_{rel}=-\int_m\frac{\delta^2\boldsymbol{\rho}}{\delta t^2}\mathrm{d}m$$

式中，$\boldsymbol{F}'_k$，$\boldsymbol{F}'_{rel}$分别称为系统 S 的附加哥氏力和附加相对力。

2. 连续质点系的转动方程

由式(1.51)不难写出变质量质点系 S 在力 $\boldsymbol{F}$ 的作用下所产生的绕惯性坐标系原点 O 和绕系统 S 的质心的力矩方程为

$$\boldsymbol{M}_0=\int_m\boldsymbol{r}\times\frac{\mathrm{d}^2\boldsymbol{r}}{\mathrm{d}t^2}\mathrm{d}m \tag{1.59}$$

$$\boldsymbol{M}_{c.m}=\int_m\boldsymbol{\rho}\times\frac{\mathrm{d}^2\boldsymbol{r}}{\mathrm{d}t^2}\mathrm{d}m \tag{1.60}$$

顾及以后研究导弹在空中的姿态变化是以绕质心的转动来进行的，因此，下面对式(1.60)进行讨论。

将式(1.56)代入式(1.60)，则力矩方程可写为

$$\boldsymbol{M}_{\mathrm{c.m}}=\int_m \boldsymbol{\rho}\times\frac{\mathrm{d}^2\boldsymbol{r}_{\mathrm{c.m}}}{\mathrm{d}t^2}\mathrm{d}m+2\int_m \boldsymbol{\rho}\times(\boldsymbol{\omega}_{\mathrm{T}}\times\frac{\delta\boldsymbol{\rho}}{\delta t})\mathrm{d}m+\int_m \boldsymbol{\rho}\times\frac{\delta^2\boldsymbol{\rho}}{\delta t^2}\mathrm{d}m+\int_m \boldsymbol{\rho}\times(\frac{\mathrm{d}\boldsymbol{\omega}_{\mathrm{T}}}{\mathrm{d}t}\times\boldsymbol{\rho})\mathrm{d}m+\int_m \boldsymbol{\rho}\times[\boldsymbol{\omega}_{\mathrm{T}}\times(\boldsymbol{\omega}_{\mathrm{T}}\times\boldsymbol{\rho})]\mathrm{d}m$$

注意到 $\boldsymbol{r}_{\mathrm{c.m}}$ 与质量 $\mathrm{d}m$ 无关，且按质心的定义有 $\int_m \boldsymbol{\rho}\mathrm{d}m=0$，则上式可简化为

$$\begin{aligned}\boldsymbol{M}_{\mathrm{c.m}}=&2\int_m \boldsymbol{\rho}\times(\boldsymbol{\omega}_{\mathrm{T}}\times\frac{\delta\boldsymbol{\rho}}{\delta t})\mathrm{d}m+\int_m \boldsymbol{\rho}\times\frac{\delta^2\boldsymbol{\rho}}{\delta t^2}\mathrm{d}m+\\&\int_m \boldsymbol{\rho}\times(\frac{\mathrm{d}\boldsymbol{\omega}_{\mathrm{T}}}{\mathrm{d}t}\times\boldsymbol{\rho})\mathrm{d}m+\int_m \boldsymbol{\rho}\times[\boldsymbol{\omega}_{\mathrm{T}}\times(\boldsymbol{\omega}_{\mathrm{T}}\times\boldsymbol{\rho})]\mathrm{d}m\end{aligned}\tag{1.61}$$

式(1.61)为适用于任意变质量物体的绕质心的一般转动方程。据此可写成另一种形式，首先将式(1.61)移项，可得

$$\begin{aligned}&\int_m \boldsymbol{\rho}\times[\boldsymbol{\omega}_{\mathrm{T}}\times(\boldsymbol{\omega}_{\mathrm{T}}\times\boldsymbol{\rho})]\mathrm{d}m+\int_m \boldsymbol{\rho}\times\left(\frac{\mathrm{d}\boldsymbol{\omega}_{\mathrm{T}}}{\mathrm{d}t}\times\boldsymbol{\rho}\right)\mathrm{d}m=\\&\boldsymbol{M}_{\mathrm{c.m}}+\boldsymbol{M}'_{\mathrm{k}}+\boldsymbol{M}'_{\mathrm{rel}}\end{aligned}\tag{1.62}$$

式中

$$\boldsymbol{M}'_{\mathrm{k}}=-2\int_m \boldsymbol{\rho}\times\left(\boldsymbol{\omega}_{\mathrm{T}}\times\frac{\delta\boldsymbol{\rho}}{\delta t}\right)\mathrm{d}m$$

$$\boldsymbol{M}'_{\mathrm{rel}}=-\int_m \boldsymbol{\rho}\times\frac{\delta^2\boldsymbol{\rho}}{\delta t^2}\mathrm{d}m$$

式中，$\boldsymbol{M}'_{\mathrm{k}}$，$\boldsymbol{M}'_{\mathrm{rel}}$ 分别称为系统 S 的附加哥氏力矩和附加相对力矩。

式(1.62)等号左端的第一项，根据矢量叉乘运算法则，即

$$\boldsymbol{A}\times(\boldsymbol{B}\times\boldsymbol{C})=(\boldsymbol{A}\cdot\boldsymbol{C})\cdot\boldsymbol{B}-(\boldsymbol{A}\cdot\boldsymbol{B})\cdot\boldsymbol{C}=\boldsymbol{B}\times(\boldsymbol{A}\times\boldsymbol{C})+\boldsymbol{C}\times(\boldsymbol{B}\times\boldsymbol{A})$$

可得

$$\int_m \boldsymbol{\rho}\times[\boldsymbol{\omega}_{\mathrm{T}}\times(\boldsymbol{\omega}_{\mathrm{T}}\times\boldsymbol{\rho})]\mathrm{d}m=\boldsymbol{\omega}_{\mathrm{T}}\times\int_m \boldsymbol{\rho}\times(\boldsymbol{\omega}_{\mathrm{T}}\times\boldsymbol{\rho})\mathrm{d}m\tag{1.63}$$

记

$$\boldsymbol{H}_{\mathrm{c.m}}=\int_m \boldsymbol{\rho}\times(\boldsymbol{\omega}_{\mathrm{T}}\times\boldsymbol{\rho})\mathrm{d}m\tag{1.64}$$

该式是将系统视为刚体后，该刚体对质心的总角动量。

现以变质量物体的质心作为原点 O_1，建立一个与该物体固连的任意直角坐标系 O_1xyz，并设

$$\boldsymbol{\omega}_{\mathrm{T}}=[\omega_{\mathrm{T}x}\quad \omega_{\mathrm{T}y}\quad \omega_{\mathrm{T}z}]^{\mathrm{T}}$$

$$\boldsymbol{\rho}=[x\quad y\quad z]^{\mathrm{T}}$$

则

$$\begin{aligned}\boldsymbol{H}_{\mathrm{c.m}}=&\int_m \boldsymbol{\rho}\times(\boldsymbol{\omega}_{\mathrm{T}}\times\boldsymbol{\rho})\mathrm{d}m=\int_m [(\boldsymbol{\rho}\cdot\boldsymbol{\rho})\cdot\boldsymbol{\omega}_{\mathrm{T}}-(\boldsymbol{\rho}\cdot\boldsymbol{\omega}_{\mathrm{T}})\cdot\boldsymbol{\rho}]\mathrm{d}m=\\&\int_m \begin{bmatrix}y^2+z^2 & -xy & -xz\\ -yx & z^2+x^2 & -yz\\ -zx & -zy & x^2+y^2\end{bmatrix}\begin{bmatrix}\omega_{\mathrm{T}x}\\ \omega_{\mathrm{T}y}\\ \omega_{\mathrm{T}z}\end{bmatrix}\mathrm{d}m\end{aligned}\tag{1.65}$$

定义

$$\left.\begin{aligned}
I_{xx}&=\int_m (y^2+z^2)\mathrm{d}m\\
I_{yy}&=\int_m (z^2+x^2)\mathrm{d}m\\
I_{zz}&=\int_m (x^2+y^2)\mathrm{d}m\\
I_{xy}&=I_{yx}=\int_m xy\ \mathrm{d}m\\
I_{xz}&=I_{zx}=\int_m xz\ \mathrm{d}m\\
I_{yz}&=I_{zy}=\int_m yz\ \mathrm{d}m
\end{aligned}\right\} \tag{1.66}$$

式中，I_{xx}，I_{yy}，I_{zz}称为转动惯量；其余符号称为惯量积。

为书写简便起见，可将式(1.65)写为

$$\boldsymbol{H}_{\mathrm{c.m}}=\boldsymbol{I}\cdot\boldsymbol{\omega}_{\mathrm{T}} \tag{1.67}$$

式中

$$\boldsymbol{I}=\begin{bmatrix} I_{xx} & -I_{xy} & -I_{xz}\\ -I_{yx} & I_{yy} & -I_{yz}\\ -I_{zx} & -I_{zy} & I_{zz}\end{bmatrix} \tag{1.68}$$

称为惯量张量。

将式(1.67)代入式(1.63)可得

$$\int_m \boldsymbol{\rho}\times[\boldsymbol{\omega}_{\mathrm{T}}\times(\boldsymbol{\omega}_{\mathrm{T}}\times\boldsymbol{\rho})]\mathrm{d}m=\boldsymbol{\omega}_{\mathrm{T}}\times(\boldsymbol{I}\cdot\boldsymbol{\omega}_{\mathrm{T}}) \tag{1.69}$$

同理，参考式(1.65)，可将式(1.62)等号左端第二项写为

$$\int_m \boldsymbol{\rho}\times\left(\frac{\mathrm{d}\boldsymbol{\omega}_{\mathrm{T}}}{\mathrm{d}t}\times\boldsymbol{\rho}\right)\mathrm{d}m=\boldsymbol{I}\cdot\frac{\mathrm{d}\boldsymbol{\omega}_{\mathrm{T}}}{\mathrm{d}t} \tag{1.70}$$

最终可将式(1.62)写成

$$\boldsymbol{I}\cdot\frac{\mathrm{d}\boldsymbol{\omega}_{\mathrm{T}}}{\mathrm{d}t}+\boldsymbol{\omega}_{\mathrm{T}}\times(\boldsymbol{I}\cdot\boldsymbol{\omega}_{\mathrm{T}})=\boldsymbol{M}_{\mathrm{c.m}}+\boldsymbol{M}'_{\mathrm{k}}+\boldsymbol{M}'_{\mathrm{rel}} \tag{1.71}$$

显然，式(1.71)等号左端是惯性力矩。

式(1.58)及式(1.71)是变质量物体的一般质心运动方程和绕质心转动方程，形式上与适用于刚体的方程相同。因此，我们引出一条重要的原理——刚化原理，现叙述如下：

在一般情况下，任意一个变质量系统在瞬时 t 的质心运动方程和绕质心转动方程，能用这样一个刚体的相应方程来表示，这个刚体的质量等于系统在瞬时 t 的质量，而它受的力除了真实的外力和力矩外，还要加两个附加力和两个附加力矩，即附加哥氏力、附加相对力和附加哥氏力矩、附加相对力矩。

复习思考题 1

1. 解释各常用坐标系的定义。
2. 叙述直接反作用原理。

3. 叙述刚化原理(关于变质量物体质心运动方程和绕质心转动方程的描述)。
4. 推导变质量质点基本方程(密歇尔斯基方程)。
5. 推导理想速度与质量变化的关系(齐奥尔柯夫斯基公式)。
6. 推导变质量质点系的质心运动方程和绕质心转动方程。

第2章　火箭飞行的力学环境

2.1　附加力与附加力矩

设火箭为一轴对称体,发动机喷管出口截面面积为 S_e,火箭的质心记为 O_1,燃料燃烧过程中 t 时刻质心 O_1 相对于箭体的运动速度矢量为 $\boldsymbol{V}_{rc}$,而箭体内质点相对于箭体的速度矢量为 $\boldsymbol{V}_{rb}$,则该质点相对于可变质心的速度矢量为 $\delta\boldsymbol{\rho}/\delta t$,它与 $\boldsymbol{V}_{rb}$,$\boldsymbol{V}_{rc}$ 有如下关系:

$$\frac{\delta\boldsymbol{\rho}}{\delta t}=\boldsymbol{V}_{rb}-\boldsymbol{V}_{rc} \tag{2.1}$$

由雷诺迁移定理(见附录 A),有

$$\int_m \frac{\delta\boldsymbol{H}}{\delta t}\mathrm{d}m=\frac{\delta}{\delta t}\int_m \boldsymbol{H}\,\mathrm{d}m+\int_{S_e}\boldsymbol{H}(\rho_m\boldsymbol{V}_{rb}\cdot\boldsymbol{n})\mathrm{d}S_e \tag{2.2}$$

式中,$\boldsymbol{H}$ 为某一矢量点函数;ρ_m 为流体质量密度;$\boldsymbol{V}_{rb}$ 为燃烧产物相对于火箭的速度;$\boldsymbol{n}$ 为喷管截面 S_e 的外法向单位矢量。

式(2.2)表示被积函数的导数与积分导数之间的关系。运用式(2.2),可将作用于火箭上的附加力和附加力矩的具体表达式导出。

2.1.1　附加相对力

附加相对力为

$$\boldsymbol{F}'_{rel}=-\int_m \frac{\delta^2\boldsymbol{\rho}}{\delta t^2}\mathrm{d}m$$

将 $\delta\boldsymbol{\rho}/\delta t$ 代替式(2.2)中的 $\boldsymbol{H}$,可得

$$\boldsymbol{F}'_{rel}=-\frac{\delta}{\delta t}\int_m \frac{\delta\boldsymbol{\rho}}{\delta t}\mathrm{d}m-\int_{S_e}\frac{\delta\boldsymbol{\rho}}{\delta t}(\rho_m\boldsymbol{V}_{rb}\cdot\boldsymbol{n})\mathrm{d}S_e \tag{2.3}$$

将式(2.1)代入式(2.3)等号右端第二积分式,则有

$$\int_{S_e}\frac{\delta\boldsymbol{\rho}}{\delta t}(\rho_m\boldsymbol{V}_{rb}\cdot\boldsymbol{n})\mathrm{d}S_e=\int_{S_e}\boldsymbol{V}_{rb}(\rho_m\boldsymbol{V}_{rb}\cdot\boldsymbol{n})\mathrm{d}S_e-\int_{S_e}\boldsymbol{V}_{rc}(\rho_m\boldsymbol{V}_{rb}\cdot\boldsymbol{n})\mathrm{d}S_e \tag{2.4}$$

对火箭而言,质心 O_1 相对于箭体的速度 $\boldsymbol{V}_{rc}$ 与 $\mathrm{d}S_e$ 无关,而流动质点只有从火箭发动机喷口截面 S_e 处流出火箭体外,$\boldsymbol{V}_{rb}$ 只是指 S_e 面上的质点对于箭体的速度。如果把 S_e 面上质点的排出速度看成是相同的,记 $\boldsymbol{V}_{rb}(\mathrm{d}S_e)=\boldsymbol{u}_e$,则 $\boldsymbol{V}_{rc}$,$\boldsymbol{u}_e$ 均可提到各积分号外面。

事实上,有

$$\int_{S_e}(\rho_m\boldsymbol{V}_{rb}\cdot\boldsymbol{n})\mathrm{d}S_e=\dot{m} \tag{2.5}$$

式中,$\dot{m}$ 称为质量秒耗量,且 $\dot{m}=\left|\frac{\mathrm{d}m}{\mathrm{d}t}\right|$,则式(2.4)可写为

$$\int_{S_e} \frac{\delta \boldsymbol{\rho}}{\delta t}(\rho_m \boldsymbol{V}_{rb} \cdot \boldsymbol{n}) dS_e = \dot{m}\boldsymbol{u}_e - \dot{m}\boldsymbol{V}_{rc} \tag{2.6}$$

如果过 S_e 的各质点之速度 $\boldsymbol{V}_{rb}$ 不相同，则记

$$\boldsymbol{u}_e = \frac{1}{\dot{m}} \int_{S_e} \boldsymbol{V}_{rb}(\rho_m \boldsymbol{V}_{rb} \cdot \boldsymbol{n}) dS_e \tag{2.7}$$

仍可得式(2.6)的形式。

运用雷诺迁移定理，式(2.3)等号右端第一项积分式则可写成

$$\int_m \frac{\delta \boldsymbol{\rho}}{\delta t} dm = \frac{\delta}{\delta t}\int_m \boldsymbol{\rho} dm + \int_{S_e} \boldsymbol{\rho}(\rho_m \boldsymbol{V}_{rb} \cdot \boldsymbol{n}) dS_e \tag{2.8}$$

根据质心定义，该式右端第一项积分式为零。令喷口截面上任意一矢量 $\boldsymbol{\rho}$ 为火箭质心 O_1 到截面中心 e 矢量 $\boldsymbol{\rho}_e$ 与截面中心到该点的矢量 $\boldsymbol{\nu}$ 之和，如图 2.1 所示，即有

$$\boldsymbol{\rho} = \boldsymbol{\rho}_e + \boldsymbol{\nu} \tag{2.9}$$

如果过 S_e 的 $\boldsymbol{V}_{rb}$ 相同，且 S_e 对喷口截面中心点 e 为对称面，则

$$\int_{S_e} \boldsymbol{\nu}(\rho_m \boldsymbol{V}_{rb} \cdot \boldsymbol{n}) dS_e = 0 \tag{2.10}$$

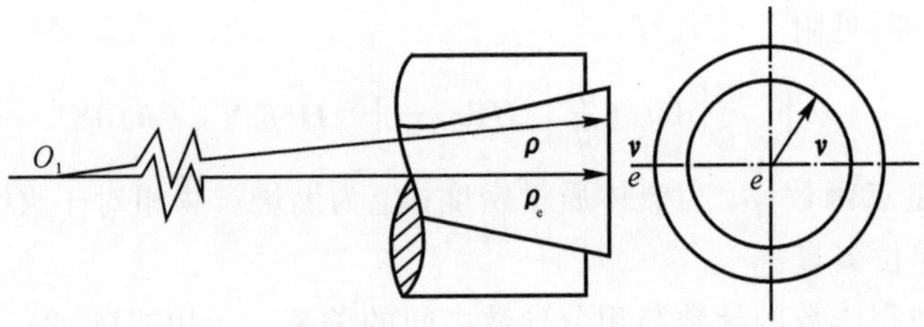

图 2.1　火箭喷口截面上质点位置矢径

式(2.8)等号右端第二积分式即等于喷口截面中心矢径 $\boldsymbol{\rho}_e$ 与质量秒耗量 $\dot{m}$ 的乘积，式(2.8)即可写为

$$\int_m \frac{\delta \boldsymbol{\rho}}{\delta t} dm = \dot{m}\boldsymbol{\rho}_e \tag{2.11}$$

当然，如果 S_e 为不对称面时，则 $\boldsymbol{\rho}_e$ 可用

$$\boldsymbol{\rho}_e = \frac{1}{\dot{m}} \int_{S_e} \boldsymbol{\rho}(\rho_m \boldsymbol{V}_{rb} \cdot \boldsymbol{n}) dS_e \tag{2.12}$$

计算得到。

这样，式(2.3)等号右端第一项即可写成

$$\frac{\delta}{\delta t}\int_m \frac{\delta \boldsymbol{\rho}}{\delta t} dm = \ddot{m}\boldsymbol{\rho}_e + \dot{m}\dot{\boldsymbol{\rho}}_e \tag{2.13}$$

将式(2.6)和式(2.13)代入式(2.3)可得

$$\boldsymbol{F}'_{rel} = -\ddot{m}\boldsymbol{\rho}_e - \dot{m}\dot{\boldsymbol{\rho}}_e - \dot{m}\boldsymbol{u}_e + \dot{m}\boldsymbol{V}_{rc} \tag{2.14}$$

在考虑到火箭质点相对流动的非定常性很小，特别是在火箭发动机稳定工作后，可认为是定常流动，即认为 $\ddot{m}=0$；而质心的相对速度 $\boldsymbol{V}_{rc}$ 及喷口截面中心矢径 $\boldsymbol{\rho}_e$ 的变化率 $\dot{\boldsymbol{\rho}}_e$ 远小于 $\boldsymbol{u}_e$，因此，$\dot{m}\dot{\boldsymbol{\rho}}_e$ 及 $\dot{m}\boldsymbol{V}_{rc}$ 均可忽略不计。这样，附加相对力就可写成

$$\boldsymbol{F}'_{rel} = -\dot{m}\boldsymbol{u}_e \tag{2.15}$$

由此得出结论：附加相对力的大小与通过出口面 S_e 的线动量通量相等，而方向相反。

2.1.2　附加哥氏力

附加哥氏力为

$$\boldsymbol{F}'_{\mathrm{k}}=-2\boldsymbol{\omega}_{\mathrm{T}}\times\int_{m}\frac{\delta\boldsymbol{\rho}}{\delta t}\mathrm{d}m$$

将式(2.11)代入，则得

$$\boldsymbol{F}'_{\mathrm{k}}=-2\dot{m}\boldsymbol{\omega}_{\mathrm{T}}\times\boldsymbol{\rho}_{\mathrm{e}} \tag{2.16}$$

2.1.3　附加哥氏力矩

根据式(1.62)，则有

$$\boldsymbol{M}'_{\mathrm{k}}=-2\int_{m}\boldsymbol{\rho}\times\left(\boldsymbol{\omega}_{\mathrm{T}}\times\frac{\delta\boldsymbol{\rho}}{\delta t}\right)\mathrm{d}m \tag{2.17}$$

注意到

$$\frac{\delta}{\delta t}[\boldsymbol{\rho}\times(\boldsymbol{\omega}_{\mathrm{T}}\times\boldsymbol{\rho})]=\frac{\delta\boldsymbol{\rho}}{\delta t}\times(\boldsymbol{\omega}_{\mathrm{T}}\times\boldsymbol{\rho})+\boldsymbol{\rho}\times\left(\frac{\mathrm{d}\boldsymbol{\omega}_{\mathrm{T}}}{\mathrm{d}t}\times\boldsymbol{\rho}\right)+\boldsymbol{\rho}\times\left(\boldsymbol{\omega}_{\mathrm{T}}\times\frac{\delta\boldsymbol{\rho}}{\delta t}\right)$$

及

$$\frac{\delta\boldsymbol{\rho}}{\delta t}\times(\boldsymbol{\omega}_{\mathrm{T}}\times\boldsymbol{\rho})=\boldsymbol{\omega}_{\mathrm{T}}\times(\frac{\delta\boldsymbol{\rho}}{\delta t}\times\boldsymbol{\rho})+\boldsymbol{\rho}\times(\boldsymbol{\omega}_{\mathrm{T}}\times\frac{\delta\boldsymbol{\rho}}{\delta t})$$

则有

$$2\boldsymbol{\rho}\times\left(\boldsymbol{\omega}_{\mathrm{T}}\times\frac{\delta\boldsymbol{\rho}}{\delta t}\right)=\frac{\delta}{\delta t}[\boldsymbol{\rho}\times(\boldsymbol{\omega}_{\mathrm{T}}\times\boldsymbol{\rho})]-\boldsymbol{\rho}\times\left(\frac{\mathrm{d}\boldsymbol{\omega}_{\mathrm{T}}}{\mathrm{d}t}\times\boldsymbol{\rho}\right)-\boldsymbol{\omega}_{\mathrm{T}}\times\left(\frac{\delta\boldsymbol{\rho}}{\delta t}\times\boldsymbol{\rho}\right) \tag{2.18}$$

将式(2.18)代入式(2.17)，有

$$\boldsymbol{M}'_{\mathrm{k}}=-\int_{m}\left\{\frac{\delta}{\delta t}[\boldsymbol{\rho}\times(\boldsymbol{\omega}_{\mathrm{T}}\times\boldsymbol{\rho})]-\boldsymbol{\rho}\times\left(\frac{\mathrm{d}\boldsymbol{\omega}_{\mathrm{T}}}{\mathrm{d}t}\times\boldsymbol{\rho}\right)-\boldsymbol{\omega}_{\mathrm{T}}\times\left(\frac{\delta\boldsymbol{\rho}}{\delta t}\times\boldsymbol{\rho}\right)\right\}\mathrm{d}m$$

将上式等号右端第一项运用雷诺迁移定理，可得

$$\begin{aligned}\boldsymbol{M}'_{\mathrm{k}}=&-\frac{\delta}{\delta t}\int_{m}\boldsymbol{\rho}\times(\boldsymbol{\omega}_{\mathrm{T}}\times\boldsymbol{\rho})\mathrm{d}m-\int_{S_{\mathrm{e}}}\boldsymbol{\rho}\times(\boldsymbol{\omega}_{\mathrm{T}}\times\boldsymbol{\rho})(\rho_{m}\boldsymbol{V}_{\mathrm{rb}}\cdot\boldsymbol{n})\mathrm{d}S_{\mathrm{e}}+\\&\int_{m}\boldsymbol{\rho}\times\left(\frac{\mathrm{d}\boldsymbol{\omega}_{\mathrm{T}}}{\mathrm{d}t}\times\boldsymbol{\rho}\right)+\int_{m}\boldsymbol{\omega}_{\mathrm{T}}\times\left(\frac{\delta\boldsymbol{\rho}}{\delta t}\times\boldsymbol{\rho}\right)\mathrm{d}m\end{aligned} \tag{2.19}$$

根据式(1.67)有

$$\int_{m}\boldsymbol{\rho}\times(\boldsymbol{\omega}_{\mathrm{T}}\times\boldsymbol{\rho})\mathrm{d}m=\boldsymbol{I}\cdot\boldsymbol{\omega}_{\mathrm{T}}$$

将上式微分，得

$$\frac{\delta}{\delta t}\int_{m}\boldsymbol{\rho}\times(\boldsymbol{\omega}_{\mathrm{T}}\times\boldsymbol{\rho})\mathrm{d}m=\frac{\delta\boldsymbol{I}}{\delta t}\cdot\boldsymbol{\omega}_{\mathrm{T}}+\boldsymbol{I}\cdot\frac{\mathrm{d}\boldsymbol{\omega}_{\mathrm{T}}}{\mathrm{d}t} \tag{2.20}$$

将式(1.70)和式(2.20)代入式(2.19)，可得

$$\boldsymbol{M}'_{\mathrm{k}}=-\frac{\delta\boldsymbol{I}}{\delta t}\cdot\boldsymbol{\omega}_{\mathrm{T}}+\boldsymbol{\omega}_{\mathrm{T}}\times\int_{m}\frac{\delta\boldsymbol{\rho}}{\delta t}\times\boldsymbol{\rho}\mathrm{d}m-\int_{S_{\mathrm{e}}}\boldsymbol{\rho}\times(\boldsymbol{\omega}_{\mathrm{T}}\times\boldsymbol{\rho})(\rho_{m}\boldsymbol{V}_{\mathrm{rb}}\cdot\boldsymbol{n})\mathrm{d}S_{\mathrm{e}} \tag{2.21}$$

将式(2.9)代入式(2.21)，并注意到当 S_{e} 为对称面，且过 S_{e} 的各质点之速度 $\boldsymbol{V}_{\mathrm{rb}}$ 相同，则式(2.21)即可写为

$$\boldsymbol{M}'_{\mathrm{k}}=-\frac{\delta \boldsymbol{I}}{\delta t}\cdot\boldsymbol{\omega}_{\mathrm{T}}-\dot{m}\boldsymbol{\rho}_{\mathrm{e}}\times(\boldsymbol{\omega}_{\mathrm{T}}\times\boldsymbol{\rho}_{\mathrm{e}})$$
$$-\int_{S_{\mathrm{e}}}\boldsymbol{\nu}\times(\boldsymbol{\omega}_{\mathrm{T}}\times\boldsymbol{\nu})(\rho_m\boldsymbol{V}_{\mathrm{rb}}\cdot\boldsymbol{n})\mathrm{d}S_{\mathrm{e}}+\boldsymbol{\omega}_{\mathrm{T}}\times\int_m\frac{\delta\boldsymbol{\rho}}{\delta t}\times\boldsymbol{\rho}\mathrm{d}m \tag{2.22}$$

式(2.22)为附加哥氏力矩的完整表达式。注意到火箭喷口截面尺寸较之火箭的纵向尺寸要小得多,因此式(2.22)中在 S_{e} 上的积分项可略去不计。而式(2.22)的最后一项表示火箭内部有质量对质心相对运动所造成的角动量,由于火箭中液体介质的相对速度很小,燃烧产物的气体质量也很小,且可将燃烧室的平均气流近似看成与纵轴平行,因此,该项积分也可略去不计,故可认为附加哥氏力矩为

$$\boldsymbol{M}'_{\mathrm{k}}=-\frac{\delta \boldsymbol{I}}{\delta t}\cdot\boldsymbol{\omega}_{\mathrm{T}}-\dot{m}\boldsymbol{\rho}_{\mathrm{e}}\times(\boldsymbol{\omega}_{\mathrm{T}}\times\boldsymbol{\rho}_{\mathrm{e}}) \tag{2.23}$$

该力矩的第二项是由于单位时间内喷出的气流所造成的力矩,它起到阻尼作用,通常称为喷气阻尼力矩。第一项为转动惯量变化引起的力矩,对火箭来说,因为 $\delta\boldsymbol{I}/\delta t$ 各分量为负值,所以该项起减小阻尼的作用,该力矩的量级约为喷气阻尼力矩的30%。

2.1.4 附加相对力矩

由式(1.62)有

$$\boldsymbol{M}'_{\mathrm{rel}}=-\int_m\boldsymbol{\rho}\times\frac{\delta^2\boldsymbol{\rho}}{\delta t^2}\mathrm{d}m$$

将其改写为

$$\boldsymbol{M}'_{\mathrm{rel}}=-\int_m\frac{\delta}{\delta t}\left(\boldsymbol{\rho}\times\frac{\delta\boldsymbol{\rho}}{\delta t}\right)\mathrm{d}m$$

运用雷诺迁移定理得

$$\boldsymbol{M}'_{\mathrm{rel}}=-\frac{\delta}{\delta t}\int_m\boldsymbol{\rho}\times\frac{\delta\boldsymbol{\rho}}{\delta t}\mathrm{d}m-\int_{S_{\mathrm{e}}}\boldsymbol{\rho}\times\frac{\delta\boldsymbol{\rho}}{\delta t}(\rho_m\boldsymbol{V}_{\mathrm{rb}}\cdot\boldsymbol{n})\mathrm{d}S_{\mathrm{e}}$$

将式(2.1)代入上式,并利用式(2.12),可得

$$\boldsymbol{M}'_{\mathrm{rel}}=-\frac{\delta}{\delta t}\int_m\boldsymbol{\rho}\times\frac{\delta\boldsymbol{\rho}}{\delta t}\mathrm{d}m-\int_{S_{\mathrm{e}}}(\boldsymbol{\rho}\times\boldsymbol{V}_{\mathrm{rb}})(\rho_m\boldsymbol{V}_{\mathrm{rb}}\cdot\boldsymbol{n})\mathrm{d}S_{\mathrm{e}}+\dot{m}\boldsymbol{\rho}_{\mathrm{e}}\times\boldsymbol{V}_{\mathrm{rc}} \tag{2.24}$$

截面 S_{e} 上的 $\boldsymbol{V}_{\mathrm{rb}}$ 可分解为平均排气速度矢量 $\boldsymbol{u}_{\mathrm{e}}$ 与截面上的速度矢量 $\boldsymbol{V}_n$,即

$$\boldsymbol{V}_{\mathrm{rb}}=\boldsymbol{u}_{\mathrm{e}}+\boldsymbol{V}_n \tag{2.25}$$

由于 $\boldsymbol{V}_n$ 在截面 S_{e} 上具有对称性,则有

$$\int_{S_{\mathrm{e}}}\boldsymbol{V}_n(\rho_m\boldsymbol{V}_{\mathrm{rb}}\cdot\boldsymbol{n})\mathrm{d}S_{\mathrm{e}}=0 \tag{2.26}$$

将式(2.12)和式(2.25)代入式(2.24),同时利用式(2.5)、式(2.10)及式(2.26)可得

$$\boldsymbol{M}'_{\mathrm{rel}}=-\frac{\delta}{\delta t}\int_m\left(\boldsymbol{\rho}\times\frac{\delta\boldsymbol{\rho}}{\delta t}\right)\mathrm{d}m-\int_{S_{\mathrm{e}}}(\boldsymbol{\nu}\times\boldsymbol{V}_n)(\rho_m\boldsymbol{V}_{\mathrm{rb}}\cdot\boldsymbol{n})\mathrm{d}S_{\mathrm{e}}-\dot{m}\boldsymbol{\rho}_{\mathrm{e}}\times(\boldsymbol{u}_{\mathrm{e}}-\boldsymbol{V}_{\mathrm{rc}}) \tag{2.27}$$

按照与前述相同的理由,略去式(2.27)中含有体积分的项。同时,考虑到 $|\boldsymbol{\nu}|$ 与 $\boldsymbol{\rho}_{\mathrm{e}}$ 相比、$\boldsymbol{V}_{\mathrm{rc}}$ 及 $\boldsymbol{V}_n$ 与 $\boldsymbol{u}_{\mathrm{e}}$ 的绝对值相比均很小而略去,因此附加相对力矩可近似表示为

$$\boldsymbol{M}'_{\mathrm{rel}}=-\dot{m}\boldsymbol{\rho}_{\mathrm{e}}\times\boldsymbol{u}_{\mathrm{e}} \tag{2.28}$$

至此,已推导出附加力和附加力矩的表达式,归纳如下:

$$\left.\begin{aligned}\boldsymbol{F}'_{\mathrm{rel}}&=-\dot{m}\boldsymbol{u}_{\mathrm{e}}\\ \boldsymbol{F}'_{\mathrm{k}}&=-2\dot{m}\boldsymbol{\omega}_{\mathrm{T}}\times\boldsymbol{\rho}_{\mathrm{e}}\\ \boldsymbol{M}'_{\mathrm{rel}}&=-\dot{m}\boldsymbol{\rho}_{\mathrm{e}}\times\boldsymbol{u}_{\mathrm{e}}\\ \boldsymbol{M}'_{\mathrm{k}}&=-\frac{\delta\boldsymbol{I}}{\delta t}\cdot\boldsymbol{\omega}_{\mathrm{T}}-\dot{m}\boldsymbol{\rho}_{\mathrm{e}}\times(\boldsymbol{\omega}_{\mathrm{T}}\times\boldsymbol{\rho}_{\mathrm{e}})\end{aligned}\right\}\tag{2.29}$$

式中，质量秒耗量 $\dot{m}$、平均排气速度 $\boldsymbol{u}_{\mathrm{e}}$，发动机确定后即为已知；惯量张量 $\boldsymbol{I}$ 及瞬时 t 质心 O_1 至喷口截面中心的矢量矩 $\boldsymbol{\rho}_{\mathrm{e}}$ 则取决于火箭总体设计及火箭燃烧情况；火箭转动角速度 $\boldsymbol{\omega}_{\mathrm{T}}$ 为火箭运动方程中的一个变量。

2.2 推　力

实际上，相对力 $\boldsymbol{F}'_{\mathrm{rel}}$ 是利用排出燃气所需的力产生推动火箭前进的反作用力。化学火箭发动机是将火箭自身携带的燃烧剂和氧化剂(统称为推进剂)送入燃烧室内进行化学反应(燃烧)。主要燃烧产物就是释放的化学能所加热了的燃气。由于这些燃烧被限制在容积相当小的燃烧室内，所以燃气的热膨胀就导致高压，这些被压缩的燃气通过喷管膨胀而加速，产生作用于火箭的反作用力。

根据火箭所携带的推进剂的物理状态，可以分为液体推进剂、固体推进剂和固-液推进剂三种类型。与此对应的火箭叫作液体火箭、固体火箭和固-液火箭。

液体火箭的推进剂有单组元推进剂、双组元推进剂之分。单组元推进剂[如过氧化氢(H_2O_2)或肼(N_2H_4)]在催化剂的作用下进行分解，从而产生高温、高压燃气。双组元推进剂为自燃推进剂，如液氢—液氧、偏二甲肼—四氧化二氮等。以双组元推进剂为例的火箭发动机工作状态是将推进剂分别储存在燃料箱和氧化剂箱内，涡轮泵将推进剂送入燃烧室进行燃烧以产生高温、高压燃气。涡轮泵可以利用一部分燃气能量来驱动，也有采用独立的燃气发生器提供燃气来驱动。近代多级火箭发动机中多采用预燃室，即燃料与一部分氧化剂先在预燃室中进行化学反应，其预燃产物先去驱动涡轮泵，然后再进入主燃烧室，并在主燃烧室内与剩下的氧化剂进行反应。对于简单的液体火箭，可以用使推进剂箱内增压的方法来取代涡轮泵。

固体火箭是将全部推进剂装在燃烧室壳体内，在固体药柱表面进行燃烧。药柱的形状设计极为重要，因为药柱形状决定了固体火箭的相对力对时间的关系。固体推进剂可以是把燃料和氧化剂组合在一个分子内的推进剂(称双基药)，也可以是燃料和氧化剂的混合物(称复合药)。

固-液火箭发动机的氧化剂装在压力容器内并用挤压方式送入燃烧室，固体燃料在表面与氧化剂发生化学反应，从而产生高温、高压的燃烧产物。

不论哪种化学火箭发动机，为了获得其相对力，均须将火箭发动机装在试车台上进行热试车。火箭发动机在试车台上的安装方式通常有水平安装、垂直安装。水平安装可能显得容易些，但大型火箭发动机的结构可能不十分合适于进行水平试车。另外，对于液体火箭发动机，会由于点火延滞致使注入燃烧室内的推进剂未燃烧而留在燃烧室内，这样有可能导致爆炸，故常采用垂直安装。火箭发动机的静态试车是一门专业性很强的技术，不属本书讨论范筹，下面仅以水平安装试车原理给出发动机特征量。

图 2.2 所示为水平安装试车原理示意图。在试车台上，火箭处于静态试验过程，除了存在

相互抵消的重力和试车台反作用力外，就只有轴向力。应注意的是，该轴向力不单纯是相对力 $-m\boldsymbol{u}_e$，还包括火箭表面大气静压力和喷管出口截面燃气静压所形成的轴向力，这两部分静压力称为静推力，记为 $\boldsymbol{P}_{st}$，它应为

$$\boldsymbol{P}_{st}=\int_{S_e}\boldsymbol{p}\mathrm{d}S+\int_{S_b}\boldsymbol{p}_{H}\mathrm{d}S \tag{2.30}$$

式中，S_e 为喷口载面积；S_b 为箭体表面积(不包括 S_e 部分)；$\boldsymbol{p}_H$ 为火箭试车台所在高度的大气压，其方向垂直于 S_b 表面；$\boldsymbol{p}$ 为喷口截面上燃气静压，可取平均值 $\boldsymbol{p}_e$，其方向与 x_1 轴正向重合。

考虑到火箭外形具有对称性，则静推力为

$$\boldsymbol{P}_{st}=S_e(\boldsymbol{p}_e-\boldsymbol{p}_H)\boldsymbol{x}_1^0 \tag{2.31}$$

式中，$\boldsymbol{x}_1^0$ 为火箭纵轴方向的单位矢量。

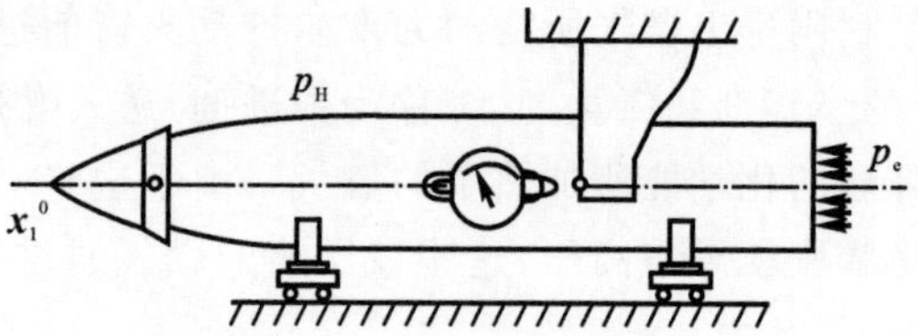

图 2.2　水平试车原理示意图

因此，一台发动机的推力(简称台推力)就定义为相对力 $-\dot{m}\boldsymbol{u}_e$ 和静推力 P_{st} 之和，即

$$P=-\dot{m}\boldsymbol{u}_e+S_e(\boldsymbol{p}_e-\boldsymbol{p}_H)\boldsymbol{x}_1^0 \tag{2.32}$$

与静推力对应，相对力 $-\dot{m}\boldsymbol{u}_e$ 也称动推力或推力动分量。注意到排气速度 $\boldsymbol{u}_e$ 指向 $\boldsymbol{x}_1^0$ 的反向，故推力值为

$$P=\dot{m}u_e+S_e(p_e-p_H) \tag{2.33}$$

气动力学计算和实验表明，在一定范围内可以认为排气速度 u_e 不变，同时排气端面的压力 p_e 正比于秒耗量 $\dot{m}$，因此，u_e，$p_e/\dot{m}$ 这两个量与外部大气压 p_H 无关。故可记为

$$u'_e=u_e+S_e\frac{p_e}{\dot{m}} \tag{2.34}$$

式中，u'_e 称为有效排气速度。

因此，式(2.33)可表示为

$$P=\dot{m}u'_e-S_e p_H \tag{2.35}$$

在真空时，有

$$P_v=\dot{m}u'_e \tag{2.36}$$

在地面时，有

$$P_0=\dot{m}_0 u'_e-S_e p_0 \tag{2.37}$$

式中，p_0 为地面大气压；$\dot{m}_0$ 为地面时发动机秒耗量。

由式(2.37)，则有

$$u'_e=\frac{P_0+S_e p_0}{\dot{m}_0} \tag{2.38}$$

故有效排气速度 u'_e 可由地面发动机试车来确定。

显然，推力也可写为

$$P=\frac{\dot{m}}{\dot{m}_0}(P_0+S_e p_0)-S_e p_H \tag{2.39}$$

这里 $\dot{m}$ 与 $\dot{m}_0$ 不同，是基于对远程火箭在火箭加速飞行过程中由于加速度及泵等工作状态有变化这个因素的考虑。一般情况下，不考虑 $\dot{m}$ 的变化，即认为 $\dot{m}=\dot{m}_0$ 为常数，则

$$P=P_0+S_e(p_0-p_H) \tag{2.40}$$

在弹道计算中，通常就采用式(2.40)来计算推力。可见，在大气层以外($|p_H|=0$)，火箭发动机的推力达最大，即

$$P=P_0+S_e p_0 \tag{2.41}$$

现引入描述发动机性能的一个重要指标——比推力(或称比冲量)。它的定义为：发动机在无限小时间间隔 δt 内产生的冲量 $P\delta t$ 与该段时间间隔内消耗的推进剂重量 $\dot{m}g_0\delta t$ 之比，即

$$P_{sp}=\frac{P\delta t}{\dot{m}g_0\delta t}=\frac{P}{\dot{m}g_0} \tag{2.42}$$

式中，g_0为海平面标准重力加速度。

将式(2.35)代入式(2.42)即有

$$P_{sp}=\frac{u'_e}{g_0}-\frac{S_e p_H}{\dot{m}g_0} \tag{2.43}$$

由式(2.43)可知，真空比推力 $P_{sp.v}$与地面比推力 $P_{sp.o}$分别为

$$P_{sp.v}=\frac{u'_e}{g_0} \tag{2.44}$$

$$P_{sp.o}=\frac{u'_e}{g_0}-\frac{S_e p_0}{m g_0}=\frac{P_0}{\dot{G}_0} \tag{2.45}$$

从地面到真空，比推力可增加 10%～15%。

2.3　引力与重力

2.3.1　地球的运动

大家知道，地球是太阳系中的一颗行星，它一方面绕太阳公转，另一方面又绕自身的轴旋转。

地球绕太阳公转的周期为一年，地球质心的轨迹为一椭圆。椭圆的近日距离约为 1.471 亿千米，远日距离约为 1.521 亿千米，近似于圆轨道。

地球的自转是绕地轴进行的。地轴与地表面相交于两点，分别称为北极与南极。地球自转角速度矢量与地轴重合，方向指向北极。

地轴在地球内部有微小的位置变化，它反映为地球两极的移动，称为极移。极移的原因是地球内部和外部物质的移动，但极移的范围很小，一般可不予考虑。

地轴除极移外还有进动。我们通过地球质心作一平面垂直于地轴，它与地球表面的截痕称作赤道。地球相对太阳公转的轨道称为黄道，月球相对地心运动的轨道称白道。由于黄道和赤道不共面，两轨道面之间的夹角为 23°27′。白道面与黄道面比较接近，两者之间的夹角只有 5°9′。由于地球自转，其形状呈一扁球体，其两极之间距离小于赤道直径。这样，太阳和月球经常对地球赤道隆起部分施加引力，这是一种不平衡的力。如果地球没有自转，该力将使地

球的赤道平面逐渐靠近黄道平面。由于地球自转的存在，上述作用力不会使地轴趋于黄轴，而是以黄轴为轴作周期性的圆锥运动，这就是地轴的进动。但这种进动的角速度不大，只有50.24″/年，周期长约25 800年。

此外，由于白道平面与黄道平面在惯性空间中有转动，月球对地球的引力作用也同样有周期性变化，从而引起地轴除绕黄轴有进动外还存在章动。

由上述简介可知，地球的运动是一种复杂的运动。

在研究运载火箭及近地卫星轨道的运动规律时，上述影响地球运动的因素中，除地球自转外，均不予考虑，因为它们对火箭及卫星运动规律的影响是极小的。因此，在本书后续的讨论中，即认为地球的地轴在惯性空间内的指向不变，地球以一个常值角速度绕地轴旋转。

为了描述地球的自转角速度，需要用到时间计量单位。由于人们的日常生活和上下班的工作日，在很大程度上由太阳所决定，因此把太阳相继两次通过观察者所在子午圈所经历的时间间隔记为一个真太阳日。但由于地球相对太阳的运动轨道是椭圆，地球在此轨道上的运动速度是不同的，因此真太阳的时间间隔就不是一个常值，不便生活使用。为此，设想一个“假太阳”，它和真太阳一样，以相同的周期及同一方向与地球做相对运动。但有如下两点不同：

(1)它的运动平面是赤道平面而不是黄道平面。

(2)运动速度是均匀的，等于“真太阳”在黄道平面内运动速度的平均值。

这样，就将“假太阳”两次过地球用一子午线的时间间隔为一个太阳日，这个太阳日就称为“平太阳日”，一个平太阳日分成24个平太阳时。由于平太阳日是从正午开始，这样把同一白天分成两天，为了方便人们生活习惯，将子夜算作一天的开始，所以实际民用时比太阳时早开始12 h。

地球绕太阳公转周期为365.256 36个平太阳。从图2.3可看出，地球自转一周所需的时间t较一个平太阳日要短，因为地球在一个平太阳日转过的角度比360°要多360°/365.256 36≈1°。显然，地球公转一周，地球自转圈数比平太阳日数正好多一圈，即地球共自转了366.256 36圈。

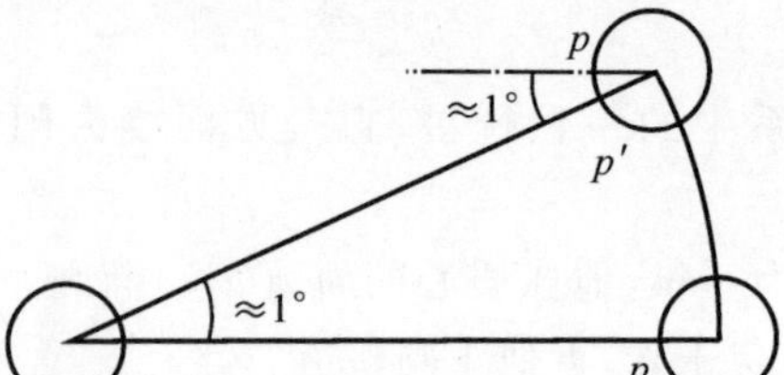

图 2.3　平太阳日与公转关系示意图

由此可得地球自转一周所需的时间为

$$t=\frac{365.256\ 36\times 24\times 3\ 600}{366.256\ 36}=86\ 164.099\ \mathrm{s} \tag{2.46}$$

故得地球自转角速度为

$$\omega_e=\frac{2\pi}{t}=7.292\ 115\times 10^{-5}\ \mathrm{rad/s} \tag{2.47}$$

2.3.2　地球的形状

地球是一个形状十分复杂的物体，在冷却和凝固过程中由于地球自转，使其形成一个两极间距离小于赤道直径的扁球体。地球的物理表面也极不规则，近 30%是大陆，近 70%为海洋。陆地的最高山峰是珠穆朗玛峰，海拔高度是 8 844 m；海洋最低的海沟是太平洋的马里亚纳海渊，深度是 11 521 m。地球的物理表面实际上是不能用数学方法来描述的。

通常所说的地球形状是指全球静止海平面的形状。全球静止海平面不考虑地球物理表面的海陆差异，也不考虑陆上和海底的地势起伏。它与实际海洋静止表面相重合，而且包括陆地下的假想“海面”，后者是前者的延伸，两者总称大地水准面，如图 2.4 所示。大地水准面的表面是连续的、封闭的，而且没有皱褶与裂痕，故是一个重力等势面。由于重力与地球内部不均匀分布的质量吸引作用有关，因此，大地水准面的表面也是一个无法用数学方法描述的十分复杂的表面。实际上，往往用一个较简单形状的物体来代替真实地球，要求该物体的表面与大地水准面的差别尽可能小，并且在此表面进行计算没有困难。

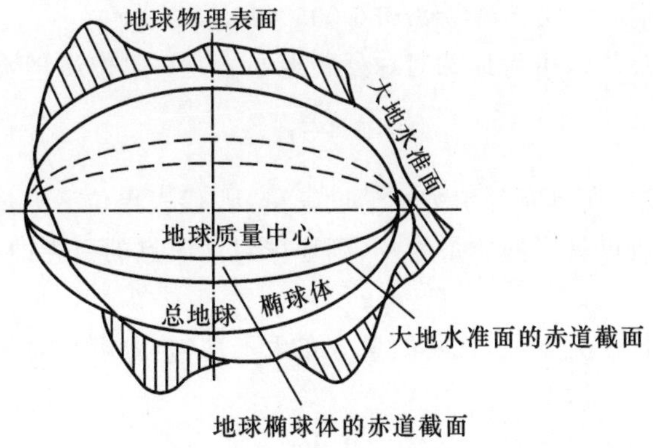

图 2.4　地球物理表面、大地水准面与总地球椭球体

作为一级近似，可以认为地球是一个圆球，其体积等于地球体积。圆球体的半径为

$$R=6\ 371\ 004\ \mathrm{m} \tag{2.48}$$

在研究近程导弹和飞机等飞行器飞行力学中，这个近似是完全可以的。

在多数情况下，由一椭圆绕其短轴旋转所形成的椭圆球来代替大地水准面。该椭球体按下述条件来确定：

(1)椭球中心与地球质心重合，而且其赤道平面与地球赤道平面重合。

(2)椭球体体积与大地水准面所包围的体积相等。

(3)椭球体的表面与大地水准面的高度偏差的平方和必须最小。

按上述条件确定的椭球体称为总地球椭球体，用它逼近实际的大地水准面的精度一般来说是足够的。

关于总地球椭球体的几何尺寸，我国采用 1975 年第十六届国际测量协会的推荐值，即

地球的赤道半径(即椭球体长半轴)为

$$a_e=6\ 378\ 145\ \mathrm{m} \tag{2.49}$$

地球的扁率为

$$\alpha_e=\frac{a_e-b_e}{a_e}=\frac{1}{298.257} \tag{2.50}$$

式中，b_e 为椭球体的短半轴，即地球南北极之间的距离。

2.3.3 地球的引力

引力场是一个保守场，即一个质点在场内沿任意一条封闭曲线运动一周，场对该质点所做的功等于零，这种场一定存在着一个代表场能量强度的势函数 U，场对该质点的作用力 $\boldsymbol{F}$ 与势函数 U 具有以下关系：

$$\boldsymbol{F}=\mathbf{grad}\,U \tag{2.51}$$

若设地球为一均质圆球，则可把地球质量 M 看作集中于地球中心，则地球对球外距地心为 r 处的一个单位质量质点的势函数为

$$U=\frac{fM}{r} \tag{2.52}$$

式中，f 为万有引力常数，记 $\mu=fM$，称为地球引力系数，它是一个常量，近似计算时可取为

$$\mu=fM=3.986\ 005\times10^{14}(\mathrm{m^3/s^2})$$

由式(2.51)与式(2.52)，可得地球对球外距地心 r 处一单位质量质点的场强(引力)为

$$\boldsymbol{g}=-\frac{fM}{r^2}\boldsymbol{r}^0 \tag{2.53}$$

场强 $\boldsymbol{g}$ 就是地球引力场中所具有的引力加速度矢量，$\boldsymbol{r}^0$ 代表单位 $\boldsymbol{r}$ 矢量。

显然，若地球外一质点具有的质量为 m，则地球对该质点的引力即为

$$\boldsymbol{F}=m\boldsymbol{g} \tag{2.54}$$

实际上，地球的形状极为复杂，且其质量分布也不均匀，要求其对球外一点的势函数，则需对整个地球进行积分来获得，即

$$U=f\iiint_M\frac{\mathrm{d}m}{\rho} \tag{2.55}$$

式中，$\mathrm{d}m$ 为单元体积的质量；ρ 为 $\mathrm{d}m$ 至空间所研究的一点的距离。

由式(2.55)看出，要精确地求出势函数，必须知道地球表面的形状和内部的密度分布，才能计算该积分值。

为了求得势函数的较精确的表达式，我们必须采用其他途径。在学习气动力计算中，大家对流场的研究比较熟悉，引力场和速度场一常，都是保守场，引力势 U 相当于速度场的速度 φ，在研究不可压流场中的速度势时，已导得速度 φ 满足拉普拉斯方程，即

$$\Delta^2\varphi=\frac{\partial^2\varphi}{\partial x^2}+\frac{\partial^2\varphi}{\partial y^2}+\frac{\partial^2\varphi}{\partial z^2}=0 \tag{2.56}$$

式(2.56)是拉普拉斯方程在直角坐标系中的表达式，求地球的引力势时我们最好采用极坐标系中的形式。

根据两个坐标系之间的关系(见图 2.5)，拉普拉斯方程的形式为

$$\frac{1}{r^2}\frac{\partial}{\partial r}\left(r^2\frac{\partial U}{\partial r}\right)+\frac{1}{r^2\sin\theta}\frac{\partial}{\partial\theta}\left(\sin\theta\frac{\partial U}{\partial\theta}\right)+\frac{1}{r^2\sin^2\varphi}\frac{\partial^2U}{\partial\varphi^2}=0 \tag{2.57}$$

采用分离变量的办法，令 $U(r,\theta,\varphi)=R(r)\theta(\sigma)\Phi(\varphi)\neq0$，求导后代入式(2.57)，可分离出 3 个常微分方程，即

$$\left.\begin{aligned}&\frac{1}{r^2}\frac{\mathrm{d}}{\mathrm{d}r}\left(r^2\frac{\mathrm{d}R}{\mathrm{d}r}\right)-\frac{\lambda}{r^2}R=0\\&\frac{\mathrm{d}^2\Phi}{\mathrm{d}\varphi^2}+m^2\Phi=0\\&\frac{1}{\sin\theta}\frac{\mathrm{d}}{\mathrm{d}\theta}\left(\sin\theta\frac{\mathrm{d}\theta}{\mathrm{d}}\right)-\left(\lambda-\frac{m^2}{\sin^2\theta}\right)\theta=0\end{aligned}\right\}\tag{2.58}$$

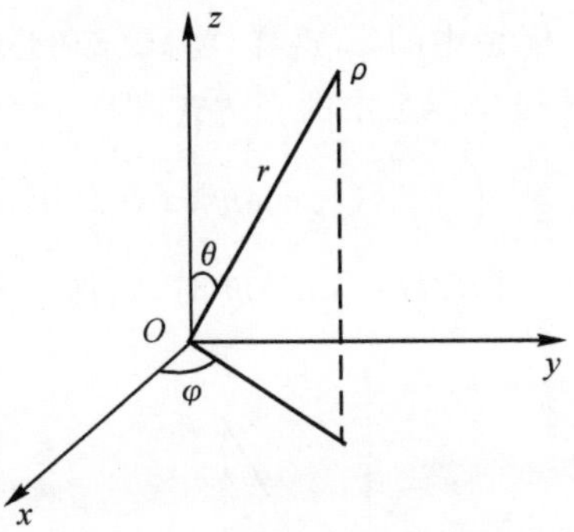

图 2.5　直角坐标系与极坐标系之间的相对关系

为了解题方便，令常数 $\lambda=n(n+1)$，则前两个方程的解即可求得：

$$R(r)=\sum_{n=0,1,2}^{+\infty}R_n(r)=\sum_{n=0,1,2}^{+\infty}\frac{A_n}{r^{n+1}}\tag{2.59}$$

$$\Phi(\varphi)=\sum_{m=0,1,2}^{+\infty}\Phi_m(\varphi)=\sum_{m=0,1,2}^{+\infty}(B_m\cos m\varphi+C_m\sin m\varphi)\tag{2.60}$$

式中，A_n，B_m 和 C_m 为待定系数。

第三个方程我们比较生疏，可令 $x=\cos\theta$，$y(x)=H(\theta)$，可得

$$\frac{\mathrm{d}}{\mathrm{d}x}\left[(1-x^2)\frac{\mathrm{d}y}{\mathrm{d}x}\right]+\left[n(n+1)-\frac{m^2}{1-x^2}\right]y=0\tag{2.61}$$

此方程在数学上就称为连带勒让德(Lyendro Letender)方程。当 $m=0$ 时，就是著名的勒让德方程：

$$(1-x^2)y''-2xy'+n(n+1)y=0$$

其基本解就是勒让德多项式 $\mathrm{P}_n(x)$，前几项勒让德多项式为

$$\mathrm{P}_0(x)=1,\quad \mathrm{P}_1(x)=x,\quad \mathrm{P}_2(x)=\frac{1}{2}(3x^2-1),\quad \mathrm{P}_3(x)=\frac{1}{2}(5x^3-3x),$$

$$\mathrm{P}_4(x)=\frac{1}{8}(35x^4-30x^2+3),\quad \mathrm{P}_5(x)=\frac{1}{8}(63x^5-70x^3+15x),\cdots$$

项数多时可查《数学手册》或《特殊函数概论》，其通式可用微商表示为

$$\mathrm{P}_n(x)=\frac{1}{2^n n!}\left[\frac{\mathrm{d}^n}{\mathrm{d}x^n}(x^2-1)^n\right]\tag{2.62}$$

当 $n\neq0$ 时，方程式(2.62)就称为连带勒让德方程。当满足条件($-1\leqslant x\leqslant1,0\leqslant m\leqslant n$)时，方程有解 $\mathrm{P}_n^m(x)$，或记成 $\mathrm{P}_{nm}(x)$，也将多项式写成微商形式，有

$$P_{nm}(x)=(1-x^2)^{m/2}\frac{\mathrm{d}^m}{\mathrm{d}x^m}P_n(x)\tag{2.63}$$

称此多项式为 m 阶 n 次第一类连带勒让德函数。

其解的形式为

$$U=\frac{fM}{r}\left[1+\sum_{n=2}^{+\infty}\sum_{m=0}^{n}\left(\frac{a_e}{r}\right)^n[C_{nm}\cos m\varphi+S_{nm}\sin m\varphi]\mathrm{P}_{nm}(\cos\theta)\right] \tag{2.64}$$

由于U是代表地球的引力势，所以采用地极坐标系（见图 2.6）更为方便，地极坐标系与极坐标系的区别只有一个角度定义不同，极坐标系中的θ角是矢径与Oz轴的夹角，地极坐标系中采用的纬度φ是矢径与赤道平面（Oxy平面）的夹角，两者之间有关系$\varphi+\theta=\pi/2$。地极坐标系中的经度λ，就相当于极坐标系中的φ，这样，将式（2.64）中的φ改成λ（经度），$\cos\theta$改成$\sin\varphi$，这样就得到引力势U在球极坐标系中的表达式，即

$$U=\frac{fM}{r}\left[1+\sum_{n=2}^{+\infty}\sum_{m=0}^{n}\left(\frac{a_e}{r}\right)^n(C_{nm}\cos m\lambda+S_{nm}\sin m\lambda)\mathrm{P}_{nm}(\sin\varphi)\right] \tag{2.65}$$

式中，当$n\neq m$时，C_{nm}，S_{nm}称为田谐系数；当$n=m$时，则称为扇谐系数。

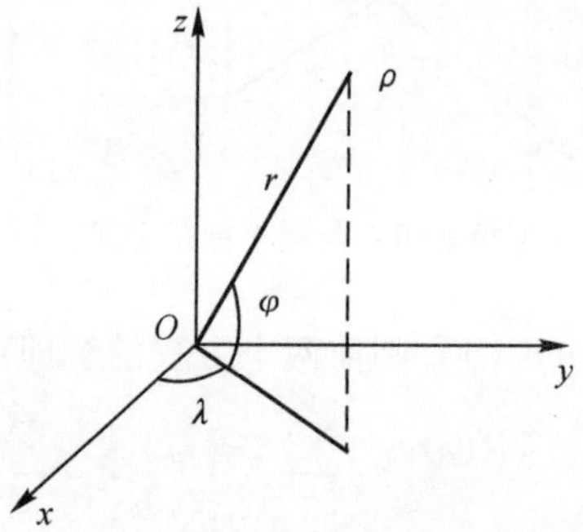

图 2.6　地极坐标系与直角坐标系

这虽然是一个无穷极数，实际上级数中的系数，C_{nm}，S_{nm}随n与m的增加而衰减得很快，具体计算时只取有限几项就够了。当然，项数取得越多，精度就越高。美国的哥达德（Goddard）宇航中心发表的地球模型 GEM－10C，给出了$n=180$的 30 000 多个谐系数表达式。为了确定这 30 000 多个系数，就要在地球四周 30 000 多个不同的点测出U值，再利用计算机算出这 30 000 多个系数。

不同的地球模型，所得的谐系数有所差异，对地球外距地心矢径为$\boldsymbol{r}$处的一个固定点而言，地球旋转一周，经度对该点引力势影响的差别，或多或少地“被平均掉”（相互抵消）。作为第一次近似，我们先忽略地球经度λ的影响，即在式（2.65）中，取$m=0$，可得

$$U=\frac{fM}{r}\left[1+\sum_{n=2}^{\infty}C_{no}\left(\frac{a_e}{r}\right)^n\mathrm{P}_n(\sin\varphi)\right] \tag{2.66}$$

我们若再假定地球的质量分布相对赤道平面具有对称性，根据勒让德函数的性质，即

$$\mathrm{P}_n(-x)=(-1)^n\mathrm{P}_n(x)$$

这样，在式（2.66）中，n只取偶次项，把谐系数C_{no}写成$-J_n$（J_n称带谐系数），则作为椭球体的地球，对球外单位质点的引力势为无穷级数，有

$$U=\frac{fM}{r}\left[1-\sum_{n=1}^{\infty}J_{2n}\mathrm{P}_{2n}(\sin\varphi)\right] \tag{2.67}$$

式（2.67）所代表的引力势，通常称为正常引力势，考虑到工程实际使用中的精度取至J_4即可，则把

$$U=\frac{fM}{r}\left[1-\sum_{n=1}^{2} J_{2n}\left(\frac{a_e}{r}\right)^{2n} P_{2n}(\sin\varphi)\right] \tag{2.68}$$

取作正常引力势。

由于谐系数与地球模型有关，不同的地球模型其谐系数有差异，但在 J_2，J_4 中，前者是统一的，后者差异较小。我国采用 1975 年大地测量协会推荐的数值，即

$$J_2=1.082\ 63\times10^{-3},\quad J_4=-2.370\ 91\times10^{-6}$$

式(2.68)中勒让德函数为

$$P_2(\sin\phi)=\frac{3}{2}\sin^2\phi-\frac{1}{2}$$

$$P_4(\sin\phi)=\frac{35}{8}\sin^4\phi-\frac{15}{4}\sin^2\phi+\frac{3}{8}$$

在弹道设计和计算中，有时为了方便，还可近似取式(2.68)中至 J_2 为止的引力势作为正常引力势，即

$$U=\frac{fM}{r}\left[1+\frac{J_2}{2}\left(\frac{a_e}{r}\right)^2(1-3\sin^2\phi)\right] \tag{2.69}$$

值得指出的是，正常引力势是人为假设的，不论是式(2.68)或式(2.69)，其所表示的正常引力势与实际地球的引力势均有差别，这一差别称为引力势的异常。若要求弹道计算的精度较高，则须顾及引力势异常的影响。

由式(2.69)可见，正常引力势仅与观测点的距离 r 及地心纬度 ϕ 有关。因此，引力加速度 $\boldsymbol{g}$ 总是在地球地轴与所考察的空间点构成的平面内，该平面与包含 r 在内的子午面重合，如图 2.7 所示。

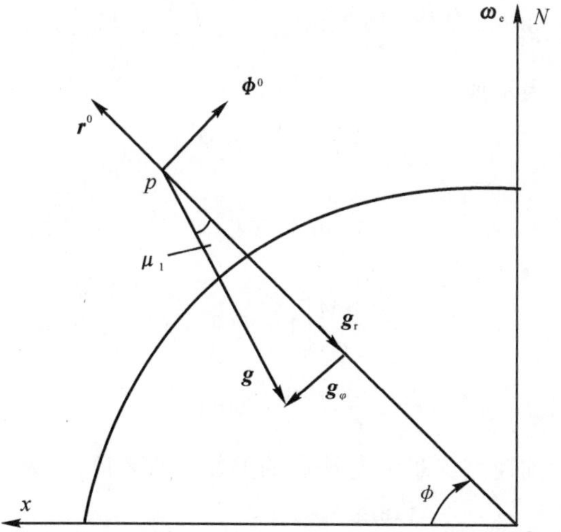

图 2.7　$\boldsymbol{g}$ 在 $\boldsymbol{r}^0$ 与 $\boldsymbol{\phi}^0$ 上投影

对于位于 P 点的单位质量质点而言，为计算该点的引力加速度矢量，作过 P 点的子午面。令 $\overrightarrow{O_E P}=\boldsymbol{r}$，$\boldsymbol{r}$ 的单位矢量为 $\boldsymbol{r}^0$，并令在此子午面内垂直 $\overrightarrow{O_E P}$ 且指向 ϕ 增加方向的单位矢量为 $\boldsymbol{\phi}^0$。则引力加速度 $\boldsymbol{g}$ 在 $\boldsymbol{r}^0$ 及 $\boldsymbol{\phi}^0$ 方向的投影分别为

$$\left.\begin{aligned} g_r&=\frac{\partial U}{\partial r}=-\frac{fM}{r^2}\left[1+\frac{3}{2}J_2\left(\frac{a_e}{r}\right)^2(1-3\sin^2\phi)\right] \\ g_\phi&=\frac{1}{r}\frac{\partial U}{\partial \phi}=-\frac{fM}{r^2}\frac{3}{2}J_2\left(\frac{a_e}{r}\right)^2\sin2\phi \end{aligned}\right\} \tag{2.70}$$

令 $J=\frac{3}{2}J_2$，则

$$\left.\begin{aligned} g_r&=-\frac{fM}{r^2}\left[1+J\left(\frac{a_e}{r}\right)^2(1-3\sin^2\phi)\right] \\ g_\phi&=-\frac{fM}{r^2}J\left(\frac{a_e}{r}\right)^2\sin2\phi \end{aligned}\right\} \tag{2.71}$$

显然，当式(2.71)中不考虑含 J 的项时，可得

$$g_r=-\frac{fM}{r^2}$$

$$g_\phi=0$$

因此，含 J 的项，即是考虑了地球扁率后，对作为均质圆球的地球引力加速度的修正，而且当考虑地球扁率时，还有一个方向总是指向赤道一边的分量 $\boldsymbol{g}_\phi$，这是由于地球的赤道略为隆起，此处质量加大的原因而引起的。

为了计算方便，常常把引力加速度投影在矢径 $\boldsymbol{r}$ 和地球自转 $\boldsymbol{\omega}_e$ 方向。显然，这只需将矢量 $\boldsymbol{g}_\phi$ 分解到 $\boldsymbol{r}$ 及 $\boldsymbol{\omega}_e$ 方向上即可。由图 2.7 可得

$$\boldsymbol{g}_\phi=g_{\phi r}\boldsymbol{r}^0+g_{\phi\omega_e}\boldsymbol{\omega}_e^0=-g_\phi\tan\phi\boldsymbol{r}^0+\frac{g_\phi}{\cos\phi}\boldsymbol{\omega}_e^0 \tag{2.72}$$

将式(2.71)之 g_ϕ 代入式(2.72)可得

$$\boldsymbol{g}_\phi=2\frac{fM}{r^2}J\left(\frac{a_e}{r}\right)^2\sin^2\phi\boldsymbol{r}^0-2\frac{fM}{r^2}J\left(\frac{a_e}{r}\right)\sin\phi\boldsymbol{\omega}_e^0 \tag{2.73}$$

这样，引力加速度矢量可表示成

$$\boldsymbol{g}=g_r\boldsymbol{r}^0+g_\phi\boldsymbol{\phi}^0 \tag{2.74}$$

或

$$\boldsymbol{g}=g'_r\boldsymbol{r}^0+g_{\omega e}\boldsymbol{\omega}_e^0 \tag{2.75}$$

式中

$$\left.\begin{aligned} g'_r&=g_r+g_{\phi r}=-\frac{fM}{r^2}\left[1+J\left(\frac{a_e}{r}\right)^2(1-5\sin^2\phi)\right] \\ g_{\omega e}&=g_{\phi\omega e}=-2\frac{fM}{r^2}J\left(\frac{a_e}{r}\right)^2\sin\phi \end{aligned}\right\} \tag{2.76}$$

由图 2.7 看到，引力加速度矢量 $\boldsymbol{g}$ 与该点的矢径 $\boldsymbol{r}$ 的夹角 μ_1 为

$$\tan\mu_1=g_\phi/g_r \tag{2.77}$$

考虑到 μ_1 很小，近似取 $\tan\mu_1\approx\mu_1$，当将式(2.70)代入式(2.77)右端后取至 J 的准确度时，式(2.77)整理可得

$$\mu_1\approx J\left(\frac{a_e}{r}\right)^2\sin2\phi \tag{2.78}$$

对于地球为两轴旋转椭球体的情况，其表面任一点满足椭圆方程

$$\frac{x^2}{a_e^2}+\frac{y^2}{b_e^2}=1$$

设该点地心距为 r_0，则不难将上式写成

$$b_e^2 r_0^2 \cos^2\phi + a_e^2 r_0^2 \sin^2\phi = a_e^2 b_e^2$$

即有

$$r_0 = \frac{a_e b_e}{\sqrt{b_e^2 \cos^2\phi + a_e^2 \sin^2\phi}} \tag{2.79}$$

注意到椭球的扁率为

$$\alpha_e = \frac{a_e - b_e}{a_e}$$

代入式(2.79)，得

$$r_0 = \frac{a_e^2(1-\alpha_e)}{a_e\sqrt{(1-\alpha_e)^2\cos^2\phi + \sin^2\phi}} = a_e(1-\alpha_e)(1-2\alpha_e\cos^2\phi + \alpha_e^2\cos^2\phi)^{-\frac{1}{2}}$$

记 $\chi = 2\alpha_e\cos^2\phi - \alpha_e^2\cos^2\phi$。因为 χ 为小量，将其代入前式，并按级数展开，则可得两轴旋转体表面上任一点 r_0 与赤道半径 a_e 及该点地心距与赤道平面夹角 ϕ 之间有下列关系：

$$r_0 = a_e(1 - \alpha_e\sin^2\phi - \frac{3}{8}\alpha_e^2\sin^2 2\phi - \cdots) \tag{2.80}$$

已知

$$\alpha_e = \frac{a_e - b_e}{a_e} = \frac{1}{298.257}$$

故当考虑到扁率一阶项时，可将 α_e^2 以上项略去，则

$$\frac{a_e}{r_0} \approx \frac{1}{1-\alpha_e\sin^2\phi}$$

$$(\frac{a_e}{r_0})^2 \approx \frac{1}{1-2\alpha_e\sin^2\phi} \approx 1 + 2\alpha_e\sin^2\phi$$

将该结果代入式(2.78)，则有

$$\mu_{10} = J(1+2\alpha_e\sin^2\phi)\sin 2\phi$$

式中，J，α_e 均为小量，故在准确至 α_e 量级时，可取

$$\mu_{10} = J\sin 2\phi \tag{2.81}$$

该 μ_{10} 即为地球为旋转椭球体的表面一点引力加速度矢量 $\boldsymbol{g}$ 与该点地心矢径 $\boldsymbol{r}$ 的夹角，该角的值准确至 α_e 量级。不难由式(2.81)看出，当 $\phi = \pm 45°$ 时，$|\mu_{10}|$ 取最大值，即

$$|\mu_{10}| = J = 1.623\ 95 \times 10^{-3}\ \text{rad} = 5.6'$$

由图 2.7 可知，空间任一点的引力加速度大小为

$$g = g_r / \cos\mu_1$$

由于 μ_1 很小，取 $\cos\mu_1 \approx 1$，可得

$$g = g_r = -\frac{fM}{r^2}\left[1 + J(\frac{a_e}{r})^2(1-3\sin^2\phi)\right] \tag{2.82}$$

当 $1-3\sin^2\phi = 0$，即 $\phi = 35°15'52''$ 时，有

$$g = -\frac{fM}{r^2}$$

将该 ϕ 角代入式(2.80)，当准确至 α_e 量级时，则有

$$r_0 = a_e(1 - \frac{\alpha_e}{3}) = 6\ 371.11\ (\text{km})$$

通常将此 r_0 值取作球形引力场时的地球平均半径，记为 R。

2.3.4　重力

如地球外一质量为 m 的质点相对于地球是静止的，该质点受到地球的引力为 $m\boldsymbol{g}$，另由于地球自身在以角速度 $\boldsymbol{\omega}_e$ 旋转，故该质点还受到随同地球旋转而引起的离心惯性力，将该质点所受的引力和离心惯性力之和称为该质点所受的重力，记为 $m\,g$，则

$$m\,g = m\boldsymbol{g} + m\,\boldsymbol{a}'_e \tag{2.83}$$

式中，$\boldsymbol{a}'_e = -\boldsymbol{\omega}_e \times (\boldsymbol{\omega}_e \times \boldsymbol{r})$ 称为离心加速度。

空间一点的离心惯性加速度 $\boldsymbol{a}'_e$ 是在该点与地轴组成的子午面内，并与地轴垂直指向球外，将其分解到 $\boldsymbol{r}^0$ 及 $\boldsymbol{\phi}^0$ 方向，其大小分别记为 $a'_{er}, a'_{e\phi}$，可得

$$\left.\begin{aligned} a'_{er} &= r\omega_e^2\cos^2\phi \\ a'_{e\phi} &= -r\omega_e^2\sin\phi\cos\phi \end{aligned}\right\} \tag{2.84}$$

显然，g 同属于 $\boldsymbol{a}'_e$，$\boldsymbol{g}$ 所在的子午面内（见图 2.8）。将式(2.70)与式(2.84)代入式(2.83)即可得到重力加速度 g 在该子午面内 $\boldsymbol{r}^0$ 及 $\boldsymbol{\varphi}^0$ 方向的分量为

$$\left.\begin{aligned} g_r &= -\frac{fM}{r^2}\left[1 + J\left(\frac{a_e}{r}\right)^2(1 - 3\sin^2\phi)\right] + r\omega_e^2\cos^2\phi \\ g_\phi &= -\frac{fM}{r^2}J\left(\frac{a_e}{r}\right)^2\sin 2\phi - r\omega_e^2\cos\phi\sin\phi \end{aligned}\right\} \tag{2.85}$$

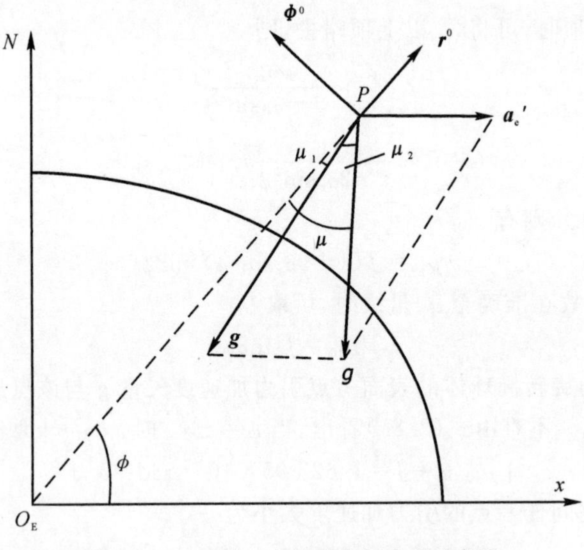

图 2.8　地球外一点的重力加速度示意图

将上式整理可得

$$\left.\begin{aligned} g_r &= -\frac{fM}{r^2}\left[1 + J\left(\frac{a_e}{r}\right)^2(1 - 3\sin^2\phi) - q\left(\frac{r}{a_e}\right)^3\cos^2\phi\right] \\ g_\phi &= -\frac{fM}{r^2}\left[J\left(\frac{a_e}{r}\right)^2 + \frac{q}{2}\left(\frac{r}{a_e}\right)^3\right]\sin 2\phi \end{aligned}\right\} \tag{2.86}$$

式中，$q = \dfrac{a_e\omega_e^2}{\dfrac{fM}{a_e^2}}$，为赤道上离心加速度与引力加速度之比，将 a_e, ω_e, fM 值代入可算得

$$q=3.4614\times10^{-3}=1.0324\alpha_e$$

可见，q 与 α_e 是同量级的参数。

由图 2.8 可见，空间 P 点之重力加速度矢量在过该点的子午面内， 的指向不通过地心，即 与 $\boldsymbol{r}$ 之间有一夹角 μ，该角可用

$$\tan\mu=\frac{{}_{\phi}}{{}_{r}}$$

算得。

当考虑到 μ 角很小，上式左端近似为 μ，而右端在准确到 α_e 量级时展开可得

$$\mu\approx J\left(\frac{a_e}{r}\right)^2\sin2\phi+\frac{q}{2}\left(\frac{r}{a_e}\right)^3\sin2\phi \tag{2.87}$$

式(2.87)右端第一项为 μ_1，它是 $\boldsymbol{g}$ 与 $\boldsymbol{r}$ 的夹角；记第二项为 μ_2，它是由于有离心加速度存在造成 与 $\boldsymbol{g}$ 之间的夹角，则式(2.87)可记为

$$\mu=\mu_1+\mu_2$$

火箭发射时是以发射点的垂线方向亦即 的方向定向。当将地球形状视为一两轴旋转椭球体时，在椭球表面上任一点的重力垂线即为椭球面上过该点的法线。如图 2.9 所示，该法线从发射点 O 到与地轴交点 M 的长度 OM，称为椭球面上 O 点的卯酉半径，记为 N，M 称为卯酉中心。N 与赤道平面的夹角记为 B，即为地理纬度。而 M 与椭球中心 O_E 之间的距离为 O_EM，由于椭球面上各点的法线不指向同一中心，故 M 点是沿地轴移动的，即 O_EM 的长度与 O 点在椭球面上的位置有关。

发射点 O 所在子午面的椭圆曲线方程为

$$\frac{x^2}{a_e^2}+\frac{y^2}{b_e^2}=1$$

则过 O 点的椭圆法线的斜率为

$$\tan B_0=-\frac{\mathrm{d}x}{\mathrm{d}y}=\frac{y}{x}\frac{a_e^2}{b_e^2}$$

而过 O 点的矢径 $\boldsymbol{r}$ 与赤道平面的夹角为地心纬度 ϕ_0，由图 2.9 可知

$$\tan\phi_0=\frac{y}{x}$$

则地理纬度 B_0 与地心纬度 ϕ_0 之间有下列严格关系：

$$\tan B_0=\frac{a_e^2}{b_e^2}\tan\phi_0 \tag{2.88}$$

当知道 B_0，ϕ_0 中任一参数值时，即可准确求得另一个参数值，从而可求得

$$\mu_0=B_0-\phi_0 \tag{2.89}$$

由图 2.9，过 O_E 作 OM 的垂线交于 A，并注意到 μ 为一微量，则有

$$O_EM=\frac{O_EA}{\cos B_0}\approx\frac{r_0\mu_0}{\cos B_0} \tag{2.90}$$

将 $b_e=a_e(1-\alpha_e)$ 代入式(2.88)，并准确到 α_e 量级时，有

$$\tan B_0-\tan\phi_0=2\alpha_e\tan B_0$$

由于

$$\tan B_0 - \tan\phi_0 = \frac{\sin(B_0 - \phi_0)}{\cos B_0 \cos\phi_0}$$

则得

$$\sin(B_0 - \phi_0) = 2\alpha_e \sin B_0 \cos\phi_0$$

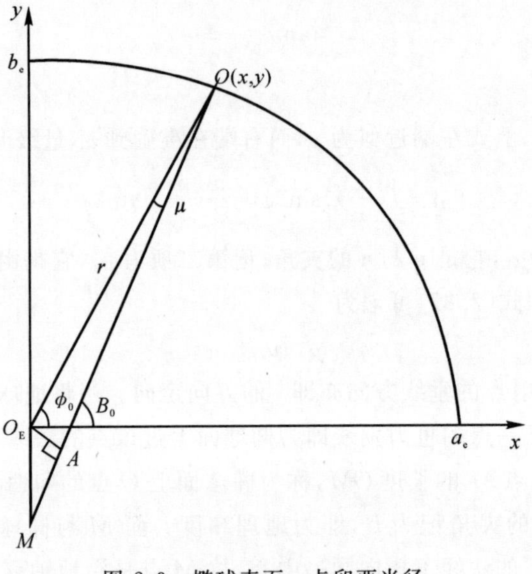

图 2.9　椭球表面一点卯酉半径

注意到式(2.89)且考虑到 μ 很小，则有

$$\mu_0 = \alpha_e \sin 2B_0 = \alpha_e \sin 2\phi_0 \tag{2.91}$$

不难看出，在椭球面上，当 $\phi_0 = \pm 45°$时，μ 取最大值，即

$$\mu_{0\max} = \alpha_e = 11.5'$$

将式(2.91)代入式(2.90)，可得

$$\overline{O_E M} = 2r_0 \alpha_e \sin B_0 = 2r_0 \alpha_e \sin\phi_0 \tag{2.92}$$

此时卯酉半径 N 为

$$N = \overline{OA} + \overline{AM} = r_0 + \overline{O_E M}\sin B_0 = r_0(1 + 2\alpha_e \sin^2 B_0) \tag{2.93}$$

将式(2.80)代入式(2.93)，略去 α_e^2 以上各项，则

$$N = a_e(1 + \alpha_e \sin^2 B_0) \tag{2.94}$$

由式(2.94)可见，在赤道上，$N = a_e$；在非赤道面上任一点的卯酉半径均大于赤道半径 a_e，最大的卯酉半径是两极点处的值，即为 $a_e(1+\alpha_e)$。

由图 2.8 可知，空间任一点的重力加速度大小为

$$g = g_r / \cos\mu$$

当准确到 α_e 量级时，可取 $\cos\mu = 1$，则

$$g \approx g_r = -\frac{fM}{r^2}\left[1 + J\left(\frac{a_e}{r}\right)^2(1 - 3\sin^2\phi) - q\left(\frac{r}{a_e}\right)^3 \cos^2\phi\right] \tag{2.95}$$

2.4　气动力与气动力矩

2.4.1　气动力

火箭和其他物体一样，当其相对于大气运动时大气会在导弹的表面形成作用力。空气动力是作用在导弹表面的分布力系，如图 2.10 所示。

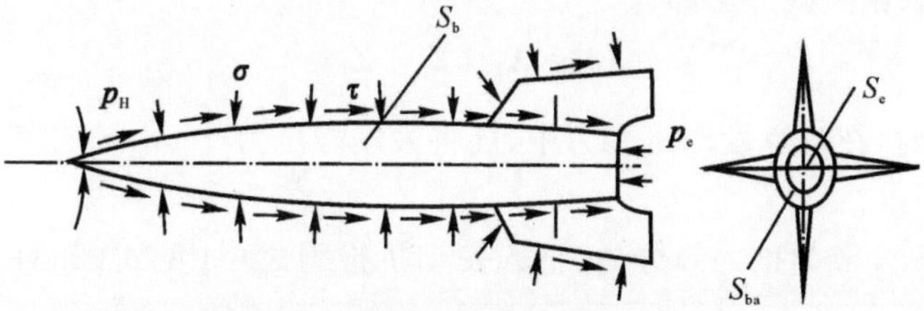

图 2.10　弹体表面的压力分布

S_b—弹体表面积；S_{ba}—弹底的面积；S_e—发动机喷口面积

将火箭表面分成喷口截面积 S_e 及除 S_e 外的弹体表面 S_b 两部分。记空气作用在火箭体表面上单位面积的法向力和切向力为 $\boldsymbol{\sigma},\boldsymbol{\tau}$，则在 S_b 的每一个微小面积 $\mathrm{d}S$ 上作用有法向力 $\boldsymbol{\sigma}\mathrm{d}S$ 及切向力 $\boldsymbol{\tau}\mathrm{d}S$，因而空气作用在 S_b 上的合力为

$$\boldsymbol{R}_b=\int_{S_b}\boldsymbol{\sigma}\mathrm{d}S+\int_{S_b}\boldsymbol{\tau}\mathrm{d}S$$

同样，当发动机不工作时，空气作用于喷口截面 S_e 上的合力为

$$\boldsymbol{R}_e=\int_{S_e}\boldsymbol{\sigma}\mathrm{d}S+\int_{S_e}\boldsymbol{\tau}\mathrm{d}S$$

由于法向力 $\boldsymbol{\sigma}$ 可写成未扰动空气的静压 $\boldsymbol{p}_H$ 与法向剩余压力 $\boldsymbol{\sigma}'$ 之和，即

$$\boldsymbol{\sigma}=\boldsymbol{p}_H+\boldsymbol{\sigma}'$$

故空气作用在火箭上的总的合力可写成

$$\boldsymbol{R}=\int_{S_b}\boldsymbol{p}_H\mathrm{d}S+\int_{S_e}\boldsymbol{p}_H\mathrm{d}S+\int_{S_b}\boldsymbol{\sigma}'\mathrm{d}S+\int_{S_e}\boldsymbol{\sigma}'\mathrm{d}S+\int_{S_b}\boldsymbol{\tau}\mathrm{d}S+\int_{S_e}\boldsymbol{\tau}\mathrm{d}S$$

其中，前两项为作用在火箭上的空气静压力，在发动机不工作时为零；最后一项为喷口截面上的切向力，一般可忽略。可得总合力为

$$\boldsymbol{R}=\int_{S_b}\boldsymbol{\sigma}'\mathrm{d}S+\int_{S_e}\boldsymbol{\sigma}'\mathrm{d}S+\int_{S_b}\boldsymbol{\tau}\mathrm{d}S$$

记火箭底部的面积 S_{ba} 与喷口截面积 S_e 之差为 S_r，则

$$S_e=S_{ba}-S_r$$

总的合力又可写成

$$\boldsymbol{R}=\int_{S_b-S_r}\boldsymbol{\sigma}'\mathrm{d}S+\int_{S_b}\boldsymbol{\tau}\mathrm{d}S+\int_{S_{ba}}\boldsymbol{\sigma}'\mathrm{d}S \tag{2.96}$$

式中，$\int_{S_{ba}}\boldsymbol{\sigma}'\mathrm{d}S$ 为火箭底阻，其合力作用线与火箭纵轴 x_1 重合，记为 $\boldsymbol{X}_{1ba}$；$\int_{S_r}\boldsymbol{\tau}\mathrm{d}S$ 为摩擦阻力，

其合力的作用线与 x_1 重合，记为 $\boldsymbol{X}_{1f}$。

将 $\int_{S_b-S_r} \boldsymbol{\sigma}' \mathrm{d}S$ 分解在火箭箭体坐标轴的 3 个方向，分别为压差阻力 $\boldsymbol{X}_{1b}$、法向力 $\boldsymbol{Y}_1$ 及横向力 $\boldsymbol{Z}_1$，则式(2.96)可写成

$$\boldsymbol{R}=\boldsymbol{X}_{1ba}+\boldsymbol{X}_{1f}+\boldsymbol{X}_{1b}+\boldsymbol{Y}_1+\boldsymbol{Z}_1 \tag{2.97}$$

记

$$\boldsymbol{X}_1=\boldsymbol{X}_{1ba}+\boldsymbol{X}_{1f}+\boldsymbol{X}_{1b} \tag{2.98}$$

$\boldsymbol{X}_1$ 称为总的轴向力，则式(2.97)即为

$$\boldsymbol{R}=\boldsymbol{X}_1+\boldsymbol{Y}_1+\boldsymbol{Z}_1 \tag{2.99}$$

当发动机工作时，在计算发动机推力中，已将大气静压力 $\int_{S_b} \boldsymbol{p}_H \mathrm{d}S$ 与发动机喷口截面积上的燃气压力 $\int_{S_e} \boldsymbol{p}_H \mathrm{d}S$ 合成为推力静分量，记入发动机推力之中[见式(2.31)]。而此时火箭的底部压力仅为底部圆环部分的面积 S_r 上的法向剩余压力造成。除此之外，发动机工作与否，总气动力的表达式相同。

当火箭相对于大气运动时，如何确定作用在火箭上的空气动力是一个颇为复杂的问题，很难通过理论计算准确确定，目前是用空气动力学理论进行计算与空气动力实验校正相结合的方法。空气动力实验是在可产生一定马赫数 Ma 的均匀气流的风洞中进行的，马赫数是气流的速度 v 与声速 c 之比值。在实验时，将按比例缩小了的实物模型静止放在风洞内，然后使气流按一定的马赫数吹过此模型，通过测量此模型所受的空气动力并进行适当的换算后，求得实物在此马赫数下所受的空气阻力。

在火箭的研制过程中，由研究空气动力学的专门人员根据火箭的外型，利用上面谈及的方法给出该型号火箭的空气动力计算所必需的图表、曲线等。正确地使用这些资料，即可确定作用在火箭上的气动力和气动力矩。

式(2.99)中的分力可以按下式计算：

$$\left.\begin{aligned} X_1&=C_{x_1}\frac{1}{2}\rho v^2 S_M=C_{x_1} q S_M \\ Y_1&=C_{y_1}\frac{1}{2}\rho v^2 S_M=C_{y_1} q S_M \\ Z_1&=C_{z_1}\frac{1}{2}\rho v^2 S_M=C_{z_1} q S_M \end{aligned}\right\} \tag{2.100}$$

式中，v 为火箭相对于大气的速度；ρ 为大气密度，可查标准大气表或按近似公式计算；S_M 为火箭最大横截面积，亦称特征面积；C_{x_1}，C_{y_1}，C_{z_1} 依次为火箭的轴向力系数①、法向力系数、横向力系数，均为量纲一的量；$q=\frac{1}{2}\rho v^2$ 为速度头(或称动压头)。

在研究火箭的运动规律时，有时在速度坐标系内讨论，故亦可将空气动力总的合力及在速度坐标系内分解为阻力 $\boldsymbol{X}$、升力 $\boldsymbol{Y}$ 与侧力 $\boldsymbol{Z}$，如图 2.11 所示，即

① 根据现行国家标准 GB3102—93，量纲一的量应称为“因数”。在本书中，仍沿用该学科的习惯用法，包括轴向力系数、法向力系数、横向力系数、阻力系数、升力系数、侧力系数等。

$$\boldsymbol{R}=\boldsymbol{X}+\boldsymbol{Y}+\boldsymbol{Z} \tag{2.101}$$

其中,力的各分量可按下式计算:

$$\left.\begin{aligned} X&=C_x\,\frac{1}{2}\rho v^2 S_{\mathrm{M}}=C_x q S_{\mathrm{M}}\\ Y&=C_y\,\frac{1}{2}\rho v^2 S_{\mathrm{M}}=C_y q S_{\mathrm{M}}\\ Z&=C_z\,\frac{1}{2}\rho v^2 S_{\mathrm{M}}=C_z q S_{\mathrm{M}} \end{aligned}\right\} \tag{2.102}$$

式中,C_x,C_y,C_z 分别为阻力系数、升力系数、侧力系数,它们均为量纲一的量;其他符号的意义同式(2.100)。

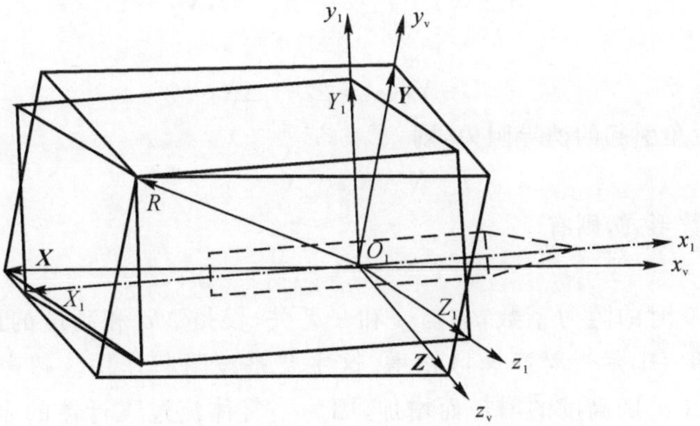

图 2.11　气动力在速度坐标系和弹体坐标系上的分解

由于按式(2.100)及式(2.102)计算得的 X_1,X 为正值,而实际合力 $\boldsymbol{R}$ 在箭体坐标系 X_1 及速度坐标系 X_v 上的投影分量应为负值,故该投影的分量应在 X_1,X 前冠以负号。

根据速度坐标系与箭体坐标系之间的方向余弦关系,合力 $\boldsymbol{R}$ 在此两个坐标系的分量有如下关系式:

$$\begin{bmatrix}-X\\ Y\\ Z\end{bmatrix}=\boldsymbol{V}_{\mathrm{B}}\begin{bmatrix}-X_1\\ Y_1\\ Z_1\end{bmatrix} \tag{2.103}$$

其中

$$\boldsymbol{V}_{\mathrm{B}}=\begin{bmatrix}\cos\beta\cos\alpha & -\cos\beta\sin\alpha & \sin\beta\\ \sin\alpha & \cos\alpha & 0\\ -\sin\beta\cos\alpha & \sin\beta\sin\alpha & \cos\beta\end{bmatrix}$$

下述依据关系式(2.103)分别对空气动力各分量及相应的气动力系数进行讨论。

1. 阻力和阻力系数

由式(2.103)可得

$$X=X_1\cos\beta\cos\alpha+Y_1\cos\beta\sin\alpha-Z_1\sin\beta \tag{2.104}$$

将 X_1 分为两部分:一部分是 $\alpha=0$,$\beta=0$ 时产生的轴向力 X_{10},另一部分是 $\alpha\neq0$,$\beta\neq0$ 引起的阻力增量 ΔX_1,即

$$X_1=X_{10}+\Delta X_1$$

将其代入式(2.104)得

$$X=X_{10}\cos\beta\cos\alpha+Y_1\cos\beta\sin\alpha-Z_1\sin\beta+\Delta X_1\cos\beta\cos\alpha \tag{2.105}$$

考虑到火箭在飞行过程中，α,β 值均较小。且升力和法向力、侧力和横向力各系数分别是 α 和 β 的线性函数，即

$$\left.\begin{array}{ll} C_y=C_y^\alpha\alpha, & C_z=C_z^\beta\beta \\ C_{y_1}=C_{y_1}^\alpha\alpha, & C_{z_1}=C_{z_1}^\beta\beta \end{array}\right\} \tag{2.106}$$

又因火箭是一轴对称体，按力的定义，有

$$C_{y_1}^\alpha=-C_{z_1}^\beta,\quad C_y^\alpha=-C_z^\beta \tag{2.107}$$

则式(2.105)可近似表示为

$$X=X_{10}+Y_1^\alpha(\alpha^2+\beta^2)+\Delta X_1 \tag{2.108}$$

记

$$X_i=Y_1^\alpha(\alpha^2+\beta^2)+\Delta X_1 \tag{2.109}$$

称 X_i 为迎角和侧滑角引起的诱导阻力，则

$$X=X_{10}+X_i \tag{2.110}$$

将阻力写成系数形式，则有

$$C_x=C_{x_{10}}+C_{x_i} \tag{2.111}$$

式中，$C_{x_{10}}$ 为 $\alpha=\beta=0$ 时的阻力系数，它与 α 和 β 无关，仅是 Ma 和高度的函数，如图 2.12 所示。可见，$C_{x_{10}}$ 在 $Ma=1$ 附近跨声速区剧增，这主要是波阻起作用。超声速后，激波顶角减小，阻力系数减小。$C_{x_{10}}$ 随高度的增加而增加，因为当气体流过飞行器的表面时，由于表面凹凸不平使气流分子受到阻滞，加上气体有一定的粘性，从而形成摩擦阻力 X_{1f}。该力除与气体的粘性系数 μ 及火箭的最大的横截面积 S_M 有关，还与 v/l(v 为气体的速度的大小，l 为火箭表面长度)成正比，即

$$X_{1f}\propto\mu\frac{v}{l}S_M$$

则知摩擦阻力系数为

$$C_{x_{1f}}=\frac{X_1f}{\frac{1}{2}qS_M}\propto\frac{\mu}{\rho vl}$$

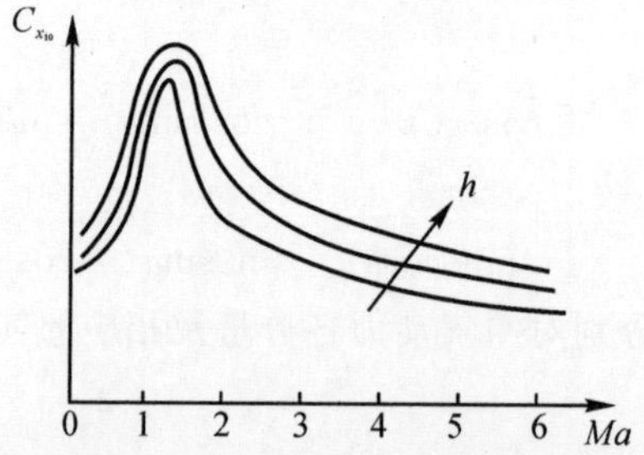

图 2.12　$C_{x_{10}}$ 随 Ma 变化曲线

由上式可见，在一定的 Ma 下，随着高度增加气体的密度 ρ 在减小，则 $C_{x_{1f}}$ 增加，这就增大了摩擦阻力在总空气动力中所占的比例，故阻力系数即随高度增加而增加。

C_{x_i} 为诱导阻力系数，通常只需要对法向力和横向力在阻力方向的分量进行修正即可，故计算时用：

$$C_{x_i}=KC_{y_1}^{\alpha}(\alpha^2+\beta^2) \tag{2.112}$$

式中，K 为与导弹形状有关的系数。

2. 升力和升力系数

由式(2.103)可得升力表达式为

$$Y=Y_1\cos\alpha-X_1\sin\alpha \tag{2.113}$$

而升力系数则为

$$C_y=C_{y_1}\cos\alpha-(C_{x_{10}}+C_{x_i})\sin\alpha$$

考虑到 α 角很小，且 $C_{x_i}\alpha$ 可忽略不计，则升力系数可近似为

$$C_y=C_{y_1}-C_{x_{10}}\alpha \tag{2.114}$$

当 α 较小时，法向力系数为 α 的线性函数，则有

$$C_y^{\alpha}=C_{y_1}^{\alpha}-C_{x_{10}} \tag{2.115}$$

C_y^{α} 随高度的变化很小，一般可不予考虑。通常空气动力资料只给 $C_y^{\alpha}(Ma)$ 曲线或数据。在图 2.13 中给出 $C_y^{\alpha}(Ma)$ 的近似关系曲线。

3. 侧力和侧力系数

据式(2.103)可得侧力表达式为

$$Z=X_1\cos\alpha\sin\beta+Y_1\sin\alpha\sin\beta+Z_1\cos\beta \tag{2.116}$$

因 α，β 是微量，在略去二阶以上微量时，上式可简化为

$$Z=X_1\beta+Z_1 \tag{2.117}$$

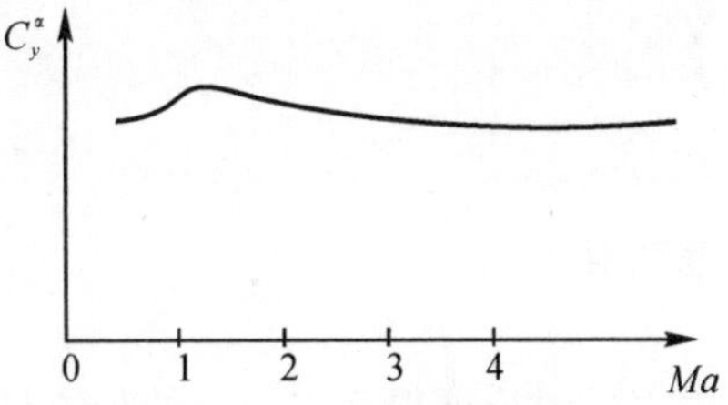

图 2.13　$C_y^{\alpha}(Ma)$近似关系

同理可得侧向力系数为

$$C_z=C_{x_{10}}\beta+C_{z_1} \tag{2.118}$$

则侧力系数对 β 的导数为

$$C_z^{\beta}=C_{x_{10}}+C_{z_1}^{\beta} \tag{2.119}$$

注意到式(2.117)，式(2.119)可写为

$$C_z^{\beta}=C_{x_{10}}+C_{y_1}^{\alpha} \tag{2.120}$$

2.4.2　气动力矩

火箭相对于大气运动时，由于火箭的对称性，故作用于火箭表面的气动力合力 $\boldsymbol{R}$ 的作用点应位于火箭纵轴 x_1 上，该作用点称为压力中心，或简称“压心”，记为 $O_{\mathrm{c.p}}$。一般情况下，压心 $O_{\mathrm{c.p}}$并不与火箭的重心 $O_{\mathrm{c.g}}$重合。

在研究火箭质心的运动时，往往将气动力的合力 $\boldsymbol{R}$ 简化到质心(即重心)上，因此就产生一个空气动力矩，这种力矩称为稳定力矩，记为 $\boldsymbol{M}_{\mathrm{st}}$。另外，当火箭产生相当于大气的转动时，大气对其产生阻尼作用，该作用力矩称为阻尼力矩，记为 $\boldsymbol{M}_{\mathrm{d}}$。

1. 稳定力矩

由于通常以箭体坐标系来描述火箭的转动，因此，用空气动力对箭体坐标系三轴之矩来表示气动力矩。已知

$$\boldsymbol{R}=\boldsymbol{X}_1+\boldsymbol{Y}_1+\boldsymbol{Z}_1$$

而质心与压心的距离矢量可表示为$(x_p-x_g)\boldsymbol{x}_1^0$，$x_p$，$x_g$ 分别为压心、质心至火箭头部理论尖端的距离，均以正值表示，则稳定力矩为

$$\boldsymbol{M}_{st}=\boldsymbol{R}\times(x_p-x_g)\boldsymbol{x}_1^0=Z_1(x_p-x_g)\boldsymbol{y}_1^0-Y_1(x_p-x_g)\boldsymbol{z}_1^0 \tag{2.121}$$

记

$$\left.\begin{aligned}M_{y_1 st}&=Z_1(x_p-x_g)=m_{y_1 st}qS_M l_K\\ M_{z_1 st}&=-Y_1(x_p-x_g)=m_{z_1 st}qS_M l_K\end{aligned}\right\} \tag{2.122}$$

式中，$M_{y_1 st}$，$M_{z_1 st}$分别为为绕 y_1，z_1 轴的稳定力矩；$m_{y_1 st}$，$m_{z_1 st}$为相应的力矩系数；l_K 为火箭的长度。

由式(2.122)可见

$$\left.\begin{aligned}m_{y_1 st}&=\frac{Z_1(x_p-x_g)}{qS_M l_K}=C_{y_1}^{\alpha}(\bar{x}_g-\bar{x}_p)\beta\\ m_{z_1 st}&=\frac{-Y_1(x_p-x_g)}{qS_M l_K}=C_{y_1}^{\alpha}(\bar{x}_g-\bar{x}_p)\alpha\end{aligned}\right\} \tag{2.123}$$

式中

$$\bar{x}_g=\frac{x_g}{l_K},\quad \bar{x}_p=\frac{x_p}{l_K}$$

又记

$$m_{y_1}^{\beta}=\frac{\partial m_{y_1 st}}{\partial\beta}=C_{y_1}^{\alpha}(\bar{x}_g-\bar{x}_p) \tag{2.124}$$

显然有

$$m_{z_1}^{\alpha}=m_{y_1}^{\beta} \tag{2.125}$$

由以上讨论可得稳定力矩的最终计算公式为

$$\left.\begin{aligned}M_{y_1 st}&=m_{y_1}^{\beta}qS_M l_K\beta\\ M_{z_1 st}&=m_{z_1}^{\alpha}qS_M l_K\alpha\\ m_{y_1}^{\beta}&=m_{z_1}^{\alpha}=C_{y_1}^{\alpha}(\bar{x}_g-\bar{x}_p)\end{aligned}\right\} \tag{2.126}$$

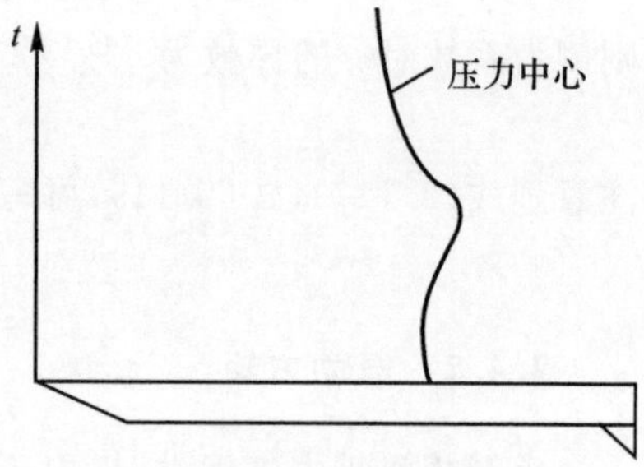

图 2.14　压力中心与主动段飞行时间的关系曲线

显然，稳定力矩的计算与质心和压心的位置有关。压心的位置是通过气动力计算和风洞实验确定的，在图 2.14 中给出了典型火箭的压心随 Ma 的变化曲线。质心的位置可通过具体火箭的质量分布和剩余燃料的质量和位置计算得到。

由式(2.126)可知，若 $\bar{x}_p>\bar{x}_g$，$m_{z_1}^{\alpha}<0$，则当火箭在飞行中出现 α,β 时，力矩 $M_{z_1 st}$，$M_{y_1 st}$将使得火箭分别绕 z_1 轴、y_1 轴旋转来消除 α,β 角。此时，我们称火箭是静稳定的，称 $M_{z_1 st}$，$M_{y_1 st}$为静稳定力矩。若 $\bar{x}_p<\bar{x}_g$，则 $M_{z_1}^{\alpha}>0$，故当出现 α,β 时，力矩 $M_{z_1 st}$，$M_{y_1 st}$将使火箭绕 z_1，y_1 轴旋转造成 α,β 继续增大，此时，我们称火箭是静不稳定的，并将这两个力矩称为静不稳定力矩。无量纲量 $\bar{x}_g-\bar{x}_p$ 称为稳定裕度，当该值为负且绝对值较大时，对火箭的稳定性有好处，但它也会导致结构上有较大的弯矩，这对于大型运载火箭是不允许的。需要强调指出的是，静稳定性是指火箭在不加控制的情况下的一种空气动力特性。实际上，对于静不稳定的火箭而言，只要控制系统设计得当，火箭在控制力的作用下，仍可稳定

飞行。因此，不要将火箭的固有的空气动力静稳定性与控制系统作用下的操作稳定性相混淆。

2. 阻尼力矩

火箭在运动中有转动时，存在有大气的阻尼，表现为阻止转动的空气动力矩，这一力矩称为阻尼力矩。该力矩的方向总是与转动方向相反，对转动角速度起阻尼作用。

以火箭绕 z_1 轴旋转为例，若火箭在迎角为零的状态下以速度 v 飞行，并以角速度 ω_{z_1} 绕 z_1 轴旋转，则在距质心 $x_g - x$ 处的一个单元长度 dx 上有线速度 $\omega_{z_1}(x_g - x)$，该线速度与火箭运动速度 v 组合成新的速度，这就造成局部迎角 $\Delta\alpha$，图 2.15 中表示了 $\Delta\alpha<0(x<x_g)$ 及 $\Delta\alpha>0$ $(x>x_g)$ 两种情况。

不难理解，有

$$\tan\Delta\alpha = \frac{\omega_{z_1}(x - x_g)}{v}$$

因 $\Delta\alpha$ 很小，可近似表示为

$$\Delta\alpha = \frac{\omega_{z_1}(x - x_g)}{v} \tag{2.127}$$

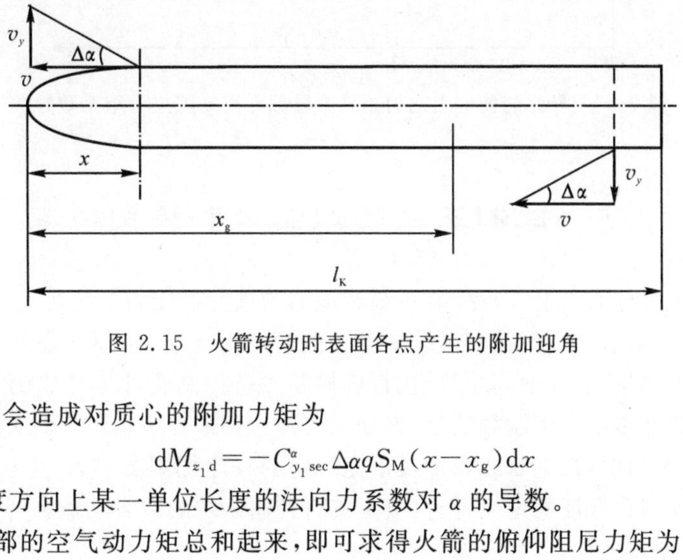

图 2.15　火箭转动时表面各点产生的附加迎角

$\Delta\alpha$ 的出现则会造成对质心的附加力矩为

$$dM_{z_1 d} = -C_{y_1 \sec}^{\alpha}\Delta\alpha q S_M (x - x_g) dx \tag{2.128}$$

式中，$C_{y_1 \sec}^{\alpha}$ 为长度方向上某一单位长度的法向力系数对 α 的导数。

将全箭各局部的空气动力矩总和起来，即可求得火箭的俯仰阻尼力矩为

$$M_{z_1 d} = \int_0^{l_K} C_{y_1 \sec}^{\alpha}\Delta\alpha q S_M (x_g - x) dx$$

将式(2.127)代入上式，经过整理可得

$$M_{z_1 d} = m_{z_1}^{\bar{\omega}_{z_1}} q S_M l_K \bar{\omega}_{z_1} \tag{2.129}$$

式中，$\bar{\omega}_{z_1} = \dfrac{l_K \omega_{z_1}}{v}$ 称为量纲一的俯仰角速度；$m_{z_1}^{\bar{\omega}_{z_1}} = -\displaystyle\int_0^{l_K} C_{y_1 \sec}^{\alpha}\left(\frac{x_g - x}{l}\right)^2 dx$ 称为俯仰阻尼力矩系数导数。

同理可得偏航阻尼力矩为

$$M_{y_1 d} = m_{y_1}^{\bar{\omega}_{y_1}} q S_M l_K \bar{\omega}_{y_1} \tag{2.130}$$

式中，$\bar{\omega}_{y_1} = \dfrac{l_K \omega_{y_1}}{v}$ 称为量纲一的偏航角速度；$m_{y_1}^{\bar{\omega}_{y_1}}$ 为偏航阻尼力矩系数导数，由于火箭具有轴

对称性，故有 $m_{y_1}^{\bar{\omega}_{y_1}} = m_{z_1}^{\bar{\omega}_{z_1}}$。

滚动阻尼力矩为

$$M_{x_1 \mathrm{d}} = m_{x_1}^{\bar{\omega}_{x_1}} q S_{\mathrm{M}} l_{\mathrm{K}} \bar{\omega}_{x_1} \tag{2.131}$$

式中，$\bar{\omega}_{x_1} = \dfrac{l_{\mathrm{K}} \omega_{x_1}}{v}$ 为量纲一的滚动角速度；$m_{x_1}^{\bar{\omega}_{x_1}}$ 为滚动阻尼力矩系数导数。

滚动阻尼力矩较俯仰和偏航阻尼力矩要小得多，它们相应的力矩系数导数的绝对值之比，对有的火箭而言约为 1 : 100。图 2.16 所示为某一火箭的阻尼力矩系数导数和滚动力矩系数导数随 Ma 的变化曲线。

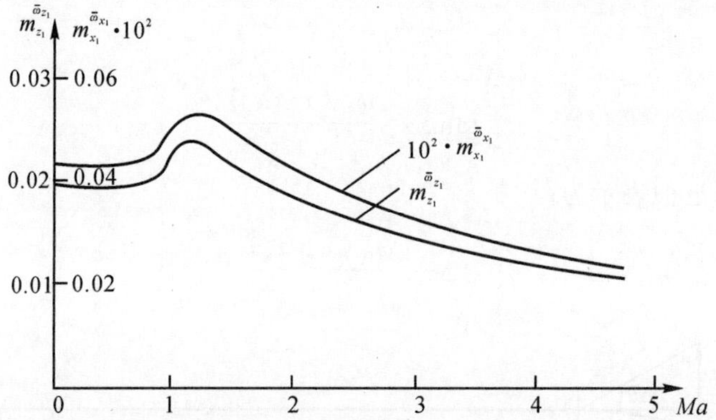

图 2.16　导弹的俯仰阻尼力矩系数导数和滚动阻尼力矩系数导数

2.5　控制系统的控制力和控制力矩

火箭控制系统可分为箭上飞行控制系统和地面测试发射控制系统两大部分。在研究火箭运动规律时，只需了解箭上飞行控制系统即可。该系统由导航、制导和姿态控制几部分组成。飞行控制系统通过测量装置、中间装置、执行机构及飞行控制软件等完成测算运动状态参量；根据确定的飞行状态参量产生制导信号，以期在火箭达到最佳终端条件时关闭发动机，结束主动段飞行；在飞行过程中，根据状态参量及事先规定的程序控制要求，产生操纵火箭姿态的控制信号进行姿态控制和保证稳定飞行，这就是飞行控制系统的综合功能。

2.5.1　火箭姿态控制系统

姿态控制系统的功能是控制火箭姿态运动，实现程序飞行、执行制导导引要求和克服各种干扰影响，以保证姿态角稳定在容许范围内。

火箭的姿态运动可以分解成绕弹体三个轴的角运动。火箭在空间的 3 个姿态分别为俯仰角 φ_{T}、偏航角 ψ_{T}、滚动角 γ_{T}，因此姿态控制是 3 维控制系统，对应有三个基本控制通道，分别对火箭的三个轴进行控制和稳定。各控制通道的组成基本相同，每一个通道有敏感姿态运动的测量装置、形成控制信号的控制器和变换放大器、产生操纵作用的执行机构，如图 2.17 所示。

若从控制姿态角而言，即将箭上实际测量的姿态角与预定的程序姿态角组成误差信号见图 2.17，即

$$\left.\begin{aligned}\Delta\varphi_T&=\varphi_T-\tilde{\varphi}_T\\ \Delta\psi_T&=\psi_T-\tilde{\psi}_T\\ \Delta\gamma_T&=\gamma_T-\tilde{\gamma}_T\end{aligned}\right\}\tag{2.132}$$

式中，$\tilde{\varphi}_T$，$\tilde{\psi}_T$，$\tilde{\gamma}_T$ 分别为给定的姿态角(程序值)，通常取

$$\left.\begin{aligned}\tilde{\varphi}_T&=\varphi_{pr}t\\ \tilde{\psi}_T&=\tilde{\gamma}_T=0\end{aligned}\right\}\tag{2.133}$$

式中，$\varphi_{pr}(t)$称为程序俯仰角，它是一个按给定规律随时间变化的值。

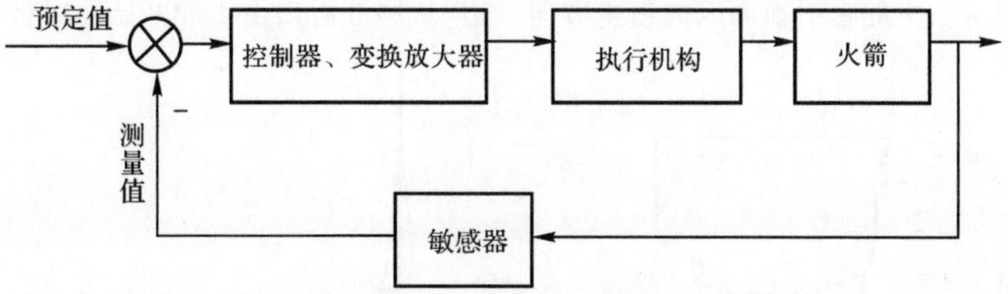

图 2.17　控制通道示意图

大型火箭的姿态控制，多采用姿态角及其变化率和位置、速度参数等多回路控制，火箭姿态(俯仰、偏航、滚动)三个通道的输入信号与执行机构偏转角之间的函数关系称为该通道的控制方程，其一般表达式为

$$\left.\begin{aligned}\delta_\varphi&=f_\varphi(x,y,z,\dot{x},\dot{y},\dot{z},\varphi_T,\dot{\varphi}_T,\cdots)\\ \delta_\psi&=f_\psi(x,y,z,\dot{x},\dot{y},\dot{z},\varphi_T,\dot{\varphi}_T,\cdots)\\ \delta_\gamma&=f_\gamma(x,y,z,\dot{x},\dot{y},\dot{z},\varphi_T,\dot{\varphi}_T,\cdots)\end{aligned}\right\}\tag{2.134}$$

此控制方程由控制系统设计提供，由于火箭角运动的动态过程进行得非常快，对质心运动的影响很小，因此在研究火箭的质心运动时，常采用略去动态变化过程(瞬时平衡假设)的控制方程，最简单的控制方程形式为

$$\left.\begin{aligned}\delta_\varphi&=a_0^\varphi\Delta\varphi_T\\ \delta_\psi&=a_0^\psi\Delta\psi_T\\ \delta_\gamma&=a_0^\gamma\Delta\gamma_T\end{aligned}\right\}\tag{2.135}$$

式中，a_0^φ，a_0^ψ，a_0^γ 分别称为俯仰、偏航和滚动通道的静放大系数。

这里要强调指出的是，控制方程式(2.135)对解算标准飞行条件下的火箭质心运动参数是适用的。在实际飞行条件下，控制方程还取决于火箭采用何种制导方法。例如，对于显式制导方法，控制方程中 $\tilde{\varphi}_T$，$\tilde{\psi}_T$，$\tilde{\gamma}_T$ 则要根据火箭飞行实际状态参数及控制泛函(如射程、需要速度等)来适时计算得到；对于开路制导，有时为保证火箭在射击平面内飞行及关机点速度倾角为要求值，而在偏航及俯仰通道中加入控制导引信号，可采用以下控制方程：

$$\left.\begin{aligned}\delta_\varphi&=a_0^\varphi\Delta\varphi_T+k_\varphi u_\varphi\\ \delta_\psi&=a_0^\psi\Delta\psi_T+k_\psi u_\psi\end{aligned}\right\}\tag{2.136}$$

式中，$k_\varphi u_\varphi$ 和 $k_\psi u_\psi$ 两项分别与横向和法向导引相应的附加偏转角。

2.5.2 控制力和控制力矩

执行机构是根据要求的偏转角提供火箭控制力和控制力矩以改变火箭的飞行状态。控制力和控制力矩取决于执行机构的类型和在火箭上的配置方式。一般来说,火箭执行机构有燃气舵、摇摆发动机、空气舵等。对远程火箭而言,多采用前两种执行机构。

1. 燃气舵产生的控制力和控制力矩

燃气舵是由石墨或其他耐高温材料制成,安装在发动机喷口出口处,一共有 4 个。当火箭竖立在发射台上时,舵的安装位置是两个舵在射击平面内,另两舵垂直于射面,4 个成十字形,如图 2.18 所示。1 舵在射面内偏向射击方向一边,从尾部看出由 1 舵开始顺时针排序。

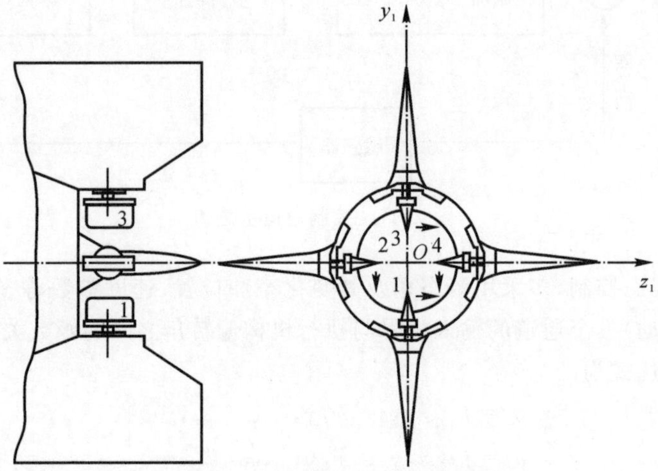

图 2.18 十字形布置的燃气舵

发动机燃烧室排出的燃气流作用在燃气舵上,就像空气流作用在飞行器上一样,形成燃气动力,即称为控制力。显然,控制力的大小与燃气舵的偏转角——舵偏角有关。考虑到每个舵的形状、大小均相同,因而各舵的气动特性也一样。为了便于计算控制力的控制力矩,通常引进等效舵偏角的概念,其含义是与实际舵偏角具有相同控制力的平均舵偏角。不难理解,若要产生法向控制力,则可同时偏转 2,4 舵,其舵偏角分别记为 δ_2,δ_4,则等效舵偏角记为

$$\delta_\varphi=\frac{1}{2}(\delta_2+\delta_4) \tag{2.137}$$

同理,对应 1,3 舵的 δ_1,δ_3 之等效舵偏角为

$$\delta_\psi=\frac{1}{2}(\delta_1+\delta_3) \tag{2.138}$$

从控制火箭的俯仰与偏航运动出发,不难理解,1 舵与 3 舵应同向偏转,2 舵与 4 舵应同向偏转,规定产生负的控制力矩的舵偏角为正。具体各舵正向规定见图 2.18 所示方向。当火箭飞行中出现滚动角时,要消除该角,必须使 1,3 舵或者 2,4 舵反向偏转,才能产生滚动力矩。通常火箭滚动控制通道中采用 1,3 舵差动来完成姿态稳定。为了讨论的一般性,则认为 2,4 舵也可差动,与 1,3 舵一起同为滚动控制通道中的执行机构。我们根据各舵偏转角正、负向的规定,不难写出滚动通道有效舵偏角的表达式为

$$\delta_r=\frac{1}{4}(\delta_3-\delta_1+\delta_4-\delta_2) \tag{2.139}$$

记 C_{x_1j}，C_{y_1j}，C_{z_1j}，分别为各燃气舵的阻力系数、升力系数、侧力系数，在临界舵偏角范围内，升力系数 C_{y_1j} 与等效舵偏角 δ_φ 成正比，即 $C_{y_1j}=C^{\delta}_{z_1j}\delta_\varphi$。注意到各个舵的形状、大小相同，且当 δ_φ，δ_ψ 均为正时，相应的控制力为正升力和负侧力，故知 $C^{\delta}_{z_1j}=-C^{\delta}_{y_1j}$，因此，燃气流作用在燃气舵上的力可表示如下：

$$\left.\begin{aligned}&\text{阻力为}\quad && X_{1c}=4C_{x_1j}q_jS_j\\&\text{升力为} && Y_{1c}=2C^{\delta}_{y_1j}q_jS_j\delta_\varphi\triangleq R'\delta_\varphi\\&\text{侧力为} && Z_{1c}=-2C^{\delta}_{y_1j}q_jS_j\delta_\psi\triangleq -R'\delta_\psi\end{aligned}\right\} \tag{2.140}$$

式中，$q_j=\frac{1}{2}\rho_jv_j^2$ 为燃气动压头；ρ_j 为燃气流的气体密度；v_j 为燃气流速度；S_j 为燃气舵参考面积；$R'=2Y^{\delta}_{1c}$为一对燃气舵的升力梯度。

燃气舵所提供的俯仰、偏航、滚动控制力矩依次为

$$\left.\begin{aligned}M_{z_1c}&=-R'(x_c-x_g)\delta_\varphi\\M_{y_1c}&=-R'(x_c-x_g)\delta_\psi\\M_{x_1c}&=-4Y_{1cj}\cdot r_c=-2R'r_c\delta_r\end{aligned}\right\} \tag{2.141}$$

式中，x_c-x_g 为燃气舵压心到重心的距离，即为控制力矩的力臂，通常燃气舵的压心取为舵的铰链轴位置；r_c 为舵的压心到纵轴 x_1 的距离。记

$$\left.\begin{aligned}M^{\delta}_{z_1c}&=M^{\delta}_{y_1c}=-R'(x_c-x_g)\\M^{\delta}_{x_1c}&=-2R'r_c\end{aligned}\right\} \tag{2.142}$$

分别称为俯仰、偏航和滚动力矩梯度，则式(2.141)也可写为

$$\left.\begin{aligned}M_{z_1c}&=M^{\delta}_{z_1c}\delta_\varphi\\M_{y_1c}&=M^{\delta}_{z_1c}\delta_\psi\\M_{x_1c}&=M^{\delta}_{x_1c}\delta_\gamma\end{aligned}\right\} \tag{2.143}$$

2. 摇摆发动机产生的控制力和控制力矩

(1)按十字形配置的摇摆发动机。如果规定四台摇摆发动机的编号顺序及发动机偏转角的正向均与燃气舵相同，如图 2.19 所示，且每台摇摆发动机的推力均为 P_c，记

$$P=4P_c \tag{2.144}$$

式中，P 称为总推力，则不难写出其控制力和控制力矩。

控制力的阻力、升力和侧力表达式分别为

$$\left.\begin{aligned}X_{1c}&=P-P_c(\cos\delta_1+\cos\delta_2+\cos\delta_3+\cos\delta_4)\\Y_{1c}&=P_c(\sin\delta_2+\sin\delta_4)\\Z_{1c}&=-P_c(\sin\delta_1+\sin\delta_3)\end{aligned}\right\} \tag{2.145}$$

俯仰、偏航和滚动通道控制力矩分别为

$$\left.\begin{aligned}M_{z_1c}&=-P_c(x_c-x_g)(\sin\delta_2+\sin\delta_4)\\M_{y_1c}&=-P_c(x_c-x_g)(\sin\delta_1+\sin\delta_3)\\M_{x_1c}&=-P_cr_c(\sin\delta_3-\sin\delta_1+\sin\delta_4-\sin\delta_2)\end{aligned}\right\} \tag{2.146}$$

式中，x_c，r_c 分别为摇摆发动机绞链与各台发动机推力轴的交点至火箭顶端及箭体 x_1 轴

的距离。

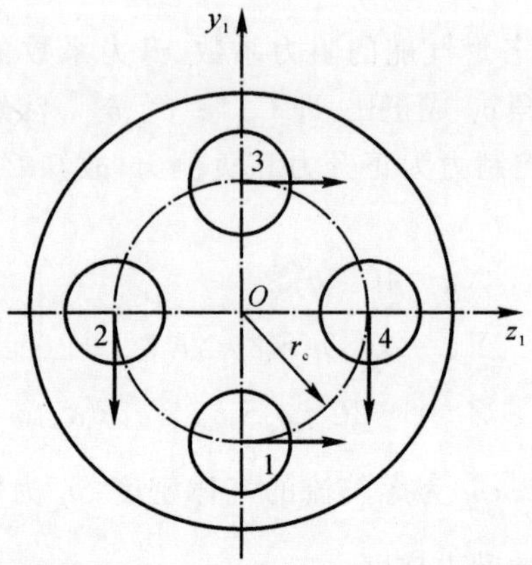

图 2.19　十字形布置的摇摆发动

当 $\sin\delta_i=\delta_i,\cos\delta_i=1(i=1,2,3,4)$时，根据式(2.137)～式(2.139)并引入等效舵偏角的概念，则式(2.145)和式(2.146)分别可写为

$$\left.\begin{aligned}X_{1c}&=0\\Y_{1c}&=\frac{P}{2}\delta_\varphi\\Z_{1c}&=-\frac{P}{2}\delta_\psi\end{aligned}\right\}\tag{2.147}$$

$$\left.\begin{aligned}M_{x_1c}&=-Pr_c\delta_\gamma\\M_{y_1c}&=-\frac{P}{2}(x_c-x_g)\delta_\psi\\M_{z_1c}&=-\frac{P}{2}(x_c-x_g)\delta_\varphi\end{aligned}\right\}\tag{2.148}$$

(2)按 X 形配置摇摆发动机。摇摆发动机的配置位置和编号如图 2.20 所示。发动机偏转角的正向定义为从喷管尾端按顺时针的偏转角。

设各发动机具有相同的推力 P_c，则控制力和控制力矩的表达式为

$$\left.\begin{aligned}X_{1c}&=4P_c-P_c(\cos\delta_1+\cos\delta_2+\cos\delta_3+\cos\delta_4)\\Y_{1c}&=P_c\sin45^\circ(\sin\delta_3+\sin\delta_4-\sin\delta_1-\sin\delta_2)\\Z_{1c}&=-P_c\sin45^\circ(\sin\delta_2+\sin\delta_3-\sin\delta_1-\sin\delta_4)\end{aligned}\right\}\tag{2.149}$$

$$\left.\begin{aligned}M_{x_1c}&=-P_cr_c(\sin\delta_1+\sin\delta_2+\sin\delta_3+\sin\delta_4)\\M_{y_1c}&=-P_c\sin45^\circ(x_c-x_g)(\sin\delta_2+\sin\delta_3-\sin\delta_1-\sin\delta_4)\\M_{z_1c}&=-P_c\sin45^\circ(x_c-x_g)(\sin\delta_3+\sin\delta_4-\sin\delta_1-\sin\delta_2)\end{aligned}\right\}\tag{2.150}$$

当取 $\sin\delta_i=\delta_i,\cos\delta_i=1\quad(i=1,2,3,4)$及 $P=4P_c$ 时，并定义等效偏转角为

$$\left.\begin{aligned}\delta_\varphi&=(\delta_3+\delta_4-\delta_1-\delta_2)/4\\\delta_\psi&=(\delta_2+\delta_3-\delta_1-\delta_4)/4\\\delta_\gamma&=(\delta_1+\delta_2+\delta_3+\delta_4)/4\end{aligned}\right\}\tag{2.151}$$

则式(2.149)和式(2.150)分别可写为

$$\left.\begin{aligned}X_{1c}&=0\\Y_{1c}&=\frac{\sqrt{2}}{2}P\delta_{\varphi}\\Z_{1c}&=-\frac{\sqrt{2}}{2}P\delta_{\psi}\end{aligned}\right\}\qquad(2.152)$$

$$\left.\begin{aligned}M_{x_1c}&=-Pr_c\delta_r\\M_{y_1c}&=-\frac{\sqrt{2}}{2}P(x_c-x_g)\delta_{\psi}\\M_{z_1c}&=-\frac{\sqrt{2}}{2}P(x_c-x_g)\delta_{\varphi}\end{aligned}\right\}\qquad(2.153)$$

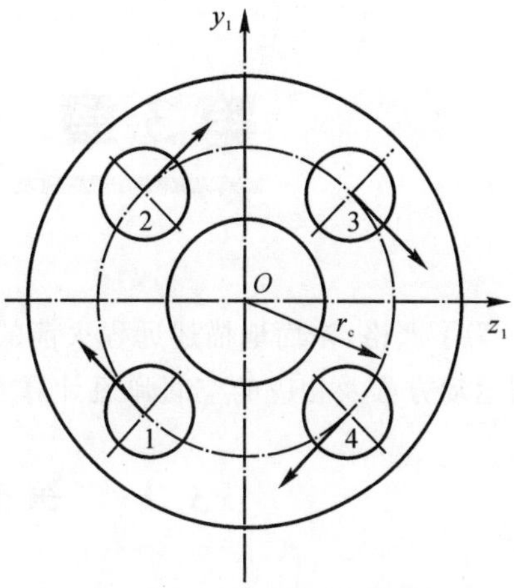

图 2.20　X 形配置的摇摆

比较式(2.147)、式(2.148)与式(2.152)、式(2.153)可见，在相同等效偏转角条件下，除阻力和滚动力矩外，X 形安装的控制力和控制力矩可比十字形安装增大$\sqrt{2}$倍，提高了控制能力。但这是由于 4 台发动机均工作时的结果。对于 X 形配置，当一台发动机发生故障时，仍可使三个通道完成控制任务，提高了控制可靠性。当然，从效费比而言，X 形较十字型要低些，且这种配置形式使得控制通道比较复杂，交联影响大，精度较十字形低。

复习思考题 2

1. 解释地球运动的公转、自传、极移、进动、章动。
2. 解释真太阳日、平太阳、平太阳日。
3. 解释地球引力、重力。
4. 解释比冲(比推力)。
5. 解释过载。
6. 变质量系统在运动时受哪些力和力矩作用？写出各自的计算公式。
7. 火箭有哪些类型？
8. 火箭姿态控制系统的功能、组成？并画出控制系统原理框图、写出控制方程。
9. 火箭产生控制力和控制力矩的方式有哪些？写出各自的控制力和控制力矩计算公式。

第3章　火箭的运动方程

为了严格、全面地描述远程火箭的运动，提供准确的运动状态参数，需要建立准确的火箭空间运动方程及相应的空间弹道计算方程。

3.1　矢量形式的动力学方程

3.1.1　质心动力学方程

式(1.58)给出了任一变质量质点系在惯性坐标系中的质心动力学矢量方程，即

$$m\frac{\mathrm{d}^2\boldsymbol{r}_{c\cdot m}}{\mathrm{d}t^2}=\boldsymbol{F}_S+\boldsymbol{F}'_k+\boldsymbol{F}'_{rel}$$

第2章结合火箭的实际对上述各力进行了讨论，并已知

$$\boldsymbol{F}_S=m\boldsymbol{g}+\boldsymbol{R}+\boldsymbol{P}_{st}+\boldsymbol{F}_c \tag{3.1}$$

式中，$m\boldsymbol{g}$ 为作用在火箭上的引力矢量；$\boldsymbol{R}$ 为作用在火箭上的气动力矢量；$\boldsymbol{P}_{st}$ 为发动机推力静分量矢量；$\boldsymbol{F}_c$ 为作用在火箭上的控制力矢量。

由式(2.15)和式(2.16)知

$$\boldsymbol{F}'_{rel}=-\dot{m}\boldsymbol{u}_e$$

$$\boldsymbol{F}'_k=-2\dot{m}\boldsymbol{\omega}_T\times\boldsymbol{\rho}_e$$

考虑到将附加相对力 $\boldsymbol{F}'_{rel}$ 与发动机推力静分量合成为推力 $\boldsymbol{P}$[见式(2.32)]，则可得火箭在惯性坐标系中以矢量描述的质心动力学方程(为书写方便，以后 $\boldsymbol{r}_{c\cdot m}$ 均写成 $\boldsymbol{r}$)，即

$$m\frac{\mathrm{d}^2\boldsymbol{r}}{\mathrm{d}t^2}=\boldsymbol{P}+\boldsymbol{R}+\boldsymbol{F}_c+m\boldsymbol{g}+\boldsymbol{F}'_k \tag{3.2}$$

3.1.2　绕质心转动的动力学方程

由变质量质点系的绕质心运动方程式(1.71)

$$\boldsymbol{I}\cdot\frac{\mathrm{d}\boldsymbol{\omega}_T}{\mathrm{d}t}+\boldsymbol{\omega}_T\times(\boldsymbol{I}\cdot\boldsymbol{\omega}_T)=\boldsymbol{M}_{c\cdot m}+\boldsymbol{M}'_k+\boldsymbol{M}'_{rel}$$

及第2章结合火箭分析其所受到的外界力矩为

$$\boldsymbol{M}_{c\cdot m}=\boldsymbol{M}_{st}+\boldsymbol{M}_c+\boldsymbol{M}_d \tag{3.3}$$

式中，$\boldsymbol{M}_{st}$ 为作用在火箭上的气动力矩；$\boldsymbol{M}_c$ 为控制力矩；$\boldsymbol{M}_d$ 为火箭相对大气有转动时引起阻尼力矩。

并注意到附加相对力矩、附加哥氏力矩为

$$\boldsymbol{M}'_{rel}=-\dot{m}\boldsymbol{\rho}_e\times\boldsymbol{u}_e$$

$$\boldsymbol{M}'_k=-\frac{\delta\boldsymbol{I}}{\delta t}\cdot\boldsymbol{\omega}_T-\dot{m}\boldsymbol{\rho}_e\times(\boldsymbol{\omega}_T\times\boldsymbol{\rho}_e)$$

这样，即可得到用矢量描述的火箭绕质心转动的动力学方程为

$$\boldsymbol{I}\cdot\frac{\mathrm{d}\boldsymbol{\omega}_{\mathrm{T}}}{\mathrm{d}t}+\boldsymbol{\omega}_{\mathrm{T}}\times(\boldsymbol{I}\cdot\boldsymbol{\omega}_{\mathrm{T}})=\boldsymbol{M}_{\mathrm{st}}+\boldsymbol{M}_{\mathrm{c}}+\boldsymbol{M}_{\mathrm{d}}+\boldsymbol{M}'_{\mathrm{rel}}+\boldsymbol{M}'_{\mathrm{k}} \tag{3.4}$$

3.2　地面发射坐标系中的弹道方程

用矢量描述的火箭质心动力学方程和绕质心转动的动力学方程给人以简洁、清晰的概念，但对这些微分方程求解还必须将其投影到选定的坐标系中进行。通常是选择地面发射坐标系为描述火箭运动的参考系，该坐标系是定义在将地球看做以角速度 $\boldsymbol{\omega}_{\mathrm{e}}$ 进行自转的两轴旋转椭球体上的。

3.2.1　地面发射坐标系中的质心动力学方程

由于地面发射坐标系为一动参考系，其相对于惯性坐标系以角速度 $\boldsymbol{\omega}_{\mathrm{e}}$ 转动，故由矢量导数法则可知

$$m\frac{\mathrm{d}^2\boldsymbol{r}}{\mathrm{d}t^2}=m\frac{\delta^2\boldsymbol{r}}{\delta t^2}+2m\boldsymbol{\omega}_{\mathrm{e}}\times\frac{\delta\boldsymbol{r}}{\delta t}+m\boldsymbol{\omega}_{\mathrm{e}}\times(\boldsymbol{\omega}_{\mathrm{e}}\times\boldsymbol{r})$$

将其代入式(3.2)，并整理得

$$m\frac{\delta^2\boldsymbol{r}}{\delta t^2}=\boldsymbol{P}+\boldsymbol{R}+\boldsymbol{F}_{\mathrm{c}}+m\boldsymbol{g}+\boldsymbol{F}'_{\mathrm{k}}-m\boldsymbol{\omega}_{\mathrm{e}}\times(\boldsymbol{\omega}_{\mathrm{e}}\times\boldsymbol{r})-2m\boldsymbol{\omega}_{\mathrm{e}}\times\frac{\delta\boldsymbol{r}}{\delta t} \tag{3.5}$$

下述将式(3.5) 各项在地面发射坐标系中进行分解。

1. 相对加速度项

$$\frac{\delta^2\boldsymbol{r}}{\delta t^2}=\begin{bmatrix}\dfrac{\mathrm{d}v_x}{\mathrm{d}t}\\ \dfrac{\mathrm{d}v_y}{\mathrm{d}t}\\ \dfrac{\mathrm{d}v_z}{\mathrm{d}t}\end{bmatrix} \tag{3.6}$$

2. 推力项 $\boldsymbol{P}$

由式(2.32) 知，推力 $\boldsymbol{P}$ 在弹体坐标系内描述形式最简单，即

$$\boldsymbol{P}=\begin{bmatrix}-\dot{m}u_{\mathrm{e}}+S_{\mathrm{e}}(p_{\mathrm{e}}-p_{\mathrm{H}})\\ 0\\ 0\end{bmatrix}=\begin{bmatrix}P\\ 0\\ 0\end{bmatrix} \tag{3.7}$$

已知弹体坐标系到地面坐标系的方向余弦阵 $\boldsymbol{G}_{\mathrm{B}}$，可得推力 $\boldsymbol{P}$ 在地面发射坐标系的分量为

$$\begin{bmatrix}P_x\\ P_y\\ P_z\end{bmatrix}=\boldsymbol{G}_{\mathrm{B}}\begin{bmatrix}P\\ 0\\ 0\end{bmatrix} \tag{3.8}$$

3. 气动力项 $\boldsymbol{R}$

已知火箭飞行中所受气动力在速度坐标系中的分量为

$$\boldsymbol{R}=\begin{bmatrix}-X\\ Y\\ Z\end{bmatrix}$$

已知速度坐标系到地面坐标系的方向余弦阵 $\boldsymbol{G}_{\mathrm{V}}$，则气动力 $\boldsymbol{R}$ 在地面坐标系的分量为

$$\begin{bmatrix} R_x \\ R_y \\ R_z \end{bmatrix} = \boldsymbol{G}_{\mathrm{V}} \begin{bmatrix} -X \\ Y \\ Z \end{bmatrix} = \boldsymbol{G}_{\mathrm{V}} \begin{bmatrix} -C_x q S_{\mathrm{M}} \\ C_y^{\alpha} q S_{\mathrm{M}} \alpha \\ -C_y^{\alpha} q S_{\mathrm{M}} \beta \end{bmatrix} \tag{3.9}$$

4. 控制力项 $\boldsymbol{F}_{\mathrm{c}}$

由本书 2.3 节内容已知，无论执行机构是燃气舵还是不同配置形式的摇摆发动机，均可将控制力以弹体坐标系的分量表示为同一形式，即

$$\boldsymbol{F}_{\mathrm{c}} = \begin{bmatrix} -X_{1\mathrm{c}} \\ Y_{1\mathrm{c}} \\ Z_{1\mathrm{c}} \end{bmatrix} \tag{3.10}$$

而各力的具体计算公式则根据采用何种执行机构而定，因此，控制力在地面坐标系的三分量不难用下式求得，即

$$\begin{bmatrix} F_{\mathrm{c}x} \\ F_{\mathrm{c}y} \\ F_{\mathrm{c}z} \end{bmatrix} = \boldsymbol{G}_{\mathrm{B}} \begin{bmatrix} -X_{1\mathrm{c}} \\ Y_{1\mathrm{c}} \\ Z_{1\mathrm{c}} \end{bmatrix} \tag{3.11}$$

5. 引力项 $m\boldsymbol{g}$

根据式

$$m\boldsymbol{g} = mg'_{\mathrm{r}}\boldsymbol{r}^0 + mg_{\omega\mathrm{e}}\boldsymbol{\omega}_{\mathrm{e}}^0$$

式中

$$g'_{\mathrm{r}} = -\frac{fM}{r^2}\left[1 + J\left(\frac{a_{\mathrm{e}}}{r}\right)^2(1 - 5\sin^2\phi)\right]$$

$$g_{\omega\mathrm{e}} = -2\frac{fM}{r^2}J\left(\frac{a_{\mathrm{e}}}{r}\right)^2\sin\phi$$

由图 3.1 可知，任一点地心矢径为

$$\boldsymbol{r} = \boldsymbol{R}_0 + \boldsymbol{\rho} \tag{3.12}$$

式中，$\boldsymbol{R}_0$ 为发射点地心矢径；$\boldsymbol{\rho}$ 为发射点到弹道上任一点的矢径。

$\boldsymbol{R}_0$ 在发射坐标系上的三分量可由图 3.1 求得，即

$$\begin{bmatrix} R_{0x} \\ R_{0y} \\ R_{0z} \end{bmatrix} = \begin{bmatrix} -R_0\sin\mu_0\cos A_0 \\ R_0\cos\mu_0 \\ R_0\sin\mu_0\sin A_0 \end{bmatrix} \tag{3.13}$$

式中，A_0 为发射方位角；μ_0 为发射点地理纬度与地心纬度之差，即

$$\mu_0 = B_0 - \phi_0$$

由于假设地球为一个两轴旋转椭球体，故 $\boldsymbol{R}_0$ 的长度可由子午椭圆方程求取，即

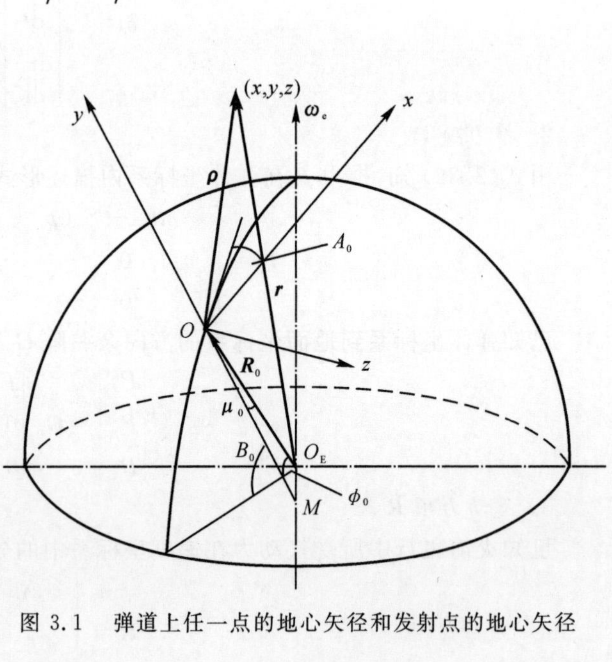

图 3.1　弹道上任一点的地心矢径和发射点的地心矢径

$$R_0=\frac{a_e b_e}{\sqrt{a_e^2\sin^2\phi_0+b_e^2\cos^2\phi_0}}$$

$\boldsymbol{\rho}$ 在发射坐标系的三分量为 x,y,z。

由式(3.12)可得 $\boldsymbol{r}^0$ 在发射坐标系的分量为

$$\boldsymbol{r}^0=\frac{x+R_{0x}}{r}\boldsymbol{x}^0+\frac{y+R_{0y}}{r}\boldsymbol{y}^0+\frac{z+R_{0z}}{r}\boldsymbol{z}^0 \tag{3.14}$$

显然,$\boldsymbol{\omega}_e^0$ 在发射坐标系的三分量可写成为

$$\boldsymbol{\omega}_e^0=\frac{\omega_{ex}}{\omega_e}\boldsymbol{x}^0+\frac{\omega_{ey}}{\omega_e}\boldsymbol{y}^0+\frac{\omega_{ez}}{\omega_e}\boldsymbol{z}^0 \tag{3.15}$$

式中,$\omega_{ex},\omega_{ey},\omega_{ez}$ 和 ω_e 之间有如下关系(见图3.1):

$$\begin{bmatrix}\omega_{ex}\\ \omega_{ey}\\ \omega_{ez}\end{bmatrix}=\omega_e\begin{bmatrix}\cos B_0\cos A_0\\ \sin B_0\\ -\cos B_0\sin A_0\end{bmatrix} \tag{3.16}$$

于是,可将式(2.75)写成发射坐标系分量形式,则有

$$m\begin{bmatrix}g_x\\ g_y\\ g_z\end{bmatrix}=m\frac{g'_r}{r}\begin{bmatrix}x+R_{0x}\\ y+R_{0y}\\ z+R_{0z}\end{bmatrix}+m\frac{g_{\omega e}}{\omega}\begin{bmatrix}\omega_{ex}\\ \omega_{ey}\\ \omega_{ez}\end{bmatrix} \tag{3.17}$$

6. 附加哥氏力项 $\boldsymbol{F}'_k$

由式(2.16),可得

$$\boldsymbol{F}'_k=-2\dot{m}\boldsymbol{\omega}_T\times\boldsymbol{\rho}_e$$

式中,$\boldsymbol{\omega}_T$ 为箭体相对于惯性(或平移)坐标系的转动角速度矢量,它在箭体坐标系的分量可表示为

$$\boldsymbol{\omega}_T=[\omega_{Tx1}\quad \omega_{Ty1}\quad \omega_{Tz1}]^T$$

$\boldsymbol{\rho}_e$ 为质心到喷口中心点距离,即

$$\boldsymbol{\rho}=-x_{1e}\boldsymbol{x}_1^0$$

因此,可得 $\boldsymbol{F}'_k$ 在箭体坐标系的三分量为

$$\begin{bmatrix}F'_{kx_1}\\ F'_{ky_1}\\ F'_{kz_1}\end{bmatrix}=2\dot{m}x_{1e}\begin{bmatrix}0\\ \omega_{Tz_1}\\ -\omega_{Ty_1}\end{bmatrix} \tag{3.18}$$

从而 $\boldsymbol{F}'_k$ 在发射坐标系中的分量可描述为

$$\begin{bmatrix}F'_{kx}\\ F'_{ky}\\ F'_{kz}\end{bmatrix}=\boldsymbol{G}_B\begin{bmatrix}F'_{kx_1}\\ F'_{ky_1}\\ F'_{kz_1}\end{bmatrix} \tag{3.19}$$

7. 离心惯性力项 $-m\boldsymbol{\omega}_e\times(\boldsymbol{\omega}_e\times\boldsymbol{r})$

记

$$\boldsymbol{a}_e=\boldsymbol{\omega}_e\times(\boldsymbol{\omega}_e\times\boldsymbol{r}) \tag{3.20}$$

为牵连加速度。

根据式(3.16),并注意到

$$\boldsymbol{r}=(x+R_{0x})\boldsymbol{x}^0+(y+R_{0y})\boldsymbol{y}^0+(z+R_{0z})\boldsymbol{z}^0$$

则牵连加速度在发射坐标系中的分量形式为

$$\begin{bmatrix}a_{ex}\\a_{ey}\\a_{ez}\end{bmatrix}=\begin{bmatrix}a_{11}&a_{12}&a_{13}\\a_{21}&a_{22}&a_{23}\\a_{31}&a_{32}&a_{33}\end{bmatrix}\begin{bmatrix}x+R_{0x}\\y+R_{0y}\\z+R_{0z}\end{bmatrix}\tag{3.21}$$

式中

$$a_{11}=\omega_{ex}^2-\omega_e^2$$
$$a_{12}=a_{21}=\omega_{ex}\omega_{ey}$$
$$a_{22}=\omega_{ey}^2-\omega_e^2$$
$$a_{23}=a_{32}=\omega_{ey}\omega_{ez}$$
$$a_{33}=\omega_{ez}^2-\omega_e^2$$
$$a_{13}=a_{31}=\omega_{ez}\omega_{ex}$$

则离心惯性力 $\boldsymbol{F}_e$ 在发射坐标系上的分量为

$$\begin{bmatrix}F_{ex}\\F_{ey}\\F_{ez}\end{bmatrix}=-m\begin{bmatrix}a_{ex}\\a_{ey}\\a_{ez}\end{bmatrix}\tag{3.22}$$

8. 哥氏惯性力项 $-2m\boldsymbol{\omega}_e\times\dfrac{\delta\boldsymbol{r}}{\delta t}$

记

$$\boldsymbol{a}_k=2\boldsymbol{\omega}_e\times\frac{\delta\boldsymbol{r}}{\delta t}\tag{3.23}$$

为哥氏加速度，$\dfrac{\delta\boldsymbol{r}}{\delta t}$ 为火箭相对于发射坐标系的速度，即有

$$\frac{\delta\boldsymbol{r}}{\delta t}=[\dot{x}\quad\dot{y}\quad\dot{z}]^{\mathrm{T}}\tag{3.24}$$

并注意到式(3.16)，则式(3.23)可写为

$$\begin{bmatrix}a_{kx}\\a_{ky}\\a_{kz}\end{bmatrix}=\begin{bmatrix}b_{11}&b_{12}&b_{13}\\b_{21}&b_{22}&b_{23}\\b_{31}&b_{32}&b_{33}\end{bmatrix}\begin{bmatrix}\dot{x}\\\dot{y}\\\dot{z}\end{bmatrix}\tag{3.25}$$

式中

$$b_{11}=b_{22}=b_{33}=0$$
$$b_{12}=-b_{21}=-2\omega_{ez}$$
$$b_{31}=-b_{13}=-2\omega_{ey}$$
$$b_{23}=-b_{32}=-2\omega_{ex}$$

从而可得哥氏惯性力 $\boldsymbol{F}_k$ 在发射坐标系的分量形式为

$$\begin{bmatrix}F_{kx}\\F_{ky}\\F_{kz}\end{bmatrix}=-m\begin{bmatrix}a_{kx}\\a_{ky}\\a_{kz}\end{bmatrix}\tag{3.26}$$

将式(3.6)、式(3.8)、式(3.9)、式(3.11)、式(3.17)、式(3.19)、式(3.22)、式(3.26)代入

式(3.5)，并令 $\boldsymbol{P}_{\mathrm{e}}=\boldsymbol{P}-\boldsymbol{X}_{1\mathrm{c}}$(称为有效推力)，则在发射坐标系中建立的质心动力学方程为

$$
m\begin{bmatrix}\dfrac{\mathrm{d}v_x}{\mathrm{d}t}\\ \dfrac{\mathrm{d}v_y}{\mathrm{d}t}\\ \dfrac{\mathrm{d}v_z}{\mathrm{d}t}\end{bmatrix}=\boldsymbol{G}_{\mathrm{B}}\begin{bmatrix}P_{\mathrm{e}}\\ Y_{1\mathrm{c}}+2\dot{m}\omega_{\mathrm{T}z_1}x_{1\mathrm{e}}\\ Z_{1\mathrm{c}}-2\dot{m}\omega_{\mathrm{T}y_1}x_{1\mathrm{e}}\end{bmatrix}+\boldsymbol{G}_{\mathrm{V}}\begin{bmatrix}-C_x qS_{\mathrm{M}}\\ C_y^{\alpha}qS_{\mathrm{M}}\alpha\\ -C_y^{\alpha}qS_{\mathrm{M}}\beta\end{bmatrix}+
$$

$$
m\frac{g'_r}{r}\begin{bmatrix}x+R_{0x}\\ y+R_{0y}\\ z+R_{0z}\end{bmatrix}+m\frac{g_{\omega\mathrm{e}}}{\omega_{\mathrm{e}}}\begin{bmatrix}\omega_{\mathrm{e}x}\\ \omega_{\mathrm{e}y}\\ \omega_{\mathrm{e}z}\end{bmatrix}-m\begin{bmatrix}a_{11}&a_{12}&a_{13}\\ a_{21}&a_{22}&a_{23}\\ a_{31}&a_{32}&a_{33}\end{bmatrix}\begin{bmatrix}x+R_{0x}\\ x+R_{0y}\\ x+R_{0z}\end{bmatrix}-
$$

$$
m\begin{bmatrix}b_{11}&b_{12}&b_{13}\\ b_{21}&b_{22}&b_{23}\\ b_{31}&b_{32}&b_{33}\end{bmatrix}\begin{bmatrix}\dot{x}\\ \dot{y}\\ \dot{z}\end{bmatrix}\tag{3.27}
$$

3.2.2　箭体坐标系中的绕质心转动动力学方程

将式(3.4)，即

$$
\boldsymbol{I}\cdot\frac{\mathrm{d}\boldsymbol{\omega}_{\mathrm{T}}}{\mathrm{d}t}+\boldsymbol{\omega}_{\mathrm{T}}\times(\boldsymbol{I}\cdot\boldsymbol{\omega}_{\mathrm{T}})=\boldsymbol{M}_{\mathrm{st}}+\boldsymbol{M}_{\mathrm{c}}+\boldsymbol{M}_{\mathrm{d}}+\boldsymbol{M}'_{\mathrm{rel}}+\boldsymbol{M}'_{\mathrm{k}}
$$

的各项在箭体坐标系内进行分解。

由于箭体坐标系为中心惯量主轴坐标系，因此惯量张量式(1.68)可简化为

$$
\boldsymbol{I}=\begin{bmatrix}I_{x_1}&0&0\\ 0&I_{y_1}&0\\ 0&0&I_{z_1}\end{bmatrix}\tag{3.28}
$$

由气动计算可得静稳定力矩、阻尼力矩在箭体坐标系中各分量表达式为

$$
\boldsymbol{M}_{\mathrm{st}}=\begin{bmatrix}0\\ M_{y_1\mathrm{st}}\\ M_{z_1\mathrm{st}}\end{bmatrix}=\begin{bmatrix}0\\ m_{y_1}^{\beta}qS_{\mathrm{M}}l_{\mathrm{K}}\beta\\ m_{z_1}^{\alpha}qS_{\mathrm{M}}l_{\mathrm{K}}\alpha\end{bmatrix}
$$

$$
\boldsymbol{M}_{\mathrm{d}}=\begin{bmatrix}M_{x_1\mathrm{d}}\\ M_{y_1\mathrm{d}}\\ M_{z_1\mathrm{d}}\end{bmatrix}=\begin{bmatrix}m_{x_1}^{\bar{\omega}_{x_1}}qS_{\mathrm{M}}l_{\mathrm{K}}\bar{\omega}_{x_1}\\ m_{y_1}^{\bar{\omega}_{y_1}}qS_{\mathrm{M}}l_{\mathrm{K}}\bar{\omega}_{y_1}\\ m_{z_1}^{\bar{\omega}_{z_1}}qS_{\mathrm{M}}l_{\mathrm{K}}\bar{\omega}_{z_1}\end{bmatrix}
$$

由于控制力矩与所采用的执行机构有关，这里以燃气舵作为执行机构，则其控制力矩即如式(2.141)、式(2.143)所示为

$$
\boldsymbol{M}_{\mathrm{c}}=\begin{bmatrix}M_{x_1\mathrm{c}}\\ M_{y_1\mathrm{c}}\\ M_{z_1\mathrm{c}}\end{bmatrix}=\begin{bmatrix}-2R'r_{\mathrm{c}}\delta_{\gamma}\\ -R'(x_{\mathrm{c}}-x_{\mathrm{g}})\delta_{\psi}\\ -R'(x_{\mathrm{c}}-x_{\mathrm{g}})\delta_{\varphi}\end{bmatrix}
$$

附加相对力矩及附加哥氏力矩其矢量表达式为式(2.29)，即

$$
\boldsymbol{M}'_{\mathrm{rel}}=-\dot{m}\boldsymbol{\rho}_{\mathrm{e}}\times\boldsymbol{u}_{\mathrm{e}}
$$

$$
\boldsymbol{M}'_{\mathrm{k}}=\frac{\delta\boldsymbol{I}}{\delta t}\cdot\boldsymbol{\omega}_{\mathrm{T}}-\dot{m}\boldsymbol{\rho}_{\mathrm{e}}\times(\boldsymbol{\omega}_{\mathrm{T}}\times\boldsymbol{\rho}_{\mathrm{e}})
$$

注意到在标准条件下，即发动机安装无误差，其推力轴线与箭体轴 x_1 平行，则附加相对力矩为 0，而如果控制系统中采用摇摆发动机为执行机构，该附加相对力矩即为控制力矩，其表达式如式(2.146) 所示，因此，此处不再列写。

附加力矩向箭体坐标系分解时，只要注意到

$$\boldsymbol{\rho}_{\mathrm{e}} = -x_{1\mathrm{e}}\boldsymbol{x}_1^0$$

则不难写出

$$\boldsymbol{M}'_{\mathrm{k}} = -\begin{bmatrix} \dot{I}_{x_1}\omega_{\mathrm{T}x_1} \\ \dot{I}_{y_1}\omega_{\mathrm{T}y_1} \\ \dot{I}_{z_1}\omega_{\mathrm{T}z_1} \end{bmatrix} + \dot{m}\begin{bmatrix} 0 \\ -x_{1\mathrm{e}}^2\omega_{\mathrm{T}y_1} \\ -x_{1\mathrm{e}}^2\omega_{\mathrm{T}z_1} \end{bmatrix}$$

则式(3.4) 可写成箭体坐标系内的分量形式为

$$\begin{bmatrix} I_{x_1} & 0 & 0 \\ 0 & I_{y_1} & 0 \\ 0 & 0 & I_{z_1} \end{bmatrix}\begin{bmatrix} \dfrac{\mathrm{d}\omega_{\mathrm{T}x_1}}{\mathrm{d}t} \\ \dfrac{\mathrm{d}\omega_{\mathrm{T}y_1}}{\mathrm{d}t} \\ \dfrac{\mathrm{d}\omega_{\mathrm{T}z_1}}{\mathrm{d}t} \end{bmatrix} + \begin{bmatrix} (I_{z_1} - I_{y_1})\omega_{\mathrm{T}z_1}\omega_{\mathrm{T}y_1} \\ (I_{x_1} - I_{z_1})\omega_{\mathrm{T}x_1}\omega_{\mathrm{T}z_1} \\ (I_{y_1} - I_{x_1})\omega_{\mathrm{T}y_1}\omega_{\mathrm{T}x_1} \end{bmatrix} = \begin{bmatrix} 0 \\ m_{y_1}^{\beta} qS_{\mathrm{M}}l_{\mathrm{K}}\beta \\ m_{z_1}^{\alpha} qS_{\mathrm{M}}l_{\mathrm{K}}\alpha \end{bmatrix} + \begin{bmatrix} m_{x_1}^{\bar{\omega}_{x_1}} qS_{\mathrm{M}}l_{\mathrm{K}}\bar{\omega}_{x_1} \\ m_{y_1}^{\bar{\omega}_{y_1}} qS_{\mathrm{M}}l_{\mathrm{K}}\bar{\omega}_{y_1} \\ m_{z_1}^{\bar{\omega}_{z_1}} qS_{\mathrm{M}}l_{\mathrm{K}}\bar{\omega}_{z_1} \end{bmatrix} +$$

$$\begin{bmatrix} -2R'r_{\mathrm{c}}\delta_{\gamma} \\ -R'(x_{\mathrm{c}} - x_{\mathrm{g}})\delta_{\psi} \\ -R'(x_{\mathrm{c}} - x_{\mathrm{g}})\delta_{\varphi} \end{bmatrix} - \begin{bmatrix} \dot{I}_{x_1}\omega_{\mathrm{T}x_1} \\ \dot{I}_{y_1}\omega_{\mathrm{T}y_1} \\ \dot{I}_{z_1}\omega_{\mathrm{T}z_1} \end{bmatrix} + \dot{m}\begin{bmatrix} 0 \\ -x_{1\mathrm{e}}^2\omega_{\mathrm{T}y_1} \\ -x_{1\mathrm{e}}^2\omega_{\mathrm{T}z_1} \end{bmatrix} \tag{3.29}$$

3.2.3 补充方程

上述建立的质心动力学方程和绕质心转动的动力学方程，其未知参数个数远大于方程的数目，因此要求解火箭运动参数还必须补充有关方程。

1. 运动学方程

质心速度与位置参数关系方程为

$$\left.\begin{aligned} \frac{\mathrm{d}x}{\mathrm{d}t} &= v_x \\ \frac{\mathrm{d}y}{\mathrm{d}t} &= v_y \\ \frac{\mathrm{d}z}{\mathrm{d}t} &= v_z \end{aligned}\right\} \tag{3.30}$$

火箭绕平移坐标系转动角速度 $\boldsymbol{\omega}_{\mathrm{T}}$ 在箭体坐标系的分量，由于

$$\boldsymbol{\omega}_{\mathrm{T}} = \dot{\boldsymbol{\varphi}}_{\mathrm{T}} + \dot{\boldsymbol{\psi}}_{\mathrm{T}} + \dot{\boldsymbol{\gamma}}_{\mathrm{T}} \tag{3.31}$$

则不难得到

$$\left.\begin{aligned} \omega_{\mathrm{T}x_1} &= \dot{\gamma}_{\mathrm{T}} - \dot{\varphi}_{\mathrm{T}}\sin\psi_{\mathrm{T}} \\ \omega_{\mathrm{T}y_1} &= \dot{\psi}_{\mathrm{T}}\cos\gamma_{\mathrm{T}} + \dot{\varphi}_{\mathrm{T}}\cos\psi_{\mathrm{T}}\sin\gamma_{\mathrm{T}} \\ \omega_{\mathrm{T}z_1} &= \dot{\varphi}_{\mathrm{T}}\cos\psi_{\mathrm{T}}\cos\gamma_{\mathrm{T}} - \dot{\psi}_{\mathrm{T}}\sin\gamma_{\mathrm{T}} \end{aligned}\right\} \tag{3.32}$$

原则上可由此解得 $\varphi_T,\psi_T,\gamma_T$。

箭体相对于地球的转动角速度 $\boldsymbol{\omega}$ 与箭体相对于惯性（平移）坐标系的转动角速度 $\boldsymbol{\omega}_T$ 以及地球自转角速度 $\boldsymbol{\omega}_e$ 之间有以下关系：

$$\boldsymbol{\omega}=\boldsymbol{\omega}_T-\boldsymbol{\omega}_e \tag{3.33}$$

根据地面发射坐标系的定义，$\boldsymbol{\omega}_e$ 在地面发射坐标系内的 3 个分量为

$$\begin{bmatrix}\omega_{ex}\\ \omega_{ey}\\ \omega_{ez}\end{bmatrix}=\omega_e\begin{bmatrix}\cos\phi_0\cos\alpha_0\\ \sin\phi_0\\ -\cos\phi_0\sin\alpha_0\end{bmatrix} \tag{3.34}$$

式中，α_0 为 x 轴与北方的夹角；ϕ_0 为地心纬度，则 $\boldsymbol{\omega}$ 在箭体坐标系的投影分量表示为

$$\begin{bmatrix}\omega_{x_1}\\ \omega_{y_1}\\ \omega_{z_1}\end{bmatrix}=\begin{bmatrix}\omega_{Tx_1}\\ \omega_{Ty_1}\\ \omega_{Tz_1}\end{bmatrix}-\boldsymbol{B}_G\begin{bmatrix}\omega_{ex}\\ \omega_{ey}\\ \omega_{ez}\end{bmatrix} \tag{3.35}$$

2. 控制方程

式(2.134) 已给出控制方程的一般方程。

3. 欧拉角之间的联系方程

考虑到地球转动 $\varphi_T,\psi_T,\gamma_T$ 与 φ,ψ,γ 的联系方程为

$$\left.\begin{aligned}\varphi_T&=\varphi+\omega_{ez}t\\ \psi_T&=\psi+\omega_{ey}t\cos\varphi-\omega_{ex}t\sin\varphi\\ \gamma_T&=\gamma+\omega_{ey}t\sin\varphi+\omega_{ex}t\cos\varphi\end{aligned}\right\} \tag{3.36}$$

式中，φ,ψ,γ 可由上式解得，注意到速度倾角 θ 及航迹偏角 σ 可由下式求得，即

$$\left.\begin{aligned}\theta&=\arctan\frac{v_y}{v_x}\\ \sigma&=-\arcsin\frac{v_z}{v}\end{aligned}\right\} \tag{3.37}$$

解算。则箭体坐标系、速度坐标系及地面发射坐标系中的 8 个欧拉角已知 5 个，其余 3 个可由以下 3 个方向余弦关系得到，即

$$\left.\begin{aligned}&\sin\beta=\cos(\theta-\varphi)\cos\sigma\sin\psi\cos\gamma+\sin(\varphi-\theta)\cos\sigma\sin\gamma-\sin\sigma\cos\psi\cos\gamma\\ &-\sin\alpha\cos\beta=\cos(\theta-\varphi)\cos\sigma\sin\psi\sin\gamma+\sin(\theta-\varphi)\cos\sigma\cos\gamma-\sin\sigma\cos\psi\sin\gamma\\ &\sin\nu=(\cos\alpha\cos\psi\sin\gamma-\sin\psi\sin\alpha)/\cos\sigma\end{aligned}\right\} \tag{3.38}$$

这里须要说明的是，式(3.38) 的 3 个方向余弦关系式并不是唯一的，例如我们在《导弹弹道飞行力学基础》中采用到的三个关系式就与式(3.38) 不太一样，但它们都是等价的。为了提高计算精度，有的文献中还采用欧拉角(α,β,γ) 的微分形式来代替方向余弦关系，只要推导无误，采用哪种形式都是可以的。

4. 附加方程

(1) 速度计算方程为

$$v=\sqrt{v_x^2+v_y^2+v_z^2} \tag{3.39}$$

(2) 质量计算方程为

$$m=m_0-\dot{m}t \tag{3.40}$$

式中，m_0 为火箭离开发射台瞬间的质量；$\dot{m}$ 为火箭发动机工作单位时间的质量消耗量；t 为火

箭离开发射台瞬间 $t=0$ 起的计时。

(3) 高度计算公式。因计算气动力影响,必须知道轨道上任一点距地面的高度 h,故要补充有关方程。

已知轨道上任一点距地心的距离为

$$r=\sqrt{(x+R_{0x})^2+(y+R_{0y})^2+(z+R_{0z})^2} \tag{3.41}$$

因设地球为一两轴旋转球体,则地球表面任一点距地心的距离与该点之地心纬度 ϕ 有关。由图 3.1 可知道空间任一点矢量 $\boldsymbol{r}$ 与赤道平面的夹角即为该点在地球上星下点所在的地心纬度角 ϕ,该角可由 $\boldsymbol{r}$ 与地球自动角速度矢量 $\boldsymbol{\omega}_e$ 之间的关系求得,即

$$\sin\phi=\frac{\boldsymbol{r}\cdot\boldsymbol{\omega}_e}{r\omega_e}$$

根据式(3.12)及式(3.16)可得

$$\sin\phi=\frac{(x+R_{0x})\omega_{ex}+(y+R_{0y})\omega_{ey}+(z+R_{0z})\omega_{ez}}{r\omega_e} \tag{3.42}$$

对应于地心纬度 ϕ 之椭球表面距地心的距离可由式(2.79)得到,即

$$R=\frac{a_e b_e}{\sqrt{a_e^2\sin^2\phi+b_e^2\cos^2\phi}} \tag{3.43}$$

在理论弹道计算中计算高度时,可忽略 μ 的影响,因此,空间任一点距地球表面的距离为

$$h=r-R \tag{3.44}$$

综合上述讨论,可整理得火箭在地面发射坐标系中的一般运动方程为

$$\left.\begin{aligned}
&m\begin{bmatrix}\dfrac{\mathrm{d}v_x}{\mathrm{d}t}\\ \dfrac{\mathrm{d}v_y}{\mathrm{d}t}\\ \dfrac{\mathrm{d}v_z}{\mathrm{d}t}\end{bmatrix}=\boldsymbol{G}_B\begin{bmatrix}P_e\\ Y_{1c}+2\dot{m}\omega_{Tz_1}x_{1e}\\ Z_{1c}-2\dot{m}\omega_{Ty_1}x_{1e}\end{bmatrix}+\boldsymbol{G}_V\begin{bmatrix}-C_x qS_M\\ C_y^{\alpha}qS_M\alpha\\ -C_y^{\alpha}qS_M\beta\end{bmatrix}+\frac{mg'_r}{r}\begin{bmatrix}x+R_{0x}\\ y+R_{0y}\\ z+R_{0z}\end{bmatrix}+\\
&\qquad\frac{mg_{\omega e}}{\omega_e}\begin{bmatrix}\omega_{ex}\\ \omega_{ey}\\ \omega_{ez}\end{bmatrix}-m\begin{bmatrix}a_{11}&a_{12}&a_{13}\\ a_{21}&a_{22}&a_{23}\\ a_{31}&a_{32}&a_{33}\end{bmatrix}\begin{bmatrix}x+R_{ox}\\ y+R_{oy}\\ z+R_{oz}\end{bmatrix}-m\begin{bmatrix}b_{11}&b_{12}&b_{13}\\ b_{21}&b_{22}&b_{23}\\ b_{31}&b_{32}&b_{33}\end{bmatrix}\begin{bmatrix}\dot{x}\\ \dot{y}\\ \dot{z}\end{bmatrix}\\
&\begin{bmatrix}I_{x_1}&0&0\\ 0&I_{y_1}&0\\ 0&0&I_{z_1}\end{bmatrix}\begin{bmatrix}\dfrac{\mathrm{d}\omega_{Tx_1}}{\mathrm{d}t}\\ \dfrac{\mathrm{d}\omega_{Ty_1}}{\mathrm{d}t}\\ \dfrac{\mathrm{d}\omega_{Tz_1}}{\mathrm{d}t}\end{bmatrix}+\begin{bmatrix}(I_{z_1}-I_{y_1})\omega_{Tz_1}\omega_{Ty_1}\\ (I_{x_1}-I_{z_1})\omega_{Tx_1}\omega_{Tz_1}\\ (I_{y_1}-I_{x_1})\omega_{Ty_1}\omega_{Tx_1}\end{bmatrix}=\begin{bmatrix}0\\ m_{y_1}^{\beta}qS_M l_K\beta\\ m_{z_1}^{\alpha}qS_M l_K\alpha\end{bmatrix}+\begin{bmatrix}m_{z_1}^{\bar{\omega}_{x_1}}qS_M l_K\bar{\omega}_{x_1}\\ m_{y_1}^{\bar{\omega}_{y_1}}qS_M l_K\bar{\omega}_{y_1}\\ m_{z_1}^{\bar{\omega}_{z_1}}qS_M l_K\bar{\omega}_{z_1}\end{bmatrix}+\\
&\qquad\qquad\begin{bmatrix}-2R'r_c\delta_\gamma\\ -R'(x_c-x_g)\delta_\psi\\ -R'(x_c-x_g)\delta_\varphi\end{bmatrix}-\begin{bmatrix}\dot{I}_{x_1}\omega_{Tx_1}\\ \dot{I}_{y_1}\omega_{Ty_1}\\ \dot{I}_{z_1}\omega_{Tz_1}\end{bmatrix}+\dot{m}\begin{bmatrix}0\\ -x_{1e}^2\omega_{Ty_1}\\ -x_{1e}^2\omega_{Tz_1}\end{bmatrix}
\end{aligned}\right\} \tag{3.45}$$

$$
\left.\begin{aligned}
&\begin{bmatrix}\dfrac{dx}{dt}\\ \dfrac{dy}{dt}\\ \dfrac{dz}{dt}\end{bmatrix}=\begin{bmatrix}v_x\\ v_y\\ v_z\end{bmatrix}\\
&\begin{bmatrix}\omega_{Tx_1}\\ \omega_{Ty_1}\\ \omega_{Tz_1}\end{bmatrix}=\begin{bmatrix}\dot{\gamma}-\dot{\varphi}_T\sin\psi_T\\ \dot{\psi}_T\cos\gamma_T+\dot{\varphi}_T\cos\psi_T\sin\gamma_T\\ \dot{\varphi}_T\cos\psi_T\cos\gamma_T-\dot{\psi}_T\sin\gamma_T\end{bmatrix}\\
&\begin{bmatrix}\omega_{x_1}\\ \omega_{y_1}\\ \omega_{z_1}\end{bmatrix}=\begin{bmatrix}\omega_{Tx_1}\\ \omega_{Ty_1}\\ \omega_{Tz_1}\end{bmatrix}-\boldsymbol{B}_G\begin{bmatrix}\omega_{ex}\\ \omega_{ey}\\ \omega_{ez}\end{bmatrix}\\
&F_\varphi(\delta_\varphi,x,y,z,\dot{x},\dot{y},\dot{z},\varphi_T,\dot{\varphi}_T,\cdots)=0\\
&F_\psi(\delta_\psi,x,y,z,\dot{x},\dot{y},\dot{z},\psi_T,\dot{\psi}_T,\cdots)=0\\
&F_\gamma(\delta_\gamma,x,y,z,\dot{x},\dot{y},\dot{z},\gamma_T,\dot{\gamma}_T,\cdots)=0\\
&\varphi_T=\varphi+\omega_{ez}t\\
&\psi_T=\psi+\omega_{ey}t\cos\varphi-\omega_{ex}t\sin\varphi\\
&\gamma_T=\gamma+\omega_{ey}t\cos\varphi-\omega_{ex}t\cos\varphi\\
&\theta=\arctan\frac{v_y}{v_x}\\
&\sigma=-\arcsin\frac{v_z}{v}\\
&\sin\beta=\cos(\theta-\varphi)\cos\sigma\sin\psi\cos\gamma+\sin(\varphi-\theta)\cos\sigma\sin\gamma-\sin\sigma\cos\psi\cos\gamma\\
&-\sin\alpha\cos\beta=\cos(\theta-\varphi)\cos\sigma\sin\psi\sin\gamma+\sin(\theta-\varphi)\cos\sigma\cos\gamma-\sin\sigma\cos\psi\sin\gamma\\
&\sin\nu=\frac{1}{\cos\sigma}(\cos\alpha\cos\psi\sin\gamma-\sin\psi\sin\alpha)\\
&r=\sqrt{(x+R_{0x})^2+(y+R_{0y})^2+(z+R_{0z})^2}\\
&\sin\phi=\frac{(x+R_{0x})\omega_{ex}+(y+R_{0y})\omega_{ey}+(z+R_{0z})\omega_{ez}}{r\omega_e}\\
&R=\frac{a_eb_e}{\sqrt{a_e^2\sin^2\phi+b_e^2\cos^2\phi}}\\
&h=r-R\\
&v=\sqrt{v_x^2+v_y^2+v_z^2}\\
&m=m_0-\dot{m}t
\end{aligned}\right\}\quad(续\ 3.45)
$$

以上共 32 个方程，有 32 个未知量，即 $v_x, v_y, v_z, \omega_{Tx_1}, \omega_{Ty_1}, \omega_{Tz_1}, x, y, z, \gamma_T, \psi_T, \varphi_T, \omega_{x_1}, \omega_{y_1}, \omega_{z_1}, \delta_\varphi, \delta_\psi, \delta_\gamma, \varphi, \psi, \gamma, \theta, \sigma, \beta, \alpha, \nu, r, \phi, R, h, v, m$。

原则上，当已知控制方程的具体形式后，给出 32 个起始条件，即可进行求解。事实上，由于其中有些方程是确定量之间具有明确的关系方程，因此这些量则不是任意给出的，而当有关的参数起始条件给出时，它们也即相对应地确定，如 $\omega_{x_1}, \omega_{y_1}, \omega_{z_1}, \beta, \alpha, \nu, \varphi, \psi, \gamma, r, \phi, R, h, v$ 等 14 个参数即属此种情况。在动力学方程中，有关一些力和力矩（或力矩导数）的参数均可用上述方程组中解得的参数进行计算，其计算式在本章内已列出，这里不再重复了。

3.3 地面发射坐标系中的弹道计算方程

火箭空间一般方程较精确地描述了火箭在主动段的运动规律。实际在研究火箭质心运动时，根据火箭飞行的情况，为了计算方便，可作下述假设：

(1) 在一般方程中的一些欧拉角，如 $\psi_T, \gamma_T, \psi, \gamma, \sigma, \nu, \alpha, \beta$ 等，在火箭有控制的条件下，主动段中所表现的数值均很小。因此可将一般方程中上述这些角度的正弦值取为该角弧度值，而其余弦值取为 1；当上述角值出现两个以上的乘积时，则作为高阶项略去，据此，一般方程中的方向余弦阵及附加方程中的一些有关欧拉角关系的方程式即可做出简化。当然，附加哥氏力项亦可略去。

(2) 火箭绕质心转动方程是反映火箭飞行过程中的力矩平衡过程。对姿态稳定的火箭，这一动态过程进行得很快，以致对于火箭质心运动不发生什么影响。因此在研究火箭质心运动时，可不考虑动态过程，即将绕质心运动方程中与姿态角速度和角加速度的有关项予以忽略，称为“瞬时平衡”假设，则由式(3.4)可得

$$\boldsymbol{M}_{st} + \boldsymbol{M}_c = \boldsymbol{0}$$

将静稳定气动力矩及式(2.143)的控制力矩代入上式，则有

$$\left.\begin{aligned} &M_{z_1}^{\alpha}\alpha + M_{z_1}^{\delta}\delta_{\varphi} = 0 \\ &M_{y_1}^{\beta}\beta + M_{y_1}^{\delta}\delta_{\psi} = 0 \\ &\delta_{\gamma} = 0 \end{aligned}\right\} \tag{3.46}$$

对于控制方程如取式(2.135)，即

$$\begin{aligned} \delta_{\varphi} &= a_0^{\varphi}\Delta\varphi_T + k_{\varphi}u_{\varphi} \\ \delta_{\psi} &= a_0^{\psi}\Delta\psi_T + k_{\psi}u_{\psi} \\ \delta_{\gamma} &= a_0^{\psi}\Delta\gamma_T \end{aligned}$$

将式(3.36)代入上式即得略去动态过程的控制方程为

$$\left.\begin{aligned} &\delta_{\varphi} = a_0^{\varphi}(\varphi + \omega_{ez}t - \varphi_{pr}) + k_{\varphi}u_{\varphi} \\ &\delta_{\psi} = a_0^{\psi}[\psi + (\omega_{ey}\cos\varphi - \omega_{ex}\sin\varphi)t] + k_{\psi}u_{\psi} \\ &\delta_{\gamma} = a_0^{\gamma}[\gamma + (\omega_{ey}\sin\varphi + \omega_{ex}\cos\varphi)t] \end{aligned}\right\} \tag{3.47}$$

将式(3.47)代入式(3.46)，并据假设(1)可知，则有下列欧拉角关系式：

$$\begin{aligned} \beta &= \psi - \sigma \\ \alpha &= \varphi - \theta \\ \nu &= \gamma \end{aligned}$$

整理得绕质心运动方程在“瞬时平衡”假设条件下的另一等价形式为

$$\left.\begin{aligned} &\alpha = A_{\varphi}\left[(\varphi_{pr} - \omega_{ez}t - \theta) - \frac{k_{\varphi}}{a_0^{\varphi}}u_{\varphi}\right] \\ &\beta = A_{\psi}\left[(\varphi_{ex}\sin\varphi - \omega_{ey}\cos\varphi)t - \sigma - \frac{k_{\psi}}{a_0^{\psi}}u_{\psi}\right] \\ &\gamma = -(\varphi_{ey}\sin\varphi + \omega_{ex}\cos\varphi)t \end{aligned}\right\} \tag{3.48}$$

式中

$$\left.\begin{aligned} A_\varphi &= \frac{a_0^\varphi M_{z_1}^\delta}{M_{z_1}^\alpha + a_0^\varphi M_{z_1}^\delta} \\ A_\psi &= \frac{a_0^\psi M_{y_1}^\delta}{M_{y_1}^\beta + a_0^\psi M_{y_1}^\delta} \end{aligned}\right\} \tag{3.49}$$

根据以上假设，且忽略 ν，γ 的影响，可得在发射坐标系中的空间弹道计算方程为

$$\left.\begin{aligned}
& m\begin{bmatrix} \dfrac{\mathrm{d}v_x}{\mathrm{d}t} \\ \dfrac{\mathrm{d}v_y}{\mathrm{d}t} \\ \dfrac{\mathrm{d}v_z}{\mathrm{d}t} \end{bmatrix} = \begin{bmatrix} \cos\varphi\cos\psi & -\sin\varphi & \cos\varphi\sin\psi \\ \sin\varphi\cos\psi & \cos\varphi & \sin\varphi\sin\psi \\ -\sin\psi & 0 & \cos\psi \end{bmatrix} \begin{bmatrix} P_e \\ Y_{1c} \\ Z_{1c} \end{bmatrix} + \\
& \qquad \begin{bmatrix} \cos\theta\cos\sigma & -\sin\theta & \cos\theta\sin\sigma \\ \sin\theta\cos\sigma & \cos\theta & \sin\theta\sin\sigma \\ -\sin\sigma & 0 & \cos\sigma \end{bmatrix} \begin{bmatrix} -C_x q S_M \\ C_y^\alpha q S_M \alpha \\ -C_y^\alpha q S_M \beta \end{bmatrix} + m\frac{g'_r}{r}\begin{bmatrix} x+R_{0x} \\ y+R_{0y} \\ z+R_{0z} \end{bmatrix} + \\
& \qquad m\frac{g_{\omega e}}{\omega_e}\begin{bmatrix} \omega_{ex} \\ \omega_{ey} \\ \omega_{ez} \end{bmatrix} - m\begin{bmatrix} a_{11} & a_{12} & a_{13} \\ a_{21} & a_{22} & a_{23} \\ a_{31} & a_{32} & a_{33} \end{bmatrix}\begin{bmatrix} x+R_{0x} \\ x+R_{0y} \\ x+R_{0z} \end{bmatrix} - m\begin{bmatrix} b_{11} & b_{12} & b_{13} \\ b_{21} & b_{22} & b_{23} \\ b_{31} & b_{32} & b_{33} \end{bmatrix}\begin{bmatrix} \dot{x} \\ \dot{y} \\ \dot{z} \end{bmatrix} \\
& \begin{bmatrix} \dfrac{\mathrm{d}x}{\mathrm{d}t} \\ \dfrac{\mathrm{d}y}{\mathrm{d}t} \\ \dfrac{\mathrm{d}z}{\mathrm{d}t} \end{bmatrix} = \begin{bmatrix} v_x \\ v_y \\ v_z \end{bmatrix} \\
& \alpha = A_\varphi\left[(\varphi_{pr} - \omega_{ez}t - \theta) - \frac{k_\varphi}{a_0^\varphi}u_\varphi\right] \\
& \beta = A_\psi\left[(\omega_{ex}\sin\varphi - \omega_{ey}\cos\varphi)t - \sigma - \frac{k_\psi}{\alpha_0^\psi}u_\psi\right] \\
& \theta = \arctan\frac{v_y}{v_x} \\
& \sigma = -\arcsin\frac{v_z}{v} \\
& \varphi = \theta + \alpha \\
& \psi = \sigma + \beta \\
& \delta_\varphi = a_0^\varphi(\varphi + \omega_{ez}t - \varphi_{pr}) + k_\varphi u_\varphi \\
& \delta_\psi = a_0^\psi[\psi + (\omega_{ey}\cos\varphi - \omega_{ex}\sin\varphi)t] + k_H u_H \\
& v = \sqrt{v_x^2 + v_y^2 + v_z^2} \\
& r = \sqrt{(x+R_{0x})^2 + (y+R_{0y})^2 + (z+R_{0z})^2} \\
& \sin\phi = \frac{(x+R_{0x})\omega_{ex} + (y+R_{0y})\omega_{ey} + (z+R_{0z})\omega_{ez}}{r\omega_e} \\
& R = \frac{a_e b_e}{\sqrt{a_e^2\sin^2\phi + b_e^2\cos^2\phi}} \\
& h = r - R \\
& m = m_0 - \dot{m}t
\end{aligned}\right\} \tag{3.50}$$

式(3.50)即为空间弹道计算方程,前6个为微分方程,只要给出相应的起始条件就可求得火箭质心运动参数。

在火箭总体设计中,从仪表和弹体强度设计角度考虑,需要知道它们所承受的过载有多大。为此,我们把火箭飞行中除重力以外作用在火箭上的所有其他外力称作过载,记作 $\boldsymbol{N}$,若火箭的总加速度为 $\boldsymbol{a}$,则

$$m\boldsymbol{a}=\boldsymbol{N}+\boldsymbol{G} \tag{3.51}$$

$$\boldsymbol{a}=\frac{\boldsymbol{N}}{m}+\quad=\dot{\boldsymbol{w}}+ \tag{3.52}$$

式中,$\dot{\boldsymbol{w}}$ 称为视加速度,它可用惯性加速度表测量。实际上 $\boldsymbol{N}$ 是由控制力、推力和气动力组成的,在弹体上的3个分量为

$$\begin{bmatrix}N_{x_1}\\N_{y_1}\\N_{z_1}\end{bmatrix}=\begin{bmatrix}p_{\mathrm{e}}\\y_{1\mathrm{c}}\\z_{1\mathrm{c}}\end{bmatrix}+\boldsymbol{B}_{\mathrm{V}}\begin{bmatrix}-C_xqS_{\mathrm{M}}\\C_y^{\alpha}qS_{\mathrm{M}}\alpha\\-C_y^{\alpha}qS_{\mathrm{M}}\beta\end{bmatrix} \tag{3.53}$$

将下式

$$\begin{bmatrix}N_{x_1}\\N_{y_1}\\N_{z_1}\end{bmatrix}=m\begin{bmatrix}\dot{w}_{x_1}\\\dot{w}_{y_1}\\\dot{w}_{z_1}\end{bmatrix} \tag{3.54}$$

代入式(3.50)中质心动力学方程后即组成含视加速度 $\dot{\boldsymbol{w}}$ 参变量的空间弹道计算方程。

过载系数 $\boldsymbol{n}$ 被定义为 $\boldsymbol{N}$ 被火箭质量 m 与地面重力加速度 g_0 之积相除所得的值,即

$$\boldsymbol{n}=\begin{bmatrix}n_{x_1}\\n_{y_1}\\n_{z_1}\end{bmatrix}=\frac{\boldsymbol{N}}{m\ g_0}=\frac{1}{g_0}\begin{bmatrix}\dot{w}_{x_1}\\\dot{w}_{y_1}\\\dot{w}_{z_1}\end{bmatrix} \tag{3.55}$$

式中,n_{x_1},n_{y_1},n_{z_1} 分别称为火箭的轴向、法向和横向过载系数。

3.4 速度坐标系中的弹道方程

3.4.1 速度坐标系中的质心动力学方程

由地面发射坐标中的质心动力学方程式(3.5),即

$$m\frac{\delta^2\boldsymbol{r}}{\delta t^2}=\boldsymbol{P}+\boldsymbol{R}+\boldsymbol{F}_{\mathrm{c}}+m\boldsymbol{g}+\boldsymbol{F}'_{\mathrm{k}}-m\boldsymbol{\omega}_{\mathrm{e}}\times(\boldsymbol{\omega}_{\mathrm{e}}\times\boldsymbol{r})-2m\boldsymbol{\omega}_{\mathrm{e}}\times\frac{\delta\boldsymbol{r}}{\delta t}$$

将其在速度坐标系投影,根据矢量微分法,则有

$$\frac{\mathrm{d}\boldsymbol{V}}{\mathrm{d}t}=\frac{\mathrm{d}}{\mathrm{d}t}(v\boldsymbol{x}_{\mathrm{v}}^0)=\frac{\mathrm{d}v}{\mathrm{d}t}\boldsymbol{x}_{\mathrm{v}}^0+v\frac{\mathrm{d}\boldsymbol{x}_{\mathrm{v}}^0}{\mathrm{d}t} \tag{3.56}$$

由于

$$\frac{\mathrm{d}\boldsymbol{x}_{\mathrm{v}}^0}{\mathrm{d}t}=\boldsymbol{\omega}_{\mathrm{v}}\times\boldsymbol{x}_{\mathrm{v}}^0 \tag{3.57}$$

式中,$\boldsymbol{\omega}_{\mathrm{v}}$ 为速度坐标系相对地面坐标系的转动角速度。

已知

$$\boldsymbol{\omega}_{\mathrm{v}}=\dot{\boldsymbol{\theta}}+\dot{\boldsymbol{\sigma}}+\dot{\boldsymbol{v}} \tag{3.58}$$

将 $\boldsymbol{\omega}_{\mathrm{v}}$ 在速度坐标系投影，式(3.58) 等号右端的投影分量可由速度坐标系与地面发射坐标系之间的几何关系得出，即

$$\left.\begin{aligned}\omega_{x\mathrm{v}}&=\dot{\nu}-\dot{\theta}\sin\sigma\\ \omega_{y\mathrm{v}}&=\dot{\sigma}\cos\nu+\dot{\theta}\cos\sigma\sin\nu\\ \omega_{z\mathrm{v}}&=\dot{\theta}\cos\sigma\cos\nu-\dot{\sigma}\sin\nu\end{aligned}\right\} \tag{3.59}$$

可得

$$\frac{\mathrm{d}\boldsymbol{x}_{\mathrm{v}}^{0}}{\mathrm{d}t}=(\dot{\theta}\cos\sigma\cos\nu-\dot{\sigma}\sin\nu)\boldsymbol{y}_{\mathrm{v}}^{0}-(\dot{\sigma}\cos\nu+\dot{\theta}\cos\sigma\sin\nu)\boldsymbol{z}_{\mathrm{v}}^{0}$$

代入式(3.56)，则有

$$\frac{\mathrm{d}\boldsymbol{V}}{\mathrm{d}t}=\frac{\mathrm{d}v}{\mathrm{d}t}\boldsymbol{x}_{\mathrm{v}}^{0}+v(\dot{\theta}\cos\sigma\cos\nu-\dot{\sigma}\sin\nu)\boldsymbol{y}_{\mathrm{v}}^{0}-v(\dot{\sigma}\cos\nu+\dot{\theta}\cos\sigma\sin\nu)\boldsymbol{z}_{\mathrm{v}}^{0} \tag{3.60}$$

式(3.60) 为火箭质心相对于地面发射坐标系的加速度沿速度坐标系的分解。

将式(3.60) 代入式(3.5) 等号的左端，而式(3.5) 等号右端各项即可参照式(3.27) 等号右端的内容直接写出它们在速度坐标系的分量形式，最终可得在速度坐标系内的质心动力学方程为

$$\begin{aligned}m\begin{bmatrix}\dot{v}\\ v(\dot{\theta}\cos\sigma\cos\nu-\dot{\sigma}\sin\nu)\\ -v(\dot{\sigma}\cos\nu+\dot{\theta}\cos\sigma\sin\nu)\end{bmatrix}=&\boldsymbol{V}_{\mathrm{B}}\begin{bmatrix}P_{\mathrm{e}}\\ Y_{1\mathrm{c}}+2\dot{m}\omega_{\mathrm{T}z_1}x_{1\mathrm{e}}\\ Z_{1\mathrm{c}}-2\dot{m}\omega_{\mathrm{T}y_1}x_{1\mathrm{e}}\end{bmatrix}+\begin{bmatrix}-C_xqS_{\mathrm{M}}\\ C_y^{\alpha}qS_{\mathrm{M}}\alpha\\ -C_y^{\alpha}qS_{\mathrm{M}}\beta\end{bmatrix}+m\frac{g'_{\mathrm{r}}}{r}\boldsymbol{V}_{\mathrm{G}}\begin{bmatrix}x+R_{0x}\\ y+R_{0y}\\ z+R_{0z}\end{bmatrix}+\\ &m\frac{g_{\omega\mathrm{e}}}{\omega_{\mathrm{e}}}\boldsymbol{V}_{\mathrm{G}}\begin{bmatrix}\omega_{\mathrm{e}x}\\ \omega_{\mathrm{e}y}\\ \omega_{\mathrm{e}z}\end{bmatrix}+m\boldsymbol{V}_{\mathrm{G}}\begin{bmatrix}a_{11}&a_{12}&a_{13}\\ a_{21}&a_{22}&a_{23}\\ a_{31}&a_{32}&a_{33}\end{bmatrix}\begin{bmatrix}x+R_{0x}\\ y+R_{0y}\\ z+R_{0z}\end{bmatrix}-\\ &m\boldsymbol{V}_{\mathrm{G}}\begin{bmatrix}b_{11}&b_{12}&b_{13}\\ b_{21}&b_{22}&b_{23}\\ b_{31}&b_{32}&b_{33}\end{bmatrix}\begin{bmatrix}\dot{x}\\ \dot{y}\\ \dot{z}\end{bmatrix}\end{aligned} \tag{3.61}$$

观察上式，后两式中等式左端均有两个微分变量，为进行求解，现引进矩阵 $\boldsymbol{H}_{\mathrm{V}}$，即

$$\boldsymbol{H}_{\mathrm{V}}=\begin{bmatrix}1&0&0\\ 0&\cos\nu&-\sin\nu\\ 0&\sin\nu&\cos\nu\end{bmatrix} \tag{3.62}$$

用矩阵 $\boldsymbol{H}_{\mathrm{V}}$ 左乘式(3.61) 得

$$\begin{aligned}m\begin{bmatrix}\dot{v}\\ v\dot{\theta}\cos\sigma\\ -v\dot{\sigma}\end{bmatrix}=&\boldsymbol{H}_{\mathrm{V}}\boldsymbol{V}_{\mathrm{B}}\begin{bmatrix}P_{\mathrm{e}}\\ Y_{1\mathrm{c}}+2\dot{m}\omega_{\mathrm{T}z_1}x_{1\mathrm{e}}\\ Z_{1\mathrm{c}}-2\dot{m}\omega_{\mathrm{T}y_1}x_{1\mathrm{e}}\end{bmatrix}+\boldsymbol{H}_{\mathrm{V}}\begin{bmatrix}-C_xqS_{\mathrm{M}}\\ C_y^{\alpha}qS_{\mathrm{M}}\alpha\\ -C_y^{\alpha}qS_{\mathrm{M}}\beta\end{bmatrix}+m\frac{g'_{\mathrm{r}}}{r}\boldsymbol{H}_{\mathrm{V}}\boldsymbol{V}_{\mathrm{G}}\begin{bmatrix}x+R_{0x}\\ y+R_{0y}\\ z+R_{0z}\end{bmatrix}+\\ &m\frac{g_{\omega\mathrm{e}}}{\omega_{\mathrm{e}}}\boldsymbol{H}_{\mathrm{V}}\boldsymbol{V}_{\mathrm{G}}\begin{bmatrix}\omega_{\mathrm{e}x}\\ \omega_{\mathrm{e}y}\\ \omega_{\mathrm{e}z}\end{bmatrix}-m\boldsymbol{H}_{\mathrm{V}}\boldsymbol{V}_{\mathrm{G}}\begin{bmatrix}a_{11}&a_{12}&a_{13}\\ a_{21}&a_{22}&a_{23}\\ a_{31}&a_{32}&a_{33}\end{bmatrix}\begin{bmatrix}x+R_{0x}\\ y+R_{0y}\\ z+R_{0z}\end{bmatrix}-\\ &m\boldsymbol{H}_{\mathrm{V}}\boldsymbol{V}_{\mathrm{G}}\begin{bmatrix}b_{11}&b_{12}&b_{13}\\ b_{21}&b_{22}&b_{23}\\ b_{31}&b_{32}&b_{33}\end{bmatrix}\begin{bmatrix}\dot{x}\\ \dot{y}\\ \dot{z}\end{bmatrix}\end{aligned} \tag{3.63}$$

3.4.2 速度坐标系中的弹道方程

为简化书写，火箭质心动力学方程式(3.63)和火箭绕质心转动的动力方程式(3.29)在这里不再重述，下面仅给出为解算空间动力学方程需补充的一些方程式，由于这些方程与式(3.45)的补充方程基本相同，个别不同的方程式，其符号意义也是明确的，故直接列写如下：

$$
\left.\begin{aligned}
&\begin{bmatrix}\dfrac{\mathrm{d}x}{\mathrm{d}t}\\[2mm] \dfrac{\mathrm{d}y}{\mathrm{d}t}\\[2mm] \dfrac{\mathrm{d}z}{\mathrm{d}t}\end{bmatrix}=\begin{bmatrix}v\cos\theta\cos\sigma\\ v\sin\theta\cos\sigma\\ -v\sin\sigma\end{bmatrix}\\
&\begin{bmatrix}\omega_{\mathrm{T}x_1}\\ \omega_{\mathrm{T}y_1}\\ \omega_{\mathrm{T}z_1}\end{bmatrix}=\begin{bmatrix}\dot{\gamma}_{\mathrm{T}}-\dot{\varphi}_{\mathrm{T}}\sin\psi_{\mathrm{T}}\\ \dot{\psi}_{\mathrm{T}}\cos\gamma_{\mathrm{T}}+\dot{\varphi}_{\mathrm{T}}\cos\psi_{\mathrm{T}}\sin\gamma_{\mathrm{T}}\\ \dot{\varphi}_{\mathrm{T}}\cos\psi_{\mathrm{T}}\cos\gamma_{\mathrm{T}}-\dot{\psi}_{\mathrm{T}}\sin\gamma_{\mathrm{T}}\end{bmatrix}\\
&\begin{bmatrix}\omega_{x_1}\\ \omega_{y_1}\\ \omega_{z_1}\end{bmatrix}=\begin{bmatrix}\omega_{\mathrm{T}x_1}\\ \omega_{\mathrm{T}y_1}\\ \omega_{\mathrm{T}z_1}\end{bmatrix}-\boldsymbol{B}_{\mathrm{G}}\begin{bmatrix}\omega_{\mathrm{e}x}\\ \omega_{\mathrm{e}y}\\ \omega_{\mathrm{e}z}\end{bmatrix}\\
&F_{\varphi}(\delta_{\varphi},\ x,\ y,\ z,\ \dot{x},\ \dot{y},\ \dot{z},\ \varphi_{\mathrm{T}},\ \dot{\varphi}_{\mathrm{T}},\cdots)=0\\
&F_{\psi}(\delta_{\psi},\ x,\ y,\ z,\ \dot{x},\ \dot{y},\ \dot{z},\ \varphi_{\mathrm{T}},\ \dot{\varphi}_{\mathrm{T}},\cdots)=0\\
&F_{\gamma}(\delta_{\gamma},\ x,\ y,\ z,\ \dot{x},\ \dot{y},\ \dot{z},\ \varphi_{\mathrm{T}},\ \dot{\varphi}_{\mathrm{T}},\cdots)=0\\
&\varphi_{\mathrm{T}}=\varphi+\omega_{\mathrm{e}z}t\\
&\psi_{\mathrm{T}}=\psi+\omega_{\mathrm{e}y}t\cos\varphi-\omega_{\mathrm{e}x}t\sin\varphi\\
&\gamma_{\mathrm{T}}=\gamma+\omega_{\mathrm{e}y}t\sin\varphi+\omega_{\mathrm{e}z}t\cos\varphi\\
&\sin\beta=\cos(\theta-\varphi)\cos\sigma\sin\psi\cos\gamma-\sin(\theta-\varphi)\cos\sigma\sin\gamma-\sin\sigma\cos\psi\cos\gamma\\
&-\sin\alpha\cos\beta=\cos(\theta-\varphi)\cos\sigma\sin\psi\sin\gamma+\sin(\theta-\varphi)\cos\sigma\cos\gamma-\sin\sigma\cos\psi\sin\gamma\\
&\sin\nu=(\cos\alpha\cos\psi\sin\gamma-\sin\psi\sin\alpha)/\cos\sigma\\
&r=\sqrt{(x+R_{0x})^2+(y+R_{0y})^2+(z+R_{0z})^2}\\
&\sin\phi=\frac{(x+R_{0x})\omega_{\mathrm{e}x}+(y+R_{0y})\omega_{\mathrm{e}y}+(z+R_{0z})\omega_{\mathrm{e}z}}{r\omega_{\mathrm{e}}}\\
&R=\frac{a_{\mathrm{e}}b_{\mathrm{e}}}{\sqrt{a_{\mathrm{e}}^2\sin^2\phi+b_{\mathrm{e}}^2\cos^2\phi}}\\
&h=r-R\\
&m=m_0-\dot{m}t
\end{aligned}\right\}\tag{3.64}
$$

这样，可得到由式(3.63)、式(3.29)和式(3.64)共同组成的在速度坐标系内描述的空间弹道方程，共29个方程式，给定起始条件即可求解。

3.4.3 弹道方程简化成纵向运动方程和侧向运动方程

在新型号火箭的初步设计阶段，由于各分系统参数未定，因而只需进行弹道的粗略计算。为此，对上述空间弹道方程作一些简化假设：

(1) 将地球视为一均质圆球，忽略地球扁率及 g_{ϕ} 的影响。此时引力 $\boldsymbol{g}$ 沿矢径 $\boldsymbol{r}$ 的反向，且服从平方反比定律，即 $g'_r = g_r = -\dfrac{fM}{r^2}$，$g_{\omega e} = 0$。

(2) 由于工程设计人员在初步设计阶段只关心平均状态下的参数，故通常忽略地球旋转的影响，认为 $\boldsymbol{\omega}_e = 0$。显然，平移坐标系与发射坐标系始终重合。

(3) 忽略由于火箭内部介质相对于弹体流动所引起的附加哥氏力和全部附加力矩。

(4) 认为在控制系统作用下，火箭始终处于力矩瞬时平衡状态。

(5) 将欧拉角 $\alpha,\beta,\psi,\gamma,\sigma,\nu$ 及 $(\theta-\varphi)$ 视为小量，这些角度的正弦即取其角度的弧度值，其余弦取为 1，且在等式中出现这些角度值之间的乘积时，作为二阶以上项略去。则有

$$\boldsymbol{H}_V = \begin{bmatrix} 1 & 0 & 0 \\ 0 & 1 & -\nu \\ 0 & \nu & 1 \end{bmatrix} \tag{3.65}$$

$$\boldsymbol{V}_B = \begin{bmatrix} 1 & -\alpha & \beta \\ \alpha & 1 & 0 \\ -\beta & 0 & 1 \end{bmatrix} \tag{3.66}$$

$$\boldsymbol{V}_G = \begin{bmatrix} \cos\theta & \sin\theta & -\sigma \\ -\sin\theta & \cos\theta & \nu \\ \sigma\cos\theta + \nu\sin\theta & \sigma\sin\theta - \nu\cos\theta & 1 \end{bmatrix} \tag{3.67}$$

故得

$$\boldsymbol{H}_B = \boldsymbol{H}_V\boldsymbol{V}_B = \begin{bmatrix} 1 & -\alpha & \beta \\ \alpha & 1 & -\nu \\ -\beta & \nu & 1 \end{bmatrix} \tag{3.68}$$

$$\boldsymbol{H}_G = \boldsymbol{H}_V\boldsymbol{V}_G = \begin{bmatrix} \cos\theta & \sin\theta & -\sigma \\ -\sin\theta & \cos\theta & 0 \\ \sigma\cos\theta & \sigma\sin\theta & 1 \end{bmatrix} \tag{3.69}$$

(6) 考虑到控制力较小，故将控制力与 α,β,ν 的乘积项略去。

(7) 由于引力在 x,z 方向的分量远小于引力在 y 方向的分量，故将它们与 σ 的乘积项略去。

根据以上假设，即可将式(3.63) 与式(3.64) 所组成的质心运动方程简化成两组方程。

第一组方程为

$$\left.\begin{aligned}
&m\dot{v} = P_e - C_x q S_M + m g_r \frac{y+R}{r}\sin\theta + m g_r \frac{x}{r}\cos\theta \\
&m v\dot{\theta} = (P_e + C_y^\alpha q S_M)\alpha + m g_r \frac{y+R}{r}\cos\theta - m g_r \frac{x}{r}\sin\theta + R'\delta_\varphi \\
&\dot{x} = v\cos\theta \\
&\dot{y} = v\sin\theta \\
&\alpha = A_\varphi(\varphi_{pr} - \theta) \\
&A_\varphi = \frac{a_0^\varphi M_{z_1}^\delta}{M_{z_1}^\alpha + a_0^\varphi M_{z_1}^\delta} \\
&\varphi = \theta + \alpha \\
&\delta_\varphi = a_0^\varphi(\varphi - \varphi_{pr}) \\
&r = \sqrt{x^2 + (y+R)^2 + z^2} = \sqrt{x^2 + (y+R)^2} \\
&h = r - R \\
&m = m_0 - \dot{m}t
\end{aligned}\right\} \tag{3.70}$$

当取 $r=\sqrt{x^2+(y+R)^2}$ 时，式(3.70)则与侧向参数无关，称为纵向运动方程式，给定起始条件即可求解。

第二组方程为

$$\left.\begin{aligned}
&mv\dot{\sigma}=(P_e+C_y^\alpha qS_M)\beta-mg_r\frac{y+R}{r}\sin\theta\cdot\sigma-mg_r\frac{z}{r}+R'\delta_\psi\\
&\dot{z}=-v\sigma\\
&\beta=-A_\psi\sigma\\
&A_\psi=\frac{a_0^\psi M_{y_1}^\delta}{M_{y_1}^\beta+a_0^\psi M_{y_1}^\delta}\\
&\psi=\sigma+\beta\\
&\delta_\psi=a_0^\psi\psi
\end{aligned}\right\}\tag{3.71}$$

在第一组方程解得后，可由此组方程式(3.71)解得侧向参数，称该组方程为侧向运动方程。

复习思考题 3

1. 地面发射坐标系中一般空间弹道方程是怎么推出来的？它由哪几类方程组成？各有几个方程？

2. 简述瞬时平衡假设。

3. 在什么条件下，一般空间弹道方程可以分解成纵向运动方程和侧向运动方程？

第 4 章　火箭主动段的运动

建立主动段、自由段与再入段弹道方程，在给定火箭各分系统参数及发射点的位置、发射方位角后，即可逐段求解。但在新型号设计中，如何根据应用部门对导弹、卫星提出的战术、技术指标，如载荷质量、导弹的射程或卫星的轨道根数及精度指标等，进行方案论证，还涉及分配和协调各分系统设计指标有关的弹道问题。本章首先建立适用于方案论证阶段简化弹道方程；然后分析火箭在主动段的运动特性，将影响火箭分系统的因素归结为 5 个设计参数，并以此为基础，讨论火箭主动段终点参数及导弹射程的近似估算方法；最后，研究如何根据射程或主动段终点速度 $\boldsymbol{V}_k$ 来选择各系统的设计参数。

4.1　用于方案论证阶段的纵向运动方程

在方案论证阶段，主要关心各分系统设计参数对射程的影响，因此，只研究火箭的纵向运动。为方便计算，可对纵向运动方程作进一步的简化。

由于主动段射程较小，可以认为引力只有沿 Oy 轴的分量，且近似认为 $h=y$；另注意到瞬时平衡假设条件下，有

$$\delta_\varphi = -\frac{M_{Z1}^\alpha}{M_{Z1}^\delta}\alpha = -\frac{Y_1^\alpha(x_g - x_p)}{R'(x_g - x_c)}\alpha$$

近似认为 $Y_1^\alpha = Y^\alpha$，则有

$$Y + R'\delta_\varphi = \left(1 - \frac{x_g - x_p}{x_g - x_c}\right)Y^\alpha\alpha$$

记

$$C = \frac{x_p - x_c}{x_g - x_c} \tag{4.1}$$

可得

$$Y + R'\delta_\varphi = CY^\alpha\alpha \tag{4.2}$$

这样，纵向运动方程即成为

$$\left.\begin{aligned}
\dot{v} &= \frac{P_e}{m} - \frac{1}{m}C_x q S_M + g\sin\theta \\
\dot{\theta} &= \frac{1}{mv}(P_e + CY^\alpha)\alpha + \frac{g}{v}\cos\theta \\
\dot{x} &= v\cos\theta \\
\dot{y} &= v\sin\theta \\
\alpha &= A_\varphi(\varphi_{pr} - \theta) \\
A_\varphi &= \frac{a_0^\varphi M_{Z1}^\delta}{M_{Z1}^\alpha + a_0^\varphi M_{z1}^\delta} \\
h &= y \\
m &= m_0 - \dot{m}t
\end{aligned}\right\} \tag{4.3}$$

式中，A_φ 是一个系数表达式，实际只包括 7 个方程式，只要给定 $t=0$：$v=x=y=h=\alpha=0$，$\theta=90°$，$m=m_0$，即可进行数值积分求解。

积分至 $m=m_k$，m_k 为火箭除去全部燃料后的质量，即得 v_k，θ_k，x_k，y_k，然后按下式：

$$\beta_k = \arctan\frac{x_k}{R+y_k}$$

$$\Theta_k = \theta_k + \beta_k$$

$$r_k = R + h_k$$

算得关机点的参数 Θ_k，r_k，最后运用椭圆弹道计算出被动段射程 β_c，从而得全射程 $\beta=\beta_k+\beta_c$。

4.2 主动段运动特性分析

简化后的纵向运动方程式(4.3)，虽然在形式上已大大简化，但它仍是一组非线性的变系数微分方程组，只有采用数值积分求解。下面对单级火箭主动段运动特性进行定性分析，以助于对主动段运动的物理现象的理解。

4.2.1 切向运动的分析

由式(4.3) 之切向方程

$$\dot{v} = \frac{P_e}{m} - \frac{1}{m}C_x q S_M + g\sin\theta$$

已知

$$P_e = \dot{m}u'_e - A_e p_H - X_{1c}$$

将上式中略去舵阻力或是摇摆发动机的推力损失 X_{1c}，并代入前式，则有

$$\dot{v} = \frac{\dot{m}}{m}u'_e + g\sin\theta - \frac{X}{m} - \frac{S_e p_H}{m} \tag{4.4}$$

将式(4.4) 由 $t=0$ 积分至 t_k 时刻，并记

$$\left.\begin{aligned} v_{\mathrm{idk}} &= \int_0^{t_k} \frac{\dot{m}}{m} u'_e \mathrm{d}t \\ \Delta v_{1k} &= -\int_0^{t_k} g\sin\theta \mathrm{d}t \\ \Delta v_{2k} &= \int_0^{t_k} \frac{X}{m} \mathrm{d}t \\ \Delta v_{3k} &= \int_0^{t_k} \frac{S_e p_H}{m} \mathrm{d}t \end{aligned}\right\} \tag{4.5}$$

则

$$v(t_k) = v_{\mathrm{idk}} - \Delta v_{1k} - \Delta v_{2k} - \Delta v_{3k} \tag{4.6}$$

v_{idk} 为火箭在真空无引力作用下推力所产生的速度，称为理想速度，注意到 $\dot{m} = -\frac{\mathrm{d}m}{\mathrm{d}t}$，而 u'_e 为一常数，v_{idk} 直接积分可得

$$v_{\mathrm{idk}} = -u'_e \ln \frac{m_k}{m_0} \tag{4.7}$$

记 $\mu_k = \frac{m_k}{m_0}$，如果至 t_k 时燃料全部烧完，则 m_k 即为火箭的结构质量，故 μ_k 称为结构比。由式(4.7)可知，减小 μ_k 和增大 u'_e 可提高理想速度。

Δv_{1k} 为引力加速度分量引起的速度损失，称为引力损失。不难理解，引力损失在主动段飞行时间较长时损失就较大，反之则较小；主动段弹道愈陡，即 θ 角变化缓慢，损失就大，反之则小。对中程导弹而言，该项损失 Δv_{1k} 为理想速度的 20% ～ 30%。

Δv_{2k} 为阻力造成的速度损失，火箭运动过程是由静止起飞，不断加速的。固然，阻力与飞行速度的二次方成正比，但还与大气密度及阻力因数有关，主动段飞行过程中，开始虽在稠密大气层内飞行，但火箭速度很低，而后尽管速度增加，但大气密度又显著下降。因此在主动段的阻力变化是两头小、中间大的变化过程。阻力造成的速度损失 Δv_{2k}，对于中程导弹而言，占理想速度的 3% ～ 5%。

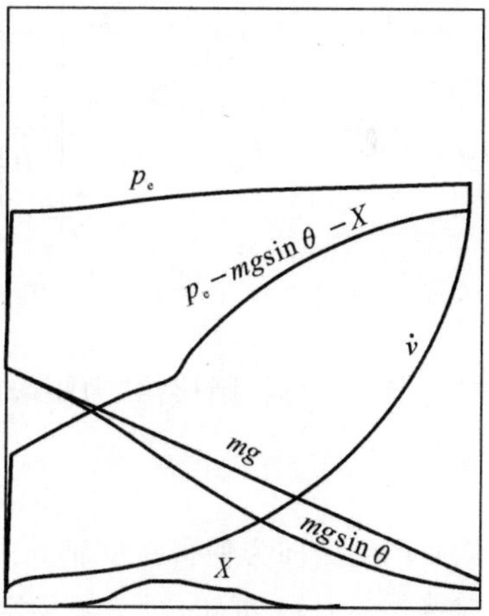

图 4-1　切向力和切向加速度随时间的变化曲线

Δv_{3k} 为发动机在大气中工作时大气静压力所引起的速度损失，该损失对中程导弹也占理想速度的 5% 左右。

对于远程导弹而言，由于要求关机点的速度倾角较小，其弹道曲线也比中近程导弹的弹道曲线要平缓，故引力引起的速度损失相对比例要减小。另外，在远程导弹主动段中，大气层外的飞行时间增长，因此，阻力及大气静压所引起的速度损失的相对比例也将减小。

图 4-1 所示是以射程约 3 000 km 的典型导弹的有效推力 p_e、阻力 X、引力 mg 及其分量 $mg\sin\theta$、切向力、相应加速度 $\dot{v}$ 随时间的变化曲线。

4.2.2 主动段转变过程及 $\alpha,\delta_\varphi,\Delta\varphi_{pr}$ 的变化

远程火箭发射时通常采用竖直发射，火箭起飞后，弹轴 Ox_1 及速度轴 Ox_v 均沿发射点垂直向上，即 $\varphi=\theta=90°$。作为火箭根据其射程或入轨点参数要求，应于关机点将速度轴转到某一个角度值 θ_k。由式(4.3)之法向加速度方程

$$\dot{\theta}=\frac{1}{mv}(P_e+CY^\alpha)\alpha+\frac{g}{v}\cos\theta \tag{4.8}$$

可见，要使速度矢量转变，必须提供垂直于速度矢量的法向力。显然引力 g 可使 θ 减小，但垂直起飞后 $\theta=90°$，因此不能靠引力首先使速度轴转弯。即使速度轴处于 $\theta<90°$ 的状态，由于 g 本身只随高度变化，也不能作为一个控制量，此外，g 对 θ 的影响很小，而主动段发动机工作时间有一定的限制，因此不能依靠引力分量来作为速度轴转弯的主要法向力。从法向加速度方程可知，只有将升力和推力在法向的分量作为主要法向力，且该法向力与攻角 α 有关。注意到攻角 α 是速度轴 x_v 与弹轴 x_1 的夹角，当转动 x_1 轴使 x_1 与 x_v 不重合时，即可产生攻角 α 以提供法向力。显然，要使 x_1 轴转弯就必须提供绕 Oz_1 轴的转动力矩。这可通过控制系统的执行机构(如燃气舵或摇摆发动机)提供控制力矩来实现，已知

$$M_{z1c}=M_{z1c}^\delta\delta_\varphi=R'(x_g-x_c)\delta_\varphi \tag{4.9}$$

而 δ_φ 的值是按所要求的程序规律 φ_{pr} 来赋予的，即

$$\delta_\varphi=a_0^\delta(\varphi-\varphi_{pr}) \tag{4.10}$$

通常俯仰程序取为图 4-2 所示的形式。

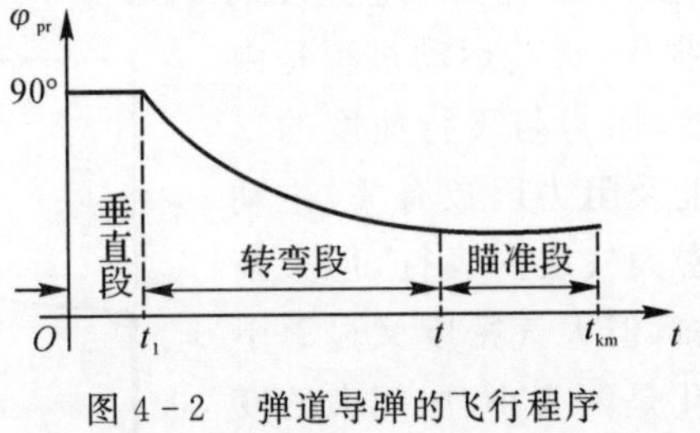

图 4-2 弹道导弹的飞行程序

在给定 δ_φ 值后，则根据“力矩瞬时平衡假设”，可得对应的攻角为

$$\alpha=-\frac{M_{z1c}^\delta}{M_{z1c}^\alpha}\delta_\varphi=-\frac{R'(x_g-x_c)}{Y_1^\alpha(x_g-x_p)}\delta_\varphi \tag{4.11}$$

从而产生法向力使得速度轴 x_v 转动，直至保证关机时刻 t_k，其倾角值为 θ_k。

观察式(4.11)可知，对于静稳定火箭($x_g-x_p<0$)和静不稳定火箭($x_g-x_p>0$)，在 δ_φ 取定后，相应的 α 表现值是不同号的。因此，它们转弯过程中的物理现象也有区别。现根据图 4-2 中程序角 φ_{pr} 的分段，逐段对两种火箭的转弯过程及 $\Delta\varphi_{pr},\alpha,\delta_\varphi$ 的变化进行讨论。

1. 垂直段

火箭垂直起飞段约几秒到十余秒钟。在此段 $\varphi_{pr}=90°$，对应程序角设有一虚拟的程序轴 x_{1pr}，则此时程序轴 x_{1pr} 与实际弹轴 Ox_1 重合，且均垂直于地面坐标系 Ox 轴，故 $\Delta\varphi_{pr}=0,\delta_\varphi=0$。而速度轴 x_v 的起始状态也与 x_1 重合，即 $\alpha=0$。因此，在垂直起飞段，既没有使弹轴 Ox_1 转弯的力矩，也没有使速度轴转弯的法向力，所以 x_{1pr},x_1,x_v 三轴始终重合，亦即 $\varphi=\varphi_{pr}=\theta=90°$。

2. 转弯段

(1) 静稳定火箭。垂直段结束后，首先程序机构赋予虚拟的程序轴 x_{1pr} 一个小于90°的程序角 φ_{pr}，使处于垂直状态的 x_1 轴与 x_{1pr} 轴形成正的程序误差角 $\Delta\varphi_{pr}$。此时，相应地执行机构产生一个正的等效舵偏角 δ_φ，从而使火箭受到负的控制力矩 M_{z1c} 作用，促使弹轴 x_1 向地面坐标系 x 轴方向偏转，则 $\varphi < 90°$。但此时速度轴 x_v 仍处于垂直状态，这就产生一负攻角。由式(4.8)可知，负攻角 α 将产生负的法向力，在该力作用下，速度轴 x_v 向地面坐标系 x 轴偏转，亦即 $\dot{\theta} < 0$。由于负攻角的出现，对于静稳定火箭，则相应产生正的安定力矩 M_{z1st}，该力矩与负的控制力矩 M_{z1c} 平衡，抑制 x_1 轴不再继续转动。但程序机构在转弯段不断使程序角减小，则上述物理过程自连续进行。事实上，θ 还取决于引力分量的作用，因 g 为负值，所以该项的效应也使 x_v 轴向 x 轴方向偏转。

(2) 静不稳定火箭。转弯段开始时，也是先形成正的程序误差角 $\Delta\varphi_{pr}$，相应即有正的等效舵偏角 δ_φ，使 x_1 轴向地面坐标系 x 轴偏转，从而出现负的攻角 α，产生负的法向力，使速度轴 x_v 也向 x 轴偏转。但对静不稳定火箭而言，负攻角产生负升力，相应形成负的安定力矩 M_{z1st}。该力矩与正舵偏角 δ_φ 所产生的负的控制力矩同时作用在火箭上，加快了弹轴 x_1 向 x 轴的偏转，直至 $\varphi < \varphi_{pr}$，从而出现负的程序误差角，而使 δ_φ 由正值变为负值，这样就造成正的控制力矩 M_{z1c} 与负的安定力矩平衡。此后，程序角 φ_{pr} 不断减小，致使 $\Delta\varphi_{pr}(-)$ 的绝对值减小，$\delta_\varphi(-)$ 的绝对值减小，相应的正的控制力矩减小。从而使绕 z_1 轴的负向安定力矩大于绕 z_1 轴的正向控制力矩，促使 x_1 轴继续向 x 轴偏转。而负攻角的存在，则使 x_v 轴不断地偏转。

图 4-3、图 4-4 所示分别描述转弯过程中静稳定火箭与静不稳定火箭的程序轴 x_{1pr}、弹轴 x_1、速度轴 x_v 的位置状态及力和力矩的方向。

当转弯段快结束时，程序角取为正值，两种火箭速度轴 x_v 在负法向力作用下继续偏转，逐渐向 x_1 轴靠拢，从而形成气动力矩减小，则控制力矩较安定力矩大，促使 x_1 轴向 x_{1pr} 轴转，直至 x_1，x_v，x_{1pr} 三轴重合，形成在转弯段末点 $\Delta\varphi_{pr} = \delta_\varphi = \alpha = 0$。

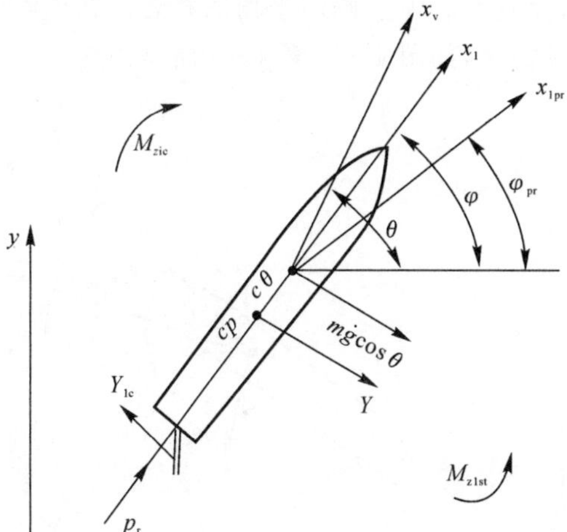

图 4-3　静稳定火箭转弯段情况

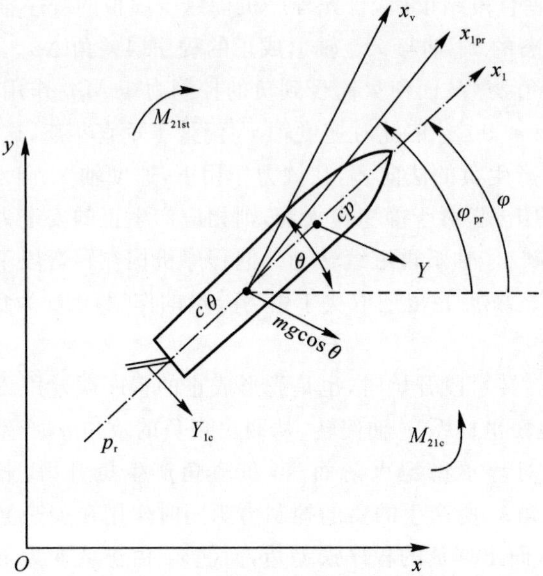

图 4-4　静不稳定火箭转弯段情况

3. 瞄准段

该段的特点是程序角 φ_{pr} 为一常值。而这一段起始状态是 x_1，x_v，x_{1pr} 三轴重合，因此 x_1 保持与 x_{1pr} 重合。但速度轴 x_v 在引力法向分量作用下偏离 x_{1pr}，θ 角在减小，其结果使得火箭出现正攻角 α。对静稳定火箭则形成负的安定力矩，使弹轴 x_1 向 φ 减小的方向转动而形成负的程序误差角 $\Delta\varphi_{pr}$。但对静不稳定火箭则形成正的安定力矩，使弹轴 x_1 向 φ 增大的方向转动而形成正的程序误差角。这时，两种火箭便会产生与 $\Delta\varphi_{pr}$ 符号一致的舵偏角。从而这两种火箭均处于安定力矩 M_{z1st} 与控制力矩 M_{z1c} 瞬时平衡的状态。在该段中，x_{1pr}，x_1，x_v 三轴的位置状态和作用在火箭上的力和力矩，如图 4-5、图 4-6 所示。

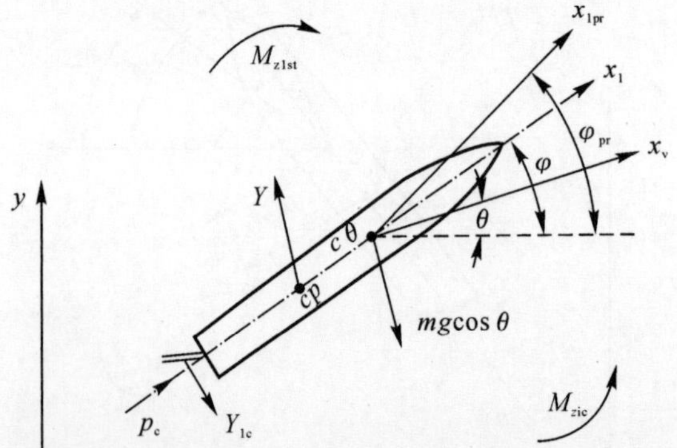

图 4-5　静稳定火箭瞄准段情况

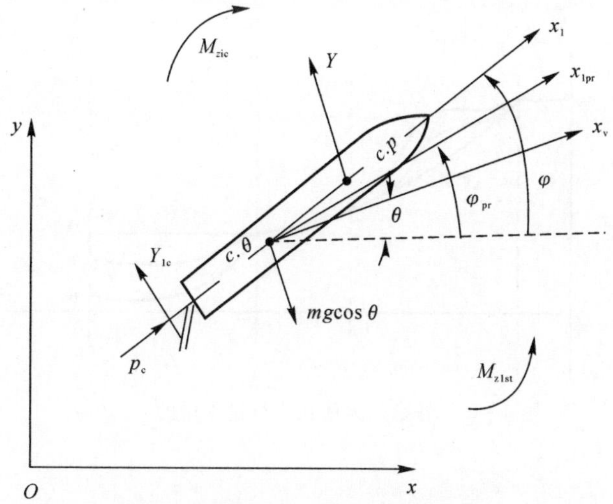

图 4-6　静不稳定火箭瞄准段情况

在整个瞄准段，引力方向分量始终作用，故正攻角总是存在，似乎有不断增大的趋势。但正攻角出现，会使推力与升力的正法向分量增大，且推力远大于引力，故必然会对引力法向分量起抵消作用，以致超过引力法向分量，从而使得速度轴 x_v 又向 θ 增大的方向偏转，减小了正攻角。

图 4-7、图 4-8 所示分别给出了静稳定火箭与静不稳定火箭在整个主动段中攻角 α、舵偏角 δ_φ 及程序误差角 $\Delta\varphi_{pr}$ 变化关系示意图。

图 4-9、图 4-10 为对应上两图的程序角 φ_{pr}、速度倾角 θ 及火箭俯仰角 φ 变化关系示意图。

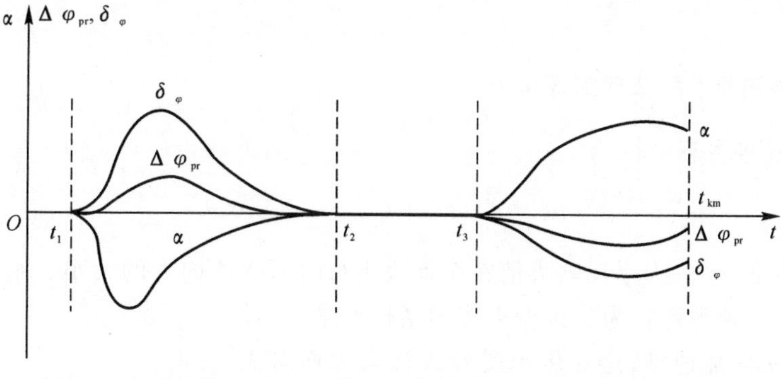

图 4-7　静稳定火箭在飞行过程中的 $\alpha(t)$，$\delta_\varphi(t)$ 和 $\Delta\varphi_{pr}(t)$

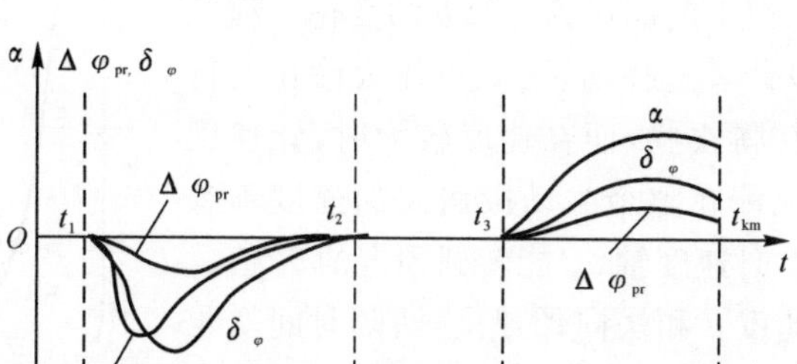

图 4-8　静不稳定火箭在飞行过程中的 $\alpha(t)$，$\delta_\varphi(t)$ 和 $\Delta\varphi_{pr}(t)$

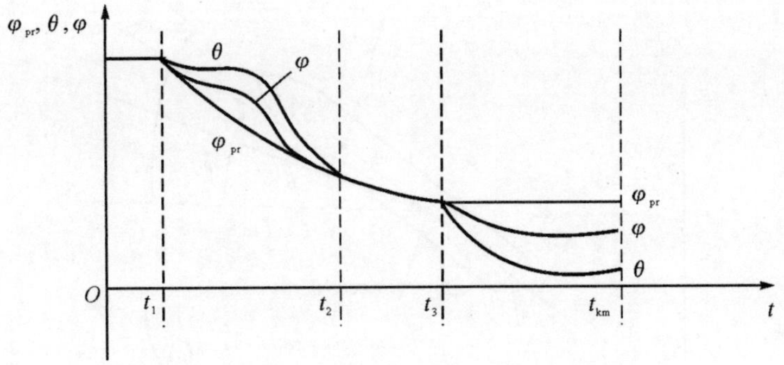

图 4-9　静稳定火箭在飞行过程中的 $\varphi_{pr},\theta,\varphi$

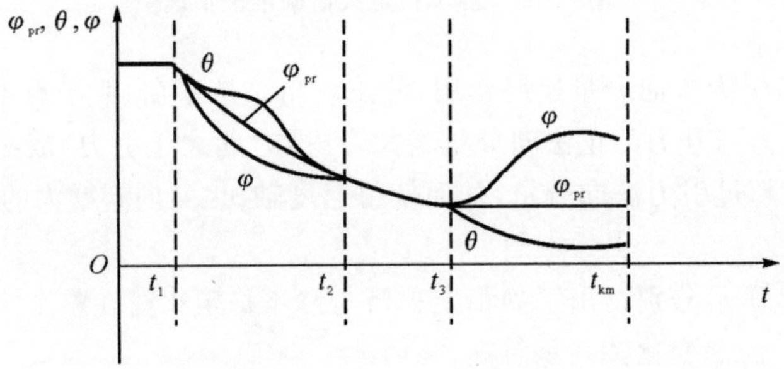

图 4-10　静不稳定火箭在飞行过程中的 $\varphi_{pr},\theta,\varphi$

4.2.3　角速度 $\dot{\theta}$ 和法向加速度 $v\dot{\theta}$

由法向加速度方程

$$v\dot{\theta}=\frac{1}{m}(P_e+CY^{\alpha})\alpha+g\cos\theta$$

可知，法向加速度 $v\dot{\theta}$ 的大小反映火箭在主动段飞行时所受法向力的大小。由于攻角 α 较小，故该力基本与 y_1 轴平行。为了减少火箭的结构质量，设计者应考虑减小法向加速度，避免因承受较大法向力而对火箭采取横向加固措施。由于法向加速度与飞行速度 v 及速度倾角的变化率 $\dot{\theta}$ 有关，而由前面讨论可知 θ 的变化与程序角 φ_{pr} 有关，这是可由设计者选择的，为此可使火箭在飞行速度较小时，让速度轴转得快些，而在速度较大时，让速度轴转得慢些，这样既使火箭在整个主动段法向加速度不致过大，也可使主动段终点时速度轴 x_v 能转到预定的 θ_k 值。

事实上，主动段角速度 $\dot{\theta}$ 和法向加速度 $v\dot{\theta}$ 随时间变化的规律如图 4-11 所示。

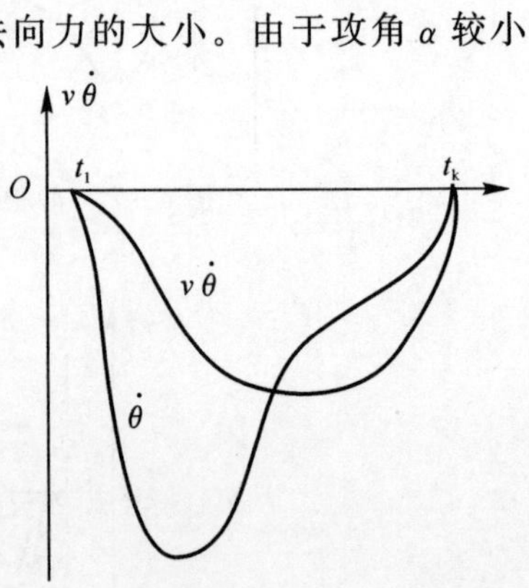

图 4-11　火箭飞行中 $\dot{\theta}$ 和 $v\dot{\theta}$ 的变化

4.3　主动段终点速度、位置及全射程估算

根据自由飞行段得知,导弹全射程取决于主动段终点的运动参数,即

$$\beta=\beta(v_k,\Theta_k,r_k,\beta_k)$$

由于关机点速度倾角的最佳值$\Theta_{k\cdot opT}$ 与能量参数 ν_k 有关,而 ν_k 又取决于 v_k,因此,要解决全射程的估算问题,首先要对 v_k 进行估算。

影响 v_k 的因素很多,如导弹的结构质量、气动力外形、发动机系统参数、控制系统参数等对关机点的速度均有影响。为了估算 v_k,将其主要影响因素归结为 5 个设计参数,然后运用半经验的方法找出 v_k 与 5 个设计参数的关系。这样在选取一组设计参数后即可估算 v_k 及相应的 x_k,y_k,进而估算出导弹的全射程。

4.3.1　设计参数

1. 结构比 μ_k

μ_k 为导弹推进剂全部燃烧完后的纯结构质量 m_k(或结构重力 G_k)与起飞质量 m_0(或起飞重力 G_0)之比,即

$$\mu_k=\frac{m_k}{m_0}=\frac{G_k}{G_0}$$

可见,在相同的起飞重力 G_0 下,μ_k 小,即意味着导弹结构重力小,相应地可携带的推进剂量多,因而导弹的结构优越。故 μ_k 是衡量导弹结构优劣的主要参数之一。由理想速度 v_{idk} 表达式(4.7)

$$v_{idk}=-u'_e\ln\frac{m_k}{m_0}$$

可知,μ_k 愈小,则导弹所能达到的理想速度愈大。在目前的材料及工艺水平下,单级液体火箭 μ_k 的下限为 0.08 ~ 0.1,比固体推进剂导弹则要稍大些。

2. 地面重推比 ν_0

ν_0 为导弹起飞重力与火箭发动机地面额定推力之比,即

$$\nu_0=\frac{G_0}{P_0}\tag{4.12}$$

ν_0 愈小,表示导弹的加速性能愈好,要达到一定速度的飞行时间愈短,从而使引力造成的速度损失减小。但 ν_0 不宜太小,因为加速度太大,将会要求导弹有较强的结构,这必将使导弹的结构质量增加。

3. 地面比推力 $P_{SP.O}$

比推力的表达式为

$$P_{SP.O}=\frac{P_0}{\dot{G}_0}\tag{4.13}$$

比推力反映了火箭推进剂地面质量秒消耗量所产生的地面推力,这是衡量火箭发动机性能指标之一。为了获得一定的地面推力,比推力大,则表示单位时间所消耗的推进剂重力小。比推力主要取决于发动机使用的推进剂以及发动机工作情况。

4. 发动机高空特性系数 a

a 为火箭发动机真空比推力与地面比推力之比,即

$$a=\frac{P_{\mathrm{SP.V}}}{P_{\mathrm{SP.O}}} \tag{4.14}$$

该系数反映了火箭发动机高空的工作性能,其变化范围很小,为 1.01 ~ 1.15。

5. 起飞截面负荷 P_{M}

P_{M} 为导弹起飞重力与其最大截面积之比,即

$$P_{\mathrm{M}}=\frac{G_0}{S_{\mathrm{M}}} \tag{4.15}$$

可见,P_{M} 为起飞时单位截面上所承受的重力。导弹起飞重力一定时,S_{M} 愈小,则 P_{M} 愈大。而 S_{M} 愈小,即一般来说导弹就愈长,因此 P_{M} 直接与导弹的长细比有关,而导弹的长细比直接影响导弹的空气动力,故也称 P_{M} 为空气动力特性参数。

除上述 5 个设计参数外,通常还引进另一辅助参数 T。该 T 为将导弹起飞时的整个重力看作全部是推进剂,按质量秒耗量燃烧完所需的时间。

即

$$T=\frac{G_0}{\dot{G}} \tag{4.16}$$

T 也称为理想时间,它不是独立参数,可用上述 5 个设计参数中的 $P_{\mathrm{SP.O}}$,ν_0 来表示

$$T=\frac{G_0}{P_0}\frac{P_0}{\dot{G}_0}=\nu_0 P_{\mathrm{SP.O}} \tag{4.17}$$

4.3.2 主动段终点速度 v_{k} 的估算

由式(4.4)及式(4.6)知,v_{k} 可以用理想速度及引力、阻力和大气静压引起的 3 个速度损失量来表示。下面设法将这些量用设计参数来表示。

已知

$$v_{\mathrm{idk}}=-u'_{\mathrm{e}}\ln\mu_{\mathrm{k}}$$

由于真空推力为

$$P_{\mathrm{v}}=\dot{m}u'_{\mathrm{e}}$$

则

$$u'_{\mathrm{e}}=\frac{P_{\mathrm{v}}}{\dot{m}}=g_0\frac{P_{\mathrm{v}}}{\dot{G}}=g_0 P_{\mathrm{SP.V}}$$

将其代入理想速度表达式,且注意到式(4.14)则有

$$v_{\mathrm{idk}}=-g_0 a P_{\mathrm{SP.O}}\ln\mu_{\mathrm{k}} \tag{4.18}$$

考虑到

$$t=\frac{m_0-m}{\dot{m}}=\frac{m_0}{\dot{m}}\left(1-\frac{m}{m_0}\right)=T(1-\mu)$$

则有

$$\mathrm{d}t=-T\mathrm{d}\mu \tag{4.19}$$

因此,引力、阻力和大气静压引起的速度损失的积分式(4.5)通过置换变量后可导得

$$\Delta v_{1\mathrm{k}} = -\int_0^{t_\mathrm{k}} g\sin\theta \mathrm{d}t = g_0 \nu_0 P_{\mathrm{SP.O}} \int_{\mu_\mathrm{k}}^1 \sin\theta \mathrm{d}\mu \tag{4.20}$$

$$\Delta v_{2\mathrm{k}} = \int_0^{t_\mathrm{k}} \frac{X}{m} \mathrm{d}t = \frac{g_0 \nu_0 P_{\mathrm{SP.O}}}{P_\mathrm{M}} \int_{\mu_\mathrm{k}}^1 c_x \frac{\rho v^2}{2} \frac{\mathrm{d}\mu}{\mu} \tag{4.21}$$

$$\Delta v_{3\mathrm{k}} = \int_0^{t_\mathrm{k}} \frac{A_\mathrm{e} p_\mathrm{H}}{m} \mathrm{d}t = g_0 P_{\mathrm{SP.O}} (a-1) \int_{\mu_\mathrm{k}}^1 \frac{p_\mathrm{H}}{p_0} \frac{\mathrm{d}\mu}{\mu} \tag{4.22}$$

记

$$\left.\begin{aligned} I_{1\mathrm{k}} &= \int_{\mu_\mathrm{k}}^1 \sin\theta \mathrm{d}\mu \\ I_{2\mathrm{k}} &= \int_{\mu_\mathrm{k}}^1 c_x \frac{\rho v^2}{2} \frac{\mathrm{d}\mu}{\mu} \\ I_{3\mathrm{k}} &= \int_{\mu_\mathrm{k}}^1 \frac{p_\mathrm{H}}{p_0} \frac{\mathrm{d}\mu}{\mu} \end{aligned}\right\} \tag{4.23}$$

则有

$$\left.\begin{aligned} \Delta v_{1\mathrm{k}} &= g_0 \nu_0 P_{\mathrm{SP.O}} I_{1\mathrm{k}} \\ \Delta v_{2\mathrm{k}} &= \frac{g_0 \nu_0 P_{\mathrm{SP.O}}}{P_\mathrm{M}} I_{2\mathrm{k}} \\ \Delta v_{3\mathrm{k}} &= g_0 P_{\mathrm{SP.O}} (a-1) I_{3\mathrm{k}} \end{aligned}\right\} \tag{4.24}$$

将式(4.18) 及式(4.24) 代入式(4.6)，可得

$$v_\mathrm{k} = -g_0 a P_{\mathrm{SP.O}} \ln\mu_\mathrm{k} - g_0 \nu_0 P_{\mathrm{SP.O}} I_{1\mathrm{k}} - \frac{g_0 \nu_0 P_{\mathrm{SP.O}}}{P_\mathrm{M}} I_{2\mathrm{k}} - g_0 P_{\mathrm{SP.O}} (a-1) I_{3\mathrm{k}} \tag{4.25}$$

现在的问题是如何将式(4.24) 各积分式表达成 5 个设计参数的函数。下面分别进行讨论。

1. $I_{1\mathrm{k}}$ 的估算

$I_{1\mathrm{k}}$ 是 $\theta(\mu)$ 正弦函数的积分值，而 $\theta(\mu)$ 与导弹的飞行程序有关。在控制系统作用下，程序误差角 $\Delta\varphi_{\mathrm{pr}}$ 与攻角 α 均不大，可近似认为 $\theta(\mu)=\varphi_{\mathrm{pr}}(\mu)$。对于弹道导弹而言，考虑到实际限制条件，一般所选出的俯仰程序都具有近似相同的特征，即起飞时有一段垂直飞行段，接近终点处有一段为常值俯仰程序角的瞄准段，而这常值俯仰角与关机点最佳速度倾角有关。显然对不同的射程，θ_k 不一样。至于垂直段终点与瞄准段起点之间的转弯段程序，则是一条曲线，考虑到 $\varphi_{\mathrm{pr}}(\mu)$ 的微小变化对终点速度的影响并不明显，因此，通常选定用同一种函数的二次曲线来连接垂直段终点和瞄准段起点的 θ 值，估算中将 $\theta(\mu)$ 取为下面的典型程序：

$$\left.\begin{aligned} &\theta = 90^\circ && (1 \geqslant \mu \geqslant 0.95) \\ &\theta = 4\left(\frac{\pi}{2} - \theta_\mathrm{k}\right)(\mu - 0.45)^2 + \theta_\mathrm{k} && (0.95 \geqslant \mu \geqslant 0.45) \\ &\theta = \theta_\mathrm{k} && (0.45 \geqslant \mu) \end{aligned}\right\} \tag{4.26}$$

由式(4.26) 可知，不同的 θ_k 值，即有不同的 $\theta(\mu)$。图 4-12 所示为不同 θ_k 值对应的典型程序 $\theta(\mu)$。

将 $\theta=\theta(\mu)$ 关系式(4.25) 代入，有

$$I_1 = \int_\mu^1 \sin\theta \mathrm{d}\mu$$

即可积分得 $I_1 = I_1(\mu, \theta_\mathrm{k})$，其积分结果见表 4-1，并可绘出 $I_1(\mu, \theta_\mathrm{k})$ 曲线，如图 4-13 所示。

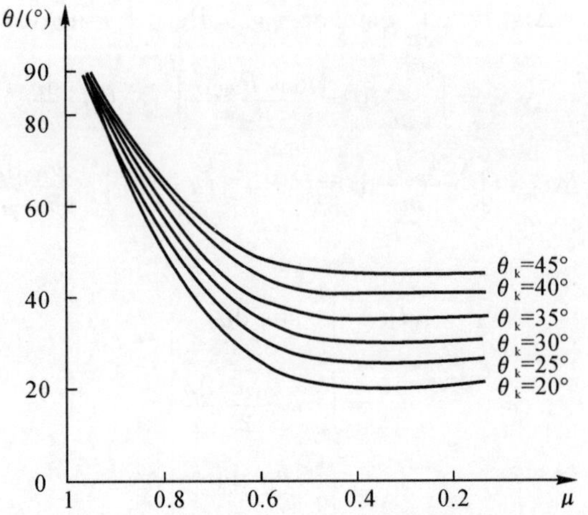

图 4-12　近似计算飞行性能时用的典型程序

表 4-1　$I_1(\mu,\theta_k)$ 函数表

μ	$\ln\mu$	I_1					
		20°	25°	30°	35°	40°	45°
0.90	0.1054	0.100	0.100	0.100	0.100	0.100	0.100
0.80	0.2231	0.189	0.191	0.192	0.194	0.195	0.196
0.70	0.3567	0.260	0.266	0.271	0.275	0.280	0.283
0.60	0.5108	0.312	0.324	0.335	0.345	0.354	0.372
0.50	0.6931	0.352	0.371	0.388	0.405	0.422	0.436
0.45	0.7985	0.369	0.392	0.414	0.436	0.454	0.471
0.40	0.9163	0.386	0.413	0.438	0.463	0.486	0.506
0.35	1.0498	0.404	0.434	0.464	0.491	0.518	0.542
0.30	1.2040	0.421	0.455	0.488	0.520	0.550	0.577
0.25	1.3863	0.438	0.477	0.513	0.548	0.582	0.612
0.20	1.6094	0.455	0.498	0.538	0.577	0.614	0.645
0.15	1.8972	0.472	0.519	0.563	0.606	0.646	0.683
0.10	2.3026	0.488	0.540	0.588	0.634	0.678	0.718
0.05	2.9957	0.505	0.561	0.613	0.663	0.710	0.754

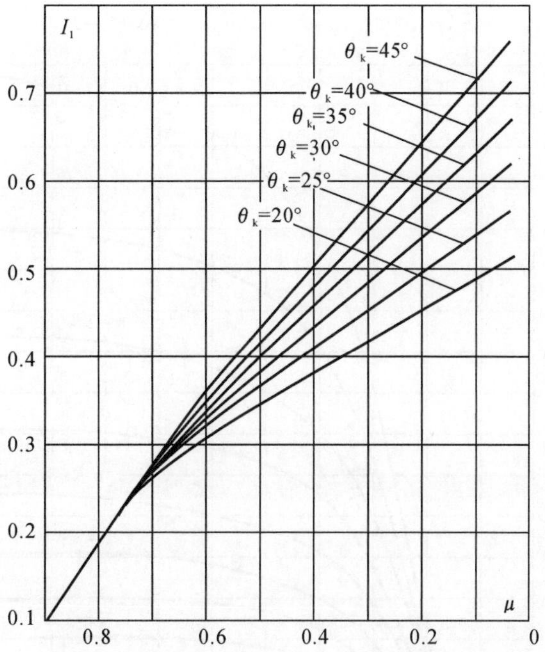

图 4-13　近似计算重力损失时所用的函数

这样，在设计参数给定后，先算出理想速度 v_{idk}，考虑存在速度损失，取该值的 70% 左右求出最佳速度倾角，将其作为 θ_k。然后根据 $I_1(\mu,\theta_k)$ 的图、表，查出 I_{1k}，从而可算出引力造成的速度损失 Δv_1。这样即可得到 v 的一次近似值为

$$v_1(\mu)=v_{id}(\mu)-\Delta v_1(\mu) \tag{4.27}$$

2. I_{2k} 的估算

由式(4.23) 可见，要估算 I_{2k}，需知道阻力因数 $C_x(Ma)$ 及 ρ,v 随 μ 的变化规律。$C_x(Ma)$ 曲线虽与具体导弹气动特性有关，但一般情况下阻力的影响是个小量，因此 $C_x(Ma)$ 的误差所引起的速度损失误差是较小的。故可取一典型导弹的 C_x 来计算。v 即用一次近似值 $v_1(\mu)$ 来代替。至于计算密度 ρ 和马赫数所依据的高度，则可近似为 y，由于

$$y=\int_0^t v\sin\theta \mathrm{d}t$$

将积分变量用 μ 置换，并取 $v=v_1$，可得

$$y=\nu_0 P_{SP.O}\int_m^1 v_1\sin\theta(\mu)\,\mathrm{d}\mu \tag{4.28}$$

有了 y 即可根据大气表查得 $\rho(y)$，$a(y)$，再根据 v_1，a 算得 Ma 值，即可查 $C_x(Ma)$ 曲线，注意到 y,μ,Ma 有一一对应关系，则将 ρ,v_1,C_x 代入 I_2 表达式进行数积分。在进行大量计算基础上，对计算结果进行整理，可得经验曲线，图 4-14 将曲线 I_2 表示为 $I_2(v_1,\sigma)$。其中

$$\sigma=\nu_0 P_{SP.O}\sqrt{\frac{1}{2}g_0 P_{SP.O}(a+1)}\sin\theta_k\cdot 10^{-3} \tag{4.29}$$

在由设计参数计算出 v_1 及 σ 后，即可由图 4-14 查得 I_2，从而可算得阻力引起的速度损失

Δv_{2k}。显然即可求得速度的 v 的二次近似值,即

$$v_2(\mu)=v_{id}(\mu)-\Delta v_1(\mu)-\Delta v_2(\mu) \tag{4.30}$$

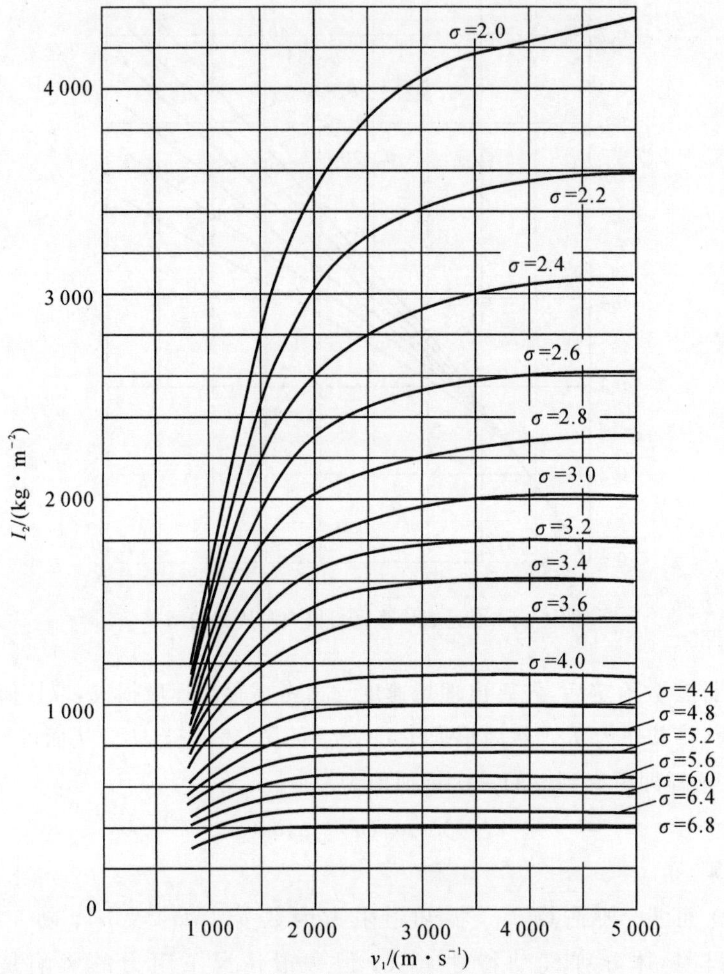

图 4-14　计算阻力损失用的函数 $I_2(\nu_2,\sigma)$

3. I_{3k} 的估算

由式(4.23)可知,I_{3k} 与 P_H 有关,而 P_H 是高度的函数,这可采用速度的二次近似值 v_2 去计算 $y(\mu)$,则有

$$y(\mu)=\nu_0 P_{SP.O}\int_{\mu}^{1} v_2(\mu)\sin\theta(\mu)\,d\mu \tag{4.31}$$

根据 $y(\mu)$ 查大气表可得$\dfrac{P_H}{P_0}$,代入 I_3 表达式中进行数值积分,经大量计算后,可将结果整理成经验曲线,如图 4-15 所示。该曲线为 $\eta=\eta(t_k,\nu_0)$,而 $t_k=\nu_0 P_{SP.O}(1-\mu_k)$。

I_{3k} 与 η 的关系式为

$$I_{3k}=\frac{\eta}{\frac{1}{2}g_0 P_{SP.O}(a+1)\sqrt[3]{\frac{1}{2}g_0 P_{SP.O}(a+1)\sin\theta_k}\cdot 10^{-3}} \tag{4.32}$$

因此,只要知道了设计参数,即可先找到 I_{1k},I_{2k},I_{3k} 及算出3种速度损失,从而估算出主动段终点速度 v_k。

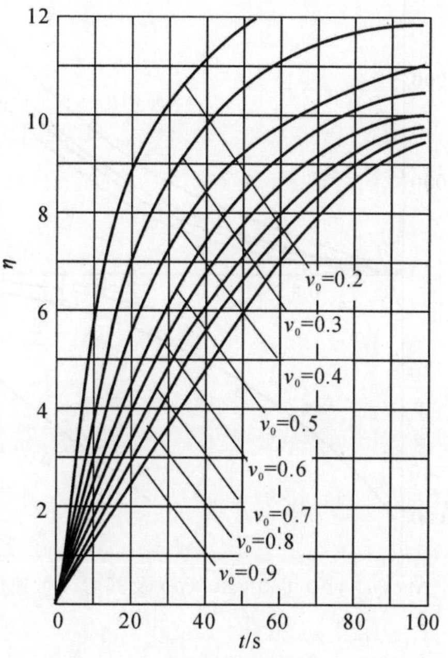

图4-15　计算 I_3 用的函数 $\eta(t,v)$

现以一典型导弹为例,已知某导弹的设计参数为

$$\nu_0 = 0.577$$
$$P_{SP.V} = 288 \text{ s}$$
$$P_{SP.O} = 240 \text{ s}$$
$$P_M = 10\,000 \text{ kgf/m}^2$$
$$\theta_k = 38°20'$$

按上述方法算得的 v_{id} 及 Δv_1,Δv_2,Δv_3 及相应的百分比变化见图4-16～图4-19,图中分别画出了 Δv_1,Δv_2,Δv_3 近似计算结果与精确计算结果的比较图形,其中(1)为数值积分计算结果,(2)为近似计算结果。

4.3.3　主动段终点坐标近似计算

将式(4.18)之理想速度改写为

$$v_{idk} = -g_0 P_{SP.O}\ln\mu + g_0(a-1)P_{SP.O}\int_{\mu}^{1}\frac{d\mu}{\mu}$$

则由式(4.25),可将主动段的速度表示成

$$v_{id} = -g_0 P_{SP.O}\ln\mu - g_0\nu_0 P_{SP.O} I_1 - \frac{g_0\nu_0 P_{SP.O}}{P_M}\int_{\mu}^{1} C_x\frac{\rho v^2}{2}\frac{d\mu}{\mu} +$$
$$g_0 P_{SP.O}(a-1)\left(1-\frac{p_H}{p_0}\right)\int_{\mu}^{1}\frac{d\mu}{\mu}$$

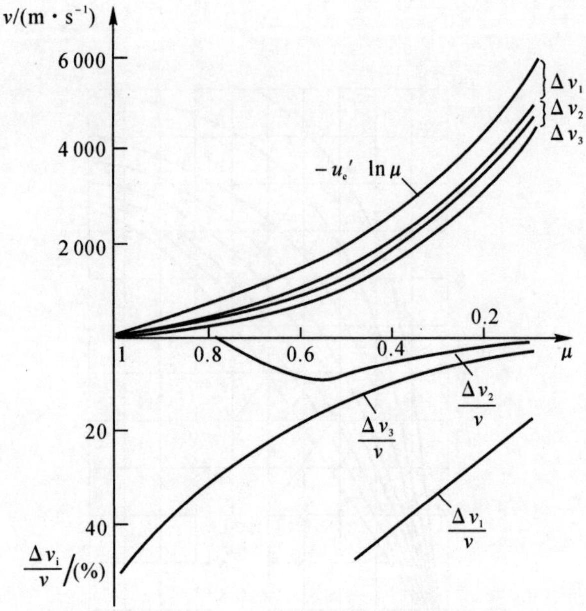

图 4-16　$\Delta v_1(\mu)$，$\Delta v_2(\mu)$，$\Delta v_3(\mu)$ 及其对飞行速度的百分比

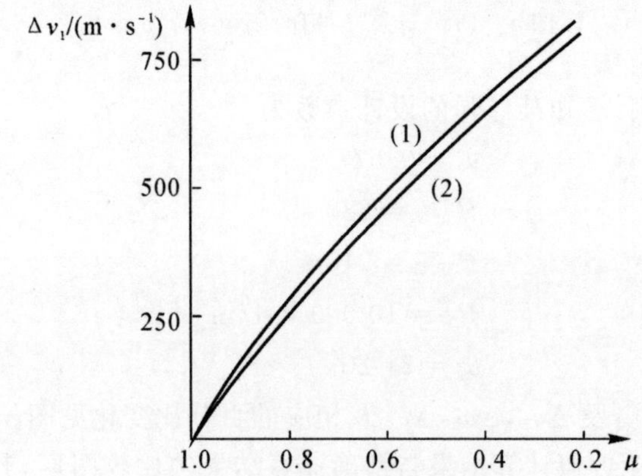

图 4-17　Δv_1 的近似计算与精确计算的结果比较

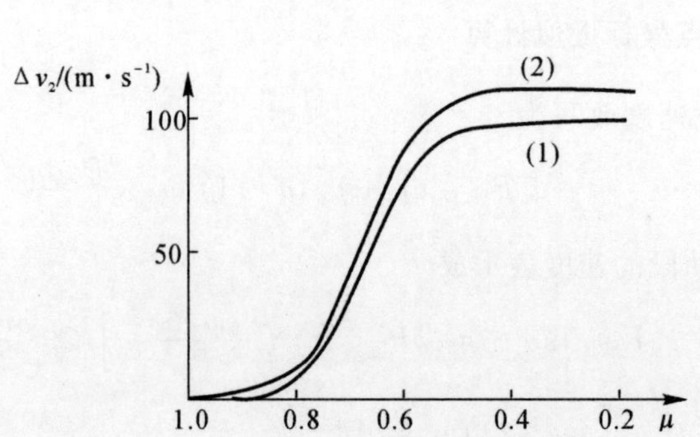

图 4-18　Δv_2 的近似计算与精确计算的结果比较

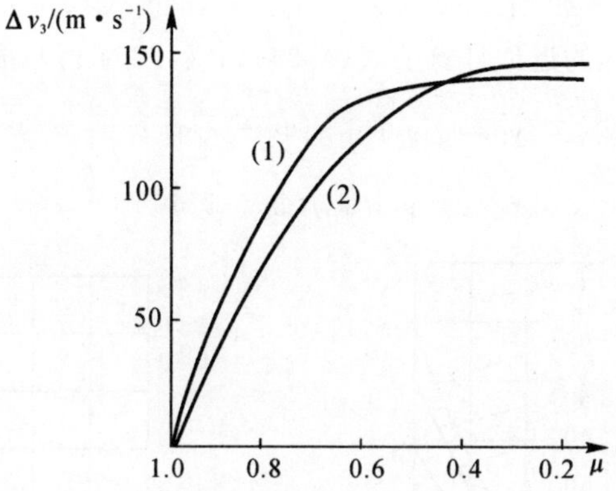

图 4-19　Δv_3 的近似计算与精确计算的结果比较

该等式右端最后两项符号相反，彼此可抵消一部分，在近似计算导弹主动段终点坐标时可略去，则

$$v(\mu)=-g_0 P_{SP.O}\ln\mu-g_0\nu_0 P_{SP.O} I_1 \tag{4.33}$$

主动段终点坐标为

$$y_k=\nu_0 P_{SP.O}\int_{\mu_k}^{1} v(\mu)\sin\theta(\mu,\theta_k)\,d\mu \tag{4.34}$$

$$x_k=\nu_0 P_{SP.O}\int_{\mu_k}^{1} v(\mu)\cos\theta(\mu,\theta_k)\,d\mu \tag{4.35}$$

将式(4.33)代入式(4.34)，可得

$$y_k=g_0\nu_0 P_{SP.O}^2\int_{\mu_k}^{1}\sin\theta\ln\frac{1}{\mu}d\mu-g_0\nu_0^2 P_{SP.O}^2\int_{\mu_k}^{1}\sin\theta I_1\,d\mu \tag{4.36}$$

注意到

$$I_1=\int_{\mu}^{1}\sin\theta d\mu$$

则有

$$dI_1=-\sin\theta d\mu$$

则式(4.34)可写为

$$y_k=g_0\nu_0 P_{SP.O}^2\left(\int_{\mu_k}^{1}\sin\theta\ln\frac{1}{\mu}d\mu-\nu_0\int_{\mu_k}^{1}\sin\theta I_1\,d\mu\right) \tag{4.37}$$

将式(4.35)代入式(4.34)，得

$$x_k=g_0\nu_0 P_{SP.O}^2\left(\int_{\mu_k}^{1}\cos\theta\ln\frac{1}{\mu}d\mu-\nu_0\int_{\mu_k}^{1}\cos\theta I_1\,d\mu\right) \tag{4.38}$$

记

$$\left.\begin{aligned}\Phi_1&=\int_{\mu_k}^{1}\sin\theta\ln\frac{1}{\mu}d\mu\\ \Phi_2&=\int_{\mu_k}^{1}\cos\theta\ln\frac{1}{\mu}d\mu\\ \Phi_3&=\int_{\mu_k}^{1}\cos\theta I_1\,d\mu\end{aligned}\right\} \tag{4.39}$$

Φ_1,Φ_2,Φ_3 均为 μ_k,θ_k 的函数，根据 θ_k 选定的典型程序 $\theta(\mu)$，代入式(4.39)，从 μ_k 积分至

1,结果如图 4-20 ～ 图 4-22 所示。

这样,主动段终点坐标的近似计算公式(4.34)、式(4.35)可写成

$$\left.\begin{aligned} y_{\mathrm{k}} &= g_0 \nu_0 P_{\mathrm{SP.O}}^2 \left(\Phi_1 - \frac{1}{2}\nu_0 I_1^2\right) \\ x_{\mathrm{k}} &= g_0 \nu_0 P_{\mathrm{SP.O}}^2 (\Phi_2 - \nu_0 \Phi_3) \end{aligned}\right\} \tag{4.40}$$

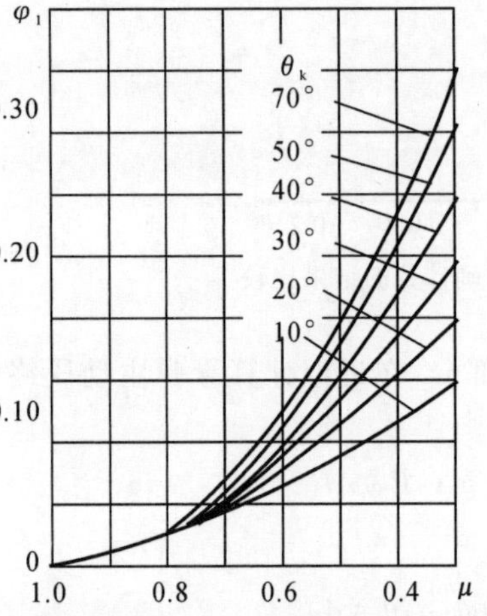

图 4-20　φ_1 与 μ 和 θ_{k} 的关系

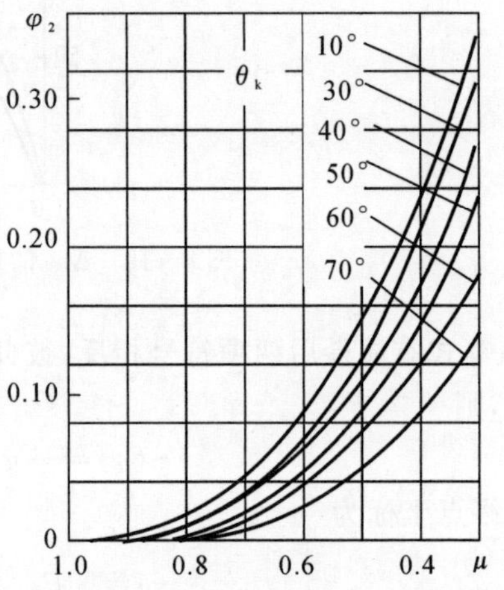

图 4-21　φ_2 与 μ 和 θ_{k} 的关系

4.3.4　全射程估算

根据上面估算的主动段终点参数 $v_{\mathrm{k}}, x_{\mathrm{k}}, y_{\mathrm{k}}$,即可进行全射程的估算。

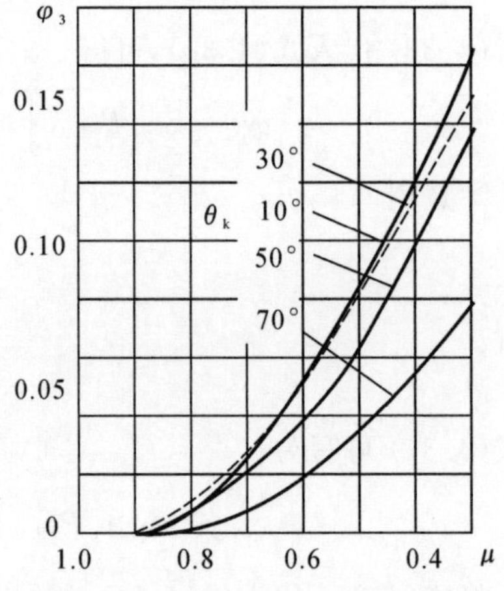

图 4-22　φ_3 与 μ 和 θ_{k} 的关系

由于

$$h_{\mathrm{k}} \approx y_{\mathrm{k}}$$

$$\beta_{\mathrm{k}} = \arctan \frac{x_{\mathrm{k}}}{R + y_{\mathrm{k}}}$$

$$\Theta_{\mathrm{k}} = \theta_{\mathrm{k}} + \beta_{\mathrm{k}}$$

则由被动段射程计算公式为

$$\tan \frac{\beta_{\mathrm{c}}}{2} = \frac{B + \sqrt{B^2 - 4AC}}{2A}$$

式中

$$A = 2R(1 + \tan^2\Theta_{\mathrm{k}} - \nu_{\mathrm{k}}) - \nu_{\mathrm{k}} h_{\mathrm{k}}$$

$$B = 2R\nu_{\mathrm{k}} \tan\Theta_{\mathrm{k}}$$

$$C = -h_{\mathrm{k}}\nu_{\mathrm{k}}$$

计算出 β_{c},于是全射程为

$$L = R(\beta_{\mathrm{c}} + \beta_{\mathrm{k}})$$

不言而喻,上面估算的全射程,是将再入大气层的空气动力忽略了,而将再入段作为自由飞行段椭圆弹道的延伸。在新型导弹的方案论证阶段,还可采用更为简便估算全射程的方法,即在不考虑主动段终点坐标的条件下,直接用估算出的速度 v_{k} 计算出最佳速度倾角 $\Theta_{\mathrm{ke.\,opT}}$ 下

的自由端射程，见式(4.33)，有

$$\tan\frac{\beta_c}{2}=\frac{1}{2}\frac{\nu_k}{\sqrt{1-\nu_k}}$$

可得

$$L_{ke}=2R\arctan\frac{\nu_k}{2\sqrt{1-\nu_k}}$$

然后将自由段射程乘上一系数 k，来估得全射程。即

$$L=kL_{ke}=2Rk\arctan\frac{\nu_k}{2\sqrt{1-\nu_k}} \tag{4.41}$$

式中 k 为比例系数。由于自由飞行段射程占全射程的绝大部分。因此，k 是大于 1 而接近 1 的数。射程愈大，k 愈接近 1。事实上，k 不仅取决于射程或主动段终点速度，而且与主动段工作时间有关，而工作时间依赖于设计参数地面比推力 $P_{SP.O}$ 及重推比 ν_0。注意到理想时间 $T=P_{SP.O}\cdot\nu_0$，故用这具有共同效应的参数 T 作为一个参变量，则 $k=k(v_k,T)$。

为了确定 k，在大量精确计算的基础上，画出 $k(v_k,T)$ 的函数曲线(见图 4-23)。

图 4-23 给出了不同 T 值时比例系数 k 和 ν_k 的变化。由于 $T=P_{SP.O}\cdot\nu_0=\frac{G_0}{G_0}$，所以 T 反映主动段发动机工作时间的长短。由图可见，当 T 一定时，即反映主动段工作时间相当，而 ν_k 愈大，自由飞行段射程愈大，自由飞行段占全射程的比例就愈大，则 k 值就减小；当 ν_k 一定时，被动段射程则为定值，T 愈大，则主动段工作时间增长，主动段射程就增加，故 k 值增大。

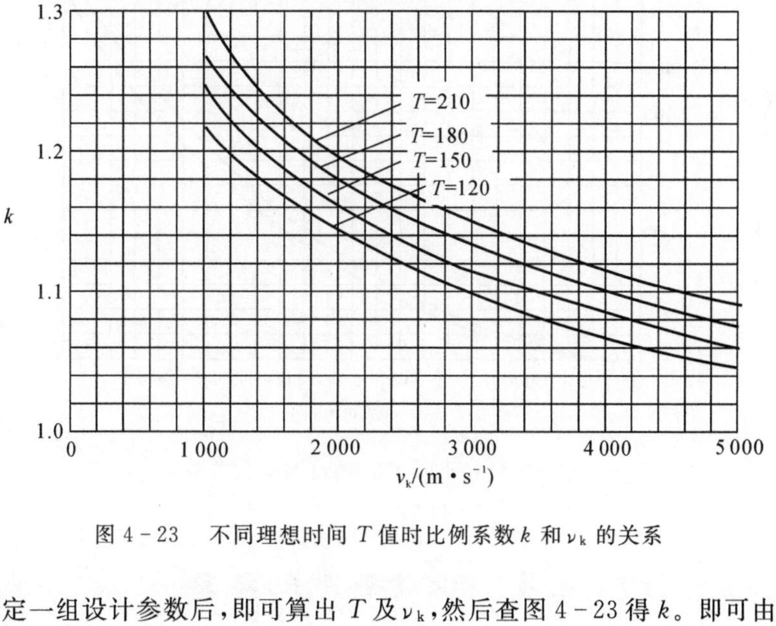

图 4-23　不同理想时间 T 值时比例系数 k 和 ν_k 的关系

因此在选定一组设计参数后，即可算出 T 及 ν_k，然后查图 4-23 得 k。即可由式(4.41)来估得全射程。

为方便估算，工程上还可近似取 $r_k=R$，则有

$$\nu_k=\frac{Rv_k^2}{fM}$$

将 $r_k=R$ 及 v_k 代入式(4.41)，可整理为

$$L = 222.4k \cdot \arctan \frac{v_k^2}{15.82\sqrt{62.57 - v_k^2}} \tag{4.42}$$

该式中反正切值取为度值，长度单位取为 km。

由式(4.42)可看出，也能用全射程 L 来反估 v_k。由

$$\tan \frac{\beta_e}{2} = \frac{\nu_k}{2\tan\Theta_{ke.opT}} = \frac{\nu_k}{2\tan\left(\frac{\pi}{4} - \frac{\beta_e}{4}\right)}$$

式中 ν_k 取为

$$\nu_k = \frac{R\nu_k^2}{fM}$$

则由 $L = kL_{ke}$ 可解出

$$v_k = 11.19\sqrt{\tan\left(\frac{L}{222.4k}\right)\tan\left(45° - \frac{L}{2 \times 222.4k}\right)} \tag{4.43}$$

该式中 k 实际为 v_k，T 的函数。为方便应用，考虑到设计参数 $P_{SP.O}$，ν_0 给定，则 T 即随之确定。因此，可在给定 T 的条件下，对不同的 v_k 值，求出 $k = k(v_k)_{T=\text{const}}$，从而由式(4.42)求出 $L = L(v_k)_{T=\text{const}}$。经计算后，可画出以 T 为参变量的全射程 L 与主动段终点速度 v_k 的关系曲线，如图 4-24 所示。

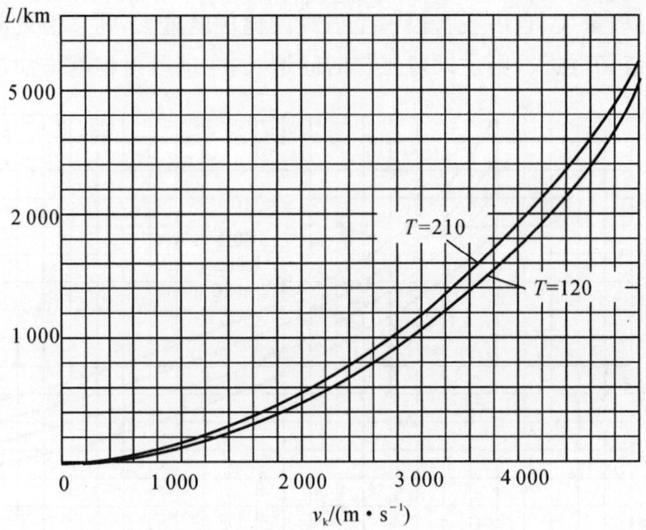

图 4-24　不同 T 值时 v_k 与 L 的关系

4.4　设计参数的选择

火箭设计的方案论证阶段，首先是要使设计参数的选择能满足预定的战术、技术要求。对导弹设计而言，就是要根据射程来选择 5 个设计参数。这是一个与 4.3 节相反的问题。

由于全射程 L 主要取决于主动段终点速度，由图 4-24 知，若已知 T，即可由 L 找出 v_k。然而 ν_0 及 $P_{SP.O}$ 也是要选择的设计参数。在方案论证时，可先粗选一个 T 值，求出 v_k，然后去选

择设计参数。如果选出的 ν_0，$P_{SP.O}$ 所确定的 T 与粗估值差别较大，则进行迭代，直到两者相差不大时为止。

事实上，主动段终点速度 v_k 除与 5 个设计参数有关外，还受到关机点速度倾角 θ_k 的影响。为此先要确定 θ_k，由式(4.41) 知

$$\beta_{ke}=\frac{L}{Rk}$$

式中 k 由主动段终点速度 v_k 及粗估的理想时间 T 查图 4－23 得到。

主动段射程角可表示为

$$\beta_k=\frac{L}{2Rk}(k-1)$$

由 β_{ke} 可求得自由飞行段的最佳弹道倾角为

$$\Theta_{ke,\,opT}=\frac{1}{4}(\pi-\beta_{ke})$$

则主动段终点的速度倾角即为

$$\theta_k=\Theta_{ke,\,opT}-\beta_k=\frac{1}{4}\left[\pi-\frac{L}{Rk}(2k-1)\right] \tag{4.44}$$

在 θ_k 确定后，v_k 仅是 5 个设计参数的函数。

地面比推力 $P_{SP.O}$ 主要取决于推进剂的种类及发动机设计水平，这与当前的技术条件有关，另外考虑到技术的沿用性，可在方案论证阶段根据具体情况选定。

发动机高空特性系数 a 反映发动机高空工作性能，由于它的变化范围较小，为1.10～1.15，且 a 对速度的影响很小，故在方案论证时，可取 $a=1.13$。

起飞截面负荷 P_M 与火箭的长细比有关，它影响火箭的空气动力特性，因此，它通过对空气动力引起的速度损失为 Δv_2，而 Δv_2 所占比例较小，故在方案论证时也可先选定。

因此，在给定射程 L 条件下，影响 v_k 的 5 个设计参数中，仅需选择 μ_k，ν_0，亦即 v_k 是 μ_k 与 ν_0 的组合。这两个量不是相互独立的量，它们与起飞重力 G_0 有关，故不能独立的任意选取，要受到质量方程的约束。

1. 火箭的质量方程

火箭的起飞质量(或重量) 可表示为各部分质量之和，即

$$m_0=m_p+m_c+m_u \tag{4.45}$$

式中，m_p 为推进剂质量；m_c 为结构、发动机及其他附件的质量；m_u 为有效载荷质量(包括部分控制器在内的头部质量)。

为了便于设计参数的选择，将上面各部分质量细化，并与设计参数相联系，有

$$m_p=(1-\mu_k)\,m_0 \tag{4.46}$$

$$m_c=m_{en}+m_b+m_{pt} \tag{4.47}$$

式中，m_{en} 为发动机及其附件质量，它取决于推力、发动机结构形式、材料性能、燃烧室压力和喷管出口压力等。

通常可将发动机质量近似看作只与推力成正比，即

$$m_{en}=\frac{b}{g_0}P_0=\frac{b}{\nu_0}m_0 \tag{4.48}$$

m_b 为包括壳体、仪器舱及控制仪器质量，可近似看成与起飞质量成正比，即

$$m_{b}=Bm_{0} \tag{4.49}$$

m_{pt} 为推进剂箱质量，可近似看作与推进剂质量成正比，即

$$m_{pt}=Km_{p}=K(1-\mu_{k})m_{0} \tag{4.50}$$

将以上各式代入式(4.45)可得

$$m_{0}=\left[B+\frac{b}{\nu_{0}}+(1+K)(1-\mu_{k})\right]m_{0}+m_{u} \tag{4.51}$$

或

$$m_{0}=\frac{m_{u}}{1-B-\dfrac{b}{\nu_{0}}-(1+K)(1-\mu_{k})} \tag{4.52}$$

式中，比例系数 b,B,K 由经验统计关系给出。

称式(4.51)或式(4.52)为火箭的质量方程。它反映了火箭各部分质量之间的关系。

令

$$\lambda=\frac{m_{u}}{m_{0}} \tag{4.53}$$

式中，λ 称为火箭有效载荷比。

则质量方程可改写为

$$\mu_{k}=\frac{K+B+\dfrac{b}{\nu_{0}}}{1+K}+\frac{\lambda}{1+K} \tag{4.54}$$

这样，通过质量方程将 μ_{k} 与 ν_{0} 联系起来。

如果，火箭没有有效载荷，即 $\lambda=0$，则记

$$(\mu_{k})_{\lim}=\frac{K+B+\dfrac{b}{\nu_{0}}}{1+K} \tag{4.55}$$

称式(4.55)为火箭的极限结构比，目前水平 $(\mu_{k})_{\lim}$ 约为0.08。这样，式(4.54)即可写成

$$(\mu_{k})=(\mu_{k})_{\lim}+\frac{\lambda}{1+K} \tag{4.56}$$

2. μ_k 和 ν_0 的选择

由质量方程式(4.54)可知，当有效载荷比 λ 一定时，μ_{k} 和 ν_{0} 有一定的对应关系。根据式(4.23)，似乎 ν_{0} 愈小，则引力及气动力引起的速度损失 Δv_{1}，Δv_{2} 愈小，因而主动段终点速度 v_{k} 愈大，事实上，在 m_{0} 一定的条件下，ν_{0} 愈小，即意味着需要较大的地面推力 P_{0}，因而就要增大发动机及其附件质量 m_{en}，从而使得火箭的结构比 μ_{k} 增大。而 μ_{k} 的增大，就减小了理想速度 v_{id}，也就影响到 v_{k}。因此，在给定有效载荷比 λ 时，为获得最大的主动段终点速度 v_{k}，或在给定的 v_{k} 时，为获得最大的有效载荷比 λ，ν_{0} 与 μ_{k} 之间必然存在一组最佳组合。

为选取 ν_{0} 与 μ_{k} 的组合，工程上可对应一定的有效载荷比 λ，给出一组 ν_{0} 值，根据质量方程式(4.54)求出相应的 μ_{k}。这样，在5个设计参数为已知的情况下，利用上节介绍的方法求出与之对应的一组 v_{k}，并可画出 v_{k} 与 ν_{0} 的关系曲线。因此，对应不同的 λ 值，可得出一族曲线，如图4-25所示。这样，根据给定射程所对应的关机点速度 v_{k}^{*} 值，可在图4-26所示的曲线族中，找到一个与最大的有效载荷比 λ_{max} 相应的 ν_{0}^{*}，这即为所需的重推比，将 ν_{0}^{*} 值代入式(4.54)就可求得所需的结构比。

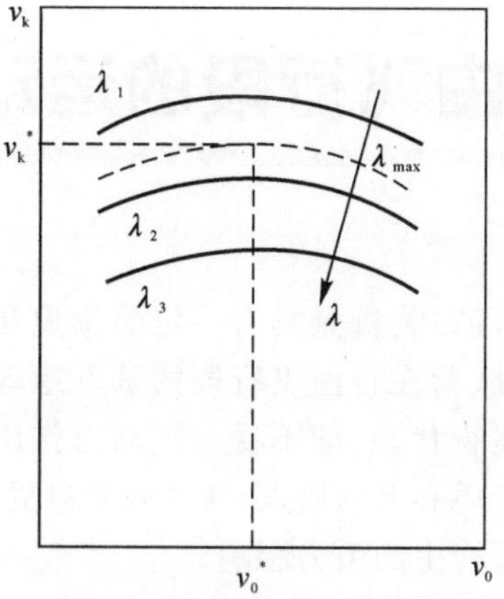

图 4-25　利用不同载荷比时 v_k 与 ν_0 的关系，求出一定速度时能获得最大载荷的重推比

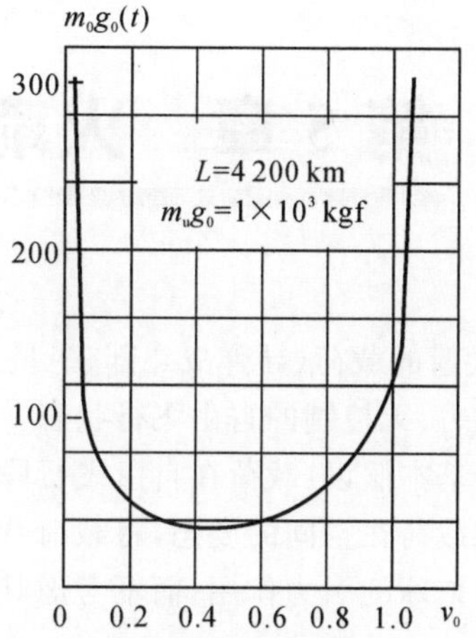

图 4-26　射程和有效载荷质量一定时导弹起飞质量和重推比的关系

由图 4-25 可看出，在射程一定（亦即 v_k 一定）的条件下，重推比 ν_0 与有效载荷比 λ 有相对关系。由于有效载荷比 λ 为有效载荷质量与起飞质量之比，因此，在固定有效载荷质量时，即可找到重推比 ν_0 与起飞质量 m_0 之间的关系。图 4-26 即为射程为 4 200 km、有效载荷重力 G_u 为 1×10^3 kgf 时，重推比 ν_0 与起飞重力 G_0 的关系曲线。曲线最低点对应于重推比的最佳值 ν_0^* 及有效载荷重力 G_u 一定，且要使其达到一定的射程时，重推比 ν_0 取此值最合理。否则，$\nu_0<\nu_0^*$ 时，由于火箭加速性能好，过载大，则要增大火箭结构质量，而使起飞重力 G_0 增大；$\nu_0>\nu_0^*$ 时，因加速性能差，则主动段飞行中引力造成的速度损失增大，为要达到一定的关机点速度 v_k，则要增加推进剂量，从而使起飞重力 G_0 增大。函数 $G_0(\nu_0)$ 在 ν_0^* 附近较平滑，故 ν_0 偏离 ν_0^* 较小时，G_0 增加很少。这对火箭设计是有利的，在设计中，可考虑利用现有的发动机，而不必为了追求使 ν_0 取最佳值而重新设计发动机，以使火箭研制周期缩短和成本减少。

复习思考题 4

1. 结合式(4.3)，试分析火箭主动段的运动特性。
2. 影响主动段终点速度的主要设计参数有哪些？它们分别是如何定义的？
3. 如何估算主动段终点位置坐标？

第 5 章　火箭载荷自由飞行段的运动

火箭的载荷(导弹战斗部、卫星)经过动力飞行段在关机点具有一定的位置和速度后，转入无动力、无控制的自由飞行状态。为了分析、运用载荷在自由飞行段的基本运动规律，通常作如下基本假设：载荷在自由飞行段中是处于真空飞行状态，即不受空气动力作用，因此可不必考虑载荷在空间的姿态，将载荷看成为质量集中于质心上的质点；认为载荷只受到作为均质圆球的地球的引力作用，而不考虑其他星球对载荷所产生的引力影响。

5.1　自由飞行段的轨道方程

设自由飞行段起点载荷具有矢径 $\boldsymbol{r}_k$ 及绝对速度矢量 $\mathbf{V}_k$。根据上述基本假设，载荷在自由飞行段仅受到均质圆形地球的引力作用。地球对质量为 m 的载荷的引力可表示为

$$\boldsymbol{F}_T = -\frac{fMm}{r^3}\boldsymbol{r} = -\frac{\mu m}{r^3}\boldsymbol{r} \tag{5.1}$$

显然，引力始终指向 $\boldsymbol{r}$ 的反方向。$\boldsymbol{r}$ 是由地球中心 O_E 至载荷质心的矢径，故引力 $\boldsymbol{F}_T$ 为一有心引力场。

由牛顿第二定律有

$$\boldsymbol{F}_T = m\frac{d^2\boldsymbol{r}}{dt^2}$$

将其代入式(5.1)，即得

$$\frac{d^2\boldsymbol{r}}{dt^2} = -\frac{\mu}{r^3}\boldsymbol{r} \tag{5.2}$$

用 $\mathbf{V}$ 点乘上式，即有

$$\mathbf{V}\cdot\frac{d\mathbf{V}}{dt} = -\frac{\mu}{r^3}(\mathbf{V}\cdot\boldsymbol{r})$$

亦即

$$\frac{1}{2}\frac{d\mathbf{V}^2}{dt} = -\frac{\mu}{r^3}\left(\frac{1}{2}\frac{d\boldsymbol{r}^2}{dt}\right)$$

显然上式可化为标量方程：

$$\frac{1}{2}\frac{dv^2}{dt} = -\frac{\mu}{r^2}\frac{dr}{dt} = \frac{d\left(\frac{\mu}{r}\right)}{dt}$$

上式两边积分得

$$\frac{1}{2}v^2 = \frac{\mu}{r} + E$$

式中，E 为积分常数，即

$$E = \frac{v^2}{2} - \frac{\mu}{r} \tag{5.3}$$

式(5.3) 即为载荷所具有的机械能，它可用轨道任一点参数代入，故整个轨道上各点参数 r, v 均满足机械能守恒。

用 $\boldsymbol{r}$ 叉乘式(5.2)，有

$$\boldsymbol{r} \times \frac{\mathrm{d}^2 \boldsymbol{r}}{\mathrm{d}t^2} = \boldsymbol{0}$$

亦即

$$\frac{\mathrm{d}}{\mathrm{d}t}\left(\boldsymbol{r} \times \frac{\mathrm{d}\boldsymbol{r}}{\mathrm{d}t}\right) = \boldsymbol{0}$$

上式括号内为一常矢量，记

$$\boldsymbol{h} = \boldsymbol{r} \times \frac{\mathrm{d}\boldsymbol{r}}{\mathrm{d}t} = \boldsymbol{r} \times \boldsymbol{V} \tag{5.4}$$

式中，$\boldsymbol{h}$ 称为动量矩。

$\boldsymbol{h}$ 为常值矢量，说明载荷在自由飞行段动量矩守恒，即是说，载荷在这一段中，不仅动量矩的大小 $|\boldsymbol{r} \times \boldsymbol{V}|$ 不变，而且 $\boldsymbol{h}$ 矢量方向也不变。这样，载荷在自由飞行段的运动为平面运动，该平面由自由飞行段起点参数 $\boldsymbol{r}_{\mathrm{k}}, \boldsymbol{V}_{\mathrm{k}}$ 所决定。

将式(5.2) 两端叉乘 $\boldsymbol{h}$，即

$$\frac{\mathrm{d}^2 \boldsymbol{r}}{\mathrm{d}t^2} \times \boldsymbol{h} = -\frac{\mu}{r^3} \boldsymbol{r} \times \boldsymbol{h} \tag{5.5}$$

式(5.5) 的左端可化为

$$\frac{\mathrm{d}^2 \boldsymbol{r}}{\mathrm{d}t^2} \times \boldsymbol{h} = \frac{\mathrm{d}}{\mathrm{d}t}\left(\frac{\mathrm{d}\boldsymbol{r}}{\mathrm{d}t} \times \boldsymbol{h}\right) \tag{5.6}$$

而式(5.5) 的右端可化为

$$-\frac{\mu}{r^3} \boldsymbol{r} \times \boldsymbol{h} = -\frac{\mu}{r^3} \boldsymbol{r} \times (\boldsymbol{r} \times \boldsymbol{V}) = -\frac{\mu}{r^3} [\boldsymbol{r} \cdot (\boldsymbol{r} \cdot \boldsymbol{V}) - \boldsymbol{V} \cdot (\boldsymbol{r} \cdot \boldsymbol{r})] =$$

$$-\frac{\mu}{r^3} (r\dot{r}\boldsymbol{r} - r^2 \boldsymbol{V}) = -\mu \left(\frac{\boldsymbol{r}}{r^2} \frac{\mathrm{d}r}{\mathrm{d}t} - \frac{1}{r} \frac{\mathrm{d}\boldsymbol{r}}{\mathrm{d}t}\right) = \mu \frac{\mathrm{d}}{\mathrm{d}t}\left(\frac{\boldsymbol{r}}{r}\right) \tag{5.7}$$

因此得到

$$\frac{\mathrm{d}}{\mathrm{d}t}\left(\frac{\mathrm{d}\boldsymbol{r}}{\mathrm{d}t} \times \boldsymbol{h}\right) = \mu \frac{\mathrm{d}}{\mathrm{d}t}\left(\frac{\boldsymbol{r}}{r}\right) \tag{5.8}$$

将式(5.8) 两边积分得

$$\frac{\mathrm{d}\boldsymbol{r}}{\mathrm{d}t} \times \boldsymbol{h} = \mu \left(\frac{\boldsymbol{r}}{r} + \boldsymbol{e}\right) \tag{5.9}$$

式中，$\boldsymbol{e}$ 为待定的积分常矢量。

为获得数量方程，因 $\boldsymbol{r}$ 点乘式(5.9) 可得

$$\boldsymbol{r} \cdot \left(\frac{\mathrm{d}\boldsymbol{r}}{\mathrm{d}t} \times \boldsymbol{h}\right) = \mu [r + re\cos(\widehat{\boldsymbol{re}})] \tag{5.10}$$

式(5.10) 左端为矢量混合积，具有轮换性，即

$$\boldsymbol{r} \cdot \left(\frac{\mathrm{d}\boldsymbol{r}}{\mathrm{d}t} \times \boldsymbol{h}\right) = \boldsymbol{h} \cdot \left(\boldsymbol{r} \times \frac{\mathrm{d}\boldsymbol{r}}{\mathrm{d}t}\right) = h^2$$

将该结果代入(5.10)，即可整理得到

$$r = \frac{h^2/\mu}{1 + e\cos(\widehat{\boldsymbol{re}})} \tag{5.11}$$

令

$$p=h^2/\mu \tag{5.12}$$

则

$$r=\frac{p}{1+e\cos(\widehat{\boldsymbol{re}})} \tag{5.13}$$

式(5.13)即为载荷在自由飞行段中的轨道方程式。

5.2 轨道方程参数的意义及其确定

式(5.13)即为解析几何中介绍的圆锥截线方程式,其中e为偏心率,它决定了圆锥截线的形状;p为半通径,它和e共同决定了圆锥截线的尺寸。

已知载荷在自由飞行段起点具有运动参数$\boldsymbol{r}_K$,$\boldsymbol{V}_K$,亦即知道r_K,v_K及$\boldsymbol{V}_K$与K点当地水平面的夹角Θ_K,如图5.1所示。现用这几个参数来计算确定$\boldsymbol{e}$矢量的大小和方向,以及p的大小。

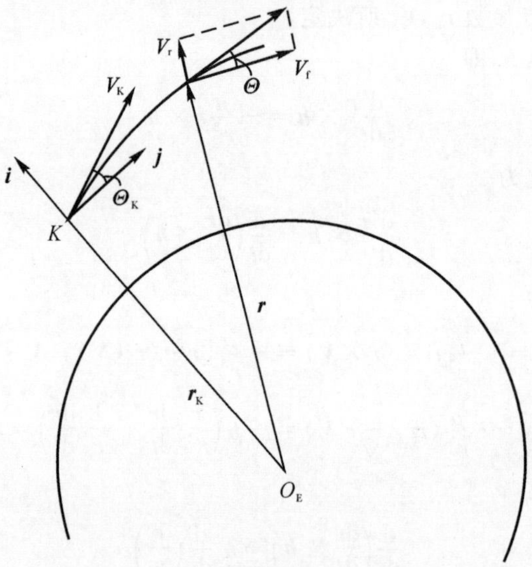

图5.1 自由飞行段参数示意图

在K点首先建立当地坐标系$Kijk$,K为自由飞行段起点;i,j在轨道平面内,i与$\boldsymbol{r}$矢量同向;j与i垂直,指向飞行方向;k与i,j组成右手坐标系。显然k与$\boldsymbol{h}$矢量方向一致。

将式(5.9)改写为

$$\boldsymbol{V}\times\frac{\boldsymbol{h}}{\mu}=\frac{\boldsymbol{r}}{r}+\boldsymbol{e} \tag{5.14}$$

注意到

$$h=|\boldsymbol{r}\times\boldsymbol{V}|=rv\cos\Theta \tag{5.15}$$

现用K点参数来表示式(5.14)左端量,即

$$\boldsymbol{V}\times\frac{\boldsymbol{h}}{\mu}=\begin{bmatrix}\boldsymbol{i} & \boldsymbol{j} & \boldsymbol{k}\\ v_K\sin\Theta_K & v_K\cos\Theta_K & 0\\ 0 & 0 & r_K v_K\cos\Theta_K/\mu\end{bmatrix}= \tag{5.16}$$

$$(r_K v_K^2\cos^2\Theta_K/\mu)\boldsymbol{i}-(r_K v_K^2\sin\Theta_K\cos\Theta_K/\mu)\boldsymbol{j}+0\cdot\boldsymbol{k}$$

令

$$\nu_K=\frac{v_K^2}{\mu/r_K} \tag{5.17}$$

ν_K 称为能量参数，表示轨道上一点的动能的两倍与势能之比。

将式(5.17)代入式(5.16)后，再代入式(5.14)，经过整理可得 $\boldsymbol{e}$ 矢量表达式为

$$\boldsymbol{e}=(\nu_K\cos^2\Theta_K-1)\boldsymbol{i}-\nu_K\sin\Theta_K\cos\Theta_K\boldsymbol{j}$$

由上式不难求得 $\boldsymbol{e}$ 的大小为

$$e=\sqrt{1+\nu_K(\nu_K-2)\cos^2\Theta_K} \tag{5.18}$$

将式(5.15)及式(5.16)代入式(5.12)，可得

$$p=r_K^2 v_K^2\cos^2\Theta_K/\mu=r_K\nu_K\cos^2\Theta_K \tag{5.19}$$

在 e,p 已知的条件下，由轨道方程式可看出，轨道上任一点的矢径大小 r，仅与 $\boldsymbol{r}$ 和 $\boldsymbol{e}$ 两矢量的夹角有关。记 $f=\widehat{\boldsymbol{re}}$，定义该角由 $\boldsymbol{e}$ 矢量作为起始极轴顺飞行器飞行方向到 $\boldsymbol{r}$ 矢量为正角，称 f 为真近点角。显然，$\boldsymbol{r},\boldsymbol{V}$ 给定后，即可解算得

$$f=\arccos\frac{p-r}{er} \tag{5.20}$$

因此，由给定的 $\boldsymbol{r}_K$ 反飞行器飞行方向转 f 角即可确定 $\boldsymbol{e}$ 的方向。实际上，由轨道方程式不难看出，在轨道上有一点 P 距地心 O_E 的矢径长度 $\boldsymbol{r}_P$ 为最小，P 点称为近地点。此时有 $f=\widehat{\boldsymbol{r}_P\boldsymbol{e}}=0$，即 $\boldsymbol{e}$ 矢量与 $\boldsymbol{r}_P$ 矢径方向一致，故 $\boldsymbol{e}$ 的方向是由地心 O_E 指向近地点 P。

引入真近点角 f 后，轨道方程式可写成常见的形式，即

$$r=\frac{p}{1+e\cos f} \tag{5.21}$$

由以上讨论知，圆锥截线的参数 e,p 可由主动段终点参数来决定。反之，也可用圆锥截线的参数来表示相应的运动参数 r,v,Θ。

显然，式(5.21)表示了圆锥截线上对应于 f 的那点的地心距。

由于圆锥截线上任一点的径向分速为

$$v_r=\dot{r}$$

则微分式(5.21)变为

$$v_r=\dot{r}=\frac{pe\dot{f}\sin f}{(1+e\cos f)^2} \tag{5.22}$$

而由式(5.15)可知

$$h=r^2\dot{f}$$

注意到式(5.12)及式(5.21)，则由上式可导得

$$\dot{f}=\frac{h}{r^2}=\frac{1}{r}\sqrt{\frac{\mu}{p}}(1+e\cos f) \tag{5.23}$$

将其代入式(5.22),可得

$$v_r = \sqrt{\frac{\mu}{p}} e \sin f \tag{5.24}$$

不难理解,圆锥截线的周向分速为

$$v_f = r\dot{f} = \sqrt{\frac{\mu}{p}}(1 + e\cos f) \tag{5.25}$$

根据式(5.24)及式(5.25)可得圆锥截线对应 f 角的运动参数为

$$\left.\begin{aligned} v &= \sqrt{\frac{\mu}{p}(1 + 2e\cos f + e^2)} \\ \Theta &= \arctan\frac{e\sin f}{1 + e\cos f} \end{aligned}\right\} \tag{5.26}$$

5.3 圆锥截线形状与主动段终点参数的关系

由轨道方程式所描述的圆锥截线形状被偏心率 e 的大小所决定。注意到载荷在自由飞行段机械能守恒,则可由起始点参数 r_K,v_K 求取 E 为

$$E = \frac{v_K^2}{2} - \frac{\mu}{r_K}$$

用式(5.18)描述的偏心率 e,经过简单推导也可表示为

$$e = \sqrt{1 + 2\frac{h^2}{\mu^2}E} = \sqrt{1 + \frac{2p}{\mu}E} \tag{5.27}$$

现根据式(5.18)、式(5.21)及式(5.27)来讨论圆锥截线形状与 r_K,v_K,Θ_K 的关系。

(1) 当 $e=0$ 时,则圆锥截线形状为圆,其半径 $r = r_K = p$,即圆的半径为 r_K。根据

$$e = \sqrt{1 + \nu_K(\nu_K - 2)\cos^2\Theta_K} = 0$$

可解得

$$\nu_K = 1 \pm \sqrt{1 - \frac{1}{\cos^2\Theta_K}}$$

因为 ν_K 不可能为虚数,所以必须使 $\Theta_K = 0$,上式才有实际意义。这表明只有在速度矢量 $\boldsymbol{V}_K$ 与当地水平面相平行的情况下,才能使质点的运动轨道为圆。在此条件下,则有 $\nu_K = 1$,由式(5.17),有

$$v_K = \sqrt{\mu / r_K}$$

通常记

$$v_{\mathrm{I}} = \sqrt{\mu / r_K}$$

式中,v_{I} 称为第一宇宙速度。

由于机械能守恒,因此,在作圆周运动时,任一时刻的速度均等于 v_K。

(2) 当 $e=1$ 时,则方程式(5.21)代表的是抛物线方程。由

$$e = \sqrt{1 + \nu_K(\nu_K - 2)\cos^2\Theta_K} = 1$$

可知,不论 Θ_K 为何值(不讨论 $\Theta_K = 90^\circ$ 的情况),均有 $\nu_K = 2$,亦即

$$v_K = \sqrt{2\frac{\mu}{r_K}}$$

记

$$v_{\mathrm{II}}=\sqrt{2\frac{\mu}{r_{\mathrm{K}}}}$$

式中，v_{II} 称为第二宇宙速度。

由式(5.27)还可看出，当 $e=1$ 时，$E=0$。这表示质点所具有的动能恰好等于将该质点从 r_{K} 移至无穷远时克服引力所做的功。因此，该质点将沿着抛物线轨迹离开地球而飞向宇宙空间，故 v_{II} 又称为脱离速度。

(3) 当 $e>1$ 时，方程式(5.21)代表双曲线方程。

不难理解，不论 Θ_{K} 取何值，则有

$$\nu_{\mathrm{K}}>2$$

即

$$v_{\mathrm{K}}>v_{\mathrm{II}}$$

在此条件下，质点将沿着双曲线轨迹飞向宇宙空间。

此时由于 $E>0$，故当质点移至无穷远处，有

$$\frac{v_{\mathrm{K}}^2}{2}-\frac{\mu}{r_{\mathrm{K}}}=\frac{v_{\infty}^2}{2}$$

故在距地心无穷远处，质点具有速度 v_{∞}，此速度 v_{∞} 称为双曲线剩余速度。

(4) 当 $e<1$ 时，式(5.21)为一椭圆方程，则有

$$\nu_{\mathrm{K}}<2$$

即

$$\frac{v_{\mathrm{K}}^2}{2}<\frac{\mu}{r_{\mathrm{K}}}$$

故

$$v_{\mathrm{K}}<v_{\mathrm{II}}$$

由于此时质点具有的动能不足以将该质点从 r_{K} 送至离地心无穷远处，故 r 为一有限值。

根据空间技术的发展，在飞行力学术语中，弹道仅指运载火箭及其载荷的飞行轨迹，在自由飞行段对于地球而言，该飞行轨迹是不闭合的，而人造天体是按照绕地球的闭合飞行轨迹运动，通常称为轨道。

由前面对圆锥截线方程的讨论可知，在运载火箭使有效载荷在主动段终点 K 具有一定的动能后，若 $\nu_{\mathrm{K}}\geqslant 2$，则载荷作星际航行；若 $\nu_{\mathrm{K}}<2$，则除当 $\Theta_{\mathrm{K}}=0$，$v_{\mathrm{K}}=v_{\mathrm{I}}$ 时载荷沿圆形轨道运行外，其余情况皆呈椭圆，但要注意对于地球而言，椭圆与地球有闭合、不闭合两种情况。

5.4　椭圆的几何参数与主动段终点参数的关系

椭圆方程的直角坐标表示为

$$\frac{x^2}{a^2}+\frac{y^2}{b^2}=1$$

式中，a 为长半轴；b 为短半轴，如图 5.2 所示。

若令椭圆的中心 O 至一个焦点 O_{E} 之间的长度为 c，则有

$$c=\sqrt{a^2-b^2} \tag{5.28}$$

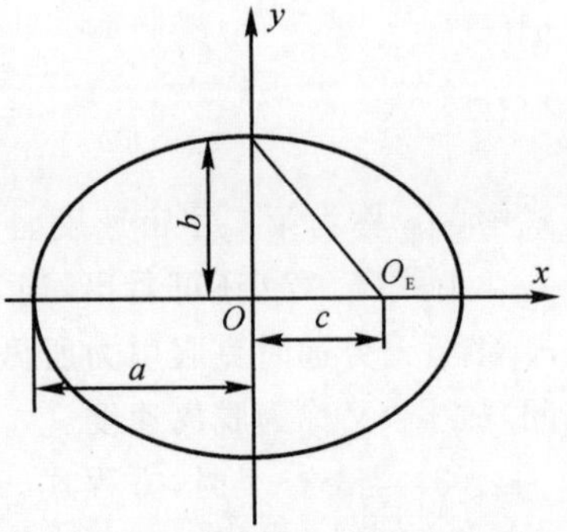

图 5.2 椭圆几何参数

式中，c 称为半焦距。

因此在直角坐标系中，椭圆的几何参数为 a,b,c 中的任两个。在以后讨论常用到 a,b，故要建立 a,b 与 e,p 的关系，并进而可找到 a,b 与 r_K,v_K,Θ_K 的关系。

由轨道方程式(5.21)可知

令 $f=0$，则

$$r=r_{\min}=\frac{p}{1+e}$$

此时椭圆上的点为距地心最近的点，以 P 表示，称为近地点。

令 $f=\pi$，则有

$$r=r_{\max}=\frac{p}{1-e}$$

此时椭圆上的点为距地心最远的点，以 A 表示，称为远地点。亦即

$$\left.\begin{aligned} r_A&=\frac{p}{1-e}\\ r_P&=\frac{p}{1+e}\end{aligned}\right\} \tag{5.29}$$

显然，椭圆长半轴的长度为

$$a=\frac{r_A+r_P}{2}$$

将式(5.29)代入上式，则有

$$a=\frac{p}{1-e^2} \tag{5.30}$$

又

$$c=\frac{r_A-r_P}{2}$$

将式(5.29)代入，可得

$$c=\frac{ep}{1-e^2}=ea \tag{5.31}$$

根据式(5.28)、式(5.30)和式(5.31)可得

$$b=\frac{p}{\sqrt{1-e^2}} \tag{5.32}$$

不难由式(5.30)及式(5.32)解出以 a,b 表示的 e,p 为

$$\left.\begin{aligned} e&=\sqrt{1-\left(\frac{b}{a}\right)^2}\\ p&=\frac{b^2}{a}\end{aligned}\right\} \tag{5.33}$$

将式(5.27)代入式(5.30)，可得

$$a=-\frac{\mu}{2E}=-\frac{\mu r_K}{r_K v_K^2-2\mu} \tag{5.34}$$

由此可见，椭圆长半轴的长度只与主动段终点处的机械能 E 有关，而对应椭圆方程有 $E<$

0,故此时 E 愈大,椭圆的 a 也愈大。由式(5.34) 还可得出椭圆上任一点的速度为

$$v^2=\mu(\frac{2}{r}-\frac{1}{a}) \tag{5.35}$$

式(5.35) 称为活力公式。

将式(5.18) 及式(5.19) 代入式(5.32) 可得

$$b=\sqrt{\frac{\nu_K}{2-\nu_K}}r_K\cos\Theta_K \tag{5.36}$$

由式(5.34) 和式(5.36) 可以看出,当 r_K,v_K 一定时,则 a 为一定值,而 b 将随 Θ_K 变化。

5.5　成为人造卫星或导弹的条件

根据圆锥截线形状与主动段终点参数关系可知,在基本假设条件下,当参数满足:①$\nu_K=1,\Theta_K=0$;②$\nu_K<2,r_{min}>R$ 的两个条件之一时,即可使该圆锥截线不与地球相交。但不能以此作为判断运载火箭对载荷提供的主动段终点参数能否成为人造卫星的判据。因为地球包围着大气层,即使在离地面 100 km 的高空处,大气密度虽然只有地面大气密度的百万分之一,但由于卫星的运动速度很高,稀薄的大气仍然会显著地阻碍卫星的运动,使其速度降低,而使卫星轨道近点高度逐渐收缩,卫星逐渐失去其本身任务所要求的功能。因此要使载荷成为所要求的卫星,则必须使其运行在离地面一定的高度之上,我们将此高度称为"生存"高度,记为 h_L,该 h_L 是根据卫星完成任务的要求所需在空间停留的时间(运行多少周)来决定的。所以要使载荷成为所要求的人造卫星,就必须满足条件:

$$r_P\geqslant r_L=R+h_L$$

而 r_P 由主动段终点参数所决定,因此须确定 r_K,v_K,Θ_K 应满足的条件如下。

1. r_K

不言而喻,K 点是椭圆轨道上的一点,故

$$r_K\geqslant r_P\geqslant r_L \tag{5.37}$$

2. Θ_K

因为要求 $r_P\geqslant r_L$,则

$$\frac{p}{1+e}\geqslant r_L$$

将式(5.18) 及式(5.19) 代入得

$$\frac{r_K\nu_K\cos^2\Theta_K}{1+\sqrt{1+\nu_K(\nu_K-2)\cos^2\Theta_K}}\geqslant r_L$$

经过推导整理可得 Θ_K 应满足的关系式为

$$\cos\Theta_K\geqslant\frac{r_L}{r_K}\sqrt{1+\frac{2\mu}{v_K^2}(\frac{1}{r_L}-\frac{1}{r_K})} \tag{5.38}$$

3. v_K

由式(5.38) 可知,在 $r_K\geqslant r_L$ 条件下,v_K 值减小,$\cos\Theta_K$ 就增大,因而 Θ_K 就减小,在发射卫星时,希望能量尽量小,也即希望 v_K 尽量小。不难理解,v_K 小的极限是使 $\cos\Theta_K=1$,即

$$\frac{r_L}{r_K}\sqrt{1+\frac{2\mu}{v_K^2}(\frac{1}{r_L}-\frac{1}{r_K})}\leqslant 1$$

从而可解得

$$v_K^2 \geqslant \frac{2\mu r_L}{r_K(r_K + r_L)} \tag{5.39}$$

或写成

$$v_K^2 \geqslant \frac{2}{1 + r_K/r_L} \tag{5.40}$$

综上所述,运载火箭运送的载荷,在主动段终点时,只有当其运动参数 r_K, v_K, Θ_K 满足式(5.37) ~ 式(5.39)时,才能成为人造卫星。

至于运载火箭运送的载荷成为导弹的必要条件,除 $0 < \nu_K < 2$,还需要保证在一定的 ν_K 下,弹道倾角 Θ_K 满足

$$r_P = \frac{p}{1+e} < R \tag{5.41}$$

从而可解得

$$\cos\Theta_K < \frac{R}{r_K}\sqrt{1 + \frac{2\mu}{v_K^2}\left(\frac{1}{R} - \frac{1}{r_K}\right)} \tag{5.42}$$

根据上述讨论,在图 5.3 中,画出了运载火箭提供载荷主动段终点的参数:$v_K, r_K/r$(卫星取 $r = r_L$;导弹取 $r = R$)及 Θ_K 使载荷成为导弹、卫星及星际飞行器的区域图。

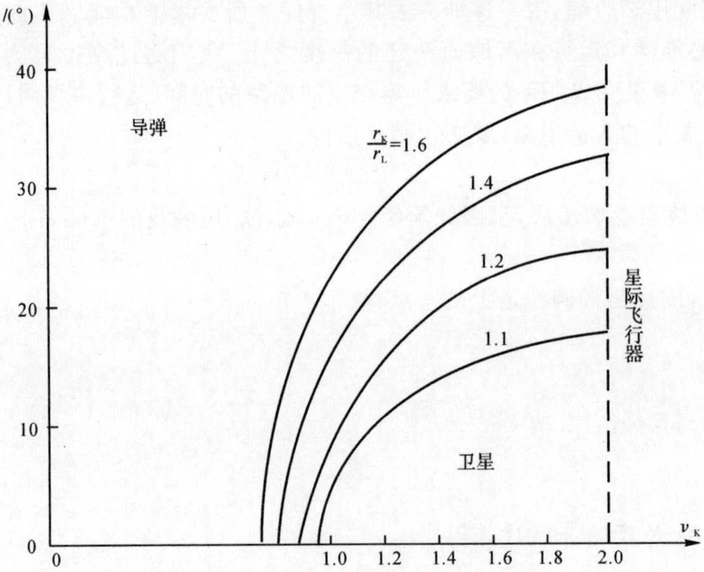

图 5.3 导弹、卫星、星际飞行器的参数界限

5.6 射程与主动段终点参数的关系

在假设地球为均质圆球条件下,导弹自由飞行段弹道应在主动段终点的绝对参数 $\boldsymbol{r}_K, \boldsymbol{V}_K$ 决定的弹道平面内。该平面过地球的球心,故与地球表面相截的截痕为一大圆弧。所谓被动段的绝对射程,是指在弹道平面内,从导弹主动段终点 K 到 $\boldsymbol{r} = \boldsymbol{R}$ 的点 C 所对应的一段圆弧长度,记为 L_{KC}。如图5.4 所示。

由图 5.4 可知

$$L_{KC} = L_{KE} + L_{EC} \tag{5.43}$$

式中，L_{KE} 为自由段射程，指弹道上 K 点到再入点 E 所对应的大圆弧长；L_{EC} 为再入段射程，指 E 点到 C 点所对应的大圆弧度。

不难理解，L_{KC}，L_{KE} 与 L_{EC} 可用相应的地心角 β_C，β_E 及 β_{EC} 乘上地球半径 R 而得到。因此，β_C，β_E 和 β_{EC} 也可用来表示射程，称为角射程。

导弹在再入段将受到空气动力作用，这段弹道不是椭圆的一部分，但由于再入段射程在整个被动段弹道的射程所占比例甚小，故可近似地将该段弹道看成是自由段椭圆弹道的延续，从而整个被动段的射程即用椭圆弹道来计算。

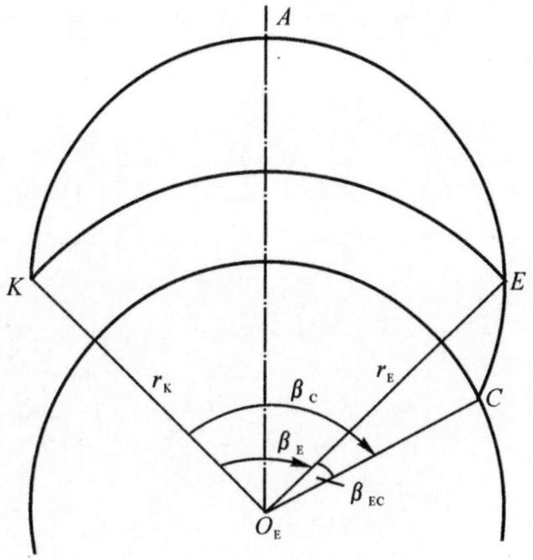

图 5.4　自由段、被动段的射程角

5.6.1　被动段射程的计算

已知 K，C 是椭圆弹道上的两点，它们的矢径与近地点极轴之间的夹角，即真近点角分别记为 f_K，f_C，显然

$$\beta_C = f_C - f_K \tag{5.44}$$

由椭圆弹道方程式(5.21)，可得

$$\cos f = \frac{p - r}{er} \tag{5.45}$$

当主动段终点参数给定时，则 f 只是 r 的函数，则有

$$\cos f_K = \frac{p - r_K}{er_K}$$

$$\cos f_C = \frac{p - R}{eR} \tag{5.46}$$

注意到椭圆弹道的顶点 A 即为椭圆的远地点，且椭圆弹道具有轴对称性的特点，则

$$\angle KO_EA = \angle AO_EE = \frac{\beta_E}{2}$$

可得

$$\cos f_K = \cos\left(\pi - \frac{\beta_E}{2}\right) = -\cos\frac{\beta_E}{2}$$

$$\cos f_C = \cos(f_K + \beta_C) = \cos\left(\pi + \beta_C - \frac{\beta_E}{2}\right) = -\cos\left(\beta_C - \frac{\beta_E}{2}\right)$$

故

$$\left.\begin{aligned} \cos\left(\beta_C - \frac{\beta_E}{2}\right) &= \frac{R - p}{eR} \\ \cos\frac{\beta_E}{2} &= \frac{r_K - p}{er_K} \end{aligned}\right\} \tag{5.47}$$

由式(5.47) 第一式有

$$\cos\beta_C \cos\frac{\beta_E}{2} + \sin\beta_C \sin\frac{\beta_E}{2} = \frac{R - p}{eR} \tag{5.48}$$

根据式(5.47)的第二式有

$$\sin\frac{\beta_E}{2}=\frac{1}{e}\sqrt{e^2-\left(1-\frac{p}{r_K}\right)^2}$$

将式(5.47)及式(5.48)代入上式，经过整理可得

$$\sin\frac{\beta_E}{2}=\frac{p}{er_K}\tan\Theta_K \tag{5.49}$$

将式(5.47)、式(5.49)代入(5.48)，则有

$$\left(1-\frac{p}{r_K}\right)\cos\beta_C+\frac{p}{r_K}\tan\Theta_K\sin\beta_C=1-\frac{p}{R} \tag{5.50}$$

由于

$$p=r_K\nu_K\cos^2\Theta_K$$

将其代入式(5.50)，整理可得

$$\frac{r_K}{R}=\frac{1-\cos\beta_C}{\nu_K\cos^2\Theta_K}+\frac{\cos(\beta_C+\Theta_K)}{\cos\Theta_K} \tag{5.51}$$

式(5.51)称为命中方程。

利用三角公式

$$\cos\beta_C=\frac{1-\tan^2\frac{\beta_C}{2}}{1+\tan^2\frac{\beta_C}{2}}$$

$$\sin\beta_C=\frac{2\tan\frac{\beta_C}{2}}{1+\tan^2\frac{\beta_C}{2}}$$

式(5.51)可改写成以 $\tan\frac{\beta_C}{2}$ 为项的形式，即

$$\left(2-\nu_K\cos^2\Theta_K-\frac{r_K}{R}\nu_K\cos^2\Theta_K\right)\tan^2\frac{\beta_C}{2}-2\nu_K\sin\Theta_K\cos\Theta_K\tan\frac{\beta_C}{2}+\nu_K\cos^2\Theta_K\left(1-\frac{r_K}{R}\right)=0$$

将上式乘以 $R/\cos^2\Theta_K$，整理可得

$$[2R(1+\tan^2\Theta_K)-\nu_K(R+r_K)]\tan^2\frac{\beta_C}{2}-2\nu_K R\tan\Theta_K\tan\frac{\beta_C}{2}+\nu_K(R-r_K)=0 \tag{5.52}$$

记

$$\left.\begin{aligned}A&=2R(1+\tan^2\Theta_K)-\nu_K(R+r_K)\\B&=2\nu_K R\tan\Theta_K\\C&=\nu_K(R-r_K)\end{aligned}\right\} \tag{5.53}$$

则式(5.53)可写成

$$A\tan^2\frac{\beta_C}{2}-B\tan\frac{\beta_C}{2}+C=0 \tag{5.54}$$

注意到上式中之系数

$$A\geqslant 2R(1+\tan^2\Theta_K)-2\nu_K r_K=2R(1+\tan^2\Theta_K)(1-\frac{p}{R})=-2R(1+\tan^2\Theta_K)e\cos f_C\geqslant 0$$

$$C \leqslant 0$$

因此,式(5.54)的解应为

$$\tan\frac{\beta_C}{2}=\frac{B+\sqrt{B^2-4AC}}{2A} \tag{5.55}$$

可见,在给定主动段终点参数后,即可求得被动段角射程 β_C,而被动段射程为

$$L_{KC}=R\beta_C$$

5.6.2 自由段射程的计算

由被动段射程公式,很易导出自由段射程的公式,即在式(5.53)中用 $r_C=r_K$ 代替 R,即有

$$\left.\begin{aligned} &A=2r_K(1+\tan^2\Theta_K)-2r_K\nu_K \\ &B=2r_K\nu_K\tan\Theta_K \\ &C=0 \end{aligned}\right\} \tag{5.56}$$

而式(5.55)即成为

$$\tan\frac{\beta_E}{2}=\frac{B}{A}=\frac{\nu_K\sin\Theta_K\cos\Theta_K}{1-\nu_K\cos^2\Theta_K} \tag{5.57}$$

实际将 $p=r_K\nu_K\cos^2\Theta_K$ 代入式(5.49)可得计算自由段射程的另一公式为

$$\sin\frac{\beta_E}{2}=\frac{\nu_K}{2e}\sin 2\Theta_K \tag{5.58}$$

此式形式比较简单,在实践中常被运用。

自由段射程即为

$$L_{KE}=R\beta_E$$

图 5.5 是根据式(5.55)和式(5.59)作出的在不同的 h_K 值下,β_K 和 β_E 与 ν_K,Θ_K 的关系曲线。

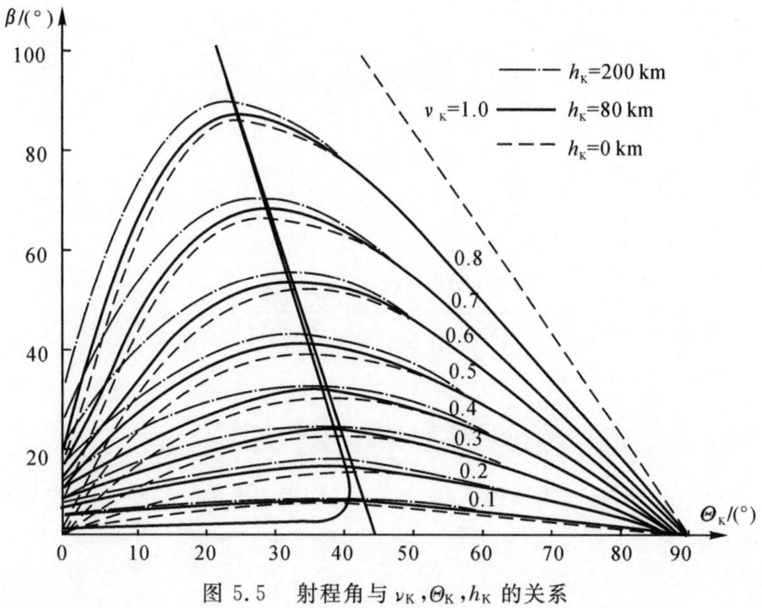

图 5.5　射程角与 ν_K,Θ_K,h_K 的关系

由图 5.5 可看出，当 ν_K 一定时，总可以找到一个速度倾角 Θ_K，使射程取最大值，此速度倾角称为最佳速度倾角，记为 $\Theta_{K\cdot OPT}$，其物理意义是，当主动段终点 K 的参数 r_K，v_K 一定，则 ν_K 一定，亦即 K 点的机械能 E 为确定值，$\Theta_{K\cdot OPT}$ 是保证在同样的机械能条件下，使导弹的能量得到充分利用，以使射程达到最大值。这在实际应用中是有很重要的意义的。

由图 5.5 还可以看出 $\Theta_{K\cdot OPT}$ 的另一物理意义：当射程 β_C 或 β_E 一定，在速度倾角取为 $\Theta_{K\cdot OPT}$ 时，使所需要的 ν_K 为最小，亦即当 r_K 给定时，则 v_K 取最小值，也就是说要求导弹在 K 点的机械能最小，这种具有最小 ν_K 值的弹道称为最小能量弹道。

上述讨论只是一个问题的两个方面，实际满足射程取最大值的弹道亦即能量最小弹道，在下面讨论中还将提到。

可见，在进行导弹设计时，通常将主动段终点的速度倾角 Θ_K 取在 $\Theta_{K\cdot OTP}$ 附近是比较合理的。

5.6.3 由特定的自由段起点参数求被动段的最大射程

由式(5.55) 可知

$$\beta_C = \beta_C(v_K, \Theta_K, r_K)$$

当 r_K，v_K 给定后，则 β_C 仅是 Θ_K 的函数。因此，要求 β_C 取最大值，就可通过极值条件：

$$\frac{\partial \beta_C}{\partial \Theta_K} = 0$$

来求 $\Theta_{K\cdot OPT}$。

将式(5.54) 对 Θ_K 求导，有

$$\frac{\partial A}{\partial \Theta_K}\tan^2\frac{\beta_C}{2} - \frac{\partial B}{\partial \Theta_K}\tan\frac{\beta_C}{2} + \left(2A\tan\frac{\beta_C}{2} - B\right)\frac{\partial \tan\dfrac{\beta_C}{2}}{\partial \Theta_K} = 0 \tag{5.59}$$

由表达式(5.53) 可得

$$\left.\begin{aligned} \frac{\partial A}{\partial \Theta_K} &= 4R\tan\Theta_K\sec^2\Theta_K \\ \frac{\partial B}{\partial \Theta_K} &= 2R\nu_K\sec^2\Theta_K \end{aligned}\right\} \tag{5.60}$$

而

$$\frac{\partial \tan\dfrac{\beta_C}{2}}{\partial \Theta_K} = \frac{1}{2}\sec^2\frac{\beta_C}{2}\frac{\partial \beta_C}{\partial \Theta_K}$$

因为

$$\sec^2\frac{\beta_C}{2} \neq 0, \quad \frac{\partial \beta_C}{\partial \Theta_K} = 0$$

即意味着当 Θ_K 取 $\Theta_{K\cdot OPT}$ 时，β_C 达到最大值 $\beta_{C\cdot max}$。因此，将 $\beta_{C\cdot max}$，$\Theta_{K\cdot OPT}$ 代替式(5.59) 中的 β_C，Θ_K，则此时必然满足

$$\frac{\partial \tan\dfrac{\beta_C}{2}}{\partial \Theta_K} = 0$$

故

$$4R\tan\Theta_{K\cdot OPT}\sec^2\Theta_{K\cdot OPT}\tan^2\frac{\beta_{C\cdot\max}}{2}-2R\nu_K\sec^2\Theta_{K\cdot OPT}\tan\frac{\beta_{C\cdot\max}}{2}=0$$

即

$$2R\sec^2\Theta_{K\cdot OTP}\tan\frac{\beta_{C\cdot\max}}{2}\left(2\tan\Theta_{K\cdot OPT}\tan\frac{\beta_{C\cdot\max}}{2}-\nu_K\right)=0$$

因为

$$2R\sec^2\Theta_{K\cdot OPT}\tan\frac{\beta_{C\cdot\max}}{2}\neq 0$$

则

$$2\tan\Theta_{K\cdot OPT}\tan\frac{\beta_{C\cdot\max}}{2}-\nu_K=0$$

即

$$\tan\frac{\beta_{C\cdot\max}}{2}=\frac{\nu_k}{2\tan\Theta_{K\cdot OPT}} \tag{5.61}$$

将上式代入(5.52)，有

$$\left[2R(1+\tan^2\Theta_{K\cdot OPT})-\nu_K(R+r_K)\right]\frac{\nu_K^2}{4\tan^2\Theta_{K\cdot OPT}}-$$

$$2R\nu_K\tan\Theta_{K\cdot OPT}\frac{\nu_K}{2\tan^2\Theta_{K\cdot OPT}}+\nu_K(R-r_K)=0$$

经整理可得

$$\left[4(R-r_K)-2R\nu_K\right]\tan^2\Theta_{K\cdot OPT}=\nu_K^2(R+r_K)-2R\nu_K$$

由此求出最佳速度倾角为

$$\tan\Theta_{K\cdot OPT}=\sqrt{\frac{\nu_K\left[2R-\nu_K(R+r_K)\right]}{2R\nu_K-4(R-r_K)}} \tag{5.62}$$

将式(5.62)代入式(5.61)即可得对应 $\Theta_{K\cdot OPT}$ 的被动段最大射程与主动段终点参数 r_K，v_K 的关系为

$$\tan\frac{\beta_{C\cdot\max}}{2}=\sqrt{\frac{\nu_K\left[R\nu_K-2(R-r_K)\right]}{2\left[2R-\nu_K(R+r_K)\right]}} \tag{5.63}$$

显然，当式(5.62)与式(5.63)中用 $r_E=r_K$ 代替 R 时，则可得出自由段之最佳速度倾角 $\Theta_{KE\cdot OPT}$ 及最大射程 $\beta_{E\cdot\max}$ 为

$$\tan\Theta_{KE\cdot OPT}=\sqrt{1-\nu_K} \tag{5.64}$$

$$\tan\frac{\beta_{E\cdot\max}}{2}=\frac{1}{2}\frac{\nu_K}{\sqrt{1-\nu_K}} \tag{5.65}$$

将式(5.64)代入式(5.65)可得 $\beta_{E\cdot\max}$ 与 $\Theta_{KE\cdot OPT}$ 的关系式为

$$\tan\frac{\beta_{E\cdot\max}}{2}=\frac{1-\tan^2\Theta_{KE\cdot OPT}}{2\tan\Theta_{KE\cdot OPT}}=\cot 2\Theta_{KE\cdot OPT}=\tan\left(\frac{\pi}{2}-2\Theta_{KE\cdot OPT}\right)$$

故有

$$\Theta_{KE\cdot OPT}=\frac{1}{4}(\pi-\beta_{E\cdot max}) \tag{5.66}$$

根据式(5.62)及式(5.63),在图5.6中画出对应不同的 r_K($h_K=0$ km,40 km,80 km,200 km),通过改变 v_K 而得到的 $\Theta_{K\cdot OPT}$ 与 $\beta_{C\cdot max}$ 的关系曲线。

应指出的是,如图5.6所示,$h_K=0$ 的关系曲线即是对应式(5.66)所描述的自由段最佳速度倾角与最大射程的关系。从而由图5.6可看出,当被动段射程愈大时,再入段所占比例则愈小,所以整个被动段的最佳速度倾角就愈接近于用式(5.66)所标出的自由段的最佳速度倾角。反之,当再入段射程占整个被动段射程比例较大(即 h_K 较大,或 β_C 较小)时,则两者差别就较大。

由图5.6还可以看出,对于 h_K 的情况而言,当 β_C 很小时,$\Theta_{K\cdot OPT}$ 就接近于45°,这与炮兵武器射击所选用的最佳速度倾角的概念是一致的。

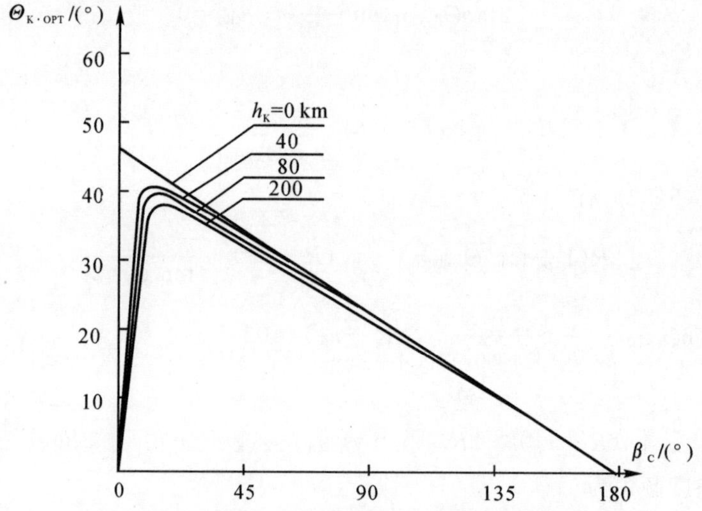

图5.6 最佳弹道倾角与射程角、关机点高度的关系曲线

复习思考题5

1. 解释第一宇宙速度(环绕速度)、第二宇宙速度(逃逸速度)、双曲线剩余速度。

2. 研究自由飞行段的运动时,常做哪些基本假设?

3. 推导自由段运动基本方程(矢量法)。

4. 自由飞行段的运动有那些基本特征、轨迹是什么形状、特征参数有哪些?特征参数与主动段终点参数有什么关系?

5. 成为人造卫星和导弹的条件是什么?

第6章　卫星轨道基本理论

6.1　二体轨道

在卫星轨道的分析问题中，常假定卫星在地球中心引力场中运动，忽略其他各种摄动力的因素（如地球形状非球形、密度分布不均匀引起的摄动力和太阳、月球的引力等）。这种卫星轨道称为二体轨道，分析这种轨道的特性称为二体问题。二体轨道代表卫星轨道运动的主要特性。

令二体的质量分别为 m_1, m_2，两者的集中质点相对空间惯性参考点 O 的距离矢量分别为 $\boldsymbol{r}_1, \boldsymbol{r}_2$，如图6.1所示，两者之间的相对距离矢量为 $\boldsymbol{r}$，由 m_1 指向 m_2，两者之间的相互引力为 $\boldsymbol{F}_1$，$\boldsymbol{F}_2$，则有

$$\boldsymbol{F}_1 = \frac{G m_1 m_2}{r^2} \frac{\boldsymbol{r}}{r}$$

$$\boldsymbol{F}_2 = -\boldsymbol{F}_1$$

式中，G 为万有引力常数。由此，两者对惯性空间的运动方程为

$$m_1 \frac{\mathrm{d}^2 \boldsymbol{r}_1}{\mathrm{d}t^2} = G m_1 m_2 \frac{\boldsymbol{r}}{r^3}$$

$$m_2 \frac{\mathrm{d}^2 \boldsymbol{r}_2}{\mathrm{d}t^2} = -G m_1 m_2 \frac{\boldsymbol{r}}{r^3}$$

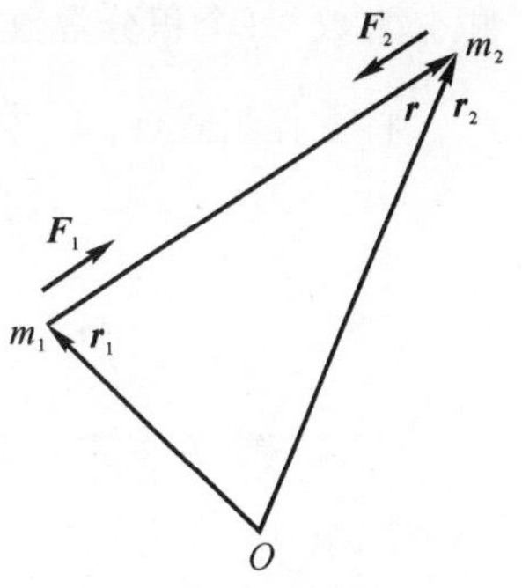

图 6.1　二体问题

将上面两式相减，并引用几何关系 $\boldsymbol{r}_1 + \boldsymbol{r} = \boldsymbol{r}_2$，可得 m_2 相对 m_1 的相对运动方程为

$$\frac{\mathrm{d}^2 \boldsymbol{r}}{\mathrm{d}t^2} = \frac{\mathrm{d}^2 \boldsymbol{r}_2}{\mathrm{d}t^2} - \frac{\mathrm{d}^2 \boldsymbol{r}_1}{\mathrm{d}t^2} = -G(m_1 + m_2) \frac{\boldsymbol{r}}{r^3}$$

令 m_1 为地球质量，有 $m_1 = m_e >> m_2$，则描述卫星 m_2 相对地球的二体问题的基本方程为

$$\frac{\mathrm{d}^2 \boldsymbol{r}}{\mathrm{d}t^2} = -\frac{\mu}{r^2} \frac{\boldsymbol{r}}{r} \tag{6.1}$$

式中，$\mu = G m_e$ 是地心引力常数，$\mu = 398\ 600.44\ \mathrm{km^3/s^2}$。

作用在卫星上的地球中心引力仅与卫星的质量成正比，与卫星的地心距离的平方成反比；由引力产生的加速度幅值（$-\mu/r^2$）与卫星质量无关，引力加速度的方向与地心距单位矢量（$\boldsymbol{r}/r$）的方向相反。二体运动方程式（6.1）的形式简单，但其精确求解较复杂。

早在17世纪初，通过对行星运动的精确观测和数据分析，开普勒总结出了行星运动的三大定律——开普勒三大定律：

第一定律：各行星的轨道均为椭圆，太阳位于该椭圆的一个焦点上。

第二定律：行星与太阳的连线在相等时间内扫过的面积相等。

第三定律:行星轨道周期的平方与行星至太阳平均距离的三次方成正比。

二体运动方程的解与此三大定律完全符合,因此二体轨道又称为开普勒轨道。

6.2 卫星轨道要素

为描述卫星在空间的位置,定义地心赤道惯性坐标系 $OXYZ$(见图 6.2):坐标原点 O 在地球中心;X 轴沿地球赤道面和黄道面的交线,指向春分点 Υ;Z 轴指向北极;Y 轴在赤道平面上垂直于 X 轴。在此坐标系中,卫星的运动方程式(6.1) 可以分解为

$$\left.\begin{aligned}\ddot{x}+\frac{\mu x}{r^3}=0\\ \ddot{y}+\frac{\mu y}{r^3}=0\\ \ddot{z}+\frac{\mu z}{r^3}=0\end{aligned}\right\}\tag{6.2}$$

式中,$r=(x^2+y^2+z^2)^{\frac{1}{2}}$。

式(6.2) 是一个六阶的非线性微分方程,如给定了 6 个初始条件 ——t_0 时刻卫星的位置 $x(t_0),y(t_0),z(t_0)$ 和速度 $\dot{x}(t_0),\dot{y}(t_0),\dot{z}(t_0)$,则此方程组完全可解。这些初始条件确定 6 个积分常数,每个积分常数都描述卫星轨道的一种特性。

将方程组式(6.2) 中各式交叉乘以 x,y,z,再两两相减,消去$\frac{1}{r^3}$,可得

$$x\ddot{y}-y\ddot{x}=0$$
$$x\ddot{z}-z\ddot{y}=0$$
$$z\ddot{x}-x\ddot{z}=0$$

将这三个方程式分别进行积分得

$$\left.\begin{aligned}x\dot{y}-y\dot{x}=c_1\\ y\dot{z}-z\dot{y}=c_2\\ z\dot{x}-x\dot{z}=c_3\end{aligned}\right\}\tag{6.3}$$

式中,c_1,c_2,c_3 是 3 个积分常数。再将以上各式顺序乘以 z,x,y,然后相加,得

$$c_1z+c_2x+c_3y=0$$

这是一个平面方程,它说明在二体问题中卫星绕地球运转的轨道总是在一个平面上,积分常数 c_1,c_2,c_3 确定了卫星轨道平面在空间坐标系中的位置。由图 6.2 可知,卫星相对于地心的动量矩 $\boldsymbol{h}$ 等于卫星地心矩矢量和速度矢量的矢积,即

$$\boldsymbol{h}=\boldsymbol{r}\times\boldsymbol{v}$$

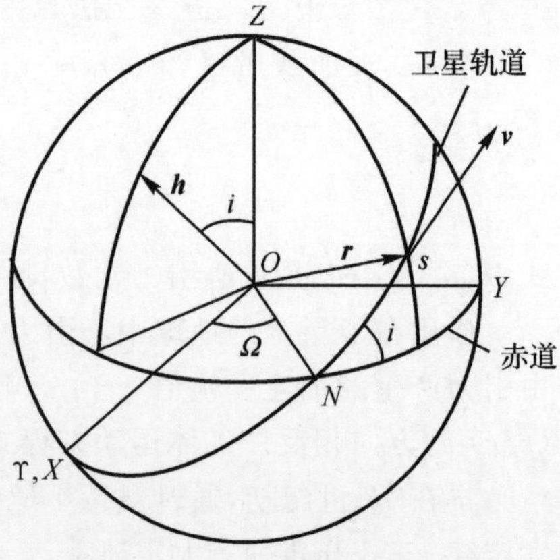

图 6.2　地心赤道惯性坐标系

根据矢积的公式,方程组式(6.3) 的左端是动量矩 $\boldsymbol{h}$ 在坐标轴上的分量 h_z,h_x,h_y,并有$h_x^2+h_y^2+h_z^2=h^2$。式(6.3) 表明,在地心中心引力场中,卫星相对地心的动量

矩 $\boldsymbol{h}$ 保持恒定，其方向和幅值决定于积分常数 c_1, c_2, c_3。显然，动量矩 $\boldsymbol{h}$ 的方向和卫星轨道面的法线是平行的，称 $\boldsymbol{h}$ 和 Z 轴的夹角为轨道倾角 i；轨道平面和地球赤道面的交线为节线 ON，在图 6.2 中节点 N 为轨道的升交点，节线 ON 与 X 轴的夹角称为升交点赤经 Ω，这两个参数 (i, Ω) 确定了轨道平面在空间坐标系的方位。

从图 6.2 中可直接得到动量矩 $\boldsymbol{h}$ 的三个分量与 i, Ω 的关系，即

$$\left.\begin{aligned} h_x &= h\sin i\sin\Omega \\ h_y &= -h\sin i\cos\Omega \\ h_z &= h\cos i \end{aligned}\right\} \tag{6.4}$$

或

$$i = \arccos\left(\frac{h_z}{h}\right), \quad \Omega = \arctan\left(\frac{-h_x}{h_y}\right)$$

因此，积分常数 c_1, c_2, c_3 确定了与轨道特性直接有关的三个要素 i, Ω, h，前两个决定轨道平面的方位，第三个决定轨道的周期。

描述卫星在轨道平面内的运动只需用二维坐标。令此坐标为 (ξ, η)，卫星的运动方程可写成

$$\ddot{\xi} + \frac{\mu}{r^3}\xi = 0$$

$$\ddot{\eta} + \frac{\mu}{r^3}\eta = 0$$

式中，$r = (\xi^2 + \eta^2)^{\frac{1}{2}}$，再令 $\xi = r\cos u, \eta = r\sin u$，将上式化成极坐标形式，如图 6.3 所示，有

$$\ddot{r} - r\dot{u}^2 = -\frac{\mu}{r^2} \tag{6.5}$$

$$r\ddot{u} + 2\dot{r}\dot{u} = 0 \tag{6.6}$$

式(6.6) 的积分为

$$r^2\dot{u} = h \tag{6.7}$$

显然，这个积分常数 h 就是卫星相对于地心的动量矩。如图 6.3 所示，卫星在轨道平面上运动时，在 Δt 时间内卫星从 B 点移动到 B' 点，相应的地心距从 $\boldsymbol{r}$ 变到 $\boldsymbol{r}'$，三角形 OBB' 的面积为

$$\Delta A = \frac{1}{2}rr'\sin\Delta u$$

此面积的变化率为

$$\frac{\Delta A}{\Delta t} = \frac{1}{2}rr'\frac{\Delta u}{\Delta t}\frac{\sin\Delta u}{\Delta u}$$

对上式取极限，可得

$$\dot{A} = \frac{1}{2}r^2\dot{u} = \frac{1}{2}h \tag{6.8}$$

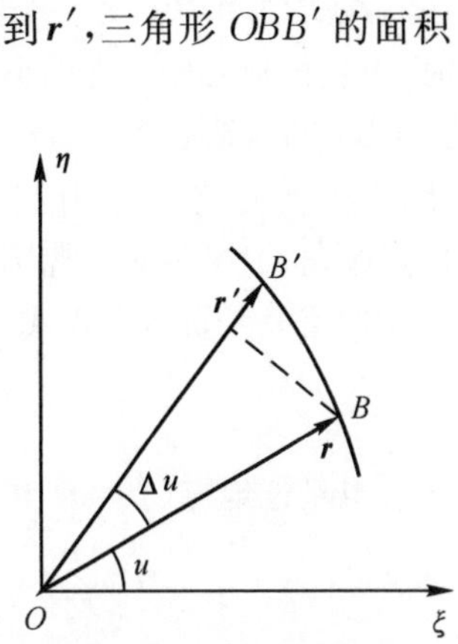

图 6.3　极坐标系

式(6.8) 的几何意义是单位时间内向径 $\boldsymbol{r}$ 在轨道平面上扫过的面积是常数，这就是开普勒第二定律。而动量矩的幅值 h 等于此面积变化率的两倍。

利用式(6.7)，将式(6.5) 中自变量替换为 θ，可得

$$-\frac{1}{r^2}\frac{d^2r}{du^2}+\frac{2}{r^3}\left(\frac{dr}{du}\right)^2+\frac{1}{r}=\frac{\mu}{h^2}$$

上式可改写成$\left(\frac{1}{r}\right)$的方程，即

$$\frac{d^2}{du^2}\left(\frac{1}{r}\right)+\left(\frac{1}{r}\right)=\frac{\mu}{h^2}$$

它的解是调谐函数，可以写成

$$\frac{1}{r}=\frac{\mu}{h^2}[1+e\cos(u-\omega)]$$

式中，e,ω 是两个积分常数，此方程又可改写成标准的极坐标形式为

$$r=\frac{p}{1+e\cos(\theta-\omega)} \tag{6.9}$$

式中，$p=h^2/\mu$。

这就是卫星的轨道方程，它说明卫星沿圆锥曲线运动，圆锥曲线的焦点位于极坐标的原点，也就是地心。对于地球卫星，此圆锥曲线是椭圆，而地球位于此椭圆的一个焦点上，这就是开普勒第一定律。由解析几何得知，e 是椭圆的偏心率，$e<1$；p 是椭圆的半通径，是在半个椭圆内通过焦点 F 的垂线（垂直于椭圆的长轴）的长度。如图 6.4 所示，半通径 p 和偏心率 e 与椭圆半长轴 a、半短轴 b 的关系为

$$p=a(1-e^2)=b\sqrt{1-e^2},\quad e=\sqrt{1-\left(\frac{b}{a}\right)^2} \tag{6.10}$$

由于 $p=\frac{h^2}{\mu}$，半长轴 a 与积分常数 $h\left(h=\sqrt{c_1^2+c_2^2+c_3^2}\right)$ 的关系为

$$a=\frac{h^2}{\mu(1-e^2)} \tag{6.11}$$

因为积分常数 e 是独立的，所以半长轴 a 与动量矩的幅值 h 是对应的。

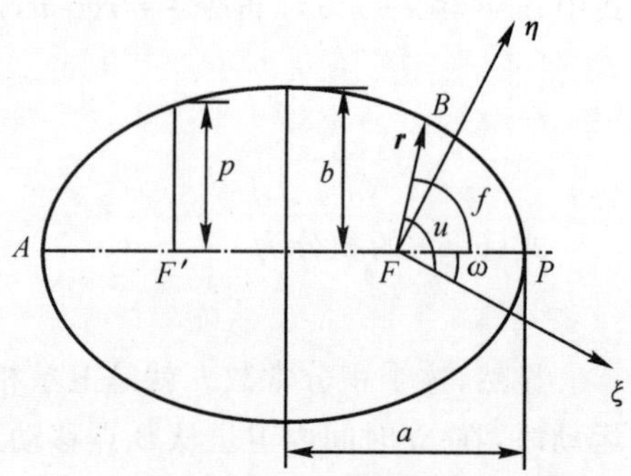

图 6.4　椭圆轨道

在式(6.9)中，另一个积分常数是 ω。当 $u-\omega=0$ 时，卫星的地心距 r 为最小，该点称为近地点 P；当 $u-\omega=180°$ 时，地心距 r 为最大，该点称为远地点 A。显然，A,P 点必定在椭圆的长轴上，而极角 ω 决定了此椭圆长轴在轨道平面上的方向，称 ω 为近地点幅角；卫星相对于椭圆长轴的极角称为真近点角 f，$f=u-\omega$，随着卫星的运转，真近点角不断地增大。轨道方程式(6.9)可以写成

$$r=\frac{a(1-e^2)}{1+e\cos f} \tag{6.12}$$

卫星近地点（$f=0$）和远地点（$f=180°$）的地心距 r_P，r_A 与半长轴和偏心率之间的关系为

$$r_P=a(1-e),\quad r_A=a(1+e) \tag{6.13}$$

$$e=\frac{r_A-r_P}{r_A+r_P} \tag{6.14}$$

令卫星绕地球一圈的周期为 T，在这段时间内，卫星向径扫过的面积等于椭圆的面积 πab。根据式(6.8)，有

$$\frac{\pi ab}{T}=\frac{1}{2}h$$

再利用式(6.10)，式(6.11) 可求得卫星轨道的周期为

$$T=2\pi\sqrt{\frac{a^3}{\mu}} \tag{6.15}$$

式(6.15) 表明，卫星轨道周期的平方和椭圆轨道的半长轴的三次方成正比，这就是开普勒第三定律。令卫星沿椭圆轨道运行的平均速度(即真近点角的角速率平均值) 为 n，则

$$n=\frac{2\pi}{T}=\sqrt{\frac{\mu}{a^3}} \tag{6.16}$$

以上说明了卫星运动方程式(6.2) 的五次积分，它们的5个积分常数 i,Ω,a,e,ω 决定了卫星轨道的几何形状，定义为轨道要素。还需确定第 6 个要素，得出任何时刻卫星的位置。如图6.5 所示，卫星的椭圆轨道有一个半径为 b 的内接圆和一个半径为 a 的外接圆，如果将卫星所在点 B 分别按垂直和水平方向投影到外圆和内圆上得 Q,R 两点，它们相对于椭圆中心的中心角是 E，称为卫星的偏近点角。卫星在轨道平面上的直角坐标 (ξ',η') 中的位置可用偏近点角的参数方程表示，即

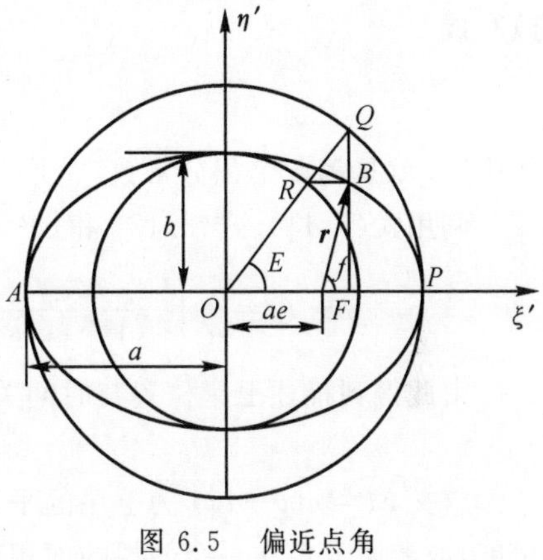

图 6.5　偏近点角

$$\xi'=a\cos E$$
$$\eta'=b\sin E$$

从几何图形可求得偏近点角 E 与真近点角 f 的关系为

$$a\cos E=ae+r\cos f \tag{6.17}$$

$$b\sin E=r\sin f \tag{6.18}$$

由此可导出下列关系式

$$\sin E=\frac{\sqrt{1-e^2}\sin f}{1+e\cos f} \tag{6.19}$$

$$\cos E=\frac{e+\cos f}{1+e\cos f} \tag{6.20}$$

以及它们的反函数

$$\sin f=\frac{\sqrt{1-e^2}\sin E}{1-e\cos E} \tag{6.21}$$

$$\cos f=\frac{\cos E-e}{1-e\cos E} \tag{6.22}$$

应用三角函数的倍角公式，有真近点角与偏近点角的关系为

$$\tan\left(\frac{f}{2}\right)=\left(\frac{1+e}{1-e}\right)^{\frac{1}{2}}\tan\left(\frac{E}{2}\right),\quad 且\frac{f}{2}与\frac{E}{2}同象限$$

利用式(6.17) 和式(6.18)，卫星在以焦点 F(地心) 为原点的坐标位置可描述为

$$\left.\begin{aligned}r\cos f&=a(\cos E-e)\\ r\sin f&=a\sqrt{1-e^2}\sin E\\ r&=a(1-e\cos E)\end{aligned}\right\} \tag{6.23}$$

将式(6.20)和式(6.22)两边微分，利用式(6.19)和式(6.21)可得出真近点角与偏近点角之间的微分关系为

$$\mathrm{d}f=\frac{\sqrt{1-e^2}}{1-e\cos E}\mathrm{d}E \tag{6.24}$$

$$\mathrm{d}E=\frac{\sqrt{1-e^2}}{1+e\cos E}\mathrm{d}f \tag{6.25}$$

有了上述的基本关系式，可将式(6.7)进行积分，由于 ω 是常数，$\dot{\theta}=\dot{f}$，式(6.7)的积分可改写成

$$\int_0^f r^2\mathrm{d}f=h(t-t_P)$$

式中，t_P 就是第6个积分常数，它是卫星经过近地点的时刻，对应的真近点角 $f=0$。

利用式(6.11)、式(6.12)和式(6.23)、式(6.24)等，可将上式化成

$$t-t_P=\frac{h^3}{\mu^2}\int_0^f\frac{\mathrm{d}f}{(1+e\cos f)^2}=\frac{h^3}{\mu^2}\int_0^E\frac{1-e\cos E}{(1-e^2)^{\frac{3}{2}}}\mathrm{d}E=\sqrt{\frac{a^3}{\mu}}(E-e\sin E)$$

由此得到描述卫星位置与时间关系的开普勒方程为

$$n(t-t_P)=E-e\sin E \tag{6.26}$$

定义 $M=n(t-t_P)$ 为卫星的平近点角，它表示卫星从近地点开始按平运动速度 n 转过的角度，或者说卫星在一个假想的面积等于轨道椭圆面积的圆上以等速 n 运动，它转过的中心角就是平近点角 M。在给定时刻 t，三种近点角 M,E,f 都是对应的。平运动速度 n 和偏心率 e 是先给定的，解开普勒方程求得 E，才能得知卫星的位置。用迭代法求解，令第0步的 E 值为 E_0，第一步以后的各次 E 值为

$$E_1=M+e\sin E_0$$

$$E_2=M+e\sin E_1$$

如令迭代初值 $E_0=M$，并且每次迭代后进行解析运算，可得出角 E 的级数计算式为

$$E=M+\left(e-\frac{e^3}{8}\right)\sin M+\frac{1}{2}e^2\sin 2M+\frac{3}{8}e^3\sin 3M+\cdots \tag{6.27}$$

真近点角 f 的级数计算式是为

$$f=M+\left(2e-\frac{e^3}{4}\right)\sin M+\frac{5}{4}e^2\sin 2M+\frac{13}{12}e^3\sin 3M+\cdots \tag{6.28}$$

至此，给出了卫星运动方程的6个积分及6个积分常数 $(a,e,i,\Omega,\omega,t_P)$，通常称此6个常数为轨道要素。由于 t_P 和 M 是对应的，也可用 M 表示第6个要素。

如图6.6所示，归纳了上述要素在空间坐标中的几何意义。在图6.6中，$OXYZ$ 为赤道惯性坐标系，X 轴指向春分点 Υ；ON 为卫星轨道的节线，N 为升交点；S 为卫星的位置；P 为卫星轨道的近地点；f 为真近点角，即卫星位置相对于近地点的角距；ω 为近地点幅角，即近地点到升交点的角距；i 为轨道倾角，即卫星通过升交点时，相对于赤道平面的速度方向；Ω 为升交点赤经，即节线 ON 与 X 轴的夹角；$\boldsymbol{e}$ 为偏心率矢量，从地心指向近地点，长度等

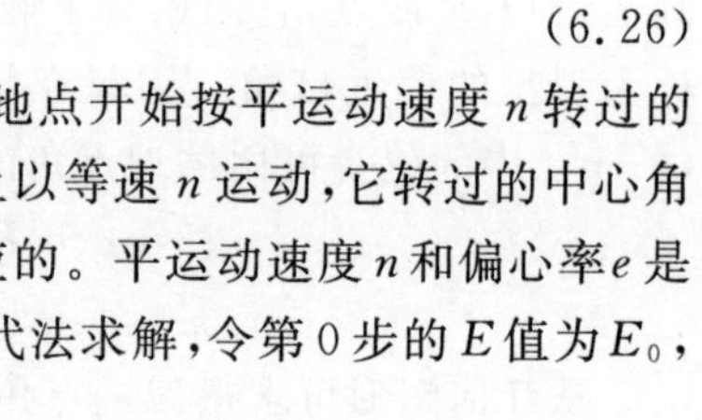

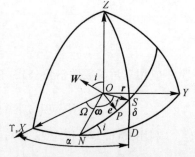

图 6.6　轨道六要素

于 e；$\boldsymbol{W}$ 为轨道平面法线的单位矢量，沿卫星运动方向按右旋定义，它与 Z 轴的夹角为倾角 i；a 为半长轴；α,δ 为卫星在赤道惯性坐标的赤经、赤纬。

6.3　卫星位置和速度公式

以上仅局限于分析卫星在轨道平面上的运动特性，还需分析卫星在赤道惯性坐标系中的空间位置和速度问题，用6个轨道要素描述卫星在空间中的运动特性，即卫星的向径 $\boldsymbol{r}$ 和速度 $\boldsymbol{v}$ 可能表达成此 6 个轨道要素的函数。

下面推导卫星的空间位置与轨道六要素的关系，这些关系式可用坐标转换矩阵求得。由于经常应用坐标转换矩阵的概念，对此作一些简要的说明。假定空间中有一点 B，在 $OXYZ$ 坐标系中的坐标是 x,y,z，如将此正交坐标系 $OXYZ$ 绕 X 轴转过一角度 θ，得到一个新坐标系 $OX'Y'Z'$，显然，X' 轴与 X 轴与是重合的。在 YZ 平面内坐标轴 Y',Z' 的方向如图 6.7 所示，B' 点是 B 点在 YZ 平面上的投影。该点在新坐标系 $OX'Y'Z'$ 中的坐标与在原坐标系中坐标的关系为

$$
\begin{aligned}
x' &= x \\
y' &= y\cos\theta + z\sin\theta \\
z' &= -y\sin\theta + z\cos\theta
\end{aligned}
$$

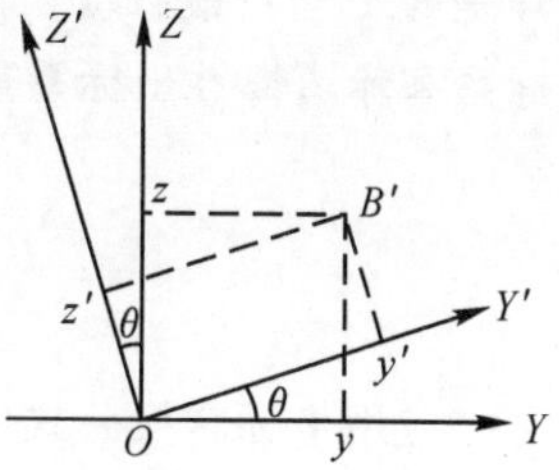

图 6.7　坐标转换

改写成矩阵的形式为

$$
\begin{bmatrix} x' \\ y' \\ z' \end{bmatrix} = \begin{bmatrix} 1 & 0 & 0 \\ 0 & \cos\theta & \sin\theta \\ 0 & -\sin\theta & \cos\theta \end{bmatrix} \begin{bmatrix} x \\ y \\ z \end{bmatrix} = \boldsymbol{R}_X(\theta) \begin{bmatrix} x \\ y \\ z \end{bmatrix} \tag{6.29}
$$

式(6.29) 右端的 3×3 矩阵称为坐标转换矩阵，或称旋转矩阵，常用 $\boldsymbol{R}_X(\theta)$ 表示，下标 X 表示转轴，θ 表示转角。同样绕 Y 轴、Z 轴旋转时，可得

$$
\begin{bmatrix} x'' \\ y'' \\ z'' \end{bmatrix} = \begin{bmatrix} \cos\theta & 0 & -\sin\theta \\ 0 & 1 & 0 \\ \sin\theta & 0 & \cos\theta \end{bmatrix} \begin{bmatrix} x \\ y \\ z \end{bmatrix} = \boldsymbol{R}_Y(\theta) \begin{bmatrix} x \\ y \\ z \end{bmatrix} \tag{6.30}
$$

$$
\begin{bmatrix} x'' \\ y'' \\ z'' \end{bmatrix} = \begin{bmatrix} \cos\theta & \sin\theta & 0 \\ -\sin\theta & \cos\theta & 0 \\ 0 & 0 & 1 \end{bmatrix} \begin{bmatrix} x \\ y \\ z \end{bmatrix} = \boldsymbol{R}_Z(\theta) \begin{bmatrix} x \\ y \\ z \end{bmatrix} \tag{6.31}
$$

如在第一次旋转后，第二次绕新坐标系中的 Y' 轴转 φ 角，第三次绕第二次旋转后的新坐标中的 Z'' 轴转 ψ 角，则 B 点在坐标系 $OX'''Y'''Z'''$ 中的坐标可写成

$$
\begin{bmatrix} x''' \\ y''' \\ z''' \end{bmatrix} = \boldsymbol{R}_Z(\psi)\boldsymbol{R}_Y(\varphi)\boldsymbol{R}_X(\theta) \begin{bmatrix} x \\ y \\ z \end{bmatrix} \tag{6.32}
$$

式中，旋转矩阵 R 的下标 X,Y,Z 表示每次坐标转动的转轴在坐标系中的序号(下同)。这里顺便指出，如令 X,Y,Z 轴的单位矢量是 $\boldsymbol{u}_x,\boldsymbol{u}_y,\boldsymbol{u}_z$，令 X',Y',Z' 轴的单位矢量是 $\boldsymbol{u}'_x,\boldsymbol{u}'_y,\boldsymbol{u}'_z$，如图 6.7 所示，绕 X 轴转 θ 角后，同样有下列等式：

$$\begin{cases} \boldsymbol{u}'_x = \boldsymbol{u}_x \\ \boldsymbol{u}'_y = \cos\theta \boldsymbol{u}_y + \sin\theta \boldsymbol{u}_z \\ \boldsymbol{u}'_z = -\sin\theta \boldsymbol{u}_y + \cos\theta \boldsymbol{u}_z \end{cases}$$

因此，经过 3 次转动后，新坐标系与原坐标系坐标轴单位矢量之间的转换关系有同样的形式，即

$$\begin{bmatrix} \boldsymbol{u}'''_x \\ \boldsymbol{u}'''_y \\ \boldsymbol{u}'''_z \end{bmatrix} = \boldsymbol{R}_z(\psi)\boldsymbol{R}_y(\varphi)\boldsymbol{R}_x(\theta) \begin{bmatrix} \boldsymbol{u}_x \\ \boldsymbol{u}_y \\ \boldsymbol{u}_z \end{bmatrix} \tag{6.33}$$

以上是坐标转换的一般性说明，下文中新坐标用字符表示，不用撇号“‴”。

定义地心轨道坐标系 $Ox_Oy_Oz_O$，两个正交的表征轨道特性的矢量$\frac{1}{e}\boldsymbol{e}$ 和 $\boldsymbol{W}$ 可以作为此轨道坐标系的坐标轴 x_O，z_O 的单位矢量，按右手正交定则，第三根坐标轴 y_O 在轨道平面上，如图 6.6 所示。地心轨道坐标系 $Ox_Oy_Oz_O$ 与赤道惯性坐标系 $OXYZ$ 之间的转换关系是这样的：先将地心轨道坐标系绕矢量 $\boldsymbol{W}$ 转角$(-\omega)$，转换矩阵是 $\boldsymbol{R}_z(-\omega)$；再绕节线 ON 转角$(-i)$，转换矩阵是 $\boldsymbol{R}_x(-i)$；最后绕 Z 轴转角$(-\Omega)$，转换矩阵是 $\boldsymbol{R}_z(-\Omega)$，经过这样三次旋转后，地心轨道坐标系和赤道惯性坐标系重合。在地心轨道坐标系中，卫星的位置坐标为

$$\begin{cases} x_O = r\cos f \\ y_O = r\sin f \\ z_O = 0 \end{cases}$$

应用坐标转换公式(6.29)、式(6.30)、式(6.31) 导出卫星在赤道惯性坐标系中的坐标为

$$\begin{bmatrix} x \\ y \\ z \end{bmatrix} = \boldsymbol{R}_z(-\Omega)\boldsymbol{R}_x(-i)\boldsymbol{R}_z(-\omega) \begin{bmatrix} x_O \\ y_O \\ z_O \end{bmatrix} =$$

$$\begin{bmatrix} \cos\omega\cos\Omega - \sin\omega\cos i\sin\Omega & -\sin\omega\cos\Omega - \cos\omega\cos i\sin\Omega & \sin i\sin\Omega \\ \cos\omega\sin\Omega + \sin\omega\cos i\cos\Omega & -\sin\omega\sin\Omega + \cos\omega\cos i\cos\Omega & -\sin i\cos\Omega \\ \sin\omega\sin i & \cos\omega\sin i & \cos i \end{bmatrix} \begin{bmatrix} r\cos f \\ r\sin f \\ 0 \end{bmatrix} =$$

$$\frac{a(1-e^2)}{1+e\cos f} \begin{bmatrix} \cos\Omega\cos(\omega+f) - \sin\Omega\sin(\omega+f)\cos i \\ \sin\Omega\cos(\omega+f) + \cos\Omega\sin(\omega+f)\cos i \\ \sin(\omega+f)\sin i \end{bmatrix} \tag{6.34}$$

这就是用轨道要素描述卫星位置的公式，其中真近点角 f 须解开普勒方程。

在卫星轨道分析中，常用卫星地心距矢量 $\boldsymbol{r}$ 在赤道惯性坐标系中的赤经 α 和赤纬 δ 表示卫星的位置，如图 6.6 所示，有

$$\left.\begin{aligned} x &= r\cos\delta\cos\alpha \\ y &= r\cos\delta\sin\alpha \\ z &= r\sin\delta \end{aligned}\right\} \tag{6.35}$$

赤经 α 又称为恒星角或时角。从图 6.6 中的直角球面三角形 NDS 中，可得出赤经 α，赤纬 δ 与轨道要素的关系为

$$\left.\begin{aligned}&\sin\delta=\sin(\omega+f)\sin i\\&\cos\delta\cos(\alpha-\Omega)=\cos(\omega+f)\\&\cos\delta\sin(\alpha-\Omega)=\sin(\omega+f)\cos i\end{aligned}\right\}\tag{6.36}$$

另一种常用的描述卫星空间位置的重要方法，是先确定轨道长、短轴的方向。若记偏心率矢量的单位矢量为

$$\boldsymbol{P}=\frac{1}{e}\boldsymbol{e}$$

将它沿卫星运动方向转 90° 就是半通径方向，它的单位矢量记为 $\boldsymbol{Q}$，则卫星位置矢量 $\boldsymbol{r}$ 可以表达成

$$\boldsymbol{r}=r\cos f\boldsymbol{P}+r\sin f\boldsymbol{Q}=a(\cos E-e)\boldsymbol{P}+a\sqrt{1-e^2}\sin E\boldsymbol{Q}\tag{6.37}$$

利用坐标转换关系，单位矢量 $\boldsymbol{P}$，$\boldsymbol{Q}$ 在赤道惯性坐标系中为

$$\boldsymbol{P}=\boldsymbol{R}_z(-\Omega)\boldsymbol{R}_x(-i)\boldsymbol{R}_z(-\omega)\begin{bmatrix}1\\0\\0\end{bmatrix}=\begin{bmatrix}\cos\omega\cos\Omega-\sin\omega\sin\Omega\cos i\\\cos\omega\sin\Omega+\sin\omega\cos\Omega\cos i\\\sin\Omega\sin i\end{bmatrix}\tag{6.38}$$

和

$$\boldsymbol{Q}=\boldsymbol{R}_z(-\Omega)\boldsymbol{R}_x(-i)\boldsymbol{R}_z(-\omega)\begin{bmatrix}0\\1\\0\end{bmatrix}=\begin{bmatrix}-\sin\omega\cos\Omega-\cos\omega\sin\Omega\cos i\\-\sin\omega\sin\Omega+\cos\omega\cos\Omega\cos i\\\cos\omega\sin i\end{bmatrix}\tag{6.39}$$

式(6.37) ～ 式(6.39) 组成卫星位置的轨道要素描述。对式(6.37) 进行微分，可得卫星速度的轨道要素描述，因 $\boldsymbol{P}$，$\boldsymbol{Q}$ 为惯性参考矢量，有

$$\boldsymbol{v}=\dot{\boldsymbol{r}}=(\dot{r}\cos f-r\dot{f}\sin f)\boldsymbol{P}+(\dot{r}\sin f+r\dot{f}\cos f)\boldsymbol{Q}$$

由式(6.7)，有动量矩幅值的等式 $h=r^2\dot{f}$，再引用式(6.11)，轨道方程(6.12) 的微分为

$$\dot{r}=\sqrt{\frac{\mu}{a(1-e^2)}}e\sin f$$

及

$$r\dot{f}=\sqrt{\frac{\mu}{a(1-e^2)}}(1+e\cos f)$$

代入速度矢量 $\boldsymbol{v}$ 的式子，得卫星速度的轨道要素描述为

$$\boldsymbol{v}=\sqrt{\frac{\mu}{a(1-e^2)}}[-\sin f\boldsymbol{P}+(e+\cos f)\boldsymbol{Q}]\tag{6.40}$$

由式(6.40) 可得出下列轨道速度公式。利用式(6.12) 和式(6.13)，有

$$v=\sqrt{\frac{\mu}{a(1-e^2)}}\cdot\sqrt{\sin^2 f+(e+\cos f)^2}=\sqrt{\mu\left(\frac{2}{r}-\frac{1}{a}\right)}\tag{6.41}$$

$$v_{\mathrm{P}}=\sqrt{\frac{2\mu r_{\mathrm{A}}}{(r_{\mathrm{A}}+r_{\mathrm{P}})r_{\mathrm{P}}}}=\sqrt{\frac{\mu}{a}\left(\frac{1+e}{1-e}\right)}$$

$$v_{\mathrm{A}}=v_{\mathrm{P}}\frac{r_{\mathrm{P}}}{r_{\mathrm{A}}}=\sqrt{\frac{\mu}{a}\left(\frac{1-e}{1+e}\right)}\tag{6.42}$$

定义卫星轨道的飞行角 β 为卫星速度方向与当地水平的夹角，则有飞行角与真近点角的

关系式为

$$\left.\begin{aligned}\cos\beta&=\frac{r}{v}\dot{f}=\frac{1+e\cos f}{(1+e^2+2e\cos f)^{\frac{1}{2}}}\\ \sin\beta&=\frac{1}{v}\dot{r}=\frac{e\sin f}{(1+e^2+2e\cos f)^{\frac{1}{2}}}\end{aligned}\right\}\tag{6.43}$$

根据动量矩公式 $r^2\dot{f}=h$，并引用式(6.41)，卫星速度飞行角又可写为

$$\cos\beta=\frac{h}{r\mu^{\frac{1}{2}}\left(\frac{2}{r}-\frac{1}{a}\right)^{\frac{1}{2}}}=\left[\frac{a^2(1-e^2)}{r(2a-r)}\right]^{\frac{1}{2}}$$

或

$$v^2r^2\cos^2\beta=\mu a(1-e^2)$$

由此，如已知卫星射入轨道时的速度 v，地心矩 r 和飞行角 β，可求得卫星轨道的几个主要要素如下：

$$\left.\begin{aligned}e&=\left[\left(\frac{rv^2}{\mu}-1\right)^2\cos^2\beta+\sin^2\beta\right]^{\frac{1}{2}}\\ a&=\frac{r}{2-\frac{rv^2}{\mu}}\\ r_{\mathrm{P}}&=\frac{r^2v^2\cos^2\beta}{\mu(1+e)}\\ r_{\mathrm{A}}&=\frac{r^2v^2\cos^2\beta}{\mu(1-e)}\end{aligned}\right\}\tag{6.44}$$

6.4 卫星轨道定轨公式

综上所述，轨道六要素中 5 个常量要素定义了轨道形状的空间特性，第 6 个变量要素指出卫星在轨道上的位置，由此可直接得出任一时刻的 6 个运动参数 $x,y,z,\dot{x},\dot{y},\dot{z}$。但在工程上，轨道要素不能直接测得，可测量的是卫星在某一时刻的位置和速度。卫星轨道的定轨问题是，由已知某一时刻卫星在赤道惯性坐标系中的位置 $\boldsymbol{r}$ 和速度 $\boldsymbol{v}$，得出轨道要素的转换关系。

轨道六要素的 5 个常量要素可由轨道动力学常量 —— 动量矩和机械能量直接导出，后者为卫星位置和速度的函数。动力学常量的公式为

$$\boldsymbol{h}=\boldsymbol{r}\times\boldsymbol{v}$$

$$E=\frac{v^2}{2}-\frac{\mu}{r}$$

式中

$$r=(x^2+y^2+z^2)^{\frac{1}{2}},\quad v=(\dot{x}+\dot{y}+\dot{z})^{\frac{1}{2}}$$

机械能 E 可由动力学方程直接得出，令 $\dot{\boldsymbol{r}}$ 与式(6.1)作标积，有

$$\dot{\boldsymbol{r}}\cdot\ddot{\boldsymbol{r}}+\dot{\boldsymbol{r}}\cdot\frac{\mu}{r^3}\boldsymbol{r}=0$$

或写成

$$\boldsymbol{v}\cdot\dot{\boldsymbol{v}}+\frac{\mu}{r^3}\boldsymbol{r}\cdot\dot{\boldsymbol{r}}=0$$

矢量和自身导数的标积等于矢量的幅值与幅值的导数的乘积，上式可化成

$$v\dot{v}+\frac{\mu}{r^3}r\dot{r}=0$$

或

$$\frac{\mathrm{d}}{\mathrm{d}t}\left(\frac{v^2}{2}-\frac{\mu}{r}\right)=0$$

因此，机械能 E 为常量，等于动能和势能之和。

动量矩可决定轨道平面的要素，轨道倾角为动量矩 $\boldsymbol{h}$ 与惯性坐标轴 Z 的夹角，轨道升交点赤经 Ω 为轨道节线单位矢量 $\boldsymbol{N}$ 与惯性坐标轴 X 的夹角，有

$$\left.\begin{aligned}i&=\arccos\left(\frac{\boldsymbol{h}}{h}\cdot\boldsymbol{u}_z\right)\\ \Omega&=\arccos(\boldsymbol{N}\cdot\boldsymbol{u}_x)\end{aligned}\right\}\tag{6.45}$$

式中，轨道节线单位矢量为

$$\boldsymbol{N}=(\boldsymbol{u}_z\times\boldsymbol{h})/\mid\boldsymbol{u}_z\times\boldsymbol{h}\mid\tag{6.46}$$

动量矩的幅值 h 还决定轨道平面的半通径 p，即

$$p=\frac{h^2}{\mu}\tag{6.47}$$

对于椭圆轨道，在近地点 r_{P}，有 $r_{\mathrm{P}}=a(1-e)$，$h=r_{\mathrm{P}}v_{\mathrm{P}}$，机械能为

$$E=\frac{v_{\mathrm{P}}^2}{2}-\frac{\mu}{r_{\mathrm{P}}}=\frac{\mu a(1-e^2)}{2a^2(1-e)^2}-\frac{\mu}{a(1-e)}=-\frac{\mu}{2a}\tag{6.48}$$

因此，机械能 E 直接决定了轨道的半长轴 a。

半通径以 p 和半长轴 a 联合决定椭圆偏心率 e，即

$$e=\sqrt{1-\frac{p}{a}}\tag{6.49}$$

轨道平面内要素 —— 近地点幅角 ω 等于卫星升交点幅角 u 与卫星真近点角 f 之差，前者为卫星位置矢量 $\boldsymbol{r}$ 与节线单位矢量 $\boldsymbol{N}$ 的夹角，有

$$\omega=u-f=\arccos\left(\frac{\boldsymbol{r}}{r}\cdot\boldsymbol{N}\right)-f\tag{6.50}$$

卫星真近点角 f 为第 6 个轨道要素，等于卫星位置矢量 $\boldsymbol{r}$ 与近地点矢量 $\boldsymbol{e}$ 的夹角，有

$$f=\arccos\left(\frac{\boldsymbol{r}\cdot\boldsymbol{e}}{re}\right)\tag{6.51}$$

由轨道椭圆方程式(6.12)，式(6.51) 中近地点矢量 $\boldsymbol{e}$ 与卫星位置矢量 $\boldsymbol{r}$ 的标积为

$$\boldsymbol{r}\cdot\boldsymbol{e}=re\cos f=p-r\tag{6.52}$$

综上所述，式(6.45) ～ 式(6.52) 构成由运动参数 $\boldsymbol{r}$，$\boldsymbol{v}$ 推导轨道要素的公式。

复习思考题 6

1. 解释二体问题、二体轨道、开普勒轨道。
2. 解释升交点、降交点、交点线。
3. 简述开普勒三大定律。
4. 根据二体问题，写出确定轨道要素的详细过程。
5. 轨道要素有哪些？其意义和作用是什么？
6. 二体轨道有哪些常量？有哪些基本特性？
7. 写出利用开普勒方程求卫星轨道运动的步骤。
8. 已知轨道要素，写出确定位置和速度的表达式。
9. 写出活力公式。
10. 推导二体问题基本方程。
11. 推导卫星轨道定轨公式。

第 7 章　卫星轨道摄动理论

7.1　卫星轨道摄动因素

卫星在轨道上始终受着空间环境各种摄动力的作用。这些摄动力有地球形状非球形和质量不均匀产生的附加引力，高层大气的气动力，太阳、月球的引力及太阳光照射压力等。在摄动力作用下，卫星轨道不再遵循二体轨道，其周期、偏心率、升交点赤经和倾角不断地变化着。虽然这些摄动力约为地球中心引力的十万分之一，但长时间的作用使卫星轨道偏离卫星应用任务的要求。必须采取轨道保持措施，但这样又导致消耗卫星的燃料。因此，轨道摄动直接影响卫星的寿命。但是，又可利用某些摄动，使卫星轨道具有特殊的性质，从而有利于卫星应用任务的实践。

7.2　卫星轨道摄动方程

7.2.1　卫星轨道摄动基本方程

在分析天体（地球、太阳、月球）对卫星的引力作用时，常应用引力位函数（或称势函数），即引力场在空间任何一点的位函数 U，处在该点上单位质量的卫星受到的引力 $\boldsymbol{F}$ 为

$$\boldsymbol{F} = \mathbf{grad}\, U$$

此位函数与坐标系的选择无关，引用较方便。当天体的质量 m 集中于一点时，它的位函数为

$$U_0 = \frac{G\,m}{r}$$

式中，G 为引力常数；r 是集中点到空间某点的距离。均匀质量的圆球天体对外部各点的位函数与整个球体质量集中于中心时的位函数相同，它的梯度方向总是指向球中心，这就是二体问题的基础。当考虑地球、日、月等摄动力时，位函数有两部分，即

$$U = U_0 + R$$

式中，R 是摄动力的位函数，称为摄动函数。卫星的运动方程为

$$\ddot{\boldsymbol{r}} = -\frac{Gm}{r^3}\boldsymbol{r} + \mathbf{grad}R \tag{7.1}$$

当摄动力不存在时，将直接用摄动加速度表示摄动力的作用。

在叙述各种摄动函数的形式及其对卫星运动的影响之前，先推导卫星的摄动方程。根据所研究的问题，运动方程式(7.1) 的具体形式各不相同，可直接用摄动力表示或用摄动函数表示，轨道参数可以表示成球坐标的形式或轨道要素。如将卫星的喷气推力代替摄动力，这些方程就是卫星的控制方程。

下述将各种作用力都归化为作用在单位卫星质量上的力，相当于加速度。

7.2.2 卫星的球坐标运动方程

用球坐标表示地球形状和质量的不均匀性比较方便、直观。研究地球引力的摄动函数及其对卫星的运动的影响，常用球坐标表示卫星的运动方程。在赤道惯性坐标系 $OXYZ$ 中，卫星位置的球坐标是(r,α,φ)，r 是卫星的地心距，(α,φ) 是卫星的赤经、赤纬，如图 7.1 所示。卫星在固连于地球坐标系中的球坐标是(r,λ,φ)，后两者是卫星的地心经、纬度。定义以卫星质心为原点的三个正交单位矢量：u_r 沿卫星地心距方向；u_α 沿卫星所在纬度圈的切线方向，向东为正；u_φ 沿卫星所在子午圈的切线方向。以地心为原点的球面坐标系的三根坐标轴 $O\xi$，$O\eta$，$O\zeta$ 分别与u_r，u_α，u_φ 平行，$O\xi$ 与地心距$\boldsymbol{r}$ 的方向一致，显然，此坐标系跟随卫星在空间转动。此坐标系与赤道惯性坐标系之间的转换关系为

$$\begin{bmatrix}\xi\\ \eta\\ \zeta\end{bmatrix}=\begin{bmatrix}\cos\alpha\cos\varphi & \sin\alpha\cos\varphi & \sin\varphi\\ -\sin\alpha & \cos\alpha & 0\\ -\cos\alpha\sin\varphi & -\sin\alpha\sin\varphi & \cos\varphi\end{bmatrix}\begin{bmatrix}x\\ y\\ z\end{bmatrix}\tag{7.2}$$

用 $\boldsymbol{M}$ 表示此转换矩阵，要在此转动坐标系中描述卫星的运动，必须引入坐标轴单位矢量的时间导数。令此动坐标的转速为 $\boldsymbol{\omega}$，如图 7.1 所示，不难列出此转速矢量在惯性坐标系中的各分量为

$$\boldsymbol{\omega}_{\mathrm{I}}=\begin{bmatrix}\dot{\varphi}\sin\alpha\\ -\dot{\varphi}\cos\alpha\\ \dot{\alpha}\end{bmatrix}$$

式中，下标 I 表示惯性坐标，微分符号“•”代表相对于惯性空间的变化。

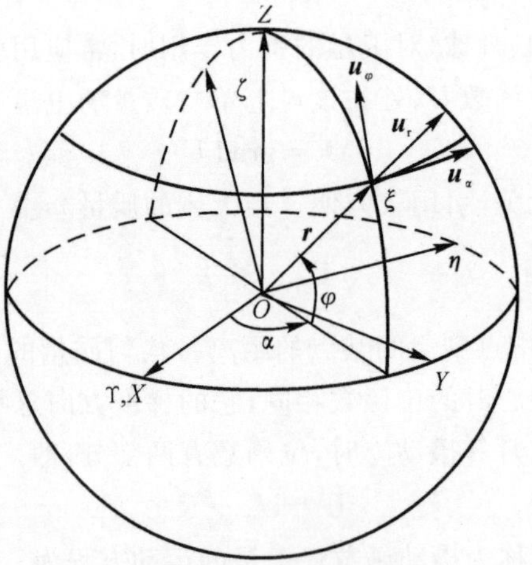

图 7.1 球坐标系

应用转换矩阵 $\boldsymbol{M}$，式(7.2)，得 $\boldsymbol{\omega}$ 在球面坐标系中的各分量为

$$\boldsymbol{\omega}_{\mathrm{s}}=\boldsymbol{M}\boldsymbol{\omega}_{\mathrm{I}}=\begin{bmatrix}\dot{\alpha}\sin\varphi\\ -\dot{\varphi}\\ \dot{\alpha}\cos\varphi\end{bmatrix}$$

式中，下标 s 表示球面坐标，该坐标轴的单位矢量在自身坐标系中可以表示为

$$\boldsymbol{u}_{r\mathrm{s}}=\begin{bmatrix}1\\0\\0\end{bmatrix},\quad \boldsymbol{u}_{\alpha\mathrm{s}}=\begin{bmatrix}0\\1\\0\end{bmatrix},\quad \boldsymbol{u}_{\varphi\mathrm{s}}=\begin{bmatrix}0\\0\\1\end{bmatrix}$$

因此，单位矢量 $\boldsymbol{u}_r,\boldsymbol{u}_\alpha,\boldsymbol{u}_\varphi$ 的变化率在动坐标系中为

$$\dot{\boldsymbol{u}}_r=\boldsymbol{\omega}\times\boldsymbol{u}_r=\dot{\alpha}\cos\varphi\,\boldsymbol{u}_\alpha+\dot{\varphi}\,\boldsymbol{u}_\varphi$$

$$\dot{\boldsymbol{u}}_\alpha=\boldsymbol{\omega}\times\boldsymbol{u}_\alpha=\dot{\alpha}\sin\varphi\,\boldsymbol{u}_\varphi-\dot{\alpha}\cos\varphi\,\boldsymbol{u}_r$$

$$\dot{\boldsymbol{u}}_\varphi=\boldsymbol{\omega}\times\boldsymbol{u}_\varphi=-\dot{\varphi}\,\boldsymbol{u}_r-\dot{\alpha}\sin\varphi\,\boldsymbol{u}_\alpha$$

根据上式可以导出卫星运动的速度和加速度为

$$\left.\begin{aligned}&\dot{\boldsymbol{r}}=\frac{\mathrm{d}r}{\mathrm{d}t}\boldsymbol{u}_r+r\frac{\mathrm{d}\boldsymbol{u}_r}{\mathrm{d}t}=\dot{r}\boldsymbol{u}_r+r(\dot{\alpha}\cos\varphi\boldsymbol{u}_\alpha+\dot{\varphi}\boldsymbol{u}_\varphi)\\&\ddot{\boldsymbol{r}}=(\ddot{r}-r\dot{\alpha}^2\cos^2\varphi-r\dot{\varphi}^2)\boldsymbol{u}_r+(r\ddot{\alpha}\cos\varphi+2\dot{r}\dot{\alpha}\cos\varphi-2r\dot{\alpha}\dot{\varphi}\sin\varphi)\boldsymbol{u}_\alpha+\\&\quad(r\ddot{\varphi}+2\dot{r}\dot{\varphi}+r\dot{\alpha}^2\sin\varphi\cos\varphi)\boldsymbol{u}_\varphi\end{aligned}\right\}\tag{7.3}$$

可得卫星运动的球坐标方程为

$$\left.\begin{aligned}&\ddot{r}-r\dot{\alpha}^2\cos^2\varphi-r\dot{\varphi}^2=F_r\\&r\ddot{\alpha}\cos\varphi+2(\dot{r}\cos\varphi-r\dot{\varphi}\sin\varphi)\dot{\alpha}=F_\alpha\\&r\ddot{\varphi}+2\dot{r}\dot{\varphi}+r\dot{\alpha}^2\sin\varphi\cos\varphi=F_\varphi\end{aligned}\right\}\tag{7.4}$$

式中，F_r,F_α,F_φ 是沿球面坐标轴方向作用在卫星上的力。

如只考虑地球引力，则它们等于引力位函数 $U(r,\alpha,\varphi)$ 沿这三个方向的导数，以 $\mathrm{d}s_r,\mathrm{d}s_\alpha$，$\mathrm{d}s_\varphi$ 表示沿这 3 个方向的微分，有如图 7.1 所示的几何关系，即

$$\mathrm{d}s_r=\mathrm{d}r,\quad \mathrm{d}s_\alpha=r\cos\varphi\mathrm{d}\alpha,\quad \mathrm{d}s_\varphi=r\mathrm{d}\varphi$$

因此，这 3 个引力分量与卫星坐标的关系为

$$F_r=\frac{\partial U}{\partial r},\quad F_\alpha=\frac{1}{r\cos\varphi}\frac{\partial U}{\partial \alpha},\quad F_\varphi=\frac{1}{r}\frac{\partial U}{\partial \varphi}\tag{7.5}$$

当然，在 F_r 的公式中，$\dfrac{\partial U}{\partial r}$ 包含地球的中心引力。

7.2.3　卫星轨道要素的摄动方程

分析摄动力引起卫星轨道要素的变化，用轨道要素表示卫星的摄动方程，在天体力学中是著名的拉格朗日行星运动方程。用基本的力学原理推导出此方程，力学概念表示更为晰浙。定义第二卫星轨道坐标系 $Ox'_0y'_0z'_0$，其原点在卫星质心上，坐标轴 x'_0,y'_0,z'_0 的单位矢量分别是 $\boldsymbol{u}_\mathrm{r},\boldsymbol{u}_\mathrm{t},\boldsymbol{u}_\mathrm{n}$。其中 $\boldsymbol{u}_\mathrm{r}$ 沿卫星地心距方向；$\boldsymbol{u}_\mathrm{t}$ 在卫星的瞬时轨道平面内垂直于 $\boldsymbol{u}_\mathrm{r}$，指向卫星速度方向；$\boldsymbol{u}_\mathrm{n}$ 与瞬时轨道平面的法线平行，如图 7.2 所示。在此坐标系内摄动力可分解为径向 F_r，横向 F_t，法向 F_n 等三个分量，即摄动力可以写成

$$\boldsymbol{F}'=\mathbf{grad}R=F_\mathrm{r}\boldsymbol{u}_\mathrm{r}+F_\mathrm{t}\boldsymbol{u}_\mathrm{t}+F_\mathrm{n}\boldsymbol{u}_\mathrm{n}\tag{7.6}$$

式中，R 是摄动函数。

因此式(7.6) 右端中的 F_r 区别于式(7.5) 中的 F_r。在摄动力作用下，卫星的轨道不再是开普勒椭圆，但在每一个瞬时，新的瞬时地心距 $\boldsymbol{r}$ 和速度 $\boldsymbol{v}$ 决定一个瞬时椭圆轨道，这一系列瞬时椭圆轨道就组成了实际轨道，不断从一个瞬时椭圆轨道转向另一个瞬时椭圆的轨道。这些瞬时轨道要素的变化与在赤道惯性坐标系分析卫星位置和速度的变化是等效的。由卫星轨道

基本理论可知，卫星运动的最基本特征是它的能量 E 和动量矩 $\boldsymbol{h}$ 是恒定的。分析摄动力引起这两个基本量的变化，可引申出轨道要素的变化。

摄动力对卫星做的功等于卫星机械能的增量，即

$$\frac{\mathrm{d}E}{\mathrm{d}t}=\boldsymbol{F}'\cdot\boldsymbol{v} \tag{7.7}$$

式中，$\boldsymbol{v}$ 是卫星的瞬时速度，是在每个瞬时椭圆轨道上的速度，在轨道坐标中可列出

$$\boldsymbol{v}=\dot{r}\boldsymbol{u}_{\mathrm{r}}+r\dot{f}\boldsymbol{u}_{\mathrm{t}}=\dot{f}\left(\frac{\mathrm{d}r}{\mathrm{d}f}\boldsymbol{u}_{\mathrm{r}}+r\boldsymbol{u}_{\mathrm{t}}\right)$$

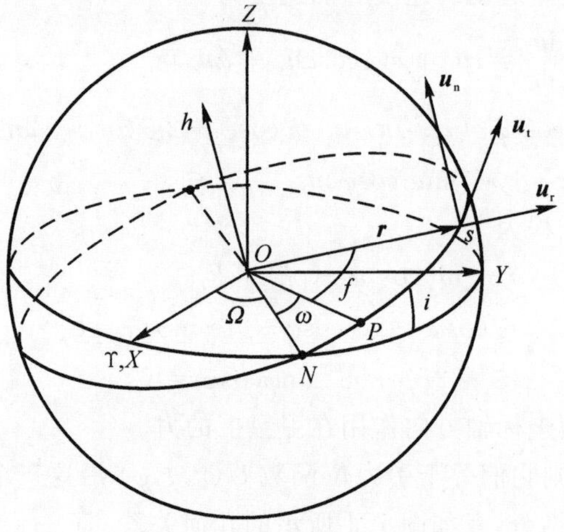

图 7.2 第二轨道坐标系

真近点角的变化率 $\dot{f}$ 乘以 r^2 等于动量矩幅值 $h(=\sqrt{\mu p})$。利用距离公式(6.12)，速度矢量 $\boldsymbol{v}$ 可以写成

$$\boldsymbol{v}=\frac{na^2\sqrt{1-e^2}}{r^2}\left(\frac{re\sin f}{1+e\cos f}\boldsymbol{u}_{\mathrm{r}}+r\boldsymbol{u}_{\mathrm{t}}\right) \tag{7.8}$$

再由机械能公式 $E=-\dfrac{\mu}{2a}$，可知半长轴的变化与能量变化成正比，即

$$\frac{\mathrm{d}a}{\mathrm{d}t}=\frac{2a^2}{\mu}\frac{\mathrm{d}E}{\mathrm{d}t} \tag{7.9}$$

将式(7.6)和式(7.8)代入式(7.7)，再代入式(7.9)可得出摄动力引起半长轴的变化，即

$$\frac{\mathrm{d}a}{\mathrm{d}t}=\frac{2e\sin f}{n\sqrt{1-e^2}}F_{\mathrm{r}}+\frac{2a\sqrt{1-e^2}}{nr}F_{\mathrm{t}} \tag{7.10}$$

摄动力使卫星相对于地心的动量矩不再守恒，动量矩的变化率等于摄动力相对于地心的力矩，即

$$\frac{\mathrm{d}\boldsymbol{h}}{\mathrm{d}t}=\boldsymbol{r}\times\boldsymbol{F}'=rF_{\mathrm{t}}\boldsymbol{u}_{\mathrm{n}}-rF_{\mathrm{n}}\boldsymbol{u}_{\mathrm{t}} \tag{7.11}$$

径向摄动力产生的力矩为零，式(7.11)中不包含 F_{r}，而动量矩 $\boldsymbol{h}$ 的方向与 $\boldsymbol{u}_{\mathrm{n}}$ 平行，它的变化率又可写成

$$\frac{\mathrm{d}\boldsymbol{h}}{\mathrm{d}t}=\frac{\mathrm{d}h}{\mathrm{d}t}\boldsymbol{u}_{\mathrm{n}}+h\frac{\mathrm{d}\boldsymbol{u}_{\mathrm{n}}}{\mathrm{d}t} \tag{7.12}$$

式(7.12)中前一项是动量矩幅值的变化，后一项是动量矩方向的变化，沿 $\boldsymbol{u}_{\mathrm{t}}$ 的负方向，比较式(7.11)与式(7.12)，可得

$$\left.\begin{aligned}\frac{\mathrm{d}h}{\mathrm{d}t}&=rF_{\mathrm{t}}\\ \frac{\mathrm{d}\theta}{\mathrm{d}t}&=-\frac{r}{h}F_{\mathrm{n}}\end{aligned}\right\}\tag{7.13}$$

式中，θ 表示动量矩 $\boldsymbol{h}$ 转过的角度。

根据式(6.11)，瞬时椭圆轨道的偏心率 e 为

$$e=\left(1-\frac{h^2}{\mu a}\right)^{\frac{1}{2}}$$

它的变化率为

$$\frac{\mathrm{d}e}{\mathrm{d}t}=-\frac{h}{2\mu ae}\left(2\frac{\mathrm{d}h}{\mathrm{d}t}-\frac{h}{a}\frac{\mathrm{d}a}{\mathrm{d}t}\right)=-\frac{\sqrt{1-e^2}}{2na^2e}\left(2\frac{\mathrm{d}h}{\mathrm{d}t}-na\sqrt{1-e^2}\frac{\mathrm{d}a}{\mathrm{d}t}\right)$$

将式(7.10)和式(7.13)代入上式，可得

$$\frac{\mathrm{d}e}{\mathrm{d}t}=\frac{\sqrt{1-e^2}\sin f}{na}F_{\mathrm{r}}+\frac{\sqrt{1-e^2}}{na^2e}\left[\frac{a^2(1-e^2)}{r}-r\right]F_{\mathrm{t}}\tag{7.14}$$

动量矩直接决定了轨道节线的方向，动量矩在赤道平面上的投影 $\boldsymbol{h}_{\mathrm{p}}$ 绕 OZ 轴的转动与轨道的节点在赤道面上的运动是等同的，如图 7.3 所示。令 $\mathrm{d}\boldsymbol{h}$ 表示动量矩的增量，$(\mathrm{d}\boldsymbol{h}_{\mathrm{p}})$ 表示此增量在赤道面上的投影，此投影在 $\boldsymbol{h}_{\mathrm{p}}$ 垂直方向上的分量为

$$\|(\mathrm{d}\boldsymbol{h})_{\mathrm{p}}\times\boldsymbol{h}_{\mathrm{p}}\|\frac{1}{h_{\mathrm{p}}}$$

因此，节线转动的角速率，即升交点赤经 Ω 的变化率等于这个分量除以 $h_{\mathrm{p}}\mathrm{d}t$，有

$$\frac{\mathrm{d}\Omega}{\mathrm{d}t}=\frac{1}{h_{\mathrm{p}}^2}\left\|\left(\frac{\mathrm{d}\boldsymbol{h}}{\mathrm{d}t}\right)_{\mathrm{p}}\times\boldsymbol{h}_{\mathrm{p}}\right\|\tag{7.15}$$

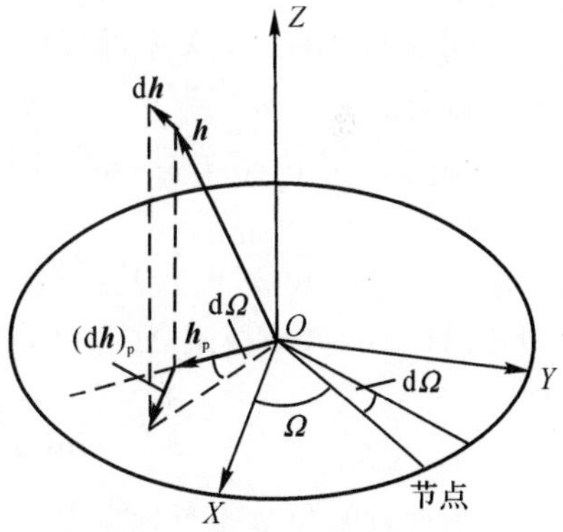

图 7.3　动量矩投影

式(7.13)和式(7.11)说明，只有法向摄动力才能改变动量矩 $\boldsymbol{h}$ 的方向，变化方向沿 $\boldsymbol{u}_r$ 的负方向，因此动量矩投影的变化率等于

$$\left(\frac{\mathrm{d}\boldsymbol{h}}{\mathrm{d}t}\right)_{\mathrm{p}}=\left(h\frac{\mathrm{d}\theta}{\mathrm{d}t}\boldsymbol{u}_r\right)_{\mathrm{p}}\tag{7.16}$$

令 $\boldsymbol{i},\boldsymbol{j},\boldsymbol{k}$ 表示赤道惯性坐标轴的单位矢量，它与轨道坐标系的单位矢量 $\boldsymbol{u}_{\mathrm{r}},\boldsymbol{u}_{\mathrm{t}},\boldsymbol{u}_{\mathrm{n}}$ 之间的转换关系为(见图 7.1)

$$\begin{bmatrix}\boldsymbol{u}_{\mathrm{r}}\\ \boldsymbol{u}_{\mathrm{t}}\\ \boldsymbol{u}_{\mathrm{n}}\end{bmatrix}=\begin{bmatrix}\cos(\omega+f) & \sin(\omega+f) & 0\\ -\sin(\omega+f) & \cos(\omega+f) & 0\\ 0 & 0 & 1\end{bmatrix}\begin{bmatrix}1 & 0 & 0\\ 0 & \cos i & \sin i\\ 0 & -\sin i & \cos i\end{bmatrix}\begin{bmatrix}\cos\Omega & \sin\Omega & 0\\ -\sin\Omega & \cos\Omega & 0\\ 0 & 0 & 1\end{bmatrix}\begin{bmatrix}\boldsymbol{i}\\ \boldsymbol{j}\\ \boldsymbol{k}\end{bmatrix}\tag{7.17}$$

因此单位矢量 $\boldsymbol{u}_{\mathrm{t}}$ 在赤道平面上的投影可以写成

$$(\boldsymbol{u}_{\mathrm{t}})_{\mathrm{p}} = [-\cos(\omega + f)\cos i \sin\Omega - \sin(\omega + f)\cos\Omega]\boldsymbol{i} + [\cos(\omega + f)\cos i\cos\Omega - \sin(\omega + f)\sin\Omega]\boldsymbol{j} \tag{7.18}$$

动量矩 $\boldsymbol{h}$ 在赤道平面上的投影为

$$\boldsymbol{h}_{\mathrm{p}} = h\sin i(\sin\Omega\boldsymbol{i} - \cos\Omega\boldsymbol{j}) \tag{7.19}$$

将式(7.16)式(7.18)和式(7.19)代入式(7.15),得出在摄动力作用下轨道升交点赤经的变化率为

$$\frac{\mathrm{d}\Omega}{\mathrm{d}t} = \frac{r\sin(\omega + f)}{na^2\sqrt{1-e^2}\sin i}F_{\mathrm{n}} \tag{7.20}$$

从瞬时轨道节点的转动可得到轨道倾角的变化,如图 7.4 所示。初始轨道为(0),轨道要素是 i_0,Ω_0,ω_0,f_0,在 B 点卫星受摄动力的作用将沿轨道(1) 运行,此新轨道的根数是 i_1,Ω_1,ω_1,f_1。

在单位圆球面上的直角球面三角形 N_0BD,N_1BD 中,有下列三角关系式:

$$\sin i_0\sin(\omega_0 + f_0) = \sin i_1\sin(\omega_1 + f_1)$$

$$\cos i_0\sin(\omega_0 + f_0) = \cos\varphi\sin\widehat{N_0D}$$

$$\cos i_1\sin(\omega_1 + f_1) = \cos\varphi\sin(\widehat{N_0D} - \Delta\Omega)$$

$$\cos(\omega_0 + f_0) = \cos\varphi\cos\widehat{N_0D}$$

式中,$\Delta\Omega = \Omega_1 - \Omega_0$ 为升交点赤经的增量。

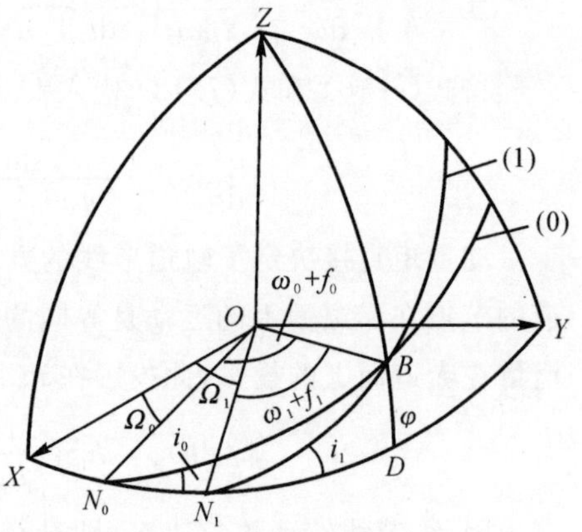

图 7.4 轨道倾角变化

利用上面的三角关系,倾角增量 $\Delta i = i_1 - i_0$ 的正弦可以化成

$$\sin\Delta i = \sin i_1\cos i_0 - \cos i_1\sin i_0 = \frac{\sin i_0}{\sin(\omega_1 + f_1)}[\cos i_0\sin(\omega_0 + f_0)(1 - \cos\Delta\Omega) + \cos(\omega_0 + f_0)\sin\Delta\Omega]$$

两边除以 Δt,并取极限 $\Delta\Omega \to 0$,得

$$\frac{\mathrm{d}i}{\mathrm{d}t} = \frac{\sin i}{\sin(\omega + f)}\cos(\omega + f)\ \frac{\mathrm{d}\Omega}{\mathrm{d}t} = \frac{r\cos(\omega + f)}{na^2\sqrt{1-e^2}}F_{\mathrm{n}} \tag{7.21}$$

近地点幅角 ω 是近地点 P 与升交点 N 之间的角距(见图 6.6),有两种因素导致幅角 ω 的变化。一是在瞬时椭圆轨道平面内的摄动力,使椭圆旋转,改变在新的椭圆轨道面内新的近地点的相对位置;另一个因素是法向摄动力,使升交点在空间中移动。这两种摄动的影响可以分别独立地分析。在后一种情况,可认为真近点角没有改变,在图 7.4 中,应有 $f_1 = f_0$,球面三角形 N_0BN_1 的三角关系为

$$\cos(\omega_1 + f_0) = \cos\Delta\Omega\cos(\omega_0 + f_0) + \sin\Delta\Omega\sin(\omega_0 + f_0)\cos i_0$$

两边对时间取导数,令 $\Delta\Omega \to 0$,可得

$$\left(\frac{\mathrm{d}\omega}{\mathrm{d}t}\right)_2 = -\cos i\ \frac{\mathrm{d}\Omega}{\mathrm{d}t} = -\frac{r\sin(\omega + f)\cot i}{na^2\sqrt{1-e^2}}F_{\mathrm{n}} \tag{7.22}$$

式中,下标"2" 表示由第二种因素决定的近地点幅角的变化。

在瞬时椭圆轨道平面内的摄动力将改变卫星在此平面内的速度,决定新瞬时椭圆的形

状。在分析这种力学因素的影响时，可认为轨道的节点没有移动，卫星的瞬时位置没有变化，因此近地点幅角的变量等于真近点角变量的负值，如图 7.5 所示，即

$$\left(\frac{\mathrm{d}\omega}{\mathrm{d}t}\right)_1 = -\frac{\partial f}{\partial t} \tag{7.23}$$

式中，下标"1"表示第一种因素。

这里的$\frac{\partial f}{\partial t}$是指由摄动力产生的变化，不包含开普勒椭圆轨道上的真近点角的转动。在摄动力

$$F_r \boldsymbol{u}_r + F_t \boldsymbol{u}_t$$

的作用下，速度从 $\boldsymbol{v}$ 变为

$$\boldsymbol{v} + \Delta \boldsymbol{v}$$

飞行角的增量是 $\Delta\beta$，β 是速度矢量与横向单位矢量之间的夹角。速度值 $\boldsymbol{v}$ 与飞行角增量的乘积等于垂直于 $\boldsymbol{v}$ 方向的摄动力的冲量，即

$$v(\Delta\beta) = (F_r \cos\beta - F_t \sin\beta)\Delta i \tag{7.24}$$

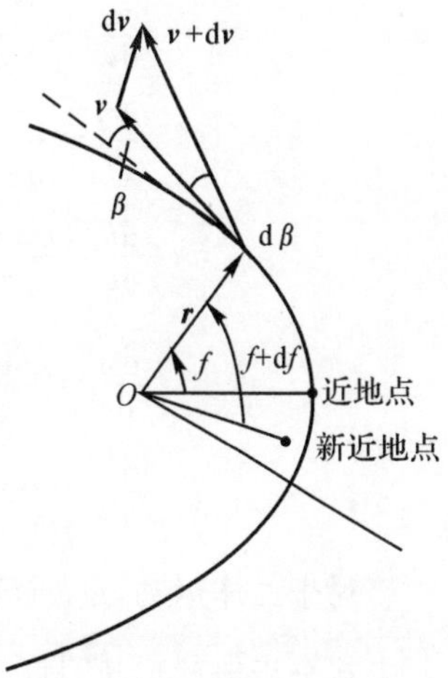

图 7.5　第一种因素摄动

引用二体轨道上的速度公式(5.41)，速度 v 为

$$v = \frac{h\sqrt{1 + 2e\cos f + e^2}}{r(1 + e\cos f)}$$

将上式代入式(7.24)，飞行角的变化为

$$\frac{\mathrm{d}\beta}{\mathrm{d}t} = \frac{r(1 + e\cos f)}{h(1 + 2e\cos f + e^2)}[(1 + e\cos f)F_r - (e\sin f)F_t] \tag{7.25}$$

再利用二体轨道飞行角公式(6.42)，两边对时间取导数后可得真近点角的变量与飞行角变量之间的关系式为

$$-\frac{\mathrm{d}f}{\mathrm{d}t} = \frac{1 + 2e\cos f + e^2}{e(e + \cos f)}\left[\frac{\sin f}{1 + 2e\cos f + e^2}\frac{\mathrm{d}e}{\mathrm{d}t} - \frac{\mathrm{d}\beta}{\mathrm{d}t}\right]$$

将式(7.25) 和式(7.14) 代入上式，再代入式(7.23)，便得到在轨道面内摄动力产生的近地点幅角的变化，即

$$\left(\frac{\mathrm{d}\omega}{\mathrm{d}t}\right)_1 = \frac{\sqrt{1 - e^2}}{nae}\left[-(\cos f)F_r + \sin f\left(1 + \frac{1}{1 + e\cos f}\right)F_t\right] \tag{7.26}$$

近地点幅角的总变化率等于式(7.22) 和式(7.26) 之和，有了上述基本公式，不难导出平近点角的非匀速变化，根据平近角点公式(6.26) 和真近点角与偏近点角的关系式(6.21) 和式(6.22)，可得平近点角的变化，即

$$\frac{\mathrm{d}M}{\mathrm{d}t} = n + \frac{1 - e^2}{1 + e\cos f}\left(\frac{\mathrm{d}E}{\mathrm{d}t} - \frac{\sin f}{\sqrt{1 - e^2}}\frac{\mathrm{d}e}{\mathrm{d}t}\right) \tag{7.27}$$

$$\frac{\mathrm{d}E}{\mathrm{d}t} = \frac{\sqrt{1 - e^2}}{1 + e\cos f}\left(\frac{\mathrm{d}f}{\mathrm{d}t} - \frac{\sin f}{1 - e^2}\frac{\mathrm{d}e}{\mathrm{d}t}\right) \tag{7.28}$$

将 6 个要轨道要素的摄动方程式 (7.10)、式(7.14)、式(7.20)、式(7.21)、式(7.22)、式(7.26)、式(7.27)、式(7.28) 稍加变换，汇总在一起，则有

$$\left.\begin{aligned}
\frac{\mathrm{d}a}{\mathrm{d}t}&=\frac{2}{n\sqrt{1-e^2}}[F_{\mathrm{r}}e\sin f+F_{\mathrm{t}}(1+e\cos f)]\\
\frac{\mathrm{d}e}{\mathrm{d}t}&=\frac{\sqrt{1-e^2}}{na}[F_{\mathrm{r}}\sin f+F_{\mathrm{t}}(\cos E+\cos f)]\\
\frac{\mathrm{d}\Omega}{\mathrm{d}t}&=\frac{r\sin(\omega+f)}{na^2\sqrt{1-e^2}\sin i}F_{\mathrm{n}}\\
\frac{\mathrm{d}i}{\mathrm{d}t}&=\frac{r\cos(\omega+f)}{na^2\sqrt{1-e^2}}F_{\mathrm{n}}\\
\frac{\mathrm{d}\omega}{\mathrm{d}t}&=\frac{\sqrt{1-e^2}}{nae}\left[-F_{\mathrm{r}}\cos f+F_{\mathrm{t}}\frac{2+e\cos f}{1+e\cos f}\sin f\right]-\cos i\frac{\mathrm{d}\Omega}{\mathrm{d}t}\\
\frac{\mathrm{d}M}{\mathrm{d}t}&=n-\frac{1-e^2}{nae}\left[F_{\mathrm{r}}\left(\frac{2er}{p}-\cos f\right)+F_{\mathrm{t}}\left(1+\frac{r}{p}\right)\sin f\right]
\end{aligned}\right\}\tag{7.29}$$

对于二体运动，$F_{\mathrm{r}}=F_{\mathrm{t}}=F_{\mathrm{n}}=0$，因而$\frac{\mathrm{d}M}{\mathrm{d}t}=n$，其余5个轨道要素都是常值。

在分析地球形状、日、月和太阳光压的摄动因素时，有时用摄动函数更为方便，而且这些摄动函数是轨道要素的函数，因此须给出以要素表示的摄动函数与摄动力之间的关系。摄动函数 R 对于任一轨道要素 c_{k} 的偏导数为

$$\frac{\partial R}{\partial c_{\mathrm{k}}}=\frac{\partial R}{\partial x}\frac{\partial x}{\partial c_{\mathrm{k}}}+\frac{\partial R}{\partial y}\frac{\partial y}{\partial c_{\mathrm{k}}}+\frac{\partial R}{\partial z}\frac{\partial z}{\partial c_{\mathrm{k}}}=\mathbf{grad}R\cdot\frac{\partial\boldsymbol{r}}{\partial c_{\mathrm{k}}}\tag{7.30}$$

式中，x,y,z 是卫星地心距在赤道惯性坐标系中的分量，有

$$\boldsymbol{r}=x\boldsymbol{i}+y\boldsymbol{j}+z\boldsymbol{k}=r\boldsymbol{u}_{\mathrm{r}}$$

利用轨道坐标单位矢量与赤道惯性坐标单位矢量之间的关系式(7.17)，求出地心距对轨道要素的偏导数为

$$\left.\begin{aligned}
\frac{\partial\boldsymbol{r}}{\partial a}&=\frac{r}{a}\boldsymbol{u}_{\mathrm{r}}\\
\frac{\partial\boldsymbol{r}}{\partial e}&=-a\cos f\boldsymbol{u}_{\mathrm{r}}+r\left(\frac{a}{r}+\frac{1}{1-e^2}\right)\sin f\boldsymbol{u}_{\mathrm{t}}\\
\frac{\partial\boldsymbol{r}}{\partial\Omega}&=r\cos i\boldsymbol{u}_{\mathrm{t}}-r\cos(\omega+f)\sin i\boldsymbol{u}_{\mathrm{n}}\\
\frac{\partial\boldsymbol{r}}{\partial i}&=r\sin(\omega+f)\boldsymbol{u}_{\mathrm{n}}\\
\frac{\partial\boldsymbol{r}}{\partial\omega}&=r\boldsymbol{u}_{\mathrm{t}}\\
\frac{\partial\boldsymbol{r}}{\partial M}&=\frac{ae\sin f}{(1-e^2)^{\frac{1}{2}}}\boldsymbol{u}_{\mathrm{r}}+\frac{a^2}{r}(1-e^2)^{\frac{1}{2}}\boldsymbol{u}_{\mathrm{t}}
\end{aligned}\right\}\tag{7.31}$$

将式(7.6)和式(7.31)代入式(7.30)，可得摄动函数 R 对轨道要素的偏导数与摄动力之间的关系式为

$$\frac{\partial R}{\partial a}=\frac{r}{a}F_{\mathrm{r}}$$

$$\frac{\partial R}{\partial e}=-F_{\mathrm{r}}a\cos f+F_{\mathrm{t}}\frac{2+e\cos f}{1-e^2}r\sin f$$

$$\frac{\partial R}{\partial\Omega}=F_{\mathrm{t}}r\cos i-F_{\mathrm{n}}r\cos(\omega+f)\sin i$$

$$\frac{\partial R}{\partial i}=F_{\mathrm{n}}r\sin(\omega+f)$$

$$\frac{\partial R}{\partial \omega}=F_{\mathrm{t}}r$$

$$\frac{\partial R}{\partial M}=F_{\mathrm{r}}\frac{ae}{\sqrt{1-e^2}}\sin f+F_{\mathrm{t}}\frac{a^2\sqrt{1-e^2}}{r}$$

利用上面的关系式，将摄动方程式(7.29)改用摄动函数表示为

$$\left.\begin{aligned}
\frac{\mathrm{d}a}{\mathrm{d}t}&=\frac{2}{na}\frac{\partial R}{\partial M}\\
\frac{\mathrm{d}e}{\mathrm{d}t}&=\frac{1-e^2}{na^2e}\frac{\partial R}{\partial M}-\frac{\sqrt{1-e^2}}{na^2e}\frac{\partial R}{\partial \omega}\\
\frac{\mathrm{d}i}{\mathrm{d}t}&=\frac{\cot i}{na^2\sqrt{1-e^2}}\frac{\partial R}{\partial \omega}-\frac{\csc i}{na^2\sqrt{1-e^2}}\frac{\partial R}{\partial \Omega}\\
\frac{\mathrm{d}\Omega}{\mathrm{d}t}&=\frac{1}{na^2\sqrt{1-e^2}\sin i}\frac{\partial R}{\partial i}\\
\frac{\mathrm{d}\omega}{\mathrm{d}t}&=\frac{\sqrt{1-e^2}}{na^2e}\frac{\partial R}{\partial e}-\frac{\cot i}{na^2\sqrt{1-e^2}}\frac{\partial R}{\partial i}\\
\frac{\mathrm{d}M}{\mathrm{d}t}&=n-\frac{2}{na}\frac{\partial R}{\partial a}-\frac{1-e^2}{na^2e}\frac{\partial R}{\partial e}
\end{aligned}\right\}\tag{7.32}$$

式(7.32)就是著名的拉格朗日行星运动方程。

对于近赤道的近圆和近同步轨道，应选用非奇异的轨道要素 a,e_x,e_y,i_x,i_y,l。则有

$$\begin{aligned}
&a\\
&e_x=e\cos(\Omega+\omega)\\
&e_y=e\sin(\Omega+\omega)\\
&i_x=\sin i\sin\Omega\\
&i_y=\sin i\cos\Omega\\
&l=\Omega+\omega+M
\end{aligned}$$

根据上述定义和式(7.29)，可以导出以这些要素为变量的摄动方程，略去二阶小量后，可得

$$\left.\begin{aligned}
\frac{\mathrm{d}a}{\mathrm{d}t}&=\frac{2}{n}[F_{\mathrm{r}}e\sin f+F_{\mathrm{t}}(1+e\cos f)]\\
\frac{\mathrm{d}e_x}{\mathrm{d}t}&=\frac{1}{na}\{F_{\mathrm{r}}\sin(\omega+f+\Omega)+F_{\mathrm{r}}[\cos(\omega+f+\Omega)+\cos(\omega+E+\Omega)]\}\\
\frac{\mathrm{d}e_y}{\mathrm{d}t}&=\frac{1}{na}\{-F_{\mathrm{r}}\cos(\omega+f+\Omega)+F_{\mathrm{r}}[\sin(\omega+f+\Omega)+\sin(\omega+E+\Omega)]\}\\
\frac{\mathrm{d}i_x}{\mathrm{d}t}&=\frac{rF_{\mathrm{n}}}{na^2}[\cos i\cos(\omega+f)\sin\Omega+\sin(\omega+f)\cos\Omega]\\
\frac{\mathrm{d}i_y}{\mathrm{d}t}&=\frac{rF_{\mathrm{n}}}{na^2}[\cos i\cos(\omega+f)\cos\Omega-\sin(\omega+f)\sin\Omega]\\
\frac{\mathrm{d}l}{\mathrm{d}t}&=n-\frac{2r}{na^2}F_{\mathrm{r}}+\frac{e(a+r)}{2na^2}F_{\mathrm{r}}\sin f+\frac{r}{na^2}F_{\mathrm{n}}\sin(\omega+f)\tan\frac{i}{2}
\end{aligned}\right\}\tag{7.33}$$

对于静止卫星有近似等式，$a\approx r_S$，$n\approx\omega_e$，$E\approx f$，$M\approx f$和$e\ll 1$，$i\ll 1$，上式可进一步简化，得静止轨道的摄动方程为

$$\left.\begin{aligned}
&\frac{1}{r_s}\frac{da}{dt}=\frac{2}{v_s}F_t\\
&\frac{de_x}{dt}=\frac{1}{v_s}(F_r\sin l+2F_t\cos l)\\
&\frac{de_y}{dt}=\frac{1}{v_s}(-F_r\cos l+2F_t\sin l)\\
&\frac{di_x}{dt}=\frac{1}{v_s}F_n\sin l\\
&\frac{di_y}{dt}=\frac{1}{v_s}F_n\cos l\\
&\frac{dl}{dt}=\omega_e-\frac{2}{v_s}F_r
\end{aligned}\right\}\tag{7.34}$$

7.3 地球形状摄动

7.3.1 地球引力场的位函数

当认为地球是均匀球体时，地球对卫星的径向引力只与地心距二次方成反比，与卫星的经、纬度无关。在此假定下，卫星在地球中心引力场中运行，卫星的运动特性由开普勒定律描述。但事实上，地球的质量分布是不均匀的，它的形状是不规则的扁状球体，赤道半径超过极轴的半径约 21.4 km，同时赤道又呈轻微的椭圆状。这些现象使卫星在轨道的切线和法线方向也受到引力作用，而且径向引力不仅与距离有关，还与卫星的经、纬度有关。这些附加的力学因素统称为地球形状摄动。因此，地球引力的等位面不是等球面，在引力位函数中，要附加一系列球面调和函数，这些函数称为摄动函数。

有大量文献讨论卫星受地球形状摄动的问题。地球引力位函数的一般形式为

$$U=\frac{\mu}{r}\left\{1-\sum_{n=2}^{\infty}\left(\frac{R_e}{r}\right)^n\left[J_nP_n(\sin\varphi)-\sum_{m=1}^{n}J_{nm}P_{nm}(\sin\varphi)\times\cos m(\lambda-\lambda_{nm})\right]\right\}\tag{7.35}$$

式中，$\mu=Gm_e$；r,λ,φ分别是卫星在球坐标上的位置——地心距，地心经、纬度；R_e是地球的平均赤道半径；P_n，P_{nm}是勒让德多项式，即

$$P_n(z)=\frac{1}{2^n n!}\frac{d^n}{dz^n}(z^2-1)^n$$

$$P_{nm}(z)=(1-z^2)^{\frac{m}{2}}\frac{d^m}{dz^m}P_n(z)$$

取$n=2$，$m=2$，有

$$P_2(\sin\varphi)=\frac{3}{2}\sin^2\varphi-\frac{1}{2}$$

$$P_{22}(\sin\varphi)=3\cos^2\varphi$$

$P_n(\sin\varphi)$ 是 $\sin\varphi$ 的多项式，阶次为 n，有 n 个零点。在位函数式(7.35)中包含 $P_n(\sin\varphi)$ 项的正、负号，在 $-90° \leqslant \varphi \leqslant 90°$ 范围内交变 n 次，这些项与卫星的经度无关，它使位函数沿纬度方向呈现出正、负值交替的环带，如图 7.6(a) 所示。这是由地球的扁状引起的，这些项称为带谐项，J_n 为带谐项系数。在式(7.35)中，包括 $P_{nm}(\sin\varphi)\cos m(\lambda-\lambda_{nm})$ 的各项，在 $-90° < \varphi < 90°$ 范围内有 $n-m$ 个零点，在 $0° \leqslant \lambda-\lambda_{nm} \leqslant 180°$ 范围内有 $2m$ 个零点，它使位函数沿经度和纬度方向交替变化，形成正、负值交替出现的田块[见图 7.6(b)]，它表明在经度方向地球的形状不等同。这些田块在球面上是对称的，λ_{nm} 是这些对称主轴 nm 的相位经度，因此称这些项为田谐项，J_{nm} 为田谐项系数。从下文中可以看到，虽然与带谐项相比，田谐项是小量，但对于静止卫星，田谐项却产生重要影响。

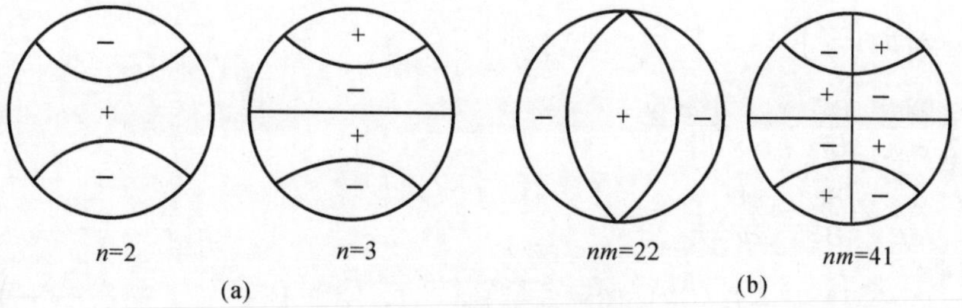

图 7.6　地球引力位函数

(a) 带谐项；(b) 田谐项

通过对静止卫星长时间观察后得到地球模型和带谐项、田谐项的数值，表 7.1 列出了四阶以内的参数值。

表 7.1　带谐项和田谐项的数值

n	$J_n/10^{-6}$	nm	$J_{nm}/10^{-6}$	$\lambda_{nm}/(°)$
2	1 082.63	22	1.812 22	−14.545
3	−2.535 6	31	2.207 92	7.080 5
4	−1.623 36	32	0.371 90	−17.464 9
		33	0.219 84	21.209 7
		41	0.456 00	−138.756
		42	0.168 06	31.033 5
		43	0.060 30	−3.845 9
		44	0.007 54	30.792 0

7.3.2　近地轨道的地球形状摄动

对于近地球轨道，地球摄动的主要因素是地球的扁状，在地球引力位函数中，可以略去田

谐项。如仅考虑四阶带谐项引力位函数，可得

$$U=\frac{\mu}{r}[1-\frac{J_2R_e^2}{2r^2}(3\sin^2\varphi-1)-\frac{J_3R_e^3}{2r^3}(5\sin^3\varphi-3\sin\varphi)-\frac{J_4R_e^4}{8r^4}(35\sin^4\varphi-30\sin^2\varphi+3)] \tag{7.36}$$

由于考虑地球赤道的椭圆状，可得出此位函数在赤道惯性坐标系的梯度，作为对卫星的引力加速度，代入地心纬度等式 $\sin\varphi=r/z$，卫星的运动方程可写为

$$\left.\begin{aligned}
&\frac{d^2x}{dt^2}=\frac{\partial U}{\partial x}=\frac{\partial U}{\partial r}\frac{\partial r}{\partial x}=\frac{\partial U}{\partial r}\frac{x}{r}=\\
&\quad -\frac{\mu x}{r^3}\left[1+\frac{3}{2}J_2\left(\frac{R_e}{r}\right)^2\left(1-5\frac{z^2}{r^2}\right)+\frac{5}{2}J_3\left(\frac{R_e}{r}\right)^3\left(3\frac{z}{r}-7\frac{z^3}{r^3}\right)-\right.\\
&\quad \left.\frac{5}{8}J_4\left(\frac{R_e}{r}\right)^4\left(3-42\frac{z^2}{r^2}+63\frac{z^4}{r^4}\right)\right]\\
&\frac{d^2y}{dt^2}=\frac{\partial U}{\partial y}=\frac{\partial U}{\partial r}\frac{y}{r}=\frac{d^2x}{dt^2}\frac{y}{x}\\
&\quad \frac{d^2z}{dt^2}=\frac{\partial U}{\partial z}=\frac{\partial U}{\partial r}\frac{z}{r}=\\
&\quad -\frac{\mu z}{r^3}\left[1+\frac{3}{2}J_2\left(\frac{R_e}{r}\right)^2\left(3-5\frac{z^2}{r^2}\right)+\frac{5}{2}J_3\left(\frac{R_e}{r}\right)^3\left(6\frac{z}{r}-7\frac{z^3}{r^3}-\frac{3}{5}\frac{r}{z}\right)-\right.\\
&\quad \left.\frac{5}{8}J_4\left(\frac{R_e}{r}\right)^4\left(15-70\frac{z^2}{r^2}+63\frac{z^4}{r^4}\right)\right]
\end{aligned}\right\} \tag{7.37}$$

式中，$r=(x^2+y^2+z^2)^{\frac{1}{2}}$。

下述分析地球扁状摄动对轨道要素的直接影响。以仅考虑带谐项 J_2 为例，由式(7.36)，摄动位函数(略去中心引力项)，则有

$$\Delta U=-\frac{\mu J_2R_e^2}{2r^3}(3\sin^2\varphi-1)$$

按照式(6.5)，得摄动力在球坐标的分量为

$$\left.\begin{aligned}
F_r&=\frac{\partial(\Delta U)}{\partial r}=\frac{3}{2}J_2\frac{\mu R_e^2}{r^4}(3\sin^2\varphi-1)\\
F_\alpha&=\frac{\partial(\Delta U)}{\partial\alpha}\frac{1}{r\cos\varphi}=0\\
F_\varphi&=\frac{\partial(\Delta U)}{\partial r}\frac{1}{r}=-\frac{3}{2}J_2\frac{\mu R_e^2}{r^4}\sin2\varphi
\end{aligned}\right\} \tag{7.38}$$

卫星球坐标(r,α,φ)与第二轨道坐标系 $Ox'_Oy'_Oz'_O$ 的关系见7.2节，由图7.2可见，当两者的径向摄动力相同时，切向和法向摄动力 F_t 和 F_n 的转换关系为

$$\left.\begin{aligned}
F_t&=F_\varphi\cos\beta\\
F_n&=F_\varphi\sin\beta
\end{aligned}\right\} \tag{7.39}$$

式中，β 角为轨道面与卫星所在点子午面的夹角。

由球面三角形 NBD(见图6.6)，有

$$\left.\begin{aligned}
\cos i&=\cos\varphi\sin\beta\\
\sin\varphi&=\sin i\sin(\omega+f)\\
\cos\beta&=\tan\varphi\cot(\omega+f)
\end{aligned}\right\} \tag{7.40}$$

综合式(7.38) ~ 式(7.40)，得轨道坐标的带谐项摄动力为

$$\left.\begin{aligned} F_r &= -\frac{3}{2}J_2\frac{\mu R_e^2}{r^4}[1-3\sin^2 i\sin^2(\omega+f)] \\ F_t &= -\frac{3}{2}J_2\frac{\mu R_e^2}{r^4}\sin^2 i\sin 2(\omega+f) \\ F_n &= -\frac{3}{2}J_2\frac{\mu R_e^2}{r^4}\sin 2i\sin(\omega+f) \end{aligned}\right\} \tag{7.41}$$

将摄动力代入轨道要素摄动方程式(7.29)，沿轨道积分一圈，可得在地球扁状摄动作用下，轨道要素在轨道圈内的平均摄动，以轨道升交点赤经 Ω 为例，有

$$\begin{aligned} \dot{\Omega} &= \frac{1}{T}\int_0^T\left(\frac{\mathrm{d}\Omega}{\mathrm{d}t}\right) = \\ & \frac{n}{2\pi}\int_0^{2\pi}\frac{r\sin(\omega+f)}{na^2\sqrt{1-e^2}\sin i}F_n\cdot\frac{1}{n}\left(\frac{r}{a}\right)^2\frac{1}{\sqrt{1-e}}\mathrm{d}f = \\ & \frac{n}{2\pi}\int_0^{2\pi}\frac{-3J_2\mu R_e^2\cos i}{n^2a^5(1-e^2)^2}(1+e\cos f)\sin^2(\omega+f)\mathrm{d}f = \\ & -\frac{3}{2}\frac{nJ_2}{(1-e^2)^2}\left(\frac{R_e}{a}\right)^2\cos i \end{aligned} \tag{7.42}$$

式(7.42) 的单位为 rad/s。在式(7.42) 推导中，利用 $r^2\dot{f}=h$，引入 $\mathrm{d}t$ 和 $\mathrm{d}f$ 的转换关系为

$$\mathrm{d}t = \frac{1}{h}\left(\frac{r}{a}\right)^2\frac{1}{\sqrt{1-e^2}}\mathrm{d}f$$

由式(7.42) 可得一天内圆轨道升交点赤经摄动的增量 $\Delta\Omega$ 为

$$\Delta\Omega = -9.97\left(\frac{R_e}{a}\right)^{\frac{7}{2}}\cos i \tag{7.43}$$

式(7.43) 的单位是(°)/d。同理，与式(7.42) 相似，可列出其他轨道要素的平均摄动为

$$\left.\begin{aligned} \dot{\omega} &= -\frac{3nJ_2}{2(1-e^2)^2}\left(\frac{R_e}{a}\right)^2\left(\frac{5}{2}\sin^2 i-2\right) \\ \dot{M} &= n+\dot{m} = n-\frac{3nJ_2}{2\sqrt{(1-e^2)^3}}\left(\frac{R_e}{a}\right)^2\left(\frac{3}{2}\sin^2 i-1\right) \end{aligned}\right\} \tag{7.44}$$

地球扁状摄动 J_2 项不引起轨道倾角、偏心率和半长轴的变化，因而轨道的密切周期 T(按半长轴计算的周期值) 为常值，但地球扁状摄动使轨道的交点周期(连续两次通过赤道面的时间间隔) 不同于密切周期，交点周期 T_N 为

$$T_N = T\cdot\left[1-\frac{3J_2}{2(1-e^2)^2}\left(\frac{R_e}{a}\right)^2\left(3-\frac{5}{2}\sin^2 i\right)\right] \tag{7.45}$$

7.3.3　静止轨道的地球的形状摄动

对于地球静止轨道，除带谐项摄动外还须考虑田谐项的因素。当取二阶摄动函数时，地球引力的位函数简化成

$$U = \frac{\mu}{r}\left[1-\frac{J_2R_e^2}{2r^2}(3\sin^2\varphi-1)+\frac{3J_{22}R_e^2}{r^2}\cos^2\varphi\cos 2(\lambda-\lambda_{22})\right] \tag{7.46}$$

式中，$J_2>0$，$J_{22}>0$。这个简单模型表明地球赤道($\varphi=0$) 的形状近似地为椭圆，$r=R_e[1+3J_{22}\cos 2(\lambda-\lambda_{22})]$，$\lambda_{22}$ 是二阶田谐项主轴的地理经度，即赤道椭圆长轴的方位。根据表 7.1 中

的数据，赤道长半轴与短半轴之差为 69.4 m。用位函数式(7.46)表示的地球模型简称为地球的三轴性。在赤道惯性坐标中，卫星的经度用赤经 α 表示，如图 7.7 所示，位函数式(7.46)的地心经度可替换为赤经，则有

$$\lambda - \lambda_{22} = \alpha - \alpha_{22} \tag{7.47}$$

在球面坐标系中(见图 7.1)，地球引力在球面坐标系的 3 个分量是式(7.5)。将位函数式(7.46)代入式(7.5)，求得地球引力在径向、经度向和纬度向的分量，再代入式(7.4)的卫星球坐标运动方程式，并利用式(7.47)，便得到卫星在三轴性地球引力作用下的运动方程为

$$\ddot{r} - r(\cos^2\varphi\,\dot{\alpha}^2 + \dot{\varphi}^2) = -\frac{\mu}{r^2} + \frac{3\mu J_2 R_e^2}{2r^4}(3\sin^2\varphi - 1) - \frac{-9\mu J_{22} R_e^2}{2r^4}\cos^2\varphi\cos 2(\alpha - \alpha_{22}) \tag{7.48a}$$

$$r - \cos\varphi\ddot{\alpha} + 2(\cos\varphi\,\dot{r} - r\sin\varphi\,\dot{\varphi})\dot{\alpha} = -\frac{6\mu J_{22} R_e^2}{r^4}\cos^2\varphi\sin 2(\alpha - \alpha_{22}) \tag{7.48b}$$

$$r\ddot{\varphi} + 2\dot{r}\dot{\varphi} + r\sin\varphi\cos\varphi\,\dot{\alpha}^2 = -\frac{3\mu J_2 R_e^2}{r^4}\sin\varphi\cos\varphi - \frac{6\mu J_{22} R_e^2}{r^4}\cos\varphi\sin\varphi\cos 2(\alpha - \alpha_{22}) \tag{7.48c}$$

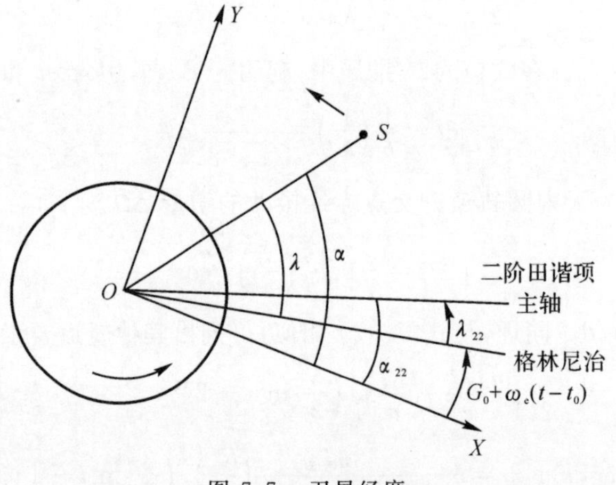

图 7.7　卫星经度

从式(7.48)可以看出，带谐项摄动(又称为地球扁状摄动)产生径向和法向摄动。当轨道面与赤道面重合时，法向摄动等于零。径向摄动相当于加大了地球对卫星的中心引力(相对于均匀球体而言)，对于质量为 100 kg 的卫星，此引力约有 83×10^{-5} N，静止轨道的半径将增大。田谐项摄动(又称为地球椭状摄动)主要产生径向和切向摄动，产生的径向加速度是一阶小量，比带谐项产生的加速度小得多，通常可以忽略。但是切向摄动加速度不可忽略，其与卫星的经度位置有关，使卫星受到的摄动漂移是不恒定的，对于质量为 100 kg 的卫星，最大切向力约有 0.6×10^{-5} N，而且在轨道上存在着若干个切向摄动加速度为零的平衡点。

令标称静止轨道的半径为 r_c，这个值不同于当地球为均匀球体时的同步半径 r_s，令方程式(7.48a)中的 $\ddot{r}=0$，$\varphi=0$，$r=r_c$，$\dot{\alpha}=\omega_e$，则有

$$r_c\omega_e^2 - \frac{\mu}{r_c^2} - \frac{3\mu J_2 R_e^2}{2r_c^4} - \frac{9\mu J_{22} R_e^2}{r_c^4}\cos 2(\alpha - \alpha_{22}) = 0 \tag{7.49}$$

由于 $J_{22} \ll J_2$，可以忽略最后一项，已知地球转速 $\omega_e^2 = \dfrac{\mu}{r_s^3}$，式(7.49)中 r_c 的近似解是

$$r_c = r_s\left(1 + \frac{J_2 R_e^2}{2r_s^2}\right) \tag{7.50}$$

代入 J_2 的数值，即可算出地球的扁状附加质量增大了地球引力，使同步半径增大了 522.3 m。如果考虑 J_{22} 的影响，同步半径的差别为几米。如把标称同步轨道的半径定为 r_s，则地球扁状摄动使卫星发生恒定的经度漂移，向东漂。这就是地球形状摄动中的带谐基产生的长期摄动：长期漂移速率 $\dot{\lambda}=2.44(°)/\mathrm{a}$。克服长期摄动的最简方法是调整卫星的高度。这样，卫星在轨道平面内的摄动仅与田谐项有关。

为说明方程式(7.48a)、式(7.48b) 和式(7.48c) 在半径为 r_c 的赤道圆轨道附近的扰动解，令

$$\left.\begin{aligned} r &= r_c + \Delta r \\ \lambda &= \lambda_0 + \Delta\lambda \\ \varphi &= \varphi_0 + \Delta\varphi \\ \lambda_0 - \lambda_{22} &= \gamma_{22} \end{aligned}\right\} \tag{7.51}$$

式中，λ_0，φ_0 是卫星的初始经、纬度，有 $\varphi_0=0$；γ_{22} 是卫星在初始时刻离赤道椭圆主轴的角距。

将式(7.51) 代入式(7.48)，线性化后，得

$$\Delta\ddot{r} - \left(\omega_e^2 + \frac{2\mu}{r_c^3} + \frac{6\mu J_2 R_e^2}{r_c^5} + \frac{36\mu J_{22} R_e^2}{r_c^5}\right)\Delta r - 2r_c\omega_e\Delta\dot{\lambda} - \frac{18\mu J_{22} R_e^2}{r_c^4}\Delta\lambda\sin 2\gamma_{22} =$$

$$-\frac{\mu}{r_c^2} + r_c\omega_e^2 - \frac{3\mu J_2 R_e^2}{2r_c^4} - \frac{9\mu J_{22} R_e^2}{r_c^4}\cos 2\gamma_{22} \tag{7.52a}$$

$$r_c\Delta\ddot{\lambda} + \frac{12\mu J_{22} R_e^2}{r_c^4}\Delta\lambda\cos 2\gamma_{22} + 2\omega_e\Delta\dot{r} - \frac{24\mu J_{22} R_e^2}{r_c^5}\Delta r\sin 2\gamma_{22} = -\frac{6\mu J_{22} R_e^2}{r_c^4}\sin 2\gamma_{22} \tag{7.52b}$$

$$r_c\Delta\ddot{\varphi} + r_c\omega_e^2\Delta\varphi + \frac{3\mu J_2 R_e^2}{r_c^4}\Delta\varphi + \frac{6\mu J_{22} R_e^2}{r_c^4}\Delta\varphi\cos 2\gamma_{22} = 0 \tag{7.52c}$$

从此扰动方程式可看出，在简化的三轴地球引力模型中，卫星在轨道平面内的运动和轨道面的变化是不耦合的，并且在式(7.52c) 中，包含 J_2，J_{22} 项的系数比 $r_c\omega_e^2$ 小得多。方程式(7.49) 的左端与方程式(7.52a) 的右端是等同的。如果同步半径是式(7.49) 的解，并且有 $\sin 2\gamma_{22}=0$，则在轨道平面内的摄动方程式(7.52a) 和式(7.52b) 右端项为零，有平衡解，即

$$\Delta r = \Delta\lambda = 0,\quad \Delta\dot{r} = \Delta\dot{\lambda} = 0$$

因此，静止卫星在半径为 r_c 的赤道同步轨道上有 4 个平衡位置，符合 $\sin 2\gamma_{22}=0$。根据地球三轴性模型，平衡位置的经度是 14.5°W，165.5°E，75.5°E，104.5°W，前两个位于赤道椭圆的长轴上，后两个位于短轴上。

在分析式(7.52a)、式(7.52b) 的摄动运动时，令同步半径 r_c 是式(7.50) 的解，因此式(7.52a) 右端前三项之和为零。引入新变量 $\Delta r_1=\Delta r/r_c$，$\tau=\omega_e t$，将式(7.52a)、式(7.52b) 进一步简化，得

$$\left.\begin{aligned} &\Delta r''_1 - 3\Delta r_1 - 2\Delta\lambda' - 18k_2^2\Delta\lambda\sin 2\gamma_{22} = -9k_2^2\cos 2\gamma_{22} \\ &\Delta\lambda'' + 12k_2^2\Delta\lambda\cos 2\gamma_{22} + 2\Delta r'_1 - 24k_2^2\Delta r_1\sin 2\gamma_{22} = -6k_2^2\sin 2\gamma_{22} \end{aligned}\right\} \tag{7.53}$$

式中，“′”表示对 τ 的导数。

根据表 7.1 中的参数，式(7.53) 中系数 k_2^2 的数值为

$$k_2^2 = J_{22}\left(\frac{R_e}{r_c}\right)^2 = 0.414\times 10^{-7}\ \mathrm{d}^{-2}$$

摄动方程式(7.52)的特征方程可分解为

$$(s^2+12k_2^2\sin2\gamma_{22}s+1)(s^2-12k_2^2\sin2\gamma_{22}s-36k_2^2\cos2\gamma_{22})=0$$

其特征根近似为

$$\left.\begin{aligned}s_{1,2}&=-6k_2^2\sin2\gamma_{22}\pm \mathrm{i}\\ s_{3,4}&=-6k_2^2\sin2\gamma_{22}\pm 6k_2\sqrt{\cos2\gamma_{22}}\,\mathrm{i}\end{aligned}\right\}\tag{7.54}$$

当卫星处在赤道椭圆的长轴上时,有

$$\sin2\gamma_{22}=0,\quad \cos2\gamma_{22}=1$$

特征方程含正实根,因此,在赤道椭圆长轴上的两个平衡位置是不稳定的。

当卫星处在赤道椭圆的短轴上时,有

$$\sin2\gamma_{22}=0,\quad \cos2\gamma_{22}=-1$$

特征根均为复数,因此,在赤道椭圆短轴上的两个平衡位置是稳定的。

卫星偏离短轴的扰动运动是周期性的,特征根 $s_{1,2}$ 决定短周期,特征根 $s_{3,4}$ 决定长周期,有

$$\left.\begin{aligned}&\text{短周期为}\quad T_1=1\ (\mathrm{d})\\ &\text{长周期}\quad T_2=\frac{1}{6k_2}=2.24\ (\mathrm{a})\end{aligned}\right\}\tag{7.55}$$

以上用比较直观的方法分析了静止卫星在地球三轴性摄动作用下的运动特性。虽然局限于小范围的漂移情况,但说明了地球形状摄动对静止卫星运动影响的基本规律。

由于卫星经度的短周期(以 d 为单位)漂移的幅度很小,长周期(以 a 为单位)漂移的速度在一天内变化很小,因此分析卫星平经度的变化已足够精确,而且便于说明卫星在大范围内的漂移运动。平经度是卫星在一天内的平均经度,用 $\bar{\lambda}$ 表示,其变化率与平赤经的 $\dot{l}$ 等同,有

$$\dot{\bar{\lambda}}=n-\omega_e=\Delta n\tag{7.56}$$

式中,n 为卫星轨道的平均转速;Δn 为卫星轨道转速的摄动。

由卫星轨道转速定律 $n^2=\mu/a^3$,可得轨道平转速摄动与半长轴摄动的关系为

$$\Delta n=-\frac{3n}{2a}\Delta a\tag{7.57}$$

在切向摄动力作用下,半长轴的变化率与摄动力成正比,沿轨道积分一圈,得一天内半长轴的增量,对于静止卫星,式(7.57)中 $a=r_s,n=\omega_e=r_s v_s$。由摄动方程式(7.34)的第一式和式(7.56)可得一天的轨道平转速的增量为

$$\Delta n=-\frac{3\omega_e}{2r_s}\int_0^T\frac{2r_s}{v_s}F_t\mathrm{d}t=-\frac{6\pi}{v_s}F_t\tag{7.58}$$

因此,当切向摄动力为正,沿轨道运动方向,卫星能量不断增加,半长轴增大,而轨道平运动速度减慢,$\ddot{\bar{\lambda}}=\Delta n<0$。

根据地球引力位函数U的公式(7.35),取二阶和取四阶函数U时,切向摄动加速度与卫星位置经度的关系曲线如图7.8所示。从图中可以看出,二阶田谐项摄动是最主要的,占85%。两者的切向摄动加速度等于零的平衡点的经度之差小于3.3°。因此,对于轨道控制问题,可以只取二阶田谐项。根据摄动力的公式(7.5)和位函数的简化公式(7.46),沿轨道切线方向的摄动力为

$$F_t=\frac{1}{r_s}\frac{\partial U}{\partial\lambda}=-\frac{6\mu J_{22}R_e^2}{r_s^4}\sin2(\lambda-\lambda_{22})\tag{7.59}$$

将式(7.59)代入式(7.58),得出一天内平转速度的增量,也就是一天内平经度漂移速率

的增量，即平经度漂移加速度为

$$\ddot{\lambda}=36\pi\omega_e J_{22}\left(\frac{R_e}{r_s}\right)^2\sin 2(\lambda-\lambda_{22})=72\pi^2 J_{22}\left(\frac{R_e}{r_s}\right)^2\sin 2(\lambda-\lambda_{22})=$$
$$\frac{1}{2}k^2\sin 2(\lambda-\lambda_{22}) \tag{7.60}$$

式中，$\frac{1}{2}k^2=0.001\ 68$，单位是$(°)/d^2$。已知λ_{22}是赤道椭圆长轴的方位经度，从上式可看出，卫星漂移的加速度总是朝向距离卫星位置较近的那个短轴方向，因此位于短轴上的平衡位置是稳定的，如图 7.9 所示。

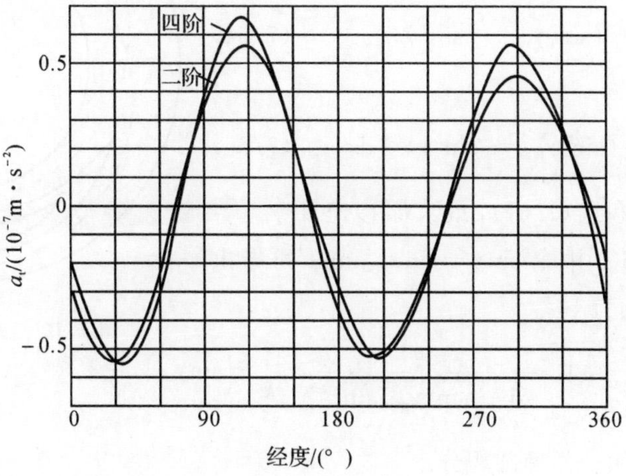

图 7.8　卫星切向摄动加速度与经度的关系

令$\gamma=\lambda-\lambda_{22}\pm\frac{\pi}{2}$是卫星相对于短轴的经度差，漂移方程式(7.60)可改写成

$$\ddot{\gamma}+\frac{1}{2}k^2\sin 2\gamma=0 \tag{7.61}$$

如令$\gamma=\frac{1}{2}\alpha, k^2=\frac{g}{l}$，上式是一个单摆方程，即

$$\ddot{\alpha}+\left(\frac{g}{l}\right)\sin\alpha=0 \tag{7.62}$$

式中，α，l分别是摆角和摆长。

如摆的初始位置和速率超过一定数值，单摆将绕过顶点作圆周运动。将方程式(7.61)两端乘以$\dot{\gamma}$，它的一次积分为

$$\dot{\gamma}^2-\frac{1}{2}k^2\cos 2\gamma=\dot{\gamma}_0^2-\frac{1}{2}k^2\cos 2\gamma_0 \tag{7.63}$$

式中，γ_0，$\dot{\gamma}_0$是经度漂移的初始条件。

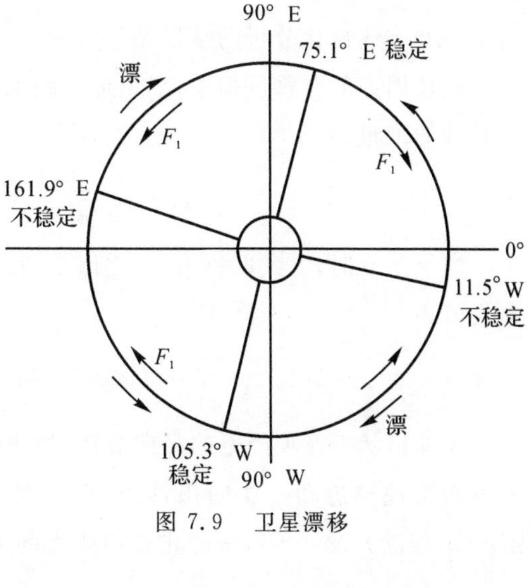

图 7.9　卫星漂移

由于$\dot{\gamma}^2$总大于零，当卫星漂移的初始条件满足不等式

$$|\ddot{\gamma}_0^2| < |\frac{1}{2}k^2\cos 2\gamma_0|$$

时，则卫星经度漂移的范围不会超出离短轴 ± 45°。当 $\dot{\gamma}=0$ 时，漂移达最大值 $\pm\gamma_{max}$，有

$$\pm\gamma_{max} = \frac{1}{2}\arccos\left(\cos 2\gamma_0 - \frac{2}{k^2}\dot{\gamma}_0^2\right)$$

图 7.10 所示为卫星在大范围内的漂移运动，卫星在地球赤道短轴的两侧来回漂移。如果卫星位置和速度的初始条件超过一定范围，则卫星挣脱短轴的"束缚"，沿圆周漂移。利用上式以及方程式(7.63)，可得

$$\dot{\gamma}^2 = k^2(\sin^2\gamma_{max} - \sin^2\gamma) \qquad (7.64)$$

以及

$$dt = \pm\frac{1}{k}(\sin^2\gamma_{max} - \sin^2\gamma)^{-\frac{1}{2}}dr \qquad (7.65)$$

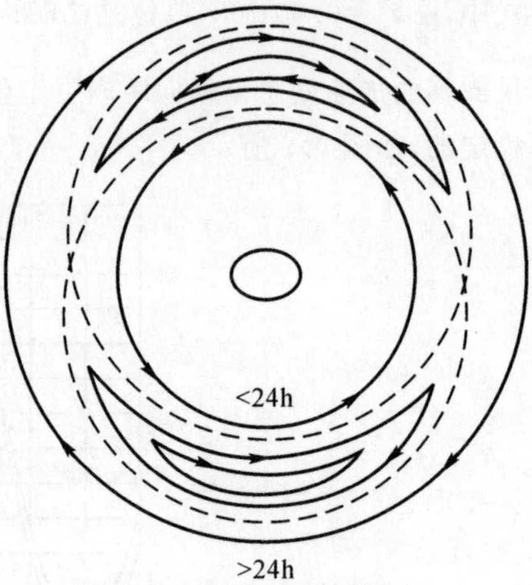

图 7.10　卫星大范围漂移

根据式(7.64) 和式(7.61)，最大漂移速度 $\dot{\gamma}_{max} = 0.31(°)/d$，在式(7.65) 中令 $\sin\gamma = \sin\gamma_{max}\sin\xi$，可导出卫星经度漂移的周期为

$$_{max}d \quad \frac{dr}{\sqrt{\sin^2\gamma_{max} - \sin^2\gamma}} = \frac{4}{k}\int_0^{\frac{\pi}{2}}\frac{d\xi}{\sqrt{1-\sin^2\gamma_{max}\sin^2\xi}} = \frac{4}{k}F\left(\sin\gamma_{max}, \frac{\pi}{2}\right)$$

式中，$F\left(\sin\gamma, \frac{\pi}{2}\right)$ 是第一类椭圆积分。

当卫星很靠近短轴时，γ_{max} 很小，积分值 $F\left(0, \frac{\pi}{2}\right) \approx \frac{\pi}{2}$，卫星经度漂移的周期为

$$T = \frac{2\pi}{k} = 818 \text{ d}$$

与 7.3.2 节线性化分析的结果是一致的。

在长周期的漂移过程中，卫星地心距的变化可用半长轴表示，根据式(7.57) 和式(7.64)，半长轴的增量为

$$\Delta a = -\frac{2a}{3n}\dot{\gamma} = \pm\frac{2a}{3n}k(\sin^2\gamma_{max} - \sin^2\gamma)^{\frac{1}{2}}$$

当 $\dot{\gamma} > 0$ 时，上式取负值，反之取正值。在最大可能周期性漂移范围内，半长轴变化量的最大值为

$$\Delta a = \frac{2ak}{3n} = 4R_e\sqrt{J_{22}} \approx 34 \text{ km}$$

地球扁状带谐项产生的径向摄动，提高地球同步轨道的高度；带谐项产生的法向摄动，使轨道面绕地轴进动。法向摄动力 F_n 的公式见式(7.41)，对静止轨道，可令式中 $r=r_s$，$\mu = n_e^2 r_s^3 (n_e = \omega_e)$，$\cos i = 1$，按静止轨道要素的定义，法向摄动力可写成

$$F_n = -3J_2\frac{\mu R_e^2}{r_s^4}(\sin\alpha \cdot i_y - \cos\alpha \cdot i_x) \qquad (7.66)$$

式中，α 为卫星的赤经。代入倾角摄动方程式(7.34)，以卫星赤经 α 取代平赤经 l，有

$$\frac{\mathrm{d}i_x}{\mathrm{d}t}=-3n_e J_2\left(\frac{R_e}{r_s}\right)^2(\sin^2\alpha\cdot i_y-\sin\alpha\cos\alpha\cdot i_x)$$

$$\frac{\mathrm{d}i_y}{\mathrm{d}t}=-3n_e J_2\left(\frac{R_e}{r_s}\right)^2(\sin\alpha\cdot\cos\alpha i_y-\cos^2\alpha\cdot i_x)$$

将上式沿轨道积分一圈，得一天内倾角摄动的平均速率为

$$\frac{\delta i_x}{\delta t}=\frac{1}{2\pi}\int_0^{2\pi}\left(\frac{\mathrm{d}i_x}{\mathrm{d}t}\right)\mathrm{d}\alpha=-\frac{3}{2}n_e J_2\left(\frac{R_e}{r_s}\right)^2\cdot i_y$$

$$\frac{\delta i_y}{\delta t}=\frac{1}{2\pi}\int_0^{2\pi}\left(\frac{\mathrm{d}i_y}{\mathrm{d}t}\right)\mathrm{d}\alpha=\frac{3}{2}n_e J_2\left(\frac{R_e}{r_s}\right)^2\cdot i_x$$

引用常数

$$J_2\left(\frac{R_e}{r_s}\right)^2=2.48\times10^{-5}$$

轨道倾角的摄动方程化成

$$\frac{\delta i_x}{\delta t}=n_e(-3.72i_y)\times10^{-5}$$

$$\frac{\delta i_y}{\delta t}=n_e(3.72i_x)\times10^{-5} \tag{7.67}$$

轨道倾角要素 i_x，i_y 为周期性解，其角频率为 $3.72n_e\times10^{-5}$，等于 4.89(°)/a，即为轨道面绕地轴进动的速度，并为逆进动。

7.4　日月引力摄动

静止卫星的地心距约为地球半径的 7.6 倍，处在这样高轨道上的卫星受太阳、月球的引力与地球的摄动力是同一个量级，必须考虑它的影响。分析地球、日、月同时对卫星产生的引力作用是多体问题。由于地球在黄道平面上运动，卫星相对于地球的运动加速度不仅与地球、日、月对卫星的引力有关，还与日、月对地球的引力有关。

7.4.1　日月天文常数

在具体分析日、月对卫星轨道的影响之前，简单重复天文学中的知识。地-月系统绕太阳在黄道面公转，周期是 365.25 d，月球的自转周期是 27.3 d，它同时又以同样周期绕地球公转，并且自转、公转的方向相同，如图 7.11 所示。地球的赤道平面倾斜于黄道面 $i_S=23.45°$，月球的赤道平面相对于黄道面的倾角较小，约为 1.5°，月球绕地球的白道和黄道相夹 $i_{mS}=5.15°$(见图 7.12)。月球白道面与黄道面相交的节线绕黄极在空间进动，周期是 18.6 a，进动方向与地球运动方向相反，因此白、黄的节线每年向后移动 19.4°。

下述列举一些常用的天文常数：

太阳质量 $=3.32\times10^5$ 地球质量；

太阳平均距离 $=2.34\times10^4$ 地球赤道半径；

太阳视运动的平均速率 $=0.017\,2$ rad/d；

太阳视运动轨道偏心率 $=0.016\,7$

月球质量 $=1.23\times10^{-2}$ 地球质量；

月球平均距离 $=60.2$ 地球赤道半径；

月球运动的平均速度 $=0.23$ rad/d；

月球轨道偏心率 $=0.054\,9$；

地球自转速率 $=6.3$ rad/d；

恒星日 $=0.997\,27$ d。

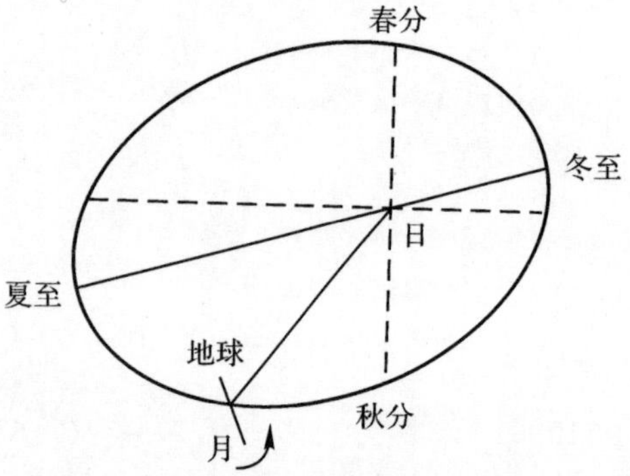

图 7.11　地-日运动

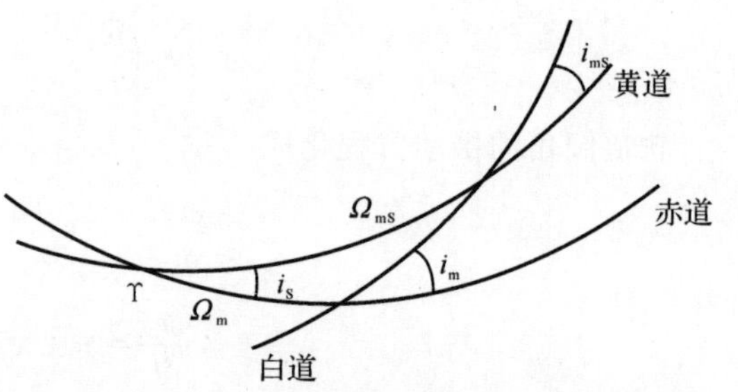

图 7.12　黄道、赤道和白道的关系

如图 7.12 所示，i_{mS}，Ω_{mS} 是白道与黄道的夹角和白道升交点的黄经，i_m，Ω_m 是白道与赤道的夹角和白道升交点的赤经，i_S 是黄道的倾角，在图 7.12 所示球面三角形中，可列出正、余弦公式为

$$\cos i_{mS}=\cos i_m\cos i_S+\sin i_m\sin i_S\cos\Omega_m$$

$$\cos i_m=\cos i_{mS}\cos i_S-\sin i_{mS}\sin i_S\cos\Omega_{mS}$$

$$\sin i_m\sin\Omega_m=\sin i_{mS}\sin\Omega_{mS}$$

代入天文常数 i_S，i_{mS}，由上式，可得

$$\left.\begin{aligned}\cos i_m&=0.913\,7-0.035\,7\cos\Omega_m\\ \sin i_m\sin\Omega_m&=0.089\sin\Omega_{mS}\\ \sin i_m\cos\Omega_m&=0.396+0.082\cos\Omega_{mS}\end{aligned}\right\}\tag{7.68}$$

由于 Ω_{mS} 在 $0^\circ\sim360^\circ$ 之间变化，由式(7.68)可得出白道相对于赤道的倾角变化范围是 $18.3^\circ\leqslant i_m\leqslant28.6^\circ$，白道升交点的赤经变化范围是 $-13.0^\circ\leqslant\Omega_m\leqslant13.0^\circ$。

关于日、月摄动问题在许多文献中有详细的分析。本节着重说明日、月摄动对静止卫星轨道影响的基本规律，为位置保持的控制问题建立受控对象的特性。

7.4.2　日月摄动引力

用下标 1，e，S，m 分别代表卫星、地球、太阳和月亮，它们的质量为 m_1，m_e，m_S，m_m。它们相对于惯性空间某一个无加速运动的基准点 O_1 的距离矢量是 $\boldsymbol{\rho}_1$，$\boldsymbol{\rho}_e$，$\boldsymbol{\rho}_S$，$\boldsymbol{\rho}_m$。它们相对于地球的距离矢量是 $\boldsymbol{r}_{e1}$，$\boldsymbol{r}_{eS}$，$\boldsymbol{r}_{em}$，前一个下标表示矢量始点的位置，后一个下标表示矢量端点的位

置。日、月相对于地球的距离表示法相同。如图 7.13 所示，则有

$$\boldsymbol{r}_{e1} = -\boldsymbol{r}_{1e} = \boldsymbol{\rho}_1 - \boldsymbol{\rho}_e = \boldsymbol{r}_{eS} - \boldsymbol{r}_{1S} = \boldsymbol{r}_{em} - \boldsymbol{r}_{1m} \tag{7.69}$$

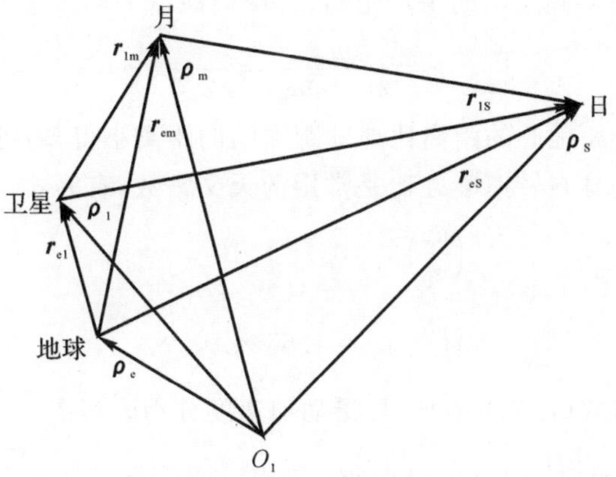

图 7.13　多体问题

卫星、地球受到的引力加速度为

$$\left.\begin{aligned} \ddot{\boldsymbol{\rho}}_1 &= \frac{1}{m_1}(\boldsymbol{F}_{1e} + \boldsymbol{F}_{1S} + \boldsymbol{F}_{1m}) \\ \ddot{\boldsymbol{\rho}}_e &= \frac{1}{m_e}(\boldsymbol{F}_{e1} + \boldsymbol{F}_{eS} + \boldsymbol{F}_{em}) \end{aligned}\right\} \tag{7.70}$$

根据中心引力定律，引力 $\boldsymbol{F}$ 为

$$\left.\begin{aligned} \boldsymbol{F}_{1e} &= -\boldsymbol{F}_{e1} = -G\frac{m_1 m_e}{r_{e1}^3}\boldsymbol{r}_{e1} \\ \boldsymbol{F}_{1S} &= G\frac{m_1 m_S}{r_{1S}^3}\boldsymbol{r}_{1S} \end{aligned}\right\} \tag{7.71}$$

其他引力公式与其相似。由式(7.69) ～ 式(7.71)，卫星相对于地球的加速度为

$$\ddot{\boldsymbol{r}}_{e1} = \ddot{\boldsymbol{\rho}}_1 - \ddot{\boldsymbol{\rho}}_r = -G(m_1 + m_e)\frac{\boldsymbol{r}_{e1}}{r_{e1}^3} + Gm_S\left(\frac{\boldsymbol{r}_{1S}}{r_{1S}^3} - \frac{\boldsymbol{r}_{eS}}{r_{eS}^3}\right) + Gm_m\left(\frac{\boldsymbol{r}_{1m}}{r_{1m}^3} - \frac{\boldsymbol{r}_{em}}{r_{em}^3}\right) \tag{7.72}$$

式(7.72) 右面第一项是地球对卫星的引力加速度(包括地球形状的摄动力)。由于 $m_1 \ll m_e$，在二体问题中 $G(m_e + m_1) = Gm_e = \mu$。第二项和第三项分别是日、月对卫星的摄动加速度，具有相同的形式，它们对卫星运动的影响是简单的叠加关系。卫星的地心距比地球离日、月的距离小得多，为近似估计日、月摄动值，可假定有近似式 $r_{1S} \approx r_{eS}$，$r_{1m} \approx r_{em}$，由式(7.72) 可得日、月摄动加速度的幅值近似等于 $Gm_S\left(\frac{r_{e1}}{r_{eS}^3}\right)$，$Gm_m\left(\frac{r_{e1}}{r_{em}^3}\right)$。

因此，日、月摄动力与地球对卫星的中心引力之比是

$$\frac{m_S}{m_e}\left(\frac{r_{e1}}{r_{eS}}\right)^3, \quad \frac{m_m}{m_e}\left(\frac{r_{e1}}{r_{em}}\right)^3$$

根据天文学中的数据，日、月对于同步卫星的摄动力与地球中心引力之比分别是 0.75×10^{-5} 和 1.63×10^{-5}。在分析地球形状摄动时已计算得知，地球带谐项的摄动力与地球中心引力之比是 3.7×10^{-5}。因此，三者是同一量级的。令地球自转、太阳视运动的转速和月球绕地球的平均转速统一用 n 表示，有

$$n_e=\left(\frac{Gm_e}{r_e^3}\right)^{\frac{1}{2}},\quad n_S=\left(\frac{Gm_S}{r_{OS}^3}\right)^{\frac{1}{2}},\quad n_m=\left(\frac{Gm_m}{\sigma r_{em}^3}\right)^{\frac{1}{2}} \tag{7.73}$$

式中，r_{OS} 是地-月系统质心到太阳的平均距离；月球绕地球平均转速公式中的系数 σ 为

$$\sigma=\frac{m_m}{m_e+m_m}=\frac{1}{82.3}$$

由于地-月系统质心距地心的距离比地球距太阳的距离小得多，可直接用 r_{eS} 代替 r_{OS}。

日、月轨道转速与地球自转速度之比是常用的天文常数，有等式

$$\left.\begin{aligned}\left(\frac{n_S}{n_e}\right)^2&=0.75\times10^{-5}\\ \sigma\left(\frac{n_m}{n_e}\right)^2&=1.63\times10^{-5}\end{aligned}\right\} \tag{7.74}$$

引用式(7.73)，可将式(7.72)的日、月摄动加速度分别改写成

$$n_S^2\left[\left(\frac{r_{eS}}{r_{1S}}\right)^3\boldsymbol{r}_{1S}-\boldsymbol{r}_{eS}\right],\quad \sigma n_m^2\left[\left(\frac{r_{em}}{r_{1m}}\right)^3\boldsymbol{r}_{1m}-\boldsymbol{r}_{em}\right] \tag{7.75}$$

两者的形式完全相同，推导过程也相同，可以单独分析，注明下标即可，统一用撇号"′"代表日、月的有关参数，如图 7.14 所示。$\boldsymbol{r}'$ 表示日、月相对地球的距离矢量(由地球指向日、月)，$\boldsymbol{r}'_1$ 表示卫星指向日、月的距离矢量。卫星、地球和日、月之间的几何关系可统一写成

$$\left.\begin{aligned}\boldsymbol{r}'_1&=\boldsymbol{r}'-\boldsymbol{r}\\ r'^2_1&=r^2+r'^2-2rr'\cos\xi'\end{aligned}\right\} \tag{7.76}$$

式中，ξ' 是日、月与卫星相对地心的张角，有

$$\cos\xi'=\left(\frac{\boldsymbol{r}}{r}\cdot\frac{\boldsymbol{r}'}{r'}\right) \tag{7.77}$$

以作用在单位质量的 $\boldsymbol{F}'$ 表示日、月作用在单位质量的卫星的摄动力，并统一表示成

$$\boldsymbol{F}'=n'^2\left[\left(\frac{r'}{r'_1}\right)^3\boldsymbol{r}'_1-\boldsymbol{r}'\right] \tag{7.78}$$

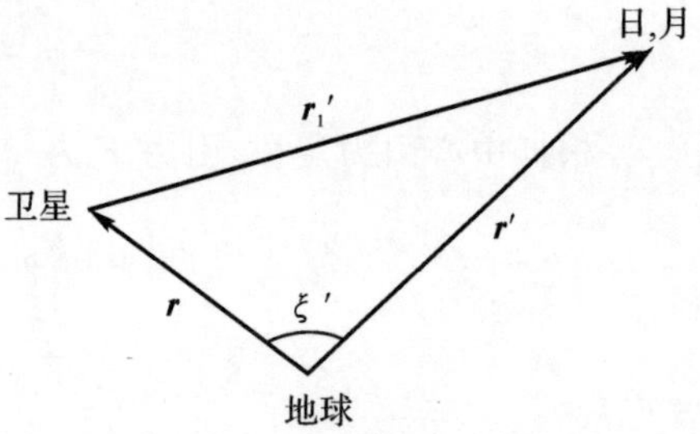

图 7.14　日月参数

对于月球，上式的 n'^2 代表 σn_m^2。根据式(7.76)，应用勒让德多项式，将 $\frac{1}{r'}$ 展开成

$$\frac{1}{r'_1}=\frac{1}{r'\left[1-2\left(\frac{r}{r'}\right)\cos\xi'+\left(\frac{r}{r'}\right)^2\right]^{\frac{1}{3}}}=\frac{1}{r'}\sum_{n=0}^{\infty}\mathrm{P}_n(\cos\xi')\left(\frac{r}{r'}\right)^n=$$
$$\frac{1}{r'}\left[1+\left(\frac{r}{r'}\right)\cos\xi'+\left(\frac{r}{r'}\right)^2\left(\frac{3}{2}\cos^2\xi'-\frac{1}{2}\right)+\cdots\right]$$

将上式代入式(7.78)，因卫星的地心距 $r\ll r'$，可略去 $\left(\frac{r}{r'}\right)$ 的平方项，引用星-地-日、月的几何关系式(7.76)，可得日、月摄动力 $\boldsymbol{F}'$ 的简化式

$$\boldsymbol{F}'=rn'^2\left[2\cos\xi'\left(\frac{\boldsymbol{r}'}{r'}\right)-\left(\frac{\boldsymbol{r}}{r}\right)\right] \tag{7.79}$$

与式(7.78)相比，式(7.79)仅含日、月相对地球的方向矢量。根据第二卫星轨道坐标系 $Ox'_Oy'_Oz'_O$，其原点位于卫星质心。如图 7.1 所示，坐标轴矢量 $\boldsymbol{u}_r$ 沿卫星地心距方向；$\boldsymbol{u}_t$ 位于轨道平面内，垂直于 $\boldsymbol{u}_r$，指向卫星速度方向；$\boldsymbol{u}_n$ 垂直轨道平面。日、月摄动力式(7.79)在此坐标系的分量式为

$$\left.\begin{aligned} \boldsymbol{F}' \cdot \boldsymbol{u}_{\mathrm{r}} &= rn'^2(3\cos^2\xi' - 1) \\ \boldsymbol{F}' \cdot \boldsymbol{u}_{\mathrm{t}} &= 3rn'^2\cos\xi'\left(\frac{\boldsymbol{r}'}{r'} \cdot \boldsymbol{u}_{\mathrm{t}}\right) \\ \boldsymbol{F}' \cdot \boldsymbol{u}_{\mathrm{n}} &= 3rn'^2\cos\xi'\left(\frac{\boldsymbol{r}'}{r'} \cdot \boldsymbol{u}_{\mathrm{n}}\right) \end{aligned}\right\} \tag{7.80}$$

以太阳视运动的黄经 β_S 和黄道倾角 i_S 表示太阳在地球赤道惯性坐标系的方向，即

$$\boldsymbol{S} = \frac{\boldsymbol{r}_{\mathrm{eS}}}{r_{\mathrm{eS}}} = \begin{bmatrix} \cos\beta_S \\ \sin\beta_S\cos i_S \\ \sin\beta_S\sin i_S \end{bmatrix} \tag{7.81}$$

以 β_m 表示月球在月球轨道上相距白道升交点的角距，月球方向在地球赤道惯性坐标系为

$$\boldsymbol{M} = \frac{\boldsymbol{r}_{\mathrm{em}}}{r_{\mathrm{em}}} = \begin{bmatrix} \cos\beta_m\cos\Omega_m - \sin\beta_m\sin\Omega_m\cos i_m \\ \cos\beta_m\sin\Omega_m + \sin\beta_m\cos\Omega_m\cos i_m \\ \sin\beta_m\sin i_m \end{bmatrix} \tag{7.82}$$

单位矢量式(7.81)和式(7.82)即为引力等式(7.80)中的($\boldsymbol{r}'/r'$)，也是地球相对卫星和日、月张角 ξ' 的余弦等式(7.77)中的($\boldsymbol{r}'/r'$)，可由卫星轨道参数(或赤经 α 和赤纬 φ)，确定余弦等式(7.77)的卫星矢量($\boldsymbol{r}'/r'$)、摄动力式(7.80)中的轨道切向矢量 $\boldsymbol{u}_t$ 和法向矢量 $\boldsymbol{u}_n$。

7.4.3　轨道平面内摄动

产生轨道平面内摄动的引力是径向和切向摄动引力，与地球形状摄动类似，通过调整同步轨道高度，平衡径向摄动力，而切向摄动力引起轨道偏心率周期性变化。对于静止轨道，分析轨道平面内轨道要素的摄动，可略去小倾角的影响，则轨道径向和切向矢量有最简式，即

$$\boldsymbol{u}_{\mathrm{r}} = \left(\frac{\boldsymbol{r}}{r}\right) = \begin{bmatrix} \cos\alpha \\ \sin\alpha \\ 0 \end{bmatrix}, \quad \boldsymbol{u}_{\mathrm{t}} = \begin{bmatrix} -\sin\alpha \\ \cos\alpha \\ 0 \end{bmatrix}$$

代入径向摄动力等式(7.80)，引用太阳方向的方向余弦式(7.81)，得太阳引力产生的径向摄动力为

$$F_{\mathrm{r}} = r_S n_S^2[3(\cos^2\alpha\cos^2\beta_S + 2\sin\alpha\cos\alpha\sin\beta_S\cos\beta_S\cos i_S + \sin^2\alpha\sin^2\beta_S\cos^2 i_S) - 1]$$

径向摄动力是卫星赤经 α 的三角函数，沿轨道积分一圈，得一天内的平均径向摄动力，有

$$\bar{F}_{\mathrm{r}} = r_S u_S^2\left[\frac{3}{2}(\cos^2\beta_S + \sin^2\beta_S\cos^2 i_S) - 1\right] \tag{7.83}$$

地球中心引力包含两项，即均匀地球的中心引力 $\frac{\mu}{r^2}$ 和摄动引力 F_r，太阳摄动的径向引力与地球中心引力反向，地球同步轨道的半径 r_c 应符合条件：

$$r_c u_e^2 = \frac{\mu}{r_c^2 - F_r}$$

令 $r_c = r_S(1 + \Delta)$，从上式可得同步半径增量的比值，即

$$\Delta = \frac{-F_r}{3(\mu/r_S^2)} \tag{7.84}$$

此比值等于摄动引力与均匀地球同步引力之比的 1/3。代入摄动力式(7.83)，得同步半径的增量为

$$(\Delta r)_S = \frac{-1}{3} r_S \left(\frac{r_S}{n_e}\right)^2 \left[\frac{3}{2}(\cos^2\beta_S + \sin^2\beta_S \cos^2 i_S) - 1\right]$$

当月球白道升交点通过春分点，即 $\Omega_m = 0$ 时，月球引力的结果与上式等同，仅需将太阳下标 S 用 m 替代。引用天文常数式(7.74) 得日、月摄动引起的同步高度的降低量为

$$(\Delta r)_S \leqslant 52.7 \text{ m}$$

$$(\Delta r)_m \leqslant 114.5 \text{ m}$$

太阳引力产生的切向摄动力具有类似的简化等式，由式(7.80) 和式(7.81) 可得

$$F_t = 3r_S n_S^2 [\sin\alpha\cos\alpha(-\cos^2\beta_S + \sin^2\beta_S\cos^2 i_S) + (-\sin^2\alpha + \cos^2\alpha)\sin\alpha_S\cos\alpha_S\cos i_S]$$

代入偏心率摄动方程，有

$$\frac{\mathrm{d}e_x}{\mathrm{d}t} = \frac{1}{v_S} F_t \cos\alpha$$

$$\frac{\mathrm{d}e_y}{\mathrm{d}t} = \frac{1}{v_S} F_t \sin\alpha$$

方程右端为卫星赤经 α 的三角函数，沿轨道的积分为零，即一天内太阳引力引起的偏心率平均变化率为零，但在一天内偏心率周期性变动，周期为半天。

月球引力的切向摄动产生的结果与上述等同。

7.4.4 轨道倾角摄动

由于静止卫星的轨道基本上位于赤道面，与太阳视运动轨道的几何关系比较固定，因此，太阳引力摄动较有规律。

假设轨道的倾角为零，则轨道径向、法向矢量有最简式为

$$\boldsymbol{u}_r = \left(\frac{\boldsymbol{r}}{r}\right) = \begin{bmatrix} \cos\alpha \\ \sin\alpha \\ 0 \end{bmatrix}, \quad \boldsymbol{u}_n = \begin{bmatrix} 0 \\ 0 \\ 1 \end{bmatrix}$$

代入太阳摄动引力式(7.80)，法向引力可写成

$$F_n^S = 3r_S n_S^2 (\cos\alpha\cos\beta_S + \sin\alpha\sin\beta_S\cos i_S)\sin\beta_S\sin i_S \tag{7.85}$$

在静止轨道上，卫星受的引力摄动是交变的。当 $\beta_S = \pm 90°$，即在夏至或冬至时，太阳处于赤道坐标的 YZ 平面，如图 7.15 所示。由式(7.85)，在赤经 0° ～ 180° 的半圈内，卫星总是受到北向引力，而在 180° ～ 360° 的半圈内，卫星总是受南向引力，由此形成沿 X 轴方向的力矩，迫使轨道的倾角矢量 $\boldsymbol{i}$(即动量矩 $\boldsymbol{h}$ 的单位矢量) 倒向春分方向。在春分、秋分季日，无法向引力。当太阳处在其他季节时，引力情况相似，倾角矢量倒向太阳恒星时角的垂直方向。

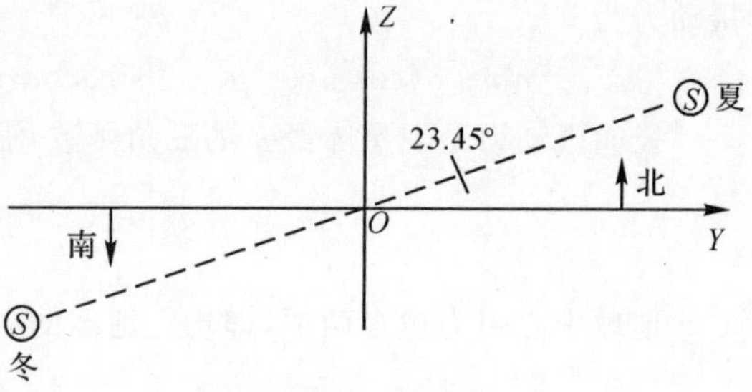

图 7.15　交变摄动

如轨道倾角为 $i \ll 1$，卫星纬度 φ 为小量，在卫星轨道坐标矢量的等式中，可令 $\cos\varphi = 1$，按轨道升交点球面三角形，可引用 $\sin\varphi$ 的公式，即

$$\sin\varphi = \sin i \sin(\omega + f) = \sin i \sin(\alpha - \Omega) = \sin\alpha \cdot i_y - \cos\alpha \cdot i_x$$

卫星轨道径向和法向矢量的表达式为

$$\boldsymbol{u}_{\mathrm{r}}=\left(\frac{\boldsymbol{r}}{r}\right)=\begin{bmatrix}\cos\alpha\\ \sin\alpha\\ \sin\alpha\cdot i_y-\cos\alpha\cdot i_x\end{bmatrix}$$

$$\boldsymbol{u}_n=\begin{bmatrix}-\cos\alpha\sin\alpha\cdot i_y+\cos^2\alpha\cdot i_x\\ -\sin^2\alpha\cdot i_y+\cos\alpha\sin\alpha\cdot i_x\\ 1\end{bmatrix}$$

为书写简便,令太阳方向的表达式(7.81) 表示为

$$\boldsymbol{S}=\begin{bmatrix}S_x\\ S_y\\ S_z\end{bmatrix}$$

太阳摄动的法向引力式(7.80) 的两项主要成分可写成

$$\cos\xi_{\mathrm{S}}=(\boldsymbol{S}\cdot\boldsymbol{u}_{\mathrm{r}})=\cos\alpha\cdot i_x+\sin\alpha\cdot i_y+(\sin\alpha\cdot i_y-\cos\alpha\cdot i_x)S_z$$

$$(\boldsymbol{S}\cdot\boldsymbol{u}_{\mathrm{n}})=(-\cos\alpha\sin\alpha\cdot i_y+\cos^2\alpha\cdot i_x)S_x+(-\sin^2\alpha\cdot i_y+\cos\alpha\sin\alpha\cdot i_x)S_y+S_z$$

在太阳引力作用下,轨道倾角摄动方程见式(7.34),则有

$$\left.\begin{aligned}\frac{\mathrm{d}i_x}{\mathrm{d}t}&=\frac{3r_{\mathrm{S}}}{v_{\mathrm{S}}}n_{\mathrm{S}}^2\cos\xi_{\mathrm{S}}\sin\alpha(\boldsymbol{S}\cdot\boldsymbol{u}_{\mathrm{n}})\\ \frac{\mathrm{d}i_y}{\mathrm{d}t}&=\frac{3r_{\mathrm{S}}}{v_{\mathrm{S}}}n_{\mathrm{S}}^2\cos\xi_{\mathrm{S}}\cos\alpha(\boldsymbol{S}\cdot\boldsymbol{u}_{\mathrm{n}})\end{aligned}\right\}\tag{7.86}$$

将太阳方向的方向余弦式(7.81) 代入式(7.86) 倾角摄动方程,右端是含卫星赤经 α 的三角函数,沿轨道积分一圈,得一天内倾角变化的平均速率,有

$$\left.\begin{aligned}\frac{\delta i_x}{\delta t}&=\frac{1}{2\pi}\int_0^{2\pi}\left(\frac{\mathrm{d}i_x}{\mathrm{d}t}\right)\mathrm{d}\alpha=\\ &3n_{\mathrm{e}}\left(\frac{n_{\mathrm{S}}}{n_{\mathrm{e}}}\right)^2\left[\left(\frac{1}{4}S_xS_y\right)i_x+\left(-\frac{1}{8}S_x^2-\frac{3}{8}S_y^2+\frac{1}{2}S_z^2\right)i_y+\frac{1}{2}S_yS_z\right]\\ \frac{\delta i_y}{\delta t}&=\frac{1}{2\pi}\int_0^{2\pi}\left(\frac{\mathrm{d}i_y}{\mathrm{d}t}\right)\mathrm{d}\alpha=\\ &3n_{\mathrm{e}}\left(\frac{n_{\mathrm{S}}}{n_{\mathrm{e}}}\right)^2\left[\left(\frac{1}{8}S_x^2+\frac{3}{8}S_y^2-\frac{1}{2}S_z^2\right)i_x-\left(\frac{1}{4}S_xS_y\right)i_y+\frac{1}{2}S_xS_z\right]\end{aligned}\right\}\tag{7.87}$$

引用太阳方向 S 的方向余弦公式(7.81),有

$$\begin{aligned}S_x^2&=\cos^2\beta_{\mathrm{S}}\\ S_y^2&=\sin^2\beta_{\mathrm{S}}\cos i_{\mathrm{S}}\\ S_z^2&=\sin^2\beta_{\mathrm{S}}\sin i_{\mathrm{S}}\\ S_xS_y&=\sin\beta_{\mathrm{S}}\cos\beta_{\mathrm{s}}\cos i_{\mathrm{S}}\\ S_yS_z&=\sin^2\beta_{\mathrm{S}}\sin i_{\mathrm{S}}\cos i_{\mathrm{S}}\\ S_xS_z&=\sin\beta_{\mathrm{S}}\cos\beta_{\mathrm{S}}\sin i_{\mathrm{S}}\end{aligned}$$

因此可以看出,倾角摄动方程式(7.87) 等号右端都含有 $2\beta_{\mathrm{S}}$ 的正余弦函数,表明倾角摄动随太阳视运动而周期性交变,周期为半年。将此倾角摄动方程沿太阳运动轨道积分一圈,得一年内倾角摄动的平均速率,有

$$\left.\begin{aligned}\frac{\Delta i_x}{\Delta t}&=\frac{1}{2\pi}\int_0^{2\pi}\left(\frac{\delta i_x}{\delta t}\right)\mathrm{d}\beta_{\mathrm{S}}=3n_{\mathrm{e}}\left(\frac{n_{\mathrm{S}}}{n_{\mathrm{e}}}\right)^2\left[\left(-\frac{1}{16}-\frac{3}{16}\cos^2 i_{\mathrm{S}}+\frac{1}{4}\sin^2 i_{\mathrm{S}}\right)i_y+\frac{1}{4}\sin i_{\mathrm{S}}\cos i_{\mathrm{S}}\right.\\ \frac{\Delta i_y}{\Delta t}&=\frac{1}{2\pi}\int_0^{2\pi}\left(\frac{\delta i_y}{\delta t}\right)\mathrm{d}\beta_{\mathrm{S}}=3n_{\mathrm{e}}\left(\frac{n_{\mathrm{S}}}{n_{\mathrm{e}}}\right)^2\left[\frac{1}{16}+\frac{3}{16}\cos^2 i_{\mathrm{S}}-\frac{1}{4}\sin^2 i_{\mathrm{S}}\right]i_x\end{aligned}\right\}\tag{7.88}$$

代入天文常数式(7.74),可得

$$\left.\begin{aligned}\frac{\Delta i_x}{\Delta t}&=n_{\mathrm{e}}(-0.405 i_y+0.205)\times 10^{-5}\,(\mathrm{rad/s})\\ \frac{\Delta i_y}{\Delta t}&=n_{\mathrm{e}}(0.405 i_x)\times 10^{-5}\,(\mathrm{rad/s})\end{aligned}\right\}\tag{7.89}$$

由此看出,太阳引力使轨道面进动,同时使轨道倾角矢量 $\boldsymbol{i}$ 倒向春分方向,一年内的平均摄动速率为

$$\frac{\Delta i_x}{\Delta t}=0.205 n_{\mathrm{e}}\times 10^{-5}\ \mathrm{rad/s}=0.27\ [(°)/\mathrm{a}]$$

月球引力作用的几何关系较复杂,因为月球轨道面绕黄极方向进动,白道与赤道的升交点的方向每年不同,但基本规律与太阳引力作用类同,即平面外的引力导致轨道倾角摄动。

在月球引力作用下,轨道倾角摄动方程与太阳引力作用的摄动方程式(7.86) 有相同的形式,式中 n_{S}^2,ξ_{S} 和 $\boldsymbol{S}$ 应替代为 σn_{m}^2,ξ_{m} 和 $\boldsymbol{M}$,其中月球方向 $\boldsymbol{M}$ 的公式见式(7.82),将摄动速率沿轨道积分一圈,同样得出一天内倾角变化的平均速率,与式(7.87) 形式相同,其中 S_x,S_y,S_z 替代为 m_x,m_y,m_z—— 月球方向的方向余弦式(7.82)。

如令摄动方程右端的 $i_x=0$,$i_y=0$,则有一天平均倾角变化的简代式为

$$\left.\begin{aligned}\frac{\delta i_x}{\delta t}&=\frac{3}{2}n_{\mathrm{e}}\sigma\left(\frac{n_{\mathrm{m}}}{n_{\mathrm{e}}}\right)^2(\cos\beta_{\mathrm{m}}\sin\Omega_{\mathrm{m}}+\sin\beta_{\mathrm{m}}\cos\Omega_{\mathrm{m}}\cos i_{\mathrm{m}})\sin\beta_{\mathrm{m}}\sin i_{\mathrm{m}}\\ \frac{\delta i_y}{\delta t}&=\frac{3}{2}n_{\mathrm{e}}\sigma\left(\frac{n_{\mathrm{m}}}{n_{\mathrm{e}}}\right)^2(\cos\beta_{\mathrm{m}}\cos\Omega_{\mathrm{m}}-\sin\beta_{\mathrm{m}}\sin\Omega_{\mathrm{m}}\cos i_{\mathrm{m}})\sin\beta_{\mathrm{m}}\sin i_{\mathrm{m}}\end{aligned}\right\}\tag{7.90}$$

当白道的升交点不在春分方向上,即 $\Omega_{\mathrm{m}}\neq 0$ 时,在月球周期一圈内,倾角变化率有两次最大值,方向相反,倾角的主要变化方向朝向春分点。将式(7.90) 沿月球轨道积分,得月球周期内倾角摄动的平均速率为

$$\frac{\Delta i_x}{\Delta t}=\frac{3}{4}n_{\mathrm{e}}\sigma\left(\frac{n_{\mathrm{m}}}{n_{\mathrm{e}}}\right)^2\cos\Omega_{\mathrm{m}}\sin i_{\mathrm{m}}\cos i_{\mathrm{m}}$$

$$\frac{\Delta i_y}{\Delta t}=-\frac{3}{4}n_{\mathrm{e}}\sigma\left(\frac{n_{\mathrm{m}}}{n_{\mathrm{e}}}\right)^2\sin\Omega_{\mathrm{m}}\sin i_{\mathrm{m}}\cos i_{\mathrm{m}}$$

引用天文常数式(7.74) 和式(7.68),月球引力作用的轨道倾角摄动的平均变化率可列为

$$\left.\begin{aligned}\frac{\Delta i_x}{\Delta t}&=n_{\mathrm{e}}\times(0.443+0.074\cos\Omega_{\mathrm{mS}})\times 10^{-5}\\ \frac{\Delta i_y}{\Delta t}&=n_{\mathrm{e}}\times(-0.099\sin\Omega_{\mathrm{mS}})\times 10^{-5}\end{aligned}\right\}\tag{7.91}$$

月球引力产生的轨道倾角摄动与月球轨道面的方位有关,即与月球轨道升交点的黄经有关。在18.6年的周期中,月球轨道与赤道的夹角在23.45°±5.15°范围内变化,月球引力产生年平均倾角变化率最大值为 0.68(°)/a(当 $\Omega_{\mathrm{mS}}=0°$ 时),最小值为 0.48(°)/a(当 $\Omega_{\mathrm{mS}}=180°$ 时)。

月球引力同样使轨道面进动，保留摄动方程式(7.88) 等号右端的 i_x, i_y，引用月球方向的方向余弦式(7.82)，以上述相同步骤可得月球引力使轨道面进动的角频率为 $0.943n_e \times 10^{-5}$ rad/s。

合成地球带谐项摄动和日、月摄动作用的轨道倾角摄动方程，由式(7.89) 和式(7.91)，有平均摄动总方程

$$\left.\begin{aligned}\frac{\mathrm{d}i_x}{\mathrm{d}t} &= n_e(-4.93i_y + 0.074\cos\Omega_{\mathrm{mS}} + 0.648) \times 10^{-5}\ \mathrm{rad/s}\\ \frac{\mathrm{d}i_y}{\mathrm{d}t} &= n_e(5.21i_x - 0.099\sin\Omega_{\mathrm{mS}}) \times 10^{-5}\,\mathrm{rad/s}\end{aligned}\right\} \tag{7.92}$$

轨道要素 i_x, i_y 的解包含周期项和长期项，前者主要由地球扁状摄动引起(占 3.72)，后者由于日、月引力的作用(占 7.48)。略去 $\cos\Omega_{\mathrm{mS}}, \sin\Omega_{\mathrm{mS}}$ 项，摄动方程式(7.92) 的解为

$$\left.\begin{aligned}i_x &= i_x(0)\cos\omega_i t - 0.973i_y(0)\sin\omega_i t + 0.128\sin\omega_i t\\ i_y &= 1.028i_x(0)\sin\omega_i t + i_y(0)\cos\omega_i t + 0.131(1-\cos\omega_i t)\end{aligned}\right\} \tag{7.93}$$

式中，$i_x(0), i_y(0)$ 是轨道倾角的初始值；ω_i 是轨道平面周期性进动的角频率，有

$$\omega_i = 5.068n_e \times 10^{-5}\,(\mathrm{s}^{-1})$$

从式(7.93) 看出，如初始倾角为零，则在地球、日、月摄动作用下，静止轨道的法线在一个近似圆锥面上进动，圆锥中心线的倾角是 7.5°，并倒向黄极方向，$\Omega=0°$，进动周期是 54 a，最大倾角可达 15°，且在初始时刻，轨道的法线倒向春分点方向。如初始倾角是 $i_y(0)=0, i_x(0)=-\varepsilon$（$\varepsilon$ 是正的小量），则轨道法线单位矢量端点的赤道面上的投影(即进动轨迹) 近似地如图 7.16 所示，轨道倾角的变化是先减后增。因此在南北位置保持的问题中，通常使初始轨道具有小量倾角偏置，并且升交点的赤经接近 270°。

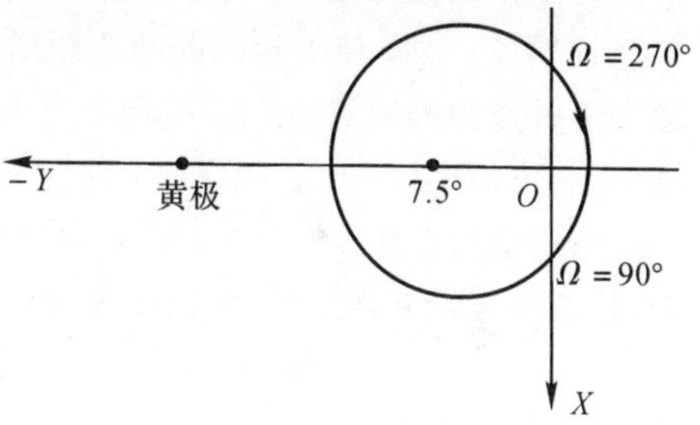

图 7.16　进动轨迹

倾角的变化率与月球白道在黄道上的升交点位置有关，在此升交点的春分点方向上($\Omega_{\mathrm{mS}=0}$)，倾率变化率最大，等于 0.95(°)/a；而在负方向上($\Omega_{\mathrm{mS}}=180°$)，倾角变化率量小，等于0.75(°)/a。根据天文年历的数据，得知某年月球白道在黄道上升交点的赤经，就可算得当年静止卫星轨道倾角的漂移率。

7.5　太阳光压摄动

当卫星受到太阳光照射时，太阳辐射能量的一部分被吸收，另一部分被反射，这种能量转换使卫星受到力的作用，称为太阳辐射压力，简称光压。作用在卫星单位表面积 $\mathrm{d}A$ 上的辐射压力为

$$\mathrm{d}\boldsymbol{F} = p\mathrm{d}A\ |\cos\alpha|\ [(1-c)\boldsymbol{u}_{\mathrm{I}} - c'\boldsymbol{u}_{\mathrm{F}}]$$

式中，p 为太阳光压强度；α 为太阳光入射角；$\boldsymbol{u}_{\mathrm{I}}, \boldsymbol{u}_{\mathrm{F}}$ 为入射光、反射光方向的单位矢量；c, c' 为表面吸收率和反射率。

卫星表面对太阳光的反射比较复杂，有镜面反射和漫反射。在讨论太阳光压对卫星轨道

的影响时，可以认为光压的方向与太阳光的入射方向一致，作用在单位卫星质量上的光压可以统一地写成

$$\boldsymbol{F}_S = -\boldsymbol{F}_S = -Kp\left(\frac{A}{m}\right)\boldsymbol{S} \tag{7.94}$$

式中，A 是垂直于太阳光的卫星截面积；m 是卫星的质量；系数 K 与卫星表面材料、形状等性质有关，如全吸收，则 $K=1$；太阳光压强度 p 等于单位面积的阳光辐射功率与光速的比值，取太阳光单位面积的平均辐射功率为 $1.4\ \mathrm{kW/m^2}$，得太阳光压强度为 $p=4.65\times10^{-6}\ \mathrm{N/m^2}$；$\boldsymbol{S}$ 是地心指向太阳的矢量，由于卫星的地心距与太阳的地心距的比值很小(10^{-4})，可以直接用 $\boldsymbol{S}$ 代替卫星到太阳的方向。

在同步轨道上卫星受到的光压 $\boldsymbol{F}_S$ 与地心中心引力 $\boldsymbol{F}_e$ 之比为

$$\frac{F_S}{F_e} = \frac{Kp}{g}\left(\frac{A}{m}\right)\left(\frac{r_S}{R_e}\right)^2$$

如卫星的面质比 $\dfrac{A}{m}=0.1\ \mathrm{m^2/kg}$，则光压 $\boldsymbol{F}_S=0.2\times10^{-5}\boldsymbol{F}_e$，它和地球形状摄动，日、月摄动属同一量级。

太阳光压使轨道变化的趋向如图 7.17 所示。当卫星处在圆轨道上沿下半圈运行时，光压的作用使卫星加速，经过半圈的积累，相当于在点 ① 处顺速度方向施加一个速度增量 Δv_1；当卫星在上半圈运行时，光压起减速作用，半圈积累的结果相当于在点 ② 处反方向作用一个 Δv_2 的速度增量。Δv_1 使上半圈的地心距增大，Δv_2 使下半圈的地心距减小，轨道呈椭圆状，点 ② 逐渐上升成为远地点，点 ① 逐渐下降为近地点。由于 $|\Delta v_1| = |\Delta v_2|$，轨道的半长轴变化很小，轨道的拱线(①② 的联线) 垂直于光压方向。随着地球的公转，卫星轨道的偏心率矢量 $\boldsymbol{e}$(沿拱线指向近地点) 的方向在赤道坐标面上不断地旋转，并且增长；半年后光压从反方向射来，偏心率矢量 $\boldsymbol{e}$ 继续转，但长度缩短，因此太阳光压使轨道偏心率发生长周期摄动。

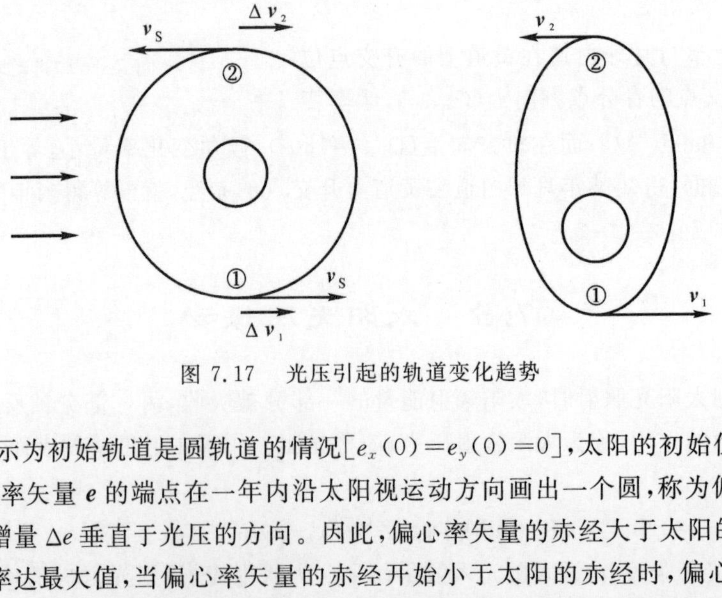

图 7.17　光压引起的轨道变化趋势

图 7.18 所示为初始轨道是圆轨道的情况$[e_x(0)=e_y(0)=0]$，太阳的初始位置在春分点方向，轨道的偏心率矢量 $\boldsymbol{e}$ 的端点在一年内沿太阳视运动方向画出一个圆，称为偏心率摄动圆。

偏心率的增量 Δe 垂直于光压的方向。因此，偏心率矢量的赤经大于太阳的赤经。光压作用半年后偏心率达最大值，当偏心率矢量的赤经开始小于太阳的赤经时，偏心率的摄动量减少，一年后偏心率又回到零，轨道的拱线一年内在空间旋转 180°，偏心率的最大增量为 2ρ。

作用在卫星上的光压在卫星轨道坐标系中的分量为

$$\left.\begin{aligned} F_r &= -F_S(\boldsymbol{S}\cdot\boldsymbol{u}_r) \\ F_t &= -F_S(\boldsymbol{S}\cdot\boldsymbol{u}_t) \\ F_n &= -F_S(\boldsymbol{S}\cdot\boldsymbol{u}_n) \end{aligned}\right\} \tag{7.95}$$

式中，$\boldsymbol{u}_r$，$\boldsymbol{u}_t$，$\boldsymbol{u}_n$ 分别是卫星所在点的径向、横向和法向的单位矢量，它们在赤道惯性坐标系中的分量见式(7.17)。

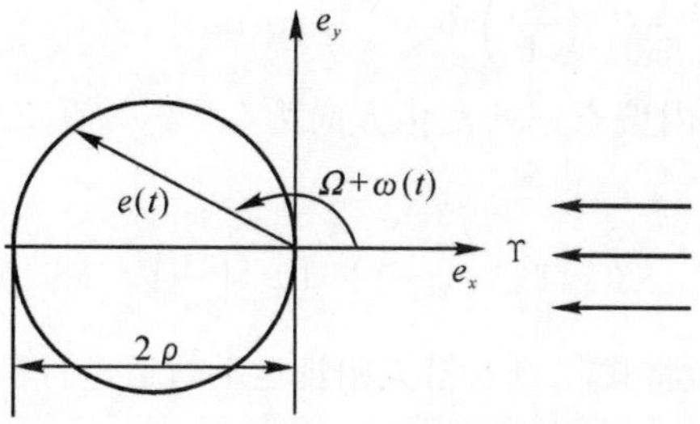

图 7.18　偏心率摄动圆

太阳方向 $\boldsymbol{S}$ 在赤道惯性坐标系中可用赤经 α_S 和赤纬 δ_S 表示，借助于如图 7.19 所示的球面三角形，可以用太阳视运动轨道根数表示太阳的方向，即

$$\boldsymbol{S} = \begin{bmatrix} \cos l_S \\ \sin l_S \cos i_S \\ \sin l_S \sin i_S \end{bmatrix} \tag{7.96}$$

式中，l_S 是太阳在黄道上的黄经；i_S 是黄赤的夹角。

将式(7.96) 和式(7.17) 代入式(7.95)，可得出当卫星轨道倾角很小时，光压摄动在 3 个坐标方向的分量为

$$\left.\begin{aligned} F_r &= -\frac{F_S}{2}[(1-\cos i_S)\cos(\Omega+u+l_S)+(1+\cos i_S)\cos(\Omega+u-l_S)] \\ F_t &= \frac{F_S}{2}[(1-\cos i_S)\sin(\Omega+u+l_S)+(1+\cos i_S)\sin(\Omega+u-l_S)] \\ F_n &= -F_S\sin i_S\sin l_S \end{aligned}\right\} \tag{7.97}$$

式中，$u=\omega+f$。在光压作用下，轨道摄动主要表现在轨道面内轨道要素 e_x，e_y 的变化。对于静止轨道，有 $e\ll 1$，$n\approx\omega_e$，$r=M$，轨道要素 e_x，e_y 的摄动方程可简化为

$$\left.\begin{aligned} \frac{\mathrm{d}e_x}{\mathrm{d}t} &= \frac{1}{v_S}(F_r\sin l+2F_t\cos l) \\ \frac{\mathrm{d}e_y}{\mathrm{d}t} &= \frac{1}{v_S}(-F_r\cos l+2F_t\sin l) \end{aligned}\right\} \tag{7.98}$$

式中，$l=\Omega+\omega+M$ 为卫星的平赤经。

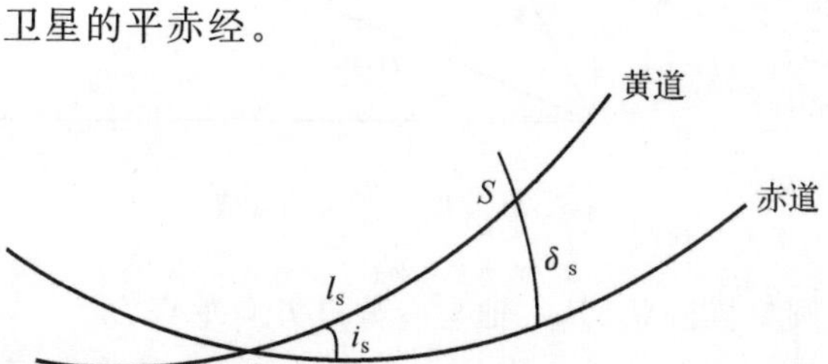

图 7.19　太阳位置

在静止轨道上的卫星，每年有 275 d 处在连续全日照状态，在剩余天数内，每天星蚀时间少于 4.8%，因此，可将上式直接积分，在轨道一圈内取平均值。将式(7.97) 代入式(7.98)，沿轨道积分一圈(假定轨道一圈内 l_S 为常值)，得每天偏心率的变化率为

$$\left.\begin{aligned}\frac{\delta e_x}{\delta t}&=\frac{1}{2\pi}\int_0^{2\pi}\left(\frac{\mathrm{d}e_x}{\mathrm{d}t}\right)\mathrm{d}l=-\frac{3F_S}{2v_S}\sin l_S\cos i_S\\ \frac{\delta e_y}{\delta t}&=\frac{1}{2\pi}\int_0^{2\pi}\left(\frac{\mathrm{d}e_y}{\mathrm{d}t}\right)\mathrm{d}l=\frac{3F_S}{2v_S}\cos l_S\end{aligned}\right\}\tag{7.99}$$

略去黄赤交角的因子 $\cos i_S$，一天内偏心率的变化方向为 $l_S+90°$，垂直于太阳方向，变化率的幅值为(假定 $K=1$)

$$\dot{e}=\frac{3p}{2v}\times(86\ 141)=1.95\times10^{-4}\left(\frac{A}{m}\right)\quad(\mathrm{d}^{-1})$$

再分析一年内偏心率的变化，将式(7.99) 沿太阳视运动轨道进行积分，令 $l_S=n_S(t-t_0)=l_S(t)-l_S(t_0)$，得

$$\left.\begin{aligned}e_x(t)&=e_x(t_0)+\frac{3F_S}{2v_Sn_S}[\cos l_S(t)-\cos l_S(t_0)]\cos i_S\\ e_y(t)&=e_y(t_0)+\frac{3F_S}{2v_Sn_S}[\sin l_S(t)-\sin l_S(t_0)]\end{aligned}\right\}\tag{7.100}$$

式中，$e_x(t_0)$，$e_y(t_0)$ 为初始偏心率，等号右端第二项为偏心率增量 $\Delta e_x(t)$，$\Delta e_y(t)$。

在赤道坐标面上，后两项随太阳视运动描述一个通过坐标原点的圆周，圆心在太阳方向上，位于$[-\cos l_S(t_0),-\sin l_S(t_0)]$，圆半径 ρ 为

$$\rho=\frac{3F_S}{2v_S}\left(\frac{365.25}{2\pi}\right)=0.011\left(\frac{A}{m}\right)\tag{7.101}$$

式(7.100) 的合成如图 7.20 所示，光压使偏心率 $\boldsymbol{e}$ 的端点在偏心率圆上移动，偏心率圆的圆心位置与初始 $e(t_0)$ 和 $l_S(t_0)$ 有关，位于通过矢量 $\boldsymbol{e}(t_0)$ 端点沿光压方向的直线上。如初始偏心率 $\boldsymbol{e}(t_0)$ 指向太阳，幅值又等于偏心率圆半径 ρ，则式(7.100) 化为

$$e_x(t)=\rho\cos l_S(t),\quad e_y(t)=\rho\sin l_S(t)$$

即在光压作用下，偏心率的幅值保持常值，但方向跟随太阳旋转。

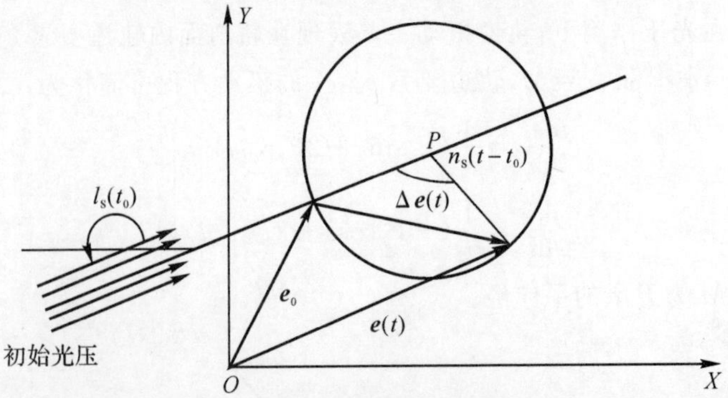

图 7.20　偏心率摄动合成

黄赤交角使偏心率圆呈椭圆状，其主轴与春分点方向垂直。

如取卫星面质比为 $0.1\mathrm{m}^2/\mathrm{kg}$，一年内偏心率增量 $\Delta e(t)$ 的最大幅值为 0.002 2，由此引起

卫星在一天内东西方向漂移的幅度为 $\pm 0.26°$。

7.6　大气摄动

在近地轨道上，与地球表面相比，大气相当稀薄，但卫星以很高速度且长时间在高层大气中穿行，微小大气阻力的积累最终显出其影响的重要性，导致轨道衰减。以大气分子撞击卫星表面建立阻力模型，可近似认为入射能量被完全吸收，气动阻力产生的阻力为

$$F_{\mathrm{A}} = \frac{1}{2} c_{\mathrm{d}} \rho S v^2 \tag{7.102}$$

式中，c_{d} 为气动系数，可近似取为 1；ρ 为大气密度；S 为迎风面积，即几何面积乘以面积外法线与速度的方向余弦。气动阻力沿轨道速度的负方向，在轨道径向和切向坐标的分量为

$$F_{\mathrm{r}} = -F_{\mathrm{A}} \sin\beta, \quad F_{\mathrm{t}} = -F_{\mathrm{A}} \cos\beta \tag{7.103}$$

式中，β 为飞行角，即卫星速度与当地水平线的夹角。在椭圆轨道上，卫星速度和飞行角与真近点角的关系见式(6.41) 和式(6.42)。气动力主要引起卫星轨道半长轴和偏心率的摄动，将式(7.103) 代入轨道要素摄动等式(7.29)，令卫星质量为 m，并利用式(6.41) 和式(6.42)，可得

$$\frac{\mathrm{d}a}{\mathrm{d}t} = -\left(\frac{c_{\mathrm{d}} \rho S}{m}\right) \frac{n a^2}{(1-e^2)^{\frac{3}{2}}} (1 + e^2 + 2e\cos f)^{\frac{3}{2}}$$

$$\frac{\mathrm{d}e}{\mathrm{d}t} = -\left(\frac{c_{\mathrm{d}} \rho S}{m}\right) \frac{n a}{(1-e^2)^{\frac{1}{2}}} (e + \cos f)(1 + e^2 + 2e\cos f)^{\frac{1}{2}}$$

再由轨道动量矩式 $r^2 \dot{f} = \sqrt{\mu a (1-e^2)}$，得 $\mathrm{d}t$ 和 $\mathrm{d}f$ 的关系式为

$$\mathrm{d}t = \frac{(1-e^2)^{\frac{3}{2}}}{n(1+e\cos f)^2} \mathrm{d}f$$

利用上式，由于大气摄动是长周期摄动，在轨道上一圈内半长轴和偏心率的变化为小量，半长轴和偏心率的增量为

$$\left.\begin{aligned} \Delta a &= -\left(\frac{c_{\mathrm{d}} \rho S}{m}\right) a^2 \int_0^{2\pi} \frac{(1+e^2+2e\cos f)^{\frac{3}{2}}}{(1+e\cos f)^2} \mathrm{d}f \\ \Delta e &= -\left(\frac{c_{\mathrm{d}} \rho S}{m}\right) a(1-e^2) \int_0^{2\pi} \frac{(1+e^2+2e\cos f)^{\frac{1}{2}}}{(1+e\cos f)^2} (e+\cos f) \mathrm{d}f \end{aligned}\right\} \tag{7.104}$$

对于圆轨道，从长周期性角度，可用能量法估计轨道高度的衰减，大气摄动对卫星做的功为 $-vF_{\mathrm{A}}$，等于轨道能量的变化 $\frac{\mathrm{d}E}{\mathrm{d}t}$，根据能量式 $E = -\mu/2a$，有

$$\frac{\mu}{2a^2} \frac{\mathrm{d}a}{\mathrm{d}t} = -vF_{\mathrm{A}} \tag{7.105}$$

对于圆轨道，有 $a = r, v = \sqrt{\mu/r}$，再引入高层大气密度的指数近似模式，即

$$\rho = \rho_0 \mathrm{e}^{-(r-R_{\mathrm{e}})/h_0} \tag{7.106}$$

式中，h_0 为高层大气的标高，式(7.105) 可化成

$$\frac{\mathrm{d}r}{\mathrm{d}t} = -\left(\frac{c_{\mathrm{d}} S}{m}\right) \sqrt{\mu r} \rho_0 \mathrm{e}^{-(r-R_{\mathrm{e}})/h_0} \tag{7.107}$$

令 $r - R_{\mathrm{e}} = H$ 为轨道高度，上式的积分为

$$\int_{H_0}^{H} \frac{e^{H/h_0}}{\sqrt{R_e + H}} dH = -\sqrt{\mu} \left(\frac{c_d S}{m} \right) \rho_0 (t - t_0)$$

式中，t_0，H_0 分别为初始时间和初始轨道高度。

对于近地圆轨道可引用近似关系 $R_e \gg H$，由上式的积分得轨道高度的衰减过程为

$$H(t) = H_0 \ln \left[e^{H_0/h_0} - \frac{1}{h} \sqrt{\mu R_e} \left(\frac{c_d S}{m} \right) \rho_0 (t - t_0) \right] \tag{7.108}$$

复习思考题 7

1. 解释轨道摄动。
2. 解释摄动函数。
3. 解释太阳光压。
4. 对卫星的实际轨道是用怎样的方法描述的？
5. 卫星轨道的摄动因素有哪些？
6. 低轨道主要考虑哪些摄动因素？为什么？说明各摄动因素的主要摄动规律。
7. 高轨道主要考虑哪些摄动因素？为什么？说明各摄动因素的主要摄动规律。
8. 说明用轨道要素摄动法分析某一摄动因素对轨道摄动的方法。
9. 推导卫星摄动基本方程。
10. 推导卫星的球坐标运动方程。
11. 推导轨道要素摄动方程(拉格朗日摄动方程)。
12. 推出日、月引力摄动力的表达式。

第 8 章 星-地空间几何

卫星的应用任务，如卫星遥感、卫星通信和卫星导航等的系统设计、运行分析，都与卫星的和地球之间的空间几何有关。这些几何关系表现在卫星的轨道位置、卫星的姿态以及与地面观察点的位置和地球自转相位的相互关系。

8.1 星下点轨迹

星下点轨迹是卫星星下点在地球表面通过的路径，是卫星轨道运动和地球自转运动的合成。卫星星下点是卫星向径与地球表面的交点，用地心经、纬度表示，卫星轨道定义在赤道惯性坐标系，由卫星的位置坐标(x,y,z)可得赤经α和赤纬δ为

$$\alpha=\arctan\left(\frac{y}{x}\right),\quad \delta=\arctan\left(\frac{z}{(x^2+y^2+z^2)^{\frac{1}{2}}}\right)$$

或由轨道要素得出赤经α和赤纬δ。由图 6.6 的直角球面三角形 NDS，有

$$\left.\begin{aligned}\alpha&=\Omega+\arctan(\tan u\cos i)\\ \delta&=\arcsin(\sin u\sin i)\end{aligned}\right\}\tag{8.1}$$

式中，$u=\omega+f$ 是卫星离升交点的角距，真近点角 f 由求解开普勒方程得出。

卫星的地理经度λ等于卫星赤经与格林尼治的恒星时角之差，即

$$\lambda=\alpha-[G_0+\omega_e(t-t_0)]$$

式中，G_0 为起始时刻格林尼治恒星时角；$\omega_e=7.292\ 115\ 8\times10^{-5}$ rad/s，为地球自旋转速。

卫星的地心纬度φ与地理纬度φ'的关系，如图 8.1 所示。地球的椭球模型是，地球沿子午线的截面是个椭圆，其半长轴 a_e 为赤道半径，其半短轴 b_e 为地球的极半径。椭圆的偏率 α_e 和偏心率 e 定义为

$$\alpha_e=\frac{a_e-b_e}{a_e},\qquad e^2=\frac{a_e^2-b_e^2}{a_e^2}$$

其基本常数如下：

$$a_e=6\ 378.145\ \text{km},\quad b_e=a_e(1-\alpha_e)=6\ 356.76\ \text{km},\quad \alpha_e=\frac{1}{298.257},e=0.081\ 82$$

地心纬度 φ 和地理纬度 φ' 的转换式为

$$\tan\varphi=(1-\alpha_e)^2\tan\varphi'$$

8.2 可见覆盖区

由地面观察卫星的可见范围受卫星高度角（又称为仰角）的限制，地面观测点与卫星之间

的视线方向在当地仰角应大于 5°，地面站覆盖区是以地面观测点 P 为中心的可观区，星下点在此圈内的卫星都为可观察。如图 8.2 所示，该区是以 P 点为中心，满足仰角 E 为给定值，星下点 B 相对 P 点的分布圈。

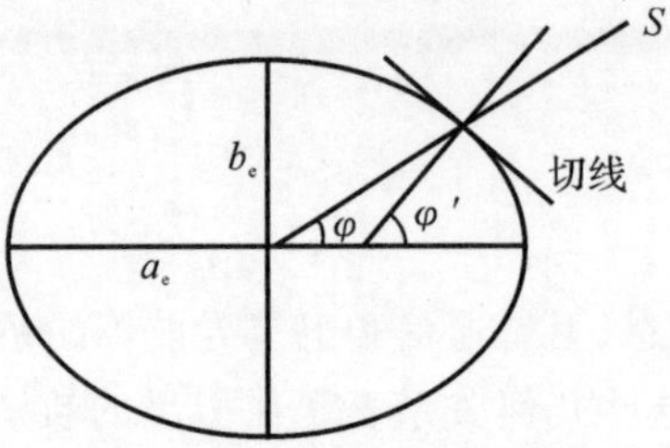

图 8.1　地心纬度与地理纬度

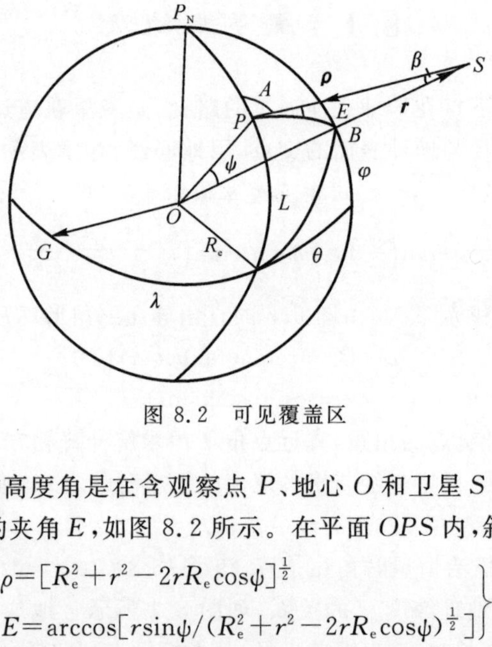

图 8.2　可见覆盖区

从地面站观察卫星的高度角是在含观察点 P、地心 O 和卫星 S 的平面内，卫星视线方向与观察点 P 水平面之间的夹角 E，如图 8.2 所示。在平面 OPS 内，斜距 ρ 和仰角 E 为

$$\left.\begin{aligned} \rho &= [R_e^2 + r^2 - 2rR_e\cos\psi]^{\frac{1}{2}} \\ E &= \arccos[r\sin\psi/(R_e^2 + r^2 - 2rR_e\cos\psi)^{\frac{1}{2}}] \end{aligned}\right\} \tag{8.2}$$

式中，ψ 角为卫星星下点 B 与观察点 P 之间的地心夹角。由图 8.2 的球面三角形 P_NPB，有

$$\cos\psi = \cos L\cos\varphi\cos\theta + \sin L\sin\varphi \tag{8.3}$$

式中，L 为观察点的地心纬度，θ 为观察点相对卫星星下点子午线的经度。从地面观察卫星的方位角是在当地水平面内，卫星方向相对北向的夹角 A。由图 8.2 的球面三角形 P_NPB，其方位角公式为

$$A = \arcsin[\sin\theta\cos\varphi/\sin\psi] \tag{8.4}$$

对于给定倾角 E 值，覆盖圈上星下点 B 相对 P 点的经、纬度关系可由图 8.2 的球面三角形 P_NPB 得出，即

$$\theta = \arccos[(\cos\psi - \sin\varphi\sin L)/\cos\varphi\cos L] \tag{8.5}$$

式中，ψ 角是卫星可见覆盖圈的角半径，它的二倍是卫星的最大可观弧段，直接决定于卫星高度和仰角。由图 8.2 中可得

$$\psi = \frac{\pi}{2} - E - \arcsin(R_e\cos E/r) = \arccos(R_e\cos E/r) - E$$

从式(8.5)给定观测点的地心纬度 L，可得出覆盖圈上各点 B 的纬度 φ 和相应的相对于 P 点子午线的经度 θ。

从卫星上观察地球的几何角是卫星天底角 β，定义为卫星相对观察地面点 P 与星下点 B 之间的角距。由图 8.2 中三角形 OPS 可得，卫星天底角 β 与卫星仰角 E 的关系式为

$$r\sin\beta = R_e \cos E$$

8.3　通信波束服务区

在静止轨道上，通信卫星波束覆盖地面的服务区与卫星天线波束指向角有关。假定卫星姿态与轨道坐标一致，令天线主轴(波束中心线)指向地面服务区中心 P 点，该点的地心纬度为 L，与卫星定点位置的经度差为 θ(见图 8.3)，则 P 点相对于卫星星下点的地心角 ψ 为

$$\psi = \arccos(\cos L \cos\theta)$$

P 点相对于卫星的天底角 β 为

$$\beta = \arctan\left(\frac{R_e \sin\psi}{r - R_e \cos\psi}\right)$$

由以上两式可得出天线主轴相对于卫星轨道坐标系的方向。

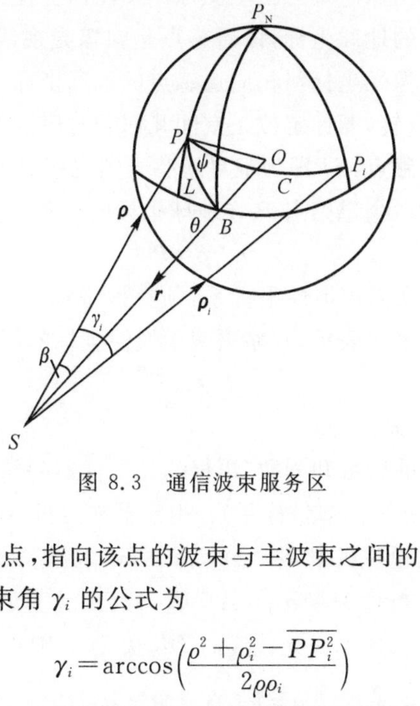

图 8.3　通信波束服务区

令 P_i 为服务区内地面某点，指向该点的波束与主波束之间的夹角为波束角 γ_i。由图 8.3 中三角形 SPP_i，可得计算波束角 γ_i 的公式为

$$\gamma_i = \arccos\left(\frac{\rho^2 + \rho_i^2 - \overline{PP_i^2}}{2\rho\rho_i}\right) \tag{8.6}$$

式中，ρ,ρ_i 为卫星至 P，P_i 点的斜距，利用地心角 ψ 的算式，分别有

$$\left.\begin{aligned} \rho^2 &= r^2 + R_e^2 + 2rR_e \cos L \cos\theta \\ \rho_i^2 &= r^2 + R_e^2 + 2rR_e \cos L_i \cos\theta_i \end{aligned}\right\} \tag{8.7}$$

式中，L_i，θ_i 分别为 P_i 点的地心纬度和相对卫星定点位置的经度。

式(8.6)中，P 点与 P_i 点之间的弦长 $\overline{PP_i}$ 可由弧长 C 换算得

$$\overline{PP_i}=2R_e\sin\frac{C}{2}$$

再由图 8.3 中球面三角形 P_NPP_i，得上式中弧长为

$$\cos C=\sin L\sin L_i+\cos L\cos L_i\cos(\theta-\theta_i)$$

下述由两种模式描述天线波束服务区，两者都以天线主轴指向点 P 为中心点。

(1)等增益圈：对于圆锥形波束，等增益圈对应等波束角。按式(8.6)，由点 $P_i(L_i,\theta_i)$ 得波束角 γ_i；再令 γ_i 为定值，由式(8.7)得组合解(L_j,θ_j)，连接成等增益圈。

(2)等通量密度圈：在地面服务点 P_i 接收星上天线发射的通量密度和指向该点的波束角 γ_i 与斜距 ρ_i 有关，到达地面的通量密度和天线发射功率与该方向的增益成正比，与指向该点的斜距的平方成反比。对于圆锥形波束，利用简单的迭代法即可得出地面上等通量密度服务圈：先在波束中心点 P 的经度圈上选取与服务圈的交点，计算该点的通量密度；再按等经度步长移动该点，根据等通量密度的要求，迭代求得该点的纬度，依此类推。

8.4 遥感图像几何定位

在遥感卫星上，光学遥感仪器获取地球辐射图像的方式有两种：点(或线)扫描式和面阵成像式。从卫星上获取的地球图像简称为卫星图像。在图像上任一像元的图像坐标对应地球表面某一被视察点(或遥感点)的地球坐标，该遥感点是扫描光视线(或阵列单元的视线)与地球表面的交点。图像定位就是像元坐标与相应遥感点的地球坐标一一对应。由于卫星的轨道运动、仪器的扫描运动和地球自转，图像定位是空间几何和时序的结合。如图 8.2 所示，令 P 点为对应某一图像元的地面遥感点，$\overline{SP}$即为卫星遥感光轴观察 P 点的视线矢量 $\boldsymbol{\rho}$(简称“像元视线矢量”)，由卫星指向遥感点；令遥感点 P 在地球坐标的位置矢量为 $\boldsymbol{P}$，有空间几何关系为

$$\boldsymbol{r}+\boldsymbol{\rho}=\boldsymbol{P} \tag{8.8}$$

卫星的位置矢量 $\boldsymbol{r}$ 定义在赤道惯性坐标系，须在该坐标系中求解上述几何关系式。令像元视线矢量在赤道惯性坐标系中表示为(略去表示惯性坐标的下标 I)

$$\boldsymbol{P}=\rho\boldsymbol{u} \tag{8.9}$$

式中，$\boldsymbol{u}$ 为像元视线的单位矢量。

根据像元在图像坐标上的行数和列数，再根据光学仪器的焦距，可得出像元视线在仪器坐标系的单位矢量 $\boldsymbol{u}_P$(下标 P 表示仪器坐标系)。由仪器在卫星本体上的安装矩阵 $\boldsymbol{M}$，得出像元视线在卫星本体坐标 B 中的单位矢量 $\boldsymbol{u}_B=\boldsymbol{M}^{-1}\boldsymbol{u}_P$；再由卫星姿态参数——姿态矩阵$\boldsymbol{A}$，得出像元视线在卫星轨道坐标 O 的单位矢量 $\boldsymbol{u}_O=A^{-1}\boldsymbol{u}_B$；最后，由卫星轨道参数确定的轨道坐标与赤道惯性坐标的转换矩阵 $\boldsymbol{R}_{OI}$，计算像元视线的单位矢量 $\boldsymbol{u}$，则有

$$\boldsymbol{u}=R_{OI}^{-1}\boldsymbol{A}^{-1}\boldsymbol{M}^{-1}\boldsymbol{u}_P \tag{8.10}$$

按照卫星轨道坐标系的定义：x_O，z_O 轴位于轨道平面内；x_O 轴朝向速度方向，重直于地心天底方向；z_O 轴指向地心；y_O 轴按右手正交垂直于轨道平面。由轨道运动参数 $\boldsymbol{r}$，$\boldsymbol{v}$ 表示的轨道坐标轴方向为

$$\boldsymbol{x}_O=\boldsymbol{y}_O\times\boldsymbol{z}_O,\quad \boldsymbol{y}_O=\frac{\boldsymbol{v}\times\boldsymbol{r}}{|\boldsymbol{v}\times\boldsymbol{r}|},\quad \boldsymbol{z}_O=-\frac{\boldsymbol{r}}{r}$$

此坐标轴定义在赤道惯性坐标系，两者的转换矩阵可直接由轨道坐标轴矢量表示为

$$\boldsymbol{R}_{\mathrm{OI}}=[\boldsymbol{x}_{\mathrm{O}},\boldsymbol{y}_{\mathrm{O}},\boldsymbol{z}_{\mathrm{O}}]^{\mathrm{T}} \tag{8.11}$$

已知像元视线矢量 $\boldsymbol{u}$，可得出遥感点 P 的地球坐标。令下标 x,y,z 表示矢量在赤道惯性坐标轴的分量，考虑到地球的扁率，P 点的坐标 P_x,P_y,P_z 符合椭球面公式，即

$$\frac{P_x^2+P_y^2}{a_{\mathrm{e}}^2}+\frac{P_z^2}{b_{\mathrm{e}}^2}=1$$

式中，$a_{\mathrm{e}},b_{\mathrm{e}}$ 分别为地球的半长轴和半短轴。

引用几何关系式(8.8)，上式展开成

$$\frac{(\rho u_x+r_x)^2+(\rho u_y+r_y)^2}{a_{\mathrm{e}}^2}+\frac{(\rho u_z+r_z)^2}{b_{\mathrm{e}}^2}=1$$

得出像元视线的距离 ρ 为

$$\rho=\frac{-B-\sqrt{B^2-AC}}{A} \tag{8.12}$$

式中

$$A=1+du_z^2$$

$$B=\boldsymbol{r}\cdot\boldsymbol{u}+dr_zu_z$$

$$C=r^2+dr_z^2-a_e^2$$

$$d=\frac{a_{\mathrm{e}}^2-b_{\mathrm{e}}^2}{b_{\mathrm{e}}^2}$$

将式(8.12)、式(8.10)代入式(8.9)，再代入式(8.8)，得矢量 $\boldsymbol{P}$，再由地球坐标系与惯性坐标系的转换矩阵 $\boldsymbol{R}_{\mathrm{eI}}$，则有

$$\boldsymbol{R}_{\mathrm{eI}}=\begin{bmatrix}\cos G(t) & \sin G(t) & 0\\ -\sin G(t) & \cos G(t) & 0\\ 0 & 0 & 1\end{bmatrix}$$

式中，$G(t)$ 为格林尼治恒星时角，$G(t)=G_0+\omega_{\mathrm{e}}(t-t_0)$，可得遥感点 P 在地球坐标的矢量 $\boldsymbol{P}_{\mathrm{e}}$ 为

$$\boldsymbol{P}_{\mathrm{e}}=R_{\mathrm{eI}}\boldsymbol{P}$$

由此，可得遥感点 P 的地理经、纬度 λ,L 为

$$\begin{aligned}\lambda&=\arctan\left(\frac{P_x}{P_y}\right)_{\mathrm{e}}\\ L&=\arcsin\left(\frac{P_z}{|\boldsymbol{P}|}\right)_{\mathrm{e}}\end{aligned} \tag{8.13}$$

8.5　发射窗口

根据空间应用要求和飞行任务，在优选卫星的预定轨道和运载火箭的弹道之后，卫星制导设计的第一项任务是制定发射窗口，即发射的日期、时刻及其时间区间，在该区间内发射卫星能满足飞行任务的若干特定要求。航天器发射的三要素是发射场位置、发射方位角和发射时刻。航天器轨道的高度、椭圆度和倾角，与发射时刻无关，但轨道平面在空间的方位不仅与发

射方位角有关,还决定于航天器脱离地球表面的时刻。例如,若预定轨道的倾角为 90°,在春分或秋分日,当地时间上午或下午 6:00 点发射航天器,则太阳将垂直照射轨道平面。又如,若要求航天器进入另一在轨航天器的轨道平面,则发射时间的最佳选择应是发射场随地球旋转进入该轨道平面的时刻。每一项具体的特定技术要求对应某个发射时刻,该特定要求的允许范围对应一段发射时刻的区间,两者俗称为窗口。对于地球卫星,限制发射窗口的因素有两类:与太阳方向有关的称为阳光窗口,与空间卫星组网有关的称为平面窗口和相位窗口。

8.5.1 发射三要素

利用常规运载火箭将卫星送入预定轨道,此类运载火箭的弹道在发射过程中不作横向机动,卫星轨道平面在空间的方位直接决定于发射场 L 的地心纬度 φ、发射方位角 A 和发射时刻 t_L。

描述轨道平面方位的要素是倾角 i 和升交点经度 Ω,如图 8.4 所示,发射方位角 A 定义为发射点指北方向与运载火箭速度水平的方向的顺时针角。有两种发射方式:一种是以方位角 A 进行升轨发射,例如在球面上的位置①;另一种是,经过半天,当发射场转到球面位置②时,以方位角 $A'(=180°-A)$进行降轨发射。两种方式获得同一轨道。如图 8.4 所示,对于发射场 L,轨道倾角与发射方位角的关系为

$$\cos i=\sin A\cos\varphi \tag{8.14}$$

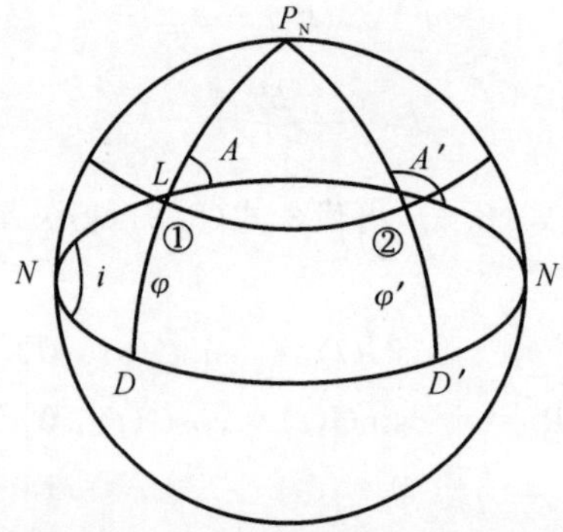

图 8.4 球面关系与发射方位角

根据此基本球面三角关系,为实现给定的轨道倾角,发射方位角有双解,$A<90°$或 $A>90°$,即升轨或降轨发射,所得轨道倾角必大于发射点的地心纬度 φ_0,如果求轨道倾角大于 90°,则$A<0$,升轨发射,方向西北;或 $A>180°$,降轨发射,方向西南。为实现给定的轨道升交点经度 Ω,由球面几何可得,发射时刻的发射场恒星时角应设定为

$$\left.\begin{aligned}\alpha_L&=\Omega+\Omega_D \qquad (\text{升轨发射})\\ \alpha_L&=\Omega+180°+\Omega_D\,(\text{降轨发射})\end{aligned}\right\} \tag{8.15}$$

式中,Ω_D 为球面赤道上,发射时发射场子午线的节点 D 相对于轨道节点 N(升交)或 N'(降交)之间的夹角(向东为正,向西为负),有

$$\Omega_D=\pm\arcsin\left(\frac{\tan\varphi}{\tan i}\right) \tag{8.16}$$

对于升轨发射,取正号。如 $i<90°$,则 $\Omega_D>0$,发射场子午圈节点 D 位于升交点 N 的右侧;如$i>90°$,则 $\Omega_D<0$,D 位于 N 的左侧。对于降轨发射,取负号。

从时序角度,发射时刻的发射场恒星时角可等于发射日格林尼治午夜的恒星时角 α_G、发

射场经度 λ 及发射时刻的世界时时角 $\omega_e t_L$ 之和。从发射至卫星入轨经历的时间为 t_A，因此，实际发射时间应比设定时间提前 t_A。以升轨发射为例，为实现升交点经度为 Ω 的轨道，发射时刻的世界时 t_L 应按下式确定(按小时计算)：

$$t_L=\frac{1}{15}[\Omega-\alpha_G-\lambda+\arcsin(\tan\varphi/\tan i)]-\frac{1}{60}t_A \tag{8.17}$$

8.5.2　阳光窗口

1. 轨道太阳角

太阳光是卫星在空间生存和执行任务的重要条件。卫星的能源系统、温控系统要求阳光在一定角度范围和时间范围内照射卫星。为了避免阳光对光学遥感探测仪器的干扰，要求阳光不得进入卫星某角度范围。为了保证轨道机动所需的姿态测量精度，要求太阳与地球和卫星三者相互处在良好的空间几何条件下。

由于卫星姿态稳定在轨道坐标中，上述技术要求都反映到轨道太阳角 β。其定义为轨道法线方向与太阳的夹角。如图 8.5 所示，S 为太阳在地心天球上的位置，太阳矢量 $\boldsymbol{S}$ 在赤道惯性坐标系中的要素是赤经 α_S、赤纬 δ_S，有

$$\boldsymbol{S}=\begin{bmatrix}\cos\delta_S\cos\alpha_S\\ \cos\delta_S\cos\alpha_S\\ \sin\delta_S\end{bmatrix}$$

轨道平面法线矢量为 $\boldsymbol{W}$，此矢量的要素决定于轨道倾角和升交点经度，有

$$\boldsymbol{W}=\begin{bmatrix}\sin i\sin\Omega\\ -\sin i\cos\Omega\\ \cos i\end{bmatrix}$$

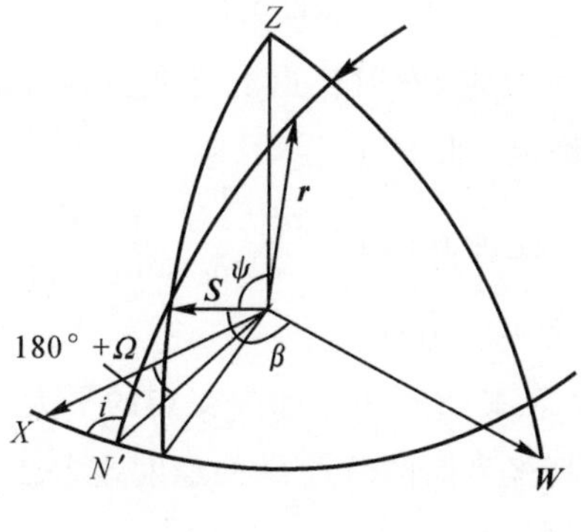

图 8.5　轨道太阳角

由此可得，轨道太阳角 β 的方向余弦为

$$\cos\beta=(\boldsymbol{S}\cdot\boldsymbol{W})=\cos\delta_S\sin(\Omega-\alpha_S)\sin i+\sin\delta_S\cos i \tag{8.18}$$

如要求太阳位于卫星的左舷，可令 $\beta<90°$；反之，令 $\beta>90°$。如 $\beta=90°$，则太阳与轨道面重合。定义卫星位置矢量 $\boldsymbol{r}$ 与太阳矢量 $\boldsymbol{S}$ 的夹角为 ψ，卫星进入地球阴影的条件为

$$\psi=\arccos(\frac{\boldsymbol{r}}{r}\cdot\boldsymbol{S})\geqslant 90°+\xi \tag{8.19}$$

式中，ξ 为地球阴影角，为卫星进入地影时，卫星向径与地阴边缘垂线之间的夹角，如图 8.6(a) 所示，有

$$\xi=\arcsin\left(\frac{\sqrt{r^2-R_e^2}}{r}\right) \tag{8.20}$$

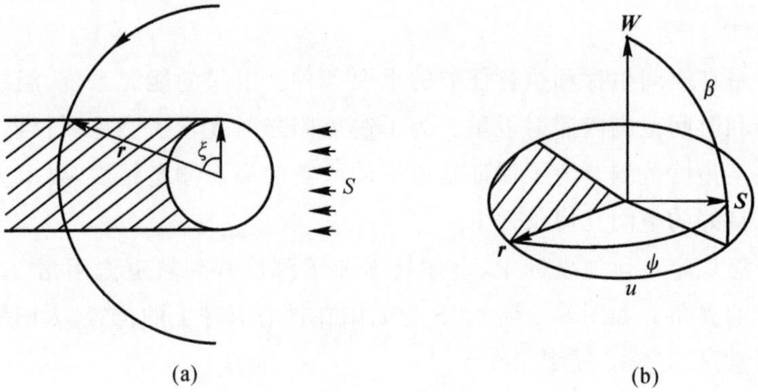

图 8.6　地影

在轨道一周内，卫星受日照的比率称为受晒因子。当阳光垂直照射轨道平面时，受晒因子最大；当阳光与轨道平面重合时，受晒因子最小。受晒因子与轨道高度和轨道太阳角有关，由图 8.6(b)，有三角关系式

$$\cos\psi=\cos u\cos(90°-\beta)$$

由此，受晒因子 ε 与轨道太阳角 β 的关系式为

$$\varepsilon=\frac{u}{180}=\frac{1}{180}\arccos\left[\frac{\cos\psi}{\sin\beta}\right]$$

为满足轨道太阳角 β 的技术要求，发射轨道的升交点经度 Ω，或该升交点的平太阳时角 Ω_S($\Omega_S=\Omega-\alpha_S$)可由式(8.18)确定，即

$$\Omega_S=\arcsin\left[\frac{\sin\delta_S\cos i-\cos\beta}{\cos\delta_S\sin i}\right] \tag{8.21}$$

由此推算发射时刻发射场的地方平太阳时。

以降轨发射为例(见图 8.4 和式(8.14))，如降交点的平太阳时角预定为 $180°+\Omega_S$，由轨道倾角要求，降交点 N' 与发射场经度圈的节点 D 的经度差为 Ω_D，则发射时刻的地方平太阳时 t_S 可确定为

$$t_S=12+\frac{1}{15}(180°+\Omega_S+\Omega_D)-\frac{1}{60}t_A \tag{8.22}$$

经度差 Ω_D 的正、负由式(8.16)确定，上式的单位是 h。

2. 天底太阳角

卫星对地球进行可见光观测，要求以卫星经过被观测地区时，卫星星下点处在合适的阳光照射条件下，获取清晰的遥感图像。可用天底太阳角 η 来描述此项技术要求。η 的定义是卫

星的位置矢量 $\boldsymbol{r}$ 与太阳矢量 $\boldsymbol{S}$ 的夹角。由图 8.7 可知,如遥感观测地区处在纬度圈 φ 上,卫星星下点 B 经过该纬度圈时,星下点的经度圈与赤道的节点 C 与轨道降交点 N' 的经度差为 Ω_C,由球面三角形 CBN',有

$$\Omega_C=-\arcsin(\tan\varphi/\tan i) \tag{8.23}$$

如倾角 $i<90°$,则 $\Omega_C<0$,节点 C 位于节点 N' 的左侧。在赤道惯性坐标系中,星下点 B 的单位矢量 $\boldsymbol{B}$ 可列为

$$\boldsymbol{B}=\begin{bmatrix}\cos\varphi\cos(180°+\Omega+\Omega_C)\\ \cos\varphi\sin(180°+\Omega+\Omega_C)\\ \sin\varphi\end{bmatrix}$$

星下点 B 的照度,即卫星天底太阳角 η 可按矢量标积得出,即

$$\cos\eta=(\boldsymbol{S}\cdot\boldsymbol{B})=\cos\varphi\cos\delta_S\cos(\Omega'_S+\Omega_C)+\sin\varphi\sin\delta_s \tag{8.24}$$

式中,Ω'_S 为降交点 N' 的平太阳时角,有

$$\Omega'_S=180°+\Omega-\alpha_s$$

如 $\Omega'_S<0$,则降交点地方时为上午;反之,为下午。

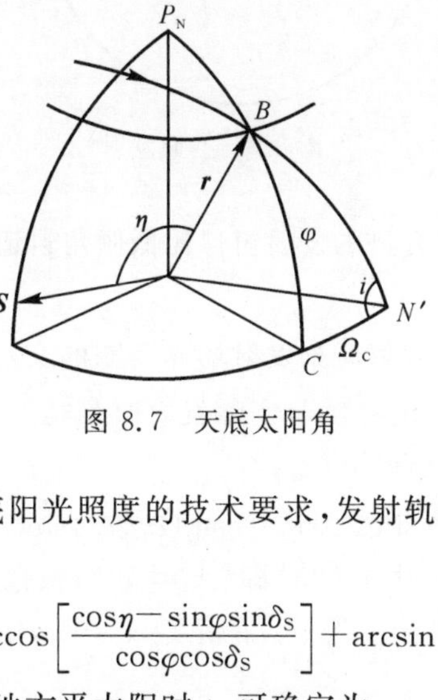

图 8.7　天底太阳角

为满足在指定纬度圈上天底阳光照度的技术要求,发射轨道的降交点平太阳角 Ω'_S 由式(8.23)和式(8.24)得出,即

$$\Omega'_S=\arccos\left[\frac{\cos\eta-\sin\varphi\sin\delta_S}{\cos\varphi\cos\delta_S}\right]+\arcsin\left[\frac{\tan\varphi}{\tan i}\right] \tag{8.25}$$

仿照式(8.22),发射时刻的地方平太阳时 t_S 可确定为

$$t_S=12+\frac{1}{15}(\Omega'_S+\Omega_D)-\frac{1}{60}t_A \tag{8.26}$$

8.5.3　平面窗口

两颗卫星轨道共面的条件是倾角和升交点赤经都相同。发射轨道的倾角由发射方位角保证,因而,共面发射的时刻就是发射场随地球旋转而进入目标轨道的时刻,每天有两次机会,一次升轨发射,一次降轨发射,如图 8.4 所示。实际操作很难实现绝对的共面发射。以降轨发射为例(见图 8.8),在共面发射时刻,目标轨道面通过发射场,在球面上后者位于 L 点,由于发射延迟,实际发射时发射场在球面上位于 L' 点,如发射方位角为 A',不同于共面发射的方位角 A,则发射轨道的倾角 i' 和升交点赤经 Ω' 都不同于共面发射的目标轨道要素 i,Ω,两者轨道面

交线的节点为 Q，两轨道的夹角 Δi 符合球面三角形 $NN'Q$ 的角余弦公式，即

$$\cos\Delta i=\cos i\cos i'+\sin i\sin i'\cos\Delta\Omega \tag{8.27}$$

式中，$\Delta\Omega$ 为降交点 N 和 N' 的经度差，$\Delta\Omega=\widehat{NN'}$。

如发射方位角按共面发射的要求设定，不可变更，即 $A'=A$，则有 $i'=i,\Omega'\neq\Omega$。为满足非共面的限制范围（按轨道夹角 Δi 的最大值限制），由球面三角形式(8.27)可得平面窗口的宽度 Δt 为

$$\Delta t=\frac{2}{\omega_e}\widehat{DD'}=\frac{2}{\omega_e}\widehat{NN'}=\frac{2}{\omega_e}\Delta\Omega=\frac{2}{\omega_e}\arccos\left(\frac{\cos\Delta i-\cos^2 i}{\sin^2 i}\right) \tag{8.28}$$

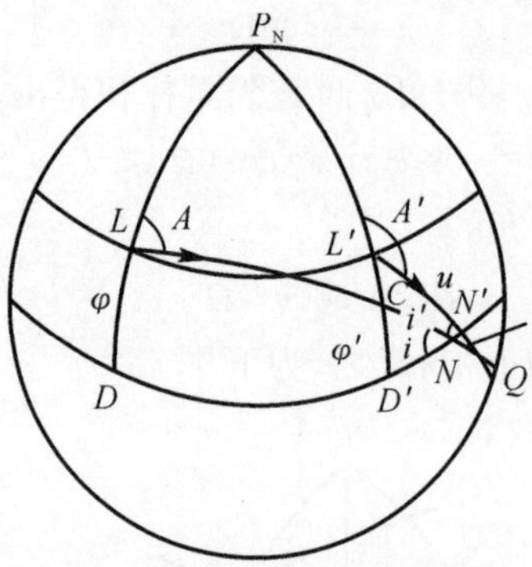

图 8.8　共面发射

由此可得，高倾角目标轨道允许的发射窗口比低倾角轨道短，如夹角限制 $\Delta i=1°$，$i=50°$，则 $\Delta t=10.4'$。

在图 8.8 上，令目标轨道与发射时刻发射场赤经圈的交点为 C，其纬度为 φ'，由于目标轨道为已知，其与发射经线的交点的纬度与实际发射时刻是对应的；又令两轨道面交线节点 Q 与发射点的角距为 u，由球面三角形 $L'CQ$，有

$$\sin\Delta i\Delta\sin u=\sin(\varphi-\varphi')\sin C \tag{8.29}$$

由式(8.29)得出，如调整发射方位角（即$(A'\neq A)$），根据偏离共面发射的时差，选择最佳发射方位角 A'，使发射点至两轨道交线节点的角距 $u=90°$，使夹角 Δi 为最小。如图 8.8 所示的球面三角形 $CD'N$，有

$$\sin C=\frac{\cos i}{\cos\varphi'} \tag{8.30}$$

将式(8.30)代入式(8.29)，令 $u=90°$，可得

$$\Delta i_{\min}=\arcsin\left(\frac{\cos i\sin(\varphi-\varphi')}{\cos\varphi'}\right)$$

再由球面三角形 $L'CQ$（其中 $u=90°$)），可得最佳发射方位角 A' 为

$$A'=\arccos\left(\frac{\cos C}{\cos\Delta i_{\min}}\right)=\arccos\left(\frac{\cos^2\varphi'-\cos^2 i}{\cos^2\varphi'-\cos^2 i\sin^2(\varphi-\varphi')}\right)^{\frac{1}{2}}$$

对于给定的非共面夹角 Δi 的允许范围，平面窗口宽度可按下式计算：

$$\Delta t=\frac{2}{\omega_e}\widehat{DD'}=\frac{2}{\omega_e}(\widehat{DN}-\widehat{D'N}) \tag{8.31}$$

由球面三角形 LDN 和 $CD'N$，上式中的弧段$\overset{\frown}{DN}$，$\overset{\frown}{D'N}$的等式为

$$\overset{\frown}{DN}=\arcsin\left(\frac{\tan\varphi}{\tan i}\right),\qquad \overset{\frown}{D'N}=\arcsin\left(\frac{\tan\varphi'}{\tan i}\right)$$

利用式(8.29)(其中 $u=90°$)和式(8.30)，可得

$$\tan\varphi'=\frac{\sin\varphi'}{\cos\varphi'}=\frac{\sin\varphi\cos i-\sin\Delta i}{\cos i\cos\varphi}$$

再代入窗口公式，可得

$$\Delta t=\frac{2}{\omega_e}\left[\arcsin\left(\frac{\tan\varphi}{\tan i}\right)-\arcsin\left(\frac{\cos i\sin\varphi-\sin\Delta i}{\sin i\cos\varphi}\right)\right]$$

若令 $\Delta i=1°$，$i=50°$，则 $\Delta t=13'$。

复习思考题 8

1. 解释星下点、星下点轨迹。
2. 解释可见覆盖区。
3. 解释通信波束服务区。
4. 解释卫星图像。
5. 解释发射窗口。
6. 如何计算星下点轨迹？
7. 如何计算可见覆盖区？
8. 如何计算通信波束服务区？
9. 写出遥感图像几何定位公式。

第 9 章　常用卫星轨道

9.1　太阳同步轨道

在卫星轨道基本特性的叙述中，地球被视为质量均匀的圆球体，轨道六要素中的 5 个要素，如倾角、升交点赤经等均为常值。实际地球的质量分布在赤道附近膨胀凸起，这些隆起的部分可视为附加质量，对于处在南、北半球的卫星产生附加的不通过地心的引力，形成对轨道运动的附加力矩 **M**，使卫星相对地心的动量矩 **h** 在空间进动（见图 9.1），即卫星轨道面与赤道面的节线方向在惯性空间不再是固定不变，而是向东或向西转动，其速率不仅与代表地球质量扁平分布的参数 J_2 项有关，还与轨道高度、倾角、偏心率有关。关于轨道摄动，代表节线进动的升交点赤经变化率在轨道一周内的平均值为

$$\dot{\Omega}=-\frac{3nJ_2R_e^2}{2a^2(1-e^2)}\cos i \tag{9.1}$$

式中，n 为轨道平均转速；$J_2=0.001\ 082$；$\dot{\Omega}$ 的单位为 rad/s。对于圆轨道，式(9.1)可改写成一天内的变化增量，即

$$\Delta\Omega=-9.97\left(\frac{R_e}{a}\right)^{\frac{7}{2}}\cos i \tag{9.2}$$

式中，$\Delta\Omega$ 的单位为(°)/d。显然，如轨道倾角 $i<90°$，则 $\dot{\Omega}<0$，为西进轨道，又称为顺行轨道；如 $i>90°$，则 $\dot{\Omega}>0$，为东进轨道，又称为逆行轨道。

如选择轨道半长轴 a 和倾角 i 的组合，使 $\Delta\Omega=0.985\ 6$(°)/d，则轨道进动方向和速率，与地球绕太阳周年转动的方向和速率相同（即经过 365.24 平太阳日，地球完成一次 360°的周年运动），此特定设计的轨道称为太阳同步轨道。

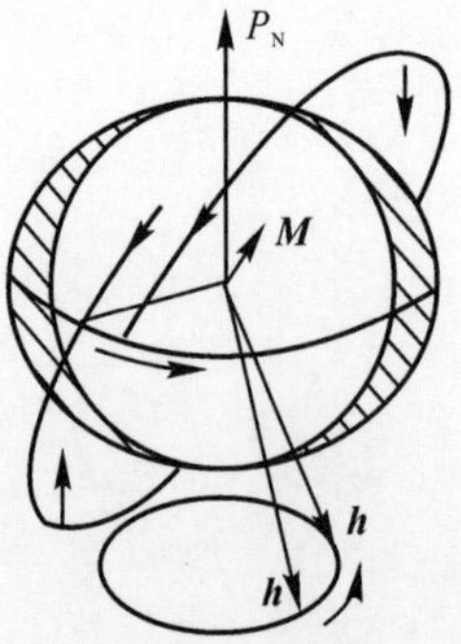

图 9.1　地球扁率影响图

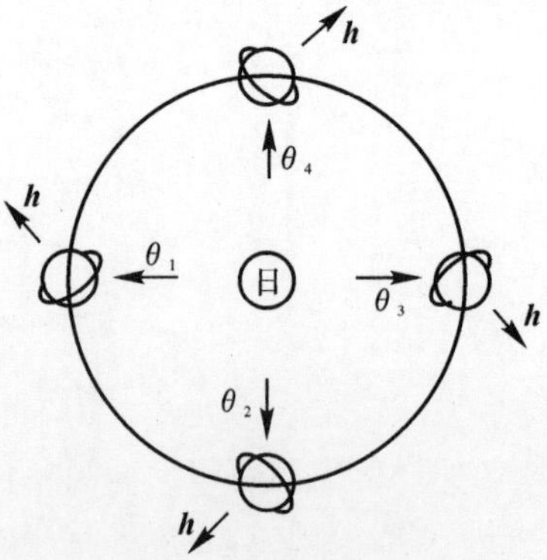

图 9.2　太阳同步轨道特点

太阳同步轨道的主要特点是太阳照射轨道面的方向在一年内基本不变。精确而言，轨道平面法线和太阳方向在赤道平面上的投影之间的夹角保持不变，即卫星经过赤道节点的地方时不变，如图 9.2 所示。此类轨道特别适用于近地轨道的对地遥感卫星，主要优点是下列重要技术参数的周年变化为最小。这些参数有卫星太阳照射角，太阳能源接收量，同纬度星下点的地方平太阳时，同纬度星下点的照度以及地影时间。前两项参数直接决定于轨道太阳 β——轨道法线与太阳方向视线的夹角[见图 8.5 和式(8.18)]，有

$$\beta=\arccos[\sin\Omega_S \cos\delta_S \sin i+\sin\delta_S\cos i] \tag{9.3}$$

式中，Ω_S 为升交点的地方平太阳时角（$\Omega_S=\Omega-\alpha_S$），对太阳同步轨道，Ω_S 为常值，其数值决定于发射窗口。

在式(9.3)中，仅有太阳赤纬 δ_S 为变量（$-2.35°\leqslant\delta_S\leqslant+23.5°$），因此轨道太阳角仅随季节变化。

第 3,4 项参数决定于天底太阳角——星下点的太阳高度角 η[见图 8.8 和式(8.24)]，有

$$\eta=\arccos[-\cos\varphi\cos\delta_S\cos(\Omega_S+\Omega_C)+\sin\varphi\sin\delta_S] \tag{9.4}$$

式中，φ 为指定纬度圈的纬度，Ω_C 是经度圈节点与降交点的夹角，由式(8.23)确定为

$$\Omega_C=-\arcsin(\tan\varphi/\tan i)$$

同样，对于太阳同步轨道，卫星过指定纬度圈时，星下点的地方平太阳时和照度的变化仅与季节有关。

太阳同步轨道遥感卫星的圆轨道高度和倾角如下：

高度/km	倾角/(°)
700	98.19
800	98.60
900	99.03

高倾角的卫星通过地球极上空，因此，太阳同步轨道又被称为极地轨道。

由于卫星轨道的进动与太阳视运动同步，地影时间的变化也为最小。如轨道升交点地方时为 6:00AM/PM，则地影时间为最短。

9.2　临界和冻结轨道

地球质量分布在赤道附近隆起，对卫星轨道的第二种影响是，当卫星穿越赤道附近时，卫星受到的引力大于其他轨道弧段，在赤道处卫星运动速度加快，轨道半径趋向减少，引起轨道拱线在轨道平面内转动，同时引起偏心率的变化。关于轨道摄动，如仅考虑 J_2 项的影响，近地点幅角 ω 和偏心率 e 的变化率为

$$\left.\begin{aligned}\dot{\omega}&=-\frac{3nJ_2R_e^2}{2a^2(1-e^2)^2}\left(\frac{5}{2}\sin^2 i-2\right)\\ \dot{e}&=0\end{aligned}\right\} \tag{9.5}$$

拱线转动导致卫星经过同纬度的高度不断地变化，严重地影响卫星应用任务。例如，对于服务于高纬度地区的通信卫星采用大椭圆轨道，远地点高 39 420 km，近地点高 1 000 km，偏心率为 0.72，轨道周期为 12 h。如要求远地点始终处在北极上空，即拱线不得转动，则由式(9.5)，轨道倾角应满足

$$\frac{5}{2}\sin^2 i-2=0 \tag{9.6}$$

即 $i=63.43°$(或 $i=116.57°$)。此值的倾角称为临界倾角,此类轨道称为临界轨道。

对于近地轨道的遥感卫星,倾角 63.4°不符合卫星应用要求,卫星遥感还要求偏心率很小,且为常值。引用地球扁平高阶摄动项 J_3 对轨道要素 ω,e 的影响,有

$$\dot{\omega}=-\frac{3nJ_2R_e^2}{2a^2(1-e^2)^2}\left(\frac{5}{2}\sin^2 i-2\right)\left[1+\frac{J_3R_e}{2J_2a(1-e)^2}\left(\frac{\sin^2 i-e\cos^2 i}{\sin i}\right)\frac{\sin\omega}{e}\right]$$

$$\dot{e}=\frac{3nJ_3R_e^3\sin i}{4a^3(1-e^2)^2}\left(\frac{5}{2}\sin^2 i-2\right)\cos\omega$$

为使拱线不转动,可选择合适的偏心率,使中括号项为零,同时设置合适的近地点幅角,使 $\dot{e}=0$。根据上式,合适的轨道设计是

$$\omega=90°,\quad e=\frac{\sin i}{\dfrac{\cos^2 i}{\sin i}-\dfrac{2J_2a}{J_3R_e}}$$

存在 $\dot{\omega}=\dot{e}=0$,近地点幅角 ω 被保持,或称被冻结在 90°,轨道的倾角和高度可以独立选择,此类轨道称为冻结轨道。

例如,海洋卫星应用要求 $H=800$ km,$i=108°$,冻结轨道的参数是 $\omega=90°$,$e=0.000\,8$。

9.3 回归轨道

卫星遥感运行设计的一项重要分析工作是轨道覆盖问题。从应用角度,卫星遥感仪器对地扫过区域的合成应覆盖全球,并且周期性重复。此类卫星的轨道特性是,星下点轨迹(地理坐标)周期性重叠,即经过一定时间后,星下点轨迹又重新回到原先通过的路线,此类轨道称为回归轨道,或称重访轨道、循环轨道。此外,在该周期内,在同纬度圈上相邻轨迹的距离相同。

星下点轨迹在地球面上横移是地球自转、轨道节线进动和卫星轨道运动的合成,在轨道一周内星下点轨迹越过赤道的横移角,即连续相邻轨迹在赤道上的间隔 $\Delta\lambda$(见图 9.3)为

$$\Delta\lambda=T_N(\omega_e-\dot{\Omega}) \tag{9.7}$$

式中,ω_e 为地球转速;$\dot{\Omega}$ 为轨道节线进动的平均速率;T_N 为轨道运动的节点周期,包含轨道的平均转速 n 和地球扁平摄动 J_2 的作用项,其计算公式为

$$T_N=2\pi\left(\frac{a^3}{\mu}\right)^{\frac{1}{2}}\left[1-\frac{3J_2R_e^2}{2a_2}\left(3-\frac{5}{2}\sin^2 i\right)\right] \tag{9.8}$$

如选择轨道的半轴和倾角,使轨道周期满足:

$$RT_N(\omega_e-\dot{\Omega})=R\cdot\Delta\lambda=2\pi$$

式中,R 为正整数,则此轨道的回归周期为一天,在一天内轨道圈数为 R。

因遥感仪器的性能,近地轨道卫星的轨道高度通常是 600～1 000 km。一天内卫星轨道的整圈数可以是 13,14 或 15 圈,对于一天回归的轨道,相邻轨迹的角距间隔 27.7°,25.7°或 24°,地面距离间隔约 2 850 km,远远超出星上遥感仪器对地观测的幅宽覆盖范围。因此,为实现全球覆盖,通常利用多天回归轨道,即设计轨道的半长轴和倾角,使轨道周期 T_N 满足

$$RT_N(\omega_e-\dot{\Omega})=R\cdot\Delta\lambda=N\cdot 2\pi$$

或写成

$$RT_N = ND_N \tag{9.9}$$

式中，R，N 均为正整数；$D_N = 2\pi/(\omega_e - \dot{\Omega})$，称为节点日。

式(9.9)表示，轨道经过 N 天回归一次，在回归周期内共转 R 圈，每天的轨道圈数为非整数，定义 Q 为

$$Q = \frac{R}{N} = \frac{2\pi}{\Delta\lambda} = I \pm \frac{C}{N} \tag{9.10}$$

式中，Q 称为回归系数，由整数与分数组成；正整数 I 为接近一天的轨道圈数；C 为另一正整数（其意义见下述）。I，N，C 构成表征回归轨道的三大要素。

第 I 圈的轨迹相对起始轨迹的相移角为

$$\alpha = \pm(I \cdot \Delta\lambda - 2\pi) \tag{9.11}$$

若 $(I \cdot \Delta\lambda - 2\pi) > 0$，则取"+"号，表明经过一天轨迹向东移动。

若 $(I \cdot \Delta\lambda - 2\pi) < 0$，取"−"号，表明轨迹向西移动。

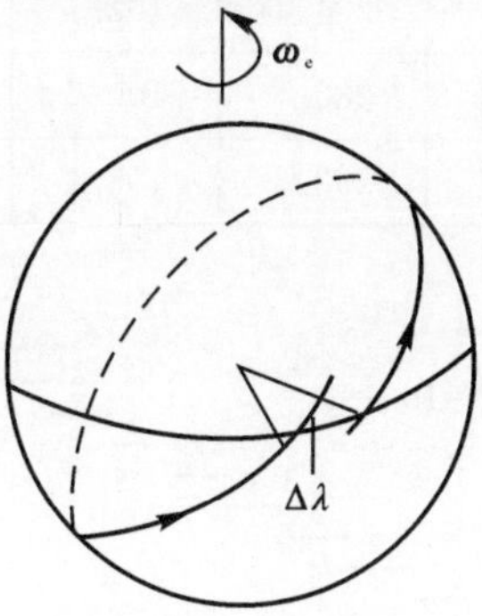

图 9.3　回归轨道

上述两种情况都表明，在连续相邻轨迹的间隔 $\Delta\lambda$ 内，插入每过一天的相移轨迹。N 天覆盖又表明每个连续相邻轨迹的间隔 $\Delta\lambda$ 被 N 天内通过的轨迹等分割为 N 区，每一区间的幅宽约为

$$\gamma = \frac{\Delta\lambda}{N} \tag{9.12}$$

即为任意相邻轨迹之间的间隔。根据星上遥感仪器的性能，选择周期性覆盖的天数 N，使相邻轨迹的幅宽 γ 小于仪器的观测幅宽。

设计轨道周期 T_N，可使一天的轨迹相移角 α 等于幅宽角 γ，或等于后者的整数倍，有

$$\alpha = C\gamma \tag{9.13}$$

将式(9.11)式(9.12)代入式(9.13)，得

$$\frac{C}{N} = \pm\left(I - \frac{2\pi}{\Delta\lambda}\right) = \pm\left(I - \frac{D_N}{T_N}\right)$$

再由式(9.9)，得轨道周期的设计公式为

$$T_N = \frac{D_N}{I \mp \dfrac{C}{N}} \tag{9.14}$$

式(9.14)表明，设计回归轨道的周期，不仅决定于要求全球覆盖的周期天数、每天轨道的圈数，还与正整数 C 的选取有关。C 的正数值及其前置符号"＋"或"－"决定了在每个连续相邻轨道间隔 $\Delta\lambda$ 内的覆盖方式。如 $C=1$，则一天轨迹相移角等于幅宽角，为连续覆盖，即在 N 天内，通过 $\Delta\lambda$ 间隔的轨迹，按日期数连续排列，形成按日期的连续覆盖。如 $C>1$，则一天轨迹相移角为幅宽角的倍数，在 N 天内，通过 $\Delta\lambda$ 间隔的轨迹不再是按日期数连续排列，形成断续式覆盖。在式(9.14)的分母中，取"＋"号，则轨迹东移；取"－"号，则轨迹西移。

举例：令回归轨道兼为太阳同步轨道，覆盖周期为 $N=10$ 天，取回归系数 $Q=14+\frac{1}{10}$，$Q=14+\frac{3}{10}$ 和 $Q=14-\frac{3}{10}$ 等三例，在 $\Delta\lambda$ 间隔内的覆盖排列分别如图 9.4(a)，(b)，(c)所示，图中数字 1，2，3，…表示按日期的轨迹覆盖，其轨道高度 H 等轨道参数见表 9.1。

表 9.1　太阳同步回归轨道参数

Q	$\Delta\lambda/(°)$	γ/km	T_N/min	H/km	$i/(°)$
$14\frac{1}{10}$	25.53	284.4	102.1	860.6	98.9
$14\frac{3}{10}$	25.18	280.4	100.7	794.3	98.5
$13\frac{7}{10}$	26.27	292.6	105.1	1 001.7	99.5

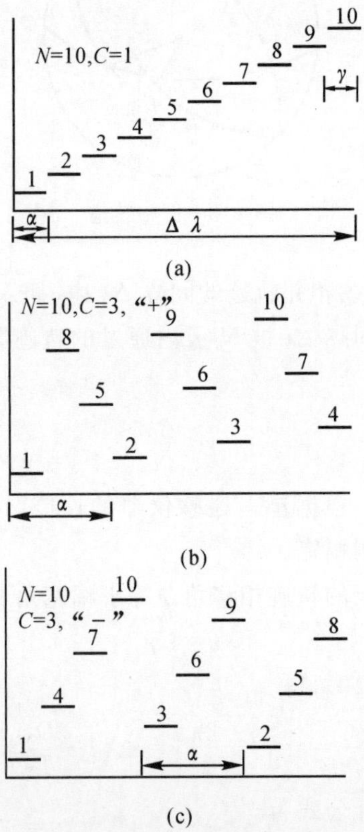

图 9.4　太阳同步回归轨道覆盖

9.4　静止轨道

要使一颗绕地球运转的卫星相对于地球成为静止卫星，必须将卫星送入一个特定的轨道。这种静止卫星的轨道要同时具有如下三种特性：

(1)轨道的周期与地球自转周期一致，$T=2\pi/\omega_e$。

(2)轨道的形状是圆形，偏心率 $e=0$。

(3)轨道处在地球赤道平面上，倾角 $i=0$。

处在这种轨道上卫星的星下点位置(地理经纬度)是静止不动的，卫星相对于地面上观测者的方位角、倾角也是不变的。如仅有轨道周期与地球自转周期相等，这种轨道称为地球同步轨道。但是，处在同步轨道上的卫星相对于地球并不一定是静止的，因为周期、偏心率、倾角三者是独立的。在分析静止卫星的特定问题时，有时统称卫星处在静止轨道上。

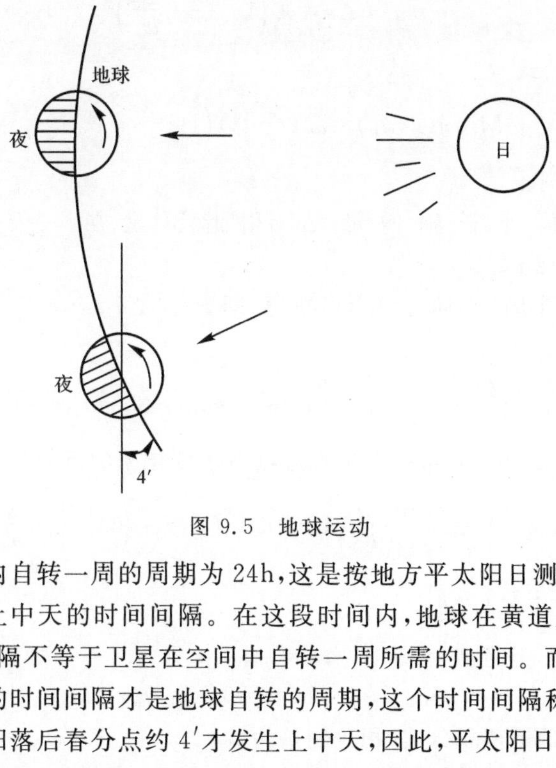

图 9.5　地球运动

所谓地球在一天内自转一周的周期为 24h，这是按地方平太阳日测定的，即平太阳连续两次通过同一子午圈的上中天的时间间隔。在这段时间内，地球在黄道上移过一个角度(见图 9.5)，因此这个时间间隔不等于卫星在空间中自转一周所需的时间。而春分点连续两次通过同一子午圈的上中天的时间间隔才是地球自转的周期，这个时间间隔称为恒星日。两者的差别是，经过一天后，太阳落后春分点约 4′才发生上中天，因此，平太阳日大于恒星日，即地球的自转周期小于 24h。由天文学得知，在一个回归年中，即太阳连续两次通过春分点的时间间隔，共有 365.24 个平太阳日，有 366.24 个恒星日，或

$$1\ \text{恒星日}=\frac{365.24}{366.24}\text{平太阳日}=23\ \text{h}\ 56\ \text{min}\ 4.1\ \text{s}=86\ 164.1\ (\text{s})$$

因此，地球自旋的速率为

$$\omega_e=\frac{2\pi}{1\ \text{恒星日}}=7.292\ 115\ 8\times10^{-5}(\text{rad/s})=360.985\ 6\ [(°)/\text{d}]$$

根据引力常数 $\mu=3.986\ 004\ 4\times10^5\ \text{km}^3/\text{s}^2$，按照式(6.15)可求出地球同步圆轨道的半径和速度为

$$r_A=\left(\frac{\mu}{\omega_e^2}\right)^{\frac{1}{3}}=42\ 164.17\ (\text{km})$$
$$v_A=r_s\omega_e=3.074\ 7\ (\text{km/s}) \tag{9.15}$$

下述理想的静止轨道是不存在的，卫星在轨道上受到各种摄动力的作用，如地球形状不规则、密度分布不均匀都会使卫星受到的引力发生变化，太阳、月球对卫星的引力以及太阳光辐射对卫星产生的压力等，都使实际轨道的倾角、偏心率发生少量的变化。轨道周期也不完全与地球同步，从地面上观察，卫星不是固定不动的，而总在东西经度方向和南北纬度方向漂移着。有下述4种典型轨道：

(1)卫星轨道是非同步的赤道圆轨道，即 $i=0,e=0,a=a_s+\Delta a$,，轨道半长轴 a 不等于同步半径 a_s(r_s=42 164 km)。如 $a>a_s$，则轨道转速 n 小于同步转速 n_s(即 ω_e)，卫星向西漂移；如 $a<a_s$，则轨道转速 n 大于同步转速 n_e，卫星向东漂移。对轨道平转速公式进行增量微分，由卫星轨道转速定律 $n^2=\mu/a^3$，可得

$$n=n_e+\Delta n=\omega_e\left(1-\frac{3}{2}\cdot\frac{\Delta a}{a_s}\right) \tag{9.16}$$

和平近点角 M 的近似公式

$$M=n(t-t_P)=\omega_e(t-t_P)\left(1-\frac{3}{2}\cdot\frac{\Delta a}{a_s}\right) \tag{9.17}$$

式中，t_p 为过近地点时刻。

由式(9.17)得，半长轴增量 Δa 引起卫星在一天内的非同步漂移量 $\Delta M=-0.013\Delta a$(°)/km。

(2)卫星轨道是非同步的小偏心率赤道轨道，即 $i=0,\Delta a\neq 0,e\neq 0$，按卫星径向距离公式(6.12)，可得线性化近似为

$$r=\frac{a(1-e^2)}{1+e\cos f}\approx a(1-e\cos f)\approx a_s+\Delta a-a_s e\cos f \tag{9.18}$$

再由卫星动量矩公式(6.7)，可得卫星真近点角 f 变化率的近似公式($\Delta a\ll a_s,e\ll 1$)为

$$\dot{f}=\sqrt{\mu}\ a^{\frac{3}{2}}(1+e\cos f)^2=\omega_e\left(\frac{a_s}{a}\right)^{\frac{3}{2}}(1+e\cos f)^2\approx\omega_e\left(1-\frac{3}{2}\cdot\frac{\Delta a}{a_s}\right)(1+2e\cos f)\approx$$
$$\omega_e\left(1-\frac{3}{2}\cdot\frac{\Delta a}{a_s}+2e\cos f\right)$$

当 $e\ll 1,\Delta a\ll a_s$ 时，有近似公式

$$\cos f\approx\cos M\approx\cos\omega_e(t-t_p)$$

因此，上式真近点角 f 的近似积分式(积分初始为 t_P)

$$f=\omega_e(t-t_P)\left(1-\frac{3}{2}\cdot\frac{\Delta a}{a_s}\right)+2e\sin\omega_e(t-t_P) \tag{9.19}$$

卫星地心经度 λ 等于卫星的恒星时角(即赤经)减去格林尼治恒星时角，引用轨道要素，有近似公式($i\ll 1$)为

$$\lambda=\Omega+\omega+f-[G_0+\omega_e(t-t_0)] \tag{9.20}$$

式中，G_0 是 t_0 时刻格林尼治的恒星时角。

将式(9.19)代入式(9.20)，可得

$$\lambda=\bar{\lambda}_0-\frac{3}{2}\cdot\frac{\Delta a}{a_s}\omega_e(t-t_0)+2e\sin\omega_e(t-t_P) \tag{9.21}$$

式中 $$\bar{\lambda}_0=\Omega+\omega+\left(1-\frac{3}{2}\cdot\frac{\Delta a}{a_s}\right)\omega_e(t_0-t_P)-G_0$$

称为 t_0 时刻卫星的平经度。偏心率和半长轴偏差引起卫星相对平经度位置的偏离运动方程为

$$\Delta r=\Delta a-a_s e\cos\omega_e(t-t_P) \tag{9.22}$$

$$\Delta x=-\frac{3}{2}\cdot\Delta a\omega_e(t-t_0)+2a_s e\sin\omega_e(t-t_P) \tag{9.23}$$

式中，Δx 表示相对平经度的切向偏离距离。

上式(9.22)和式(9.23)表明，在轨道周期为同步的情况下（$\Delta a=0$），偏心率使卫星从定点位置移开，进入围绕平经度（定点位置）的椭圆轨迹，周期为一天，其长轴沿东西方向，长轴的长度为 $4a_s\cdot e$，短轴沿径向方向，长度为 $2a_s\cdot e$。如图 9.6 所示，图中 E 表示东向。偏心率引起卫星经度的东西漂移幅度为 $2e$，如 $e=10^{-3}$，则 $\Delta\lambda=0.11°$。半长轴偏差又使该椭圆的中心沿东（或西）方向漂动，如图 9.7 所示。

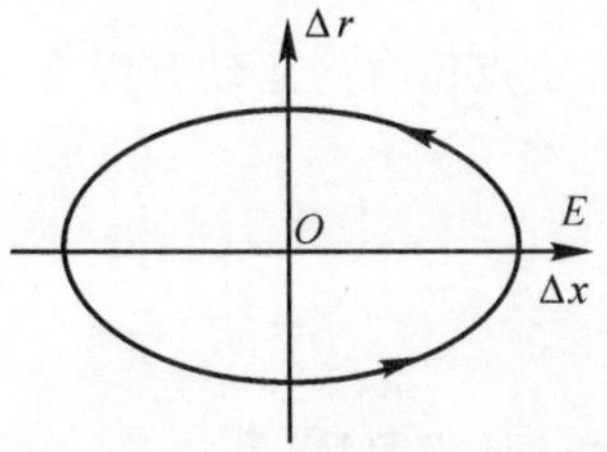

图 9.6　围绕平经度的椭圆轨迹

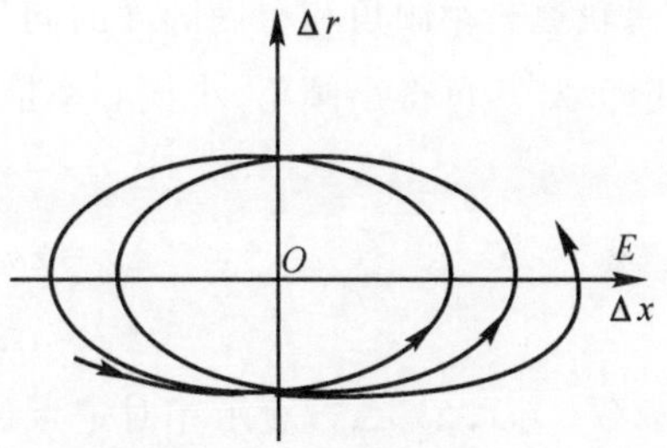

图 9.7　轨道漂动

(3)卫星轨道是小倾角的同步圆轨道，即 $i\neq0,\Delta a=0,e=0$ 。如图 9.8 所示，当卫星经过节点 N 时，其地心经度为 λ_N，从此点开始，经过时间 t，卫星到达 S 点时，转过幅角 u，节点 N 在空间固定，但格林尼治子午圈转过 $\omega_e t$ 角，利用球面三角形 NDS，可得卫星的地心经纬度为

$$\lambda=\lambda_N+\arctan(\cos i\tan u)-\omega_e t \tag{9.24}$$

$$\varphi=\arcsin(\sin i\sin u) \tag{9.25}$$

由式(9.24)和式(9.25)可看出，由于轨道倾角在卫星运转一周中，其纬度和相对于参考点 λ_N 的经度差 $\Delta\lambda=\lambda-\lambda_N$ 是周期性变化的，卫星每天在东西、南北方向来回漂移，两者的合成运动使漂移轨迹在当地水平面内呈 8 字，如图 9.9 所示。此 8 字形在南北方向的最大纬度等于轨道倾角。

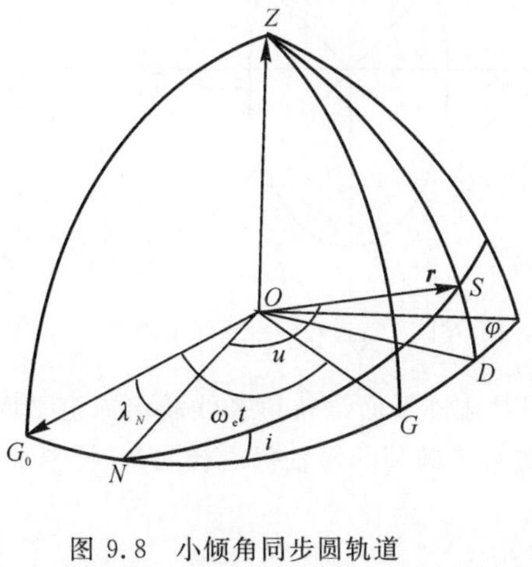

图 9.8　小倾角同步圆轨道

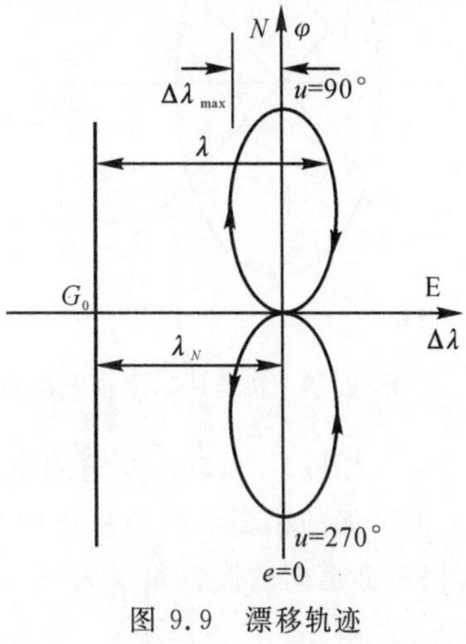

图 9.9　漂移轨迹

对于小倾角的同步轨道，可将式(9.24)改写为

$$\cos i=\tan(\omega_e t+\Delta\lambda)\cot\omega_e t$$

经三角恒等变换，上式可化成

$$1-\cos i=-\frac{\sin\Delta\lambda}{\sin\omega_e t\cos(\omega_e t+\Delta\lambda)}$$

在小倾角的同步轨道上，$\Delta\lambda$ 为小量，引用 $\cos i$ 的级数展开式，由上式可得

$$\Delta\lambda=-\frac{i^2}{4}\sin 2\omega_e t \tag{9.26}$$

因此，由倾角引起的东西方向最大偏差为 $i^2/4$，如 $i=1°$，则 $\Delta\lambda=0.004\,4°$。可见小倾角引起的经度周期性漂移幅度远小于偏心率的影响。

(4)卫星轨道是小倾角和小椭圆度的同步轨道，即 $i\neq0, e=0, \Delta a=0$。综合式(9.22)、式(9.23)和式(9.25)，可得小倾角、小偏心率情况下卫星偏离定点位置的运动方程为

$$\left.\begin{aligned}\Delta r&=-a_s e\cos M\\ \Delta x&=2a_s e\sin M\\ \Delta y&=a_s i\cos(M+\omega)\end{aligned}\right\} \tag{9.27}$$

式中，$M=\omega_e(t-t_P)$；$\Delta x, \Delta y$；表示相对定点位置的切向和侧向(法向)距离。

在轨道平面($\Delta r, \Delta x$)内的相对轨迹呈椭圆形，如图 9.6 所示。在轨道的垂直平面内相对轨道形状与近地点幅角 ω 有明显的关系。在轨道的切向垂直平面($\Delta y, \Delta x$)内，相对轨迹形状如图 9.10 所示。在轨道的径向垂直平面($\Delta y, \Delta r$)内，相对轨迹形状如图 9.11 所示。轨道倾角的作用是将如图 9.6 所示的椭圆形相对轨迹扭转出轨道平面，扭转的方向决定于近地点幅角。

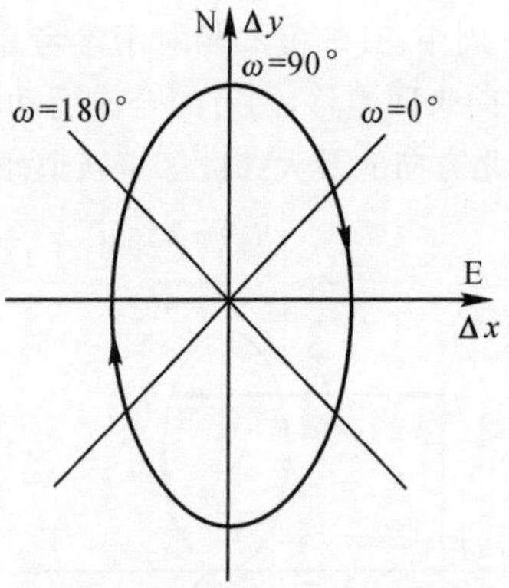

图 9.10 轨道切向垂直平面轨迹

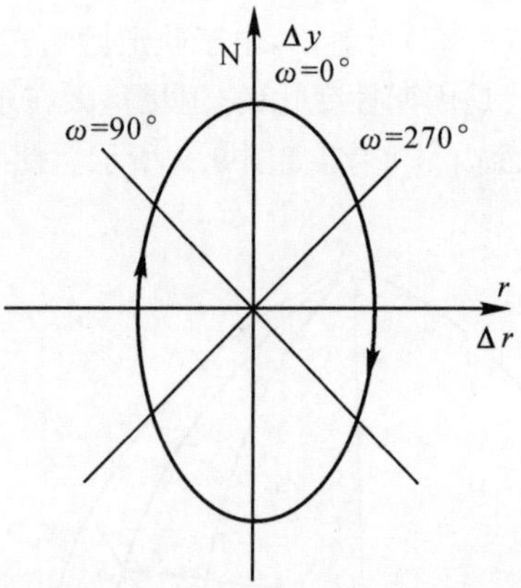

图 9.11 轨道径向垂直平面轨迹

如 $\omega=0°$ 或 $180°$，则轨道倾角的作用是将原相对轨迹平面绕轨道径线转出赤道平面，即该平面与赤道平面的相交节线与轨道径线一致，相对轨迹椭圆的短轴仍沿径向，其长轴垂直于轨道径线，相对赤道面的倾斜角 γ 为

$$\gamma=\arctan\left(\frac{i}{2e}\right)$$

当侧向(赤道平面外)偏离最大时,径向偏差为零。

如 $\omega=90°$或 $270°$,则相对轨迹平面绕轨道切线转出赤道平面,相对轨迹椭圆长轴沿轨道切向,椭圆短轴的倾斜角 γ 为

$$\gamma=\arctan\left(\frac{i}{e}\right)$$

当倾角和偏心率趋向零时,升交点和近地点的方向变得不确定,并且在轨道摄动方程中出现奇点。为设计轨道保持策略,须另选轨道要素,更方便地描述卫星的漂移运动,定义倾角矢量 $\boldsymbol{i}$——其长度等于倾角值,方向与轨道法线一致。定义偏心率矢量 $\boldsymbol{e}$——其长度等于偏心率,方向指向近地点。如图 9.12 所示,在赤道惯性坐标的赤道平面上 $\boldsymbol{i}_{\mathrm{P}}$ 和 $\boldsymbol{e}_{\mathrm{P}}$ 是倾角和偏心率矢量的投影,因 $\cos i\approx1$,矢量 $\boldsymbol{e},\boldsymbol{i}$ 的分量可列出并定义为

$$\left.\begin{aligned}e_x&=e\cos(\Omega+\omega)\\e_y&=e\sin(\Omega+\omega)\\i_x&=\sin i\sin\Omega\\i_y&=\sin i\cos\Omega\end{aligned}\right\}\tag{9.28}$$

式中,i_y 定义为倾角矢量在$(-\overline{Y})$轴上的分量。

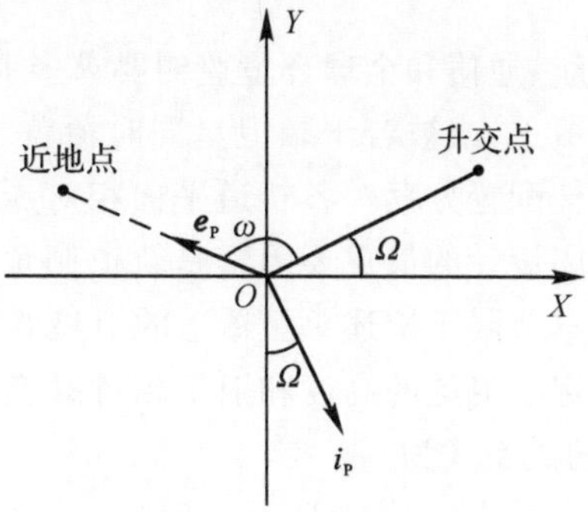

图 9.12　倾角矢量与偏心率矢量投影

对于静止轨道 a_s 为定值,参见式(9.16),定义平经度漂移率 D 为等效于半长轴 a 的轨道要素,即

$$D=-\frac{3}{2a_s}\cdot\Delta a\tag{9.29}$$

式中,D 是量纲为 1 的量,是轨道转速偏离地球同步的量度,乘以地球转速 361(°)/d,即得到一天内漂移的角度。

如 $\Delta a=1$ km 则 $D=0.36\times10^{-4}=0.0128$(°)/d。如 $D>0$,则卫星向东漂;如 $D<0$,则卫星向西漂。

定义卫星的平赤经 l 为

$$l=\Omega+\omega+M\tag{9.30}$$

式中,t_0 时刻的平赤经 $l_0=\Omega+\omega+M_0$,可作为替代 M_0 的第 6 个轨道要素。引用漂移率 D 和式(9.16),有

$$M=n(t-t_{\mathrm{P}})=(1+D)\omega_e(t-t_{\mathrm{P}})$$

以及

$$D(l-l_0)=D(M-M_0)=(D+D^2)\omega_e(t-t_0)\approx D\omega_e(t-t_0) \tag{9.31}$$

在上式中略去高阶小量 D^2。

引用定义式(9.28)至式(9.30)和式(9.31)，由式(9.22)、式(9.23)得卫星在赤道平面内的运动方程为

$$\left.\begin{aligned} r&=a_s-a_s\left(\frac{2}{3}D+e_x\cos l+e_y\sin l\right)\\ \lambda&=\bar{\lambda}_0+D(l-l_0)+2e_x\sin l-2e_y\cos l \end{aligned}\right\} \tag{9.32}$$

再由式(9.27)的第三式，得卫星偏离赤道平面的运动方程为

$$\varphi=-i_x\cos l+i_y\sin l \tag{9.33}$$

因此，D,e_x,e_y,i_x,i_y,l_0 组成静止轨道的六要素。在运动方程中，时间变量 t 被替换为卫星的平恒星时角(平赤经)l。

9.5 星座轨道

9.5.1 全球连续覆盖卫星群

卫星应用任务——全球导航、通信和全球环境监测要求多卫星组网，使地球上任一地区在任一时刻被系统中某一颗卫星覆盖，或被若干颗卫星同时覆盖。研究结果表明，采用等高度、等倾角的圆轨道组网是一种最佳配置方案。各轨道平面相对赤道平面均匀分布，在每一轨道平面内卫星均匀分布。确定星座设计的最重要因素是轨道倾角为极轨或为倾斜轨道，以及轨道的高度和卫星的最小仰角。本节限于论述单星覆盖的卫星群的几何分布。

单个卫星覆盖圈的面积决定于卫星的高度和卫星相对覆盖边缘的仰角。由图 9.13 所示，覆盖角 ψ 与高度 H 和仰角 E 的关系式为

$$\psi=\arccos\left(\frac{R_e\cos E}{R_e+H}\right)-E \tag{9.34}$$

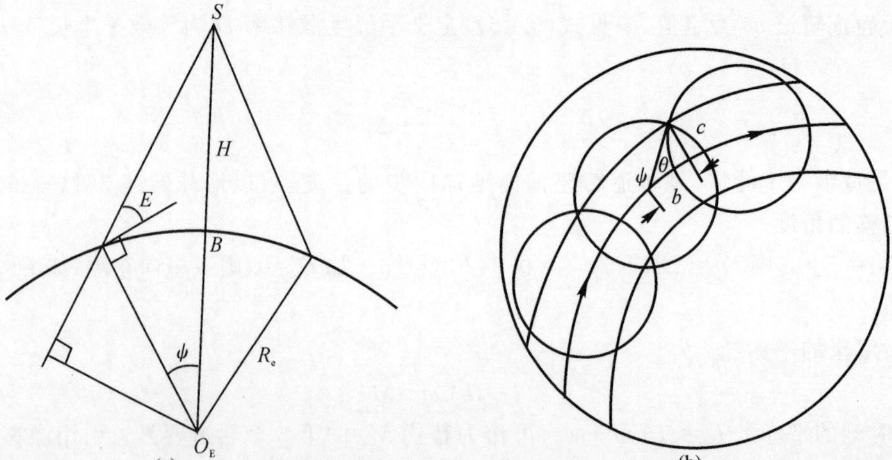

图 9.13　单星覆盖区

令每一轨道平面内卫星均匀分布，相邻卫星的星下点之间的角距为 $2b$，卫星群构成的覆盖带的宽度为 $2C$(见图 9.13)，有

$$\sin b=\tan c/\tan\theta \tag{9.35}$$

$$\sin c=\sin\psi\sin\theta \tag{9.36}$$

对于极轨卫星群，各条轨道的轨道面都与地球的某一子午面重合，如各条轨道在赤道上的覆盖带衔接、覆盖全赤道带，则任一纬度地区都被相邻轨道带重叠覆盖，全球覆盖所需的轨道数 P 为

$$P=\frac{\pi}{2c} \tag{9.37}$$

在每一轨道面内的卫星数 q 为

$$q=\frac{\pi}{b} \tag{9.38}$$

引用式(9.35)和式(9.36)，极轨卫星群的卫星总数 N 为

$$N=Pq=\frac{\pi^2}{2\arcsin(\sin\psi\sin\theta)\cdot\arcsin\left\{\dfrac{\tan[\arcsin(\sin\psi\sin\theta)]}{\tan\theta}\right\}} \tag{9.39}$$

根据式(9.39)，并参阅图 9.13，可选择最佳 θ 角，使卫星总数为最少。因 N,P,q 都为正整数，其微分虽无意义，但可得近似最佳角 θ。从图 9.13 直观地看出，如增大 θ 角，可扩大轨道覆盖带，即可减少轨道数，但增加轨道内的卫星数；如减小 θ 角，则增大轨道面卫星间的角距，减少卫星数，但需增加轨道平面数。因此对于给定的覆盖 ψ，可选择最佳 θ 角，即匹配选择 P 和 q，而覆盖角直接决定卫星的最小仰角 E。以小卫星群组成全球通信网络为例，令仰角 $E=5°$，几种典型的极轨卫星群的基本参数见表 9.2。

表 9.2　典型极轨卫星群基本参数

N	P	q	θ/(°)	ψ/(°)	H/km
12	3	4	39.23	52.54	5 358
32	4	8	47.26	31.4	1 514
48	8	6	21.69	31.86	1 561
66	6	11	43.57	22.0	752

对于非极轨的倾斜轨道卫星群，在赤道上覆盖衔接的相邻轨道，在高纬度地区相邻轨迹覆盖带之间留有网眼。以偶数轨道平面为例，令 $P=6$，如图 9.14 所示。轨迹①和②以及轨迹③和⑥的覆盖带交叉点为 A,C 和 D,F，在 C 点和 D 点之间为网眼。轨迹①和②的交点为 B，轨迹③和⑥的交点为 E，因偶数对称，E 点位于赤道上。以 φ 表示各交点的纬度，由球面三角形 OBE，有

$$\left.\begin{aligned}\tan\varphi_B&=\tan i\sin\left(\frac{2\pi}{P}\right)\\ \sin\alpha\sin\varphi_B&=\sin i\sin\left(\frac{2\pi}{P}\right)\end{aligned}\right\} \tag{9.40}$$

式中，α 是轨迹②与 $\overset{\frown}{BE}$ 的夹角。

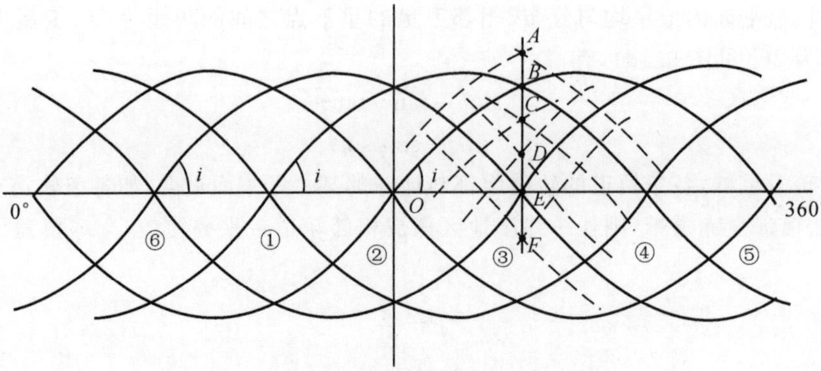

图 9.14　倾斜轨道卫星群轨迹

如图 9.14 所示，可知各轨迹覆盖带的宽度为 $2C$，在轨迹①覆盖带的交点 B，C 区域，有

$$\sin\alpha\sin(\varphi_B-\varphi_C)=\sin C \tag{9.41}$$

消去式(9.40)和式(9.41)中的 α 和 φ_B，得网眼 C 点的纬度 φ_C 的公式为

$$\sin i\cos\varphi_C\sin\frac{2\pi}{P}-\cos i\sin\varphi_C=\sin C \tag{9.42}$$

同理，在轨迹③覆盖带的交点 D，E 区域，有

$$\sin(90^\circ-i)\sin\varphi_D=\sin C \tag{9.43}$$

对于单星覆盖，如令交点 D，C 和纬度相等，即 $\varphi_C=\varphi_D$，则可实现网眼覆盖。消去式(9.42)和式(9.43)中的 φ_C，φ_D，得轨迹覆盖带半宽度 C 和倾角 i 的关系式为

$$\sin C=\frac{\sin i\cos i\sin\dfrac{2\pi}{P}}{\left(4\cos^2 i+\sin^2 i\sin^2\dfrac{2\pi}{P}\right)^{\frac{1}{2}}}$$

以单星覆盖为例，令卫星仰角 $E=5^\circ$，轨道倾角 $i=55^\circ$，卫星轨道群的基本参数见表 9.3。

表 9.3　倾斜轨道卫星群基本参数

N	P	q	$\theta/(^\circ)$	$\psi/(^\circ)$	H/km
18	6	3	20	61.3	9 419
36	6	6	32.3	34.4	1 842

9.5.2　地球同步卫星群

静止轨道卫星通信的一种发展方向是利用若干颗子卫星替代单颗大型卫星平台的功能，这些子卫星分布在母星（或假想的母星——定点位置）的周围，构成某种形式的星座，相互间距约数十千米。设计星座的主要考虑是避免子卫星相互碰撞和对地通信的相互遮挡，影响电波传输，以及子卫星之间星际通信的视线方向的限制范围。利用静止卫星小偏差运动方程式(9.32)式(9.33)，代入同步半径数值，可列出每个卫星偏离预定位置的定量方程为

$$\begin{cases}\Delta r=-42\ 164.18\cdot e\cos M\\ \Delta x=84\ 328.36[e\sin M+(\lambda_j-\lambda_0)]\\ \Delta y=735.85\cdot i\sin(M+\omega)\end{cases}$$

式中，Δx 为切向偏离；Δy 为侧向(偏离轨道平面)距离；λ_0为卫星群(座)中心的定点位置；λ_j 是单个卫星的预定位置(平经度)。

可见，子卫星的轨道要素的基本要求是 $e<10^{-3}$，$i<1°$。此外，为保持星座的同步性，要求各卫星的漂移率基本相同。同步卫星星座的几何构形决定于各个卫星的静止轨道要素，即 λ_j，$\boldsymbol{e}_j$，$\boldsymbol{i}_j$。由小偏差线性化原理，两颗卫星之间的相对运动关系与单个卫星的小偏差运动方程式(9.32)和式(9.33)相似。

令两颗卫星的静止轨道要素分别为(λ_{01}，D_1，$\boldsymbol{e}_1$，$\boldsymbol{i}_1$)和(λ_{02}，D_2，$\boldsymbol{e}_1$，$\boldsymbol{i}_2$)，两者之差(以标记"δ"表示)为

$$\delta\lambda_0=\lambda_{01}-\lambda_{02}, \quad \delta D=D_1-D_2, \quad \delta\boldsymbol{e}=\boldsymbol{e}_1-\boldsymbol{e}_2, \quad \delta\boldsymbol{i}=\boldsymbol{i}_1-\boldsymbol{i}_2 \tag{9.44}$$

如两者的漂移率相同，卫星间相对距离很小，则两者的平赤经 l 近似相同，两颗卫星在轨道径向、切向和侧向的相对距离方程可写成

$$\left.\begin{aligned}\delta r&=r_1-r_2=-a_s(\delta e_x\cos l+\delta e_y\sin l)\\ \delta x&=a_s(\lambda_1-\lambda_2)=a_s(\delta\lambda+2\delta e_x\sin l-2\delta e_y\cos l)\\ \delta y&=a_s(\varphi_1-\varphi_2)=a_s(-\delta i_x\cos l+\delta i_y\sin l)\end{aligned}\right\} \tag{9.45}$$

等式左端 δx，δy 表示沿轨道坐标切向和侧向的相对距离，右端项的下标 x，y 表示偏心率和倾角矢量在地心赤道惯性坐标 $\overline{X}$，$\overline{Y}$ 轴上的分量。式(9.45)也是子卫星与母卫星(或假想母卫星)之间的相对距离方程。

在卫星群的构形设计中，可令母星的偏心率和倾角均为零，因此，建立卫星星座的基本方法是分别设置子卫星的轨道要素，满足不同几何构形的要求。

(1)经度分置模式。此为最简单的分置模式，各子卫星沿轨道经度圈分布，位于星座中心定点位置的两侧，具有不同的平经度。这种简单分置需较宽的轨道窗口，以两颗卫星为例，此分置的特点为

$$\delta\lambda_0>2(e_1+e_2), \quad \delta \mathrm{D}=0$$

(2)同平面偏心率分置模式。令各子卫星享用同一定点经度，但偏心率 $\boldsymbol{e}_j$ 各不相同。由各卫星在东西方向的相位差形成一定形式的星座。此模式的特点为

$$\delta\lambda_0=0, \quad \delta D=0, \quad \delta\boldsymbol{e}\neq 0 \tag{9.46}$$

卫星间的相对距离方程为

$$\left.\begin{aligned}\delta r&=-a_s(\delta e_x\cos l+\delta e_y\sin l)\\ \delta x&=2a_s(\delta e_x\cos l-\delta e_y\sin l)\end{aligned}\right\} \tag{9.47}$$

一颗卫星围绕另一颗卫星的相对运动形成一椭圆，短轴沿径向，长度为 $a_s\cdot\delta e$，长轴沿切向，是短轴的两倍。如各子卫星的偏心率幅值相同，但偏心率矢量的指向不同，则各子卫星在同一椭圆上，相隔不同的相位，绕共同的平经度点周期转动。

如以四颗子卫星为例，各偏心率矢量相隔 90°。图 9.15(a)所示为各轨道在赤道惯性坐标面的空间分布。图 9.15 (b)所示为各卫星相对定点位置的相对轨道为同一椭圆，各子卫星在椭圆上相位不同，例如子卫星 1 和 3 相对位于椭圆短轴，过 6 h，两者转到长轴上，再过 6 h，又回到短轴。偏心率分置的基本原则是，使任一对卫星偏心率之差 $\delta\boldsymbol{e}$ 达最大。见图 9.15 (a)表示了偏心率矢量的分布。

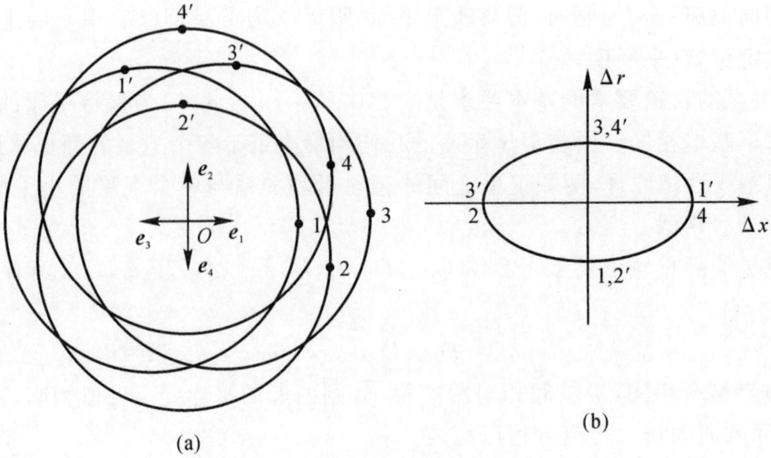

图 9.15　同平面偏心率分置模式

(a)轨道空间分布;(b)相对定点位置的相对轨道

由于卫星群处在同一赤道面,子卫星 1 和 3,以及 2 和 4 的对地视线在一天内重叠两次,相互遮挡,影响电波通信。因此,还需设置轨道倾角,将相对轨迹移出赤道平面,形成侧向分离。

(3)倾角与偏心率合成分置模式。令各子卫星共享同一定点经度,倾角设置使相对轨迹椭圆扭出赤道平面,见式(9.33),在地球子午面上的投影运动方程可写为

$$\left.\begin{aligned}\delta r&=-a_s(\delta e_x\cos l+\delta e_y\sin l)\\ \delta y&=-a_s(\delta i_x\cos l+\delta i_y\sin l)\end{aligned}\right\}\tag{9.48}$$

在子午面内,卫星间相对运动与赤道面内的相对运动相似,由此,此模式的特点为

$$\delta\lambda_0=0,\quad \delta D=0,\quad \delta i_x=k\delta e_x,\quad -\delta i_y=k\delta e_y\tag{9.49}$$

式中,k 为常值系数。各子卫星相对母星的相对轨迹处在同一倾斜平面,与地球子午面的交线为通过定点经度的直线。

根据 i_x,i_y 的定义式(9.47),i_y 定义在赤道坐标的($-Y$)轴上,因此式(9.49)表示各卫星的偏心率矢量平行于自身倾角矢量在赤道面的投影。有 $\boldsymbol{i}/\!/\boldsymbol{e}$,…,参见式(9.45)。此模式的相对轨迹在赤道面的垂直切向面的投影也呈椭圆形,长轴沿切线方向,短轴沿侧向。按式(9.51)分置的 4 颗子卫星的相对轨迹在三维平面上的投影如图 9.16 所示,E 表示东切向,N 表示北侧向,r 表示径向。由于相对轨迹平面相对径向倾斜,避免在此方向上子卫星对地视线相互遮挡。

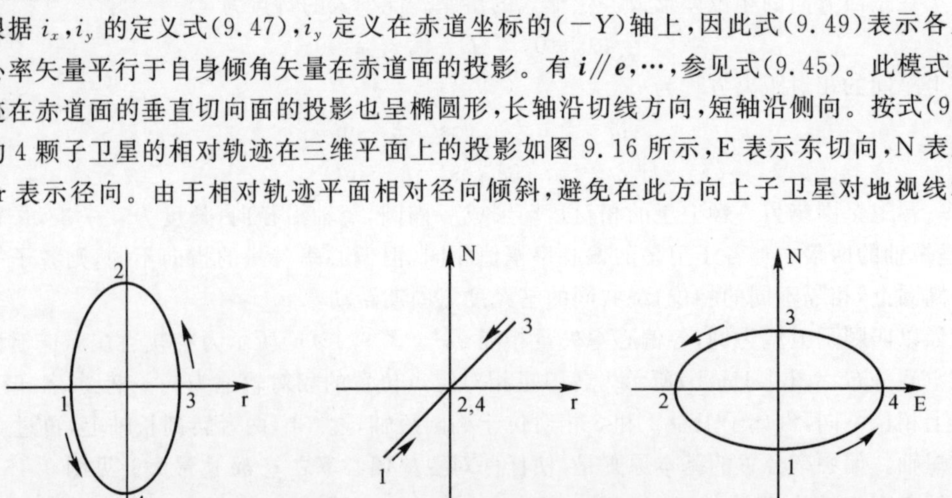

图 9.16　以倾角与偏心率合成分置模式构成的四颗星的相对轨迹

因倾角矢量在赤道面的投影滞后轨道面节线 90°，分置模式(9.49)可改写为

$$\delta\lambda=0,\quad \delta D=0,\quad \omega=270°,\quad \Omega+\omega=\theta \tag{9.50}$$

即各子卫星轨道的近地点幅角均应是 270°，式(9.50)中 θ 为预定设备的各子卫星轨道偏心率矢量的方向角。以图 9.15 为例，如令卫星座定点位置的平赤经为 0°，则四颗子卫星的分置轨道要素可设为

$$\left.\begin{aligned}&\Omega_1=90°,\omega_1=270°,M_{01}=0°\\&\Omega_2=180°,\omega_2=270°,M_{02}=270°\\&\Omega_3=270°,\omega_3=270°,M_{03}=180°\\&\Omega_4=0°,\omega_4=270°,M_{04}=90°\end{aligned}\right\} \tag{9.51}$$

复习思考题 9

1. 解释太阳同步轨道(极地轨道)。
2. 解释临界轨道。
3. 解释冻结轨道。
4. 解释回归轨道。
5. 解释静止轨道(地球同步轨道)。
6. 解释顺行轨道、逆行轨道(西进、东进轨道)。
7. 太阳同步轨道的重要特征是什么？
8. 临界轨道轨道的重要特征是什么？
9. 冻结轨道的重要特征是什么？
10. 回归轨道的重要特征是什么？
11. 静止轨道的重要特征是什么？
12. 星座轨道的重要特征是什么？

第 10 章　卫星轨道的机动理论

10.1 概　　述

10.1.1　航天器的轨道机动

航天器在中心引力场中的运动，即 Kepler 轨道运动及在非理想条件下航天器的摄动运动，都属于被动运动，即在初始条件给定后完全由环境条件决定的运动。但是现代航天器的运动并不是完全被动的。有时航天器要利用火箭发动机推力或者有意利用环境提供的力(例如空气动力、太阳光压力)主动地改变飞行轨道，这就是航天器的主动运动，称为轨道机动(orbit maneuver)。

航天器的轨道机动可以人为地分成以下 3 种类型(但这些并没有绝对的界限，而且没有实质的差别)：

(1)轨道保持或轨道调整(orbit keeping or orbit correction)。这是为了克服轨道要素的偏差而进行的小冲量的调整，可以利用轨道摄动方程进行分析。

(2)轨道改变或轨道转移(orbit change or orbit transfer)。这是指大幅度改变轨道要素，例如从低轨道转移到高轨道，从椭圆轨道转移到圆轨道，改变轨道平面。这种转移的特点是需要大冲量的火箭发动机。

(3)空间交会(space rendezvous)。这是指主动航天器通过一系列的机动动作达到与被动航天器会合。这里主要控制航天器的相对运动。

按照持续时间，航天器轨道机动可以分为以下两种：

(1)脉冲式机动：发动机在非常短暂的时间内产生推力，使航天器获得脉冲速度。分析时可以认为速度变化是在一瞬间完全成的，当然这是对实际问题的抽象化。

(2)连续式机动：在持续的一段时间内依靠小的作用力改变轨道，例如利用电离子火箭发动机、利用空气动力、利用太阳光压力等进行的机动。

10.1.2　轨道机动所需的推进剂消耗

为了实现任何一种轨道机动，都必须使航天器获得附加的速度矢量。除利用空气动力和太阳压力等特殊方式外，为此必须开动某种形式的火箭发动机。

对于仅在火箭发动机推力作用下的飞行器，运动方程为

$$m\frac{\mathrm{d}v}{\mathrm{d}t}=P$$

$$P=w\left(-\frac{\mathrm{d}m}{\mathrm{d}t}\right)$$

式中，m 为飞行器质量；$-\mathrm{d}m/\mathrm{d}t$ 为推进剂消耗率；w 为燃烧产物的有效排出速度。

由此，有

$$\mathrm{d}v=-w\frac{\mathrm{d}m}{m}$$

对上式积分，可得

$$\int_{v_0}^{v_f}\mathrm{d}v=-w\int_{m_0}^{m_f}\frac{\mathrm{d}m}{m}$$

下标“0”表示初始，“f”表示终止。所以速度增量为

$$\Delta v=v_f-v_0=w\ln\frac{m_0}{m_f} \tag{10.1}$$

式(10.1)称为 Tsiolkovski 公式，它建立了在理想情况下火箭速度增量与火箭排气速度和火箭质量变化的关系。

由此公式可得为了达到速度增量 Δv 所需消耗的推进剂质量 m_p 为

$$m_p=m_0-m_f=m_0\left[1-\exp\left(-\frac{\Delta v}{w}\right)\right] \tag{10.2}$$

m_p 仅决定于 Δv 的大小，而与其方向(向前、向后或向侧面)无关。轨道机动所需的速度增量的大小称为特征速度。

如果 $\Delta v/w\ll 1$，则公式(10.2)简化为

$$m_p\approx m_0\frac{\Delta v}{w} \tag{10.3}$$

它表明，在特征速度很小(远小于有效排气速度)的情况下，推进剂消耗量近似地与特征速度成正比，且与当时的质量成正比，与有效排气速度成反比。

火箭排气速度 w(单位为 m/s)是火箭发动机的重要指标，取决于推进剂的性能及发动机的完善程度。它又称为比冲(specific impulse)I_{sp}(单位为 N·s/kg 或 m/s)，它是产生的推力(单位 N)与推进剂消耗率(单位 kg/s)之比。在以前的工程单位制下，比冲 I'_{sp} 的单位是 s，这两种比冲的关系为

$$I_{sp}=I'_{sp}g_0$$

式中

$$g_0=9.80665\ (\mathrm{m/s^2})$$

10.2　轨道保持和轨道校正

航天器在空间运动时受到各种摄动作用，轨道要素逐渐改变。为了保持原来设计的轨道要素，要进行轨道调整。

10.2.1　校正脉冲与轨道要素变化

在轨道校正中往往使用很小的脉冲，为了显示由校正脉冲引起的轨道要素变化量，可以由轨道摄动方程出发导出相应的公式。做法是把施加的速度脉冲 Δv_i 看作摄动加速度 f_i 与时间间隔 Δt 的乘积，即

$$\Delta v_i=f_i\Delta t$$

从摄动方程出发，取

$$\Delta v_r = f_r \Delta t, \quad \Delta v_u = f_u \Delta t, \quad \Delta v_h = f_h \Delta t$$

可得由径向、横向和副法向脉冲产生的轨道要素变化量为

$$\left.\begin{aligned}
&\Delta p = 2\sqrt{\frac{p}{\mu}} r \Delta v_u \\
&\Delta a = \frac{2a^2}{\sqrt{\mu p}}[e\sin\theta \Delta v_r + (1 + e\cos\theta)\Delta v_u] \\
&\Delta e = \sqrt{\frac{p}{\mu}}\{\sin\theta \Delta v_r + [(1 + \frac{r}{p})\cos\theta + \frac{er}{p}]\Delta v_h\} \\
&\Delta\Omega = \frac{r}{\sqrt{\mu p}} \frac{\sin(\omega + \theta)}{\sin i} \Delta v_h \\
&\Delta i = \frac{r}{\sqrt{\mu p}} \cos(\omega + \theta) \Delta v_h \\
&\Delta\omega = \sqrt{\frac{p}{\mu}}[-\frac{\cos\theta}{e}\Delta v_r + (1 + \frac{r}{p})\frac{\sin\theta}{e}\Delta v_u - \frac{r}{p}\sin(\omega + \theta)\cot i \Delta v_h\}
\end{aligned}\right\} \tag{10.4}$$

从轨道摄动方程出发，取

$$\Delta v_t = f_t \Delta t, \quad \Delta v_n = f_n \Delta t, \quad \Delta v_h = f_h \Delta t$$

就得到由切向、法向和副法向脉冲引起的轨道要素变化量为

$$\left.\begin{aligned}
&\Delta p = \frac{2p}{v}\Delta v_t + \frac{2r}{v} e\sin\theta \Delta v_n \\
&\Delta a = \frac{2a^2 v}{\mu}\Delta v_t \\
&\Delta e = \frac{1}{v}[2(e + \cos\theta)\Delta v_t - \frac{r}{a}\sin\theta \Delta v_n] \\
&\Delta\Omega = \frac{1}{\sqrt{\mu p}\sin i} r\sin(\omega + \theta)\Delta v_h \\
&\Delta i = \frac{1}{\sqrt{\mu p}} r\cos(\omega + \theta)\Delta v_h \\
&\Delta\omega = \frac{2}{ve}\sin\theta \Delta v_t + \frac{a(1 + e^2) - r}{ave^2}\Delta v_n - \frac{r}{\sqrt{\mu p}}\sin(\omega + \theta)\cot i \Delta v_h
\end{aligned}\right\} \tag{10.5}$$

由这组方程出发，可以找到脉冲速度引起的轨道变化量的一些特殊点，即效果最大或效果为零的点。为了叙述方便，规定一些点的符号：P 为近地点，A 为远地点，B_1 和 B_2 为椭圆短轴与椭圆的交点，Q_1 和 Q_2 为通过地心（焦点之一）且垂直于长轴的直线与椭圆的交点。下标 1 的点在由 P 至 A 的弧段，下标 2 的点在由 A 至 P 的弧段。其特点如下：

(1)$\Delta a/\Delta v_t$：在 P 点为最大，在 A 点为最小。

(2)$\Delta e/\Delta v_t$：在 B_1 和 B_2 点为零，在 P 点为正向最大，在 A 点为负向最大。

(3)$\Delta e/\Delta v_n$：在 P 和 A 点为零，负向最大值发生在 B_1 与 A 之间的某点，正向最大值发生在 A 与 B_2 之间的某点。

(4)$\Delta p/\Delta v_t$：在 P 点为最小，在 A 点为最大。

(5)$\Delta p/\Delta v_n$：在 P 和 A 点为零，正向最大值发生在 B_1 与 A 之间的某点，负向最大值发生

在 A 与 B_2 之间的某点。

(6)$\Delta\omega/\Delta v_t$：在 P 和 A 点为零，正向最大值发生在 Q_1 和 B_1 之间，负向最大值发生在 B_2 与 Q_2 之间。

(7)$\Delta\omega/\Delta v_n$：在 P 点为正向最大，在 A 点为负向最大；在 B_1 与 A 之间的某点和在 A 与 B_2 之间的某点为零。

(8)$\Delta\Omega/\Delta v_h$：在升交点($u=\omega+\theta=0$)和降交点($u=\pi$)为零，在最北点($u=\pi/2$)为正向最大，在最南点($u=3\pi/2$)为负向最大。

(9)$\Delta i/\Delta v_h$：在最北点($u=\pi/2$)和最南点($u=3\pi/2$)为零，在升交点($u=0$)为正向最大，在降交点($u=\pi$)为负向最大。

第(8)和第(9)条结论似乎与人们的直观印象相反，但可以用陀螺进动理论来合理地解释。

现在研讨在基准为圆轨道(或近似圆轨道)的情况下，由微小的径向、周向(或切向)和副法向速度脉冲引起的轨道要素的变化。

对于圆轨道(或近似圆轨道)来说，轨道偏心率 $e=0$(或 $e\approx0$)，而且长半轴 a、半通径 p 与半径 r 相等：$a=p=r$。此外，近地点不存在，因而近地点幅角 ω 无意义，真近点角 θ 也无定义；但只要轨道倾角 $i\neq0°$ 或 $180°$，则从升交点起量的幅角 $u(=\omega+\theta)$ 是有意义的。

由方程式(10.4)出发，推导 3 个速度脉冲分量的效果。

径向速度脉冲 Δv_r 的作用为

$$\left.\begin{aligned}&\Delta a/\Delta v_r=0\\&\Delta p/\Delta v_r=0\\&\Delta e/\Delta v_r=0\\&\Delta\Omega/\Delta v_r=0\\&\Delta i/\Delta v_r=0\\&\Delta\omega/\Delta v_r\ \text{无意义}\end{aligned}\right\}\tag{10.6}$$

这里要补充说明两点。第一，解释原因。因为 Δv_r 既不改变航天器的总能量，又不改变它的动量矩，所以 $\Delta a=\Delta p=0$。第二，推论。Δv_r 不改变轨道要素，这表明圆轨道对于径扰动是具有稳定性的。

横向速度脉冲 Δv_u 的作用为

$$\left.\begin{aligned}&\Delta a/\Delta v_u=\frac{2r^{3/2}}{\sqrt{\mu}}\\&\Delta p/\Delta v_u=\frac{2r^{3/2}}{\sqrt{\mu}}\\&\Delta e/\Delta v_u=2\sqrt{\frac{r}{\mu}}\\&\Delta\Omega/\Delta v_u=0\\&\Delta i/\Delta v_u=0\\&\Delta\omega/\Delta v_u\ \text{无意义}\end{aligned}\right\}\tag{10.7}$$

这里只有 Δe 的公式需要加以推导如下。横向 Δv_u 作用后，近地点距离不变：$r_P=r$，$\Delta r_P=0$；由公式 $a=(r_P+r_A)/2$ 可得 $r_A=r+\Delta r_A$，$\Delta r_A=2\Delta a$，故

$$\Delta e=\Delta\left(\frac{r_A-r_P}{r_A+r_P}\right)\approx\frac{\Delta r_A-\Delta r_P}{2r}=\frac{\Delta a}{r}$$

所以

$$\Delta e/\Delta v_u=2\sqrt{r/\mu}$$

副法向速度脉冲 Δv_h 的作用有

$$\left.\begin{aligned}&\Delta a/\Delta v_h=0\\&\Delta p/\Delta v_h=0\\&\Delta e/\Delta v_h=0\\&\Delta\Omega/\Delta v_h=\sqrt{\frac{r}{\mu}}\frac{\sin u}{\sin i}\\&\Delta i/\Delta v_h=\sqrt{\frac{r}{\mu}}\cos u\\&\Delta\omega/\Delta v_h=-\sqrt{\frac{r}{\mu}}\sin u\cot i\end{aligned}\right\}\tag{10.8}$$

可见，垂直于轨道平面的 Δv_h，只引起 Ω，i 和 ω 的变化，而不影响 a，p 和 e。

以上得到的结果不仅有助于了解各种扰动因素对圆轨道的摄动作用，而且有助于了解控制因素（主动速度脉冲）对近似圆轨道的修正作用。

10.2.2 对大气摄动的补偿（圆轨道的情况）

空气阻力使圆轨道高度减小，每一圈内高度的减小量为

$$\Delta h=4\pi\sigma\rho r^2\tag{10.9}$$

式中，$\sigma=C_D S/2m$，为弹道系数；ρ 为大气密度；r 为轨道半径。

为了维持原来的高度，可以在每一圈内采取 Hohmann 机动方式，施加两次速度脉冲，使轨道高度增加 Δh，从而抵消由大气阻力引起的高度降低。为此所需的速度脉冲为（参阅 10.3 节）

$$\Delta v=\Delta v_1+\Delta v_2=$$

$$\sqrt{\frac{\mu}{r-\Delta h}}\left(\sqrt{\frac{2r}{2r-\Delta h}}-1\right)+\sqrt{\frac{\mu}{r}}\left(1-\sqrt{\frac{2(r-\Delta h)}{2r-\Delta h}}\right)$$

由于 $\Delta h/r\ll 1$，故

$$\Delta v\approx\frac{1}{2}\sqrt{\frac{\mu}{r^3}}\,\Delta h\tag{10.10}$$

比较式(10.9)和式(10.10)，有

$$\Delta v=2\pi\sqrt{\mu}\,\sigma\rho\sqrt{r}\tag{10.11}$$

为了产生 Δv 所需消耗的推进剂质量为

$$\Delta m_p\approx m\frac{\Delta v}{w}$$

把式(10.11)代入上式，并且考虑 σ 的定义，有

$$\Delta m_p=\frac{\pi\sqrt{\mu}C_D S}{w}\rho\sqrt{r}\tag{10.12}$$

它与质量 m 无关。

考虑到运转周期 $T=2\pi\sqrt{r^3/\mu}$，得到推进剂消耗率

$$\overline{m}_{\mathrm{p}}=\frac{\Delta m_{\mathrm{p}}}{T}=\frac{C_{\mathrm{D}}S\mu\rho}{2wr} \tag{10.13}$$

或

$$\overline{m}_{\mathrm{p}}=\frac{C_{\mathrm{D}}S}{2w}\psi(r) \tag{10.14}$$

式中

$$\psi(r)=\mu\frac{\rho}{r} \tag{10.15}$$

这是仅由大气模型决定的通用函数，与飞行器参数无关。已计算并画出函数的曲线，如图10.1所示，利用此曲线，容易按式(10.14)计算推进剂消耗率。

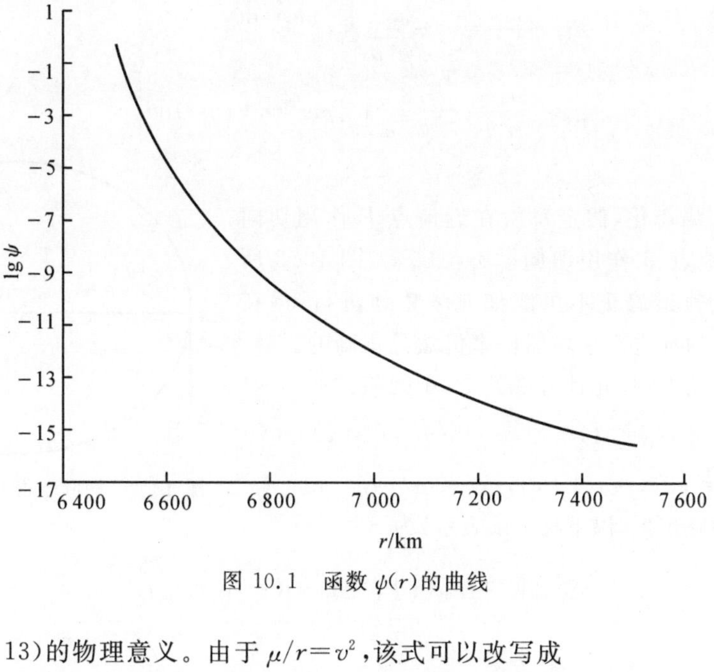

图 10.1　函数 $\psi(r)$的曲线

考察式(10.13)的物理意义。由于 $\mu/r=v^2$，该式可以改写成

$$\overline{m}_{\mathrm{p}}w=\frac{1}{2}\rho v^2 C_{\mathrm{D}}S \tag{10.16}$$

等号右边正好是大气阻力，而等号左边则是假设推进剂均匀消耗时产生的连续推力。式(10.16)是推力与阻力平衡的条件。这表明，产生连续推力与每圈产生两次脉冲推力，在维持运行高度和消耗推进剂方面，效果是一致的。实际上为了技术实现的简易性，往往要经过许多圈，当高度有了明显降低时才进行高度修正。但上面推导的平均推进剂消耗率公式仍然是有效的。

例 10.1　某卫星质量 $m=100\ 000$ kg，$C_{\mathrm{D}}S=1\ 000\ \mathrm{m}^2$(有大的太阳能板)，推进剂排气速度 $w=3\ 000$ m/s，运动高度 $h=400$ km。在 1988 年 $F_{10.7}=74$，该高度的大气密度$\rho=1.534\times10^{-12}\,\mathrm{kg/m^3}$，求一年内为维持高度所消耗的推进剂质量。

计算步骤如下：

(1)按式(10.15)求出 $\psi=90.30\times10^{-6}\ \mathrm{kg/(m\cdot s^2)}$；

(2)按式(10.14)求出 $\overline{m}_p=15.05\times10^{-6}$ kg/s；

(3)计算 $m_{p\cdot year}=365.25\times86\ 400\times15.05\times10^{-6}=475$ kg。

大气阻力为

$$D=0.5C_DS\rho\mu/r=0.045\ 2\ (\mathrm{N})$$

折算的连续推力为

$$P=\overline{m}_p w=0.045\ 2\ (\mathrm{N})$$

因此,两者相等。

10.2.3 对大气摄动的补偿(椭圆轨道的情况)

大气阻力使椭圆轨道逐渐衰减。现在研究为了克服此衰减所需要的推进剂消耗率。

大气阻力造成的椭圆轨道要素 a 和 e 在一圈内的变化(以下标 at 表示)除以弹道系数 σ 为

$$\left.\begin{aligned} d_a&=\frac{\Delta a_{at}}{\sigma}=-\frac{2a^2}{\sqrt{\mu^3 p}}\int_0^{2\pi}\rho v^3 r^2\,\mathrm{d}\theta \\ d_e&=\frac{\Delta e_{at}}{\sigma}=-\frac{2}{\sqrt{\mu p}}\int_0^{2\pi}\rho v r^2(e+\cos\theta)\,\mathrm{d}\theta \end{aligned}\right\} \tag{10.17}$$

为了修正这些变化,假定每次在近地点 P 作用切向脉冲 Δv_P,在远地点 A 作用切向脉冲 Δv_A,如图 10.2 所示。虽然实际上轨道修正不可能如此频繁地进行,但在这样假设下得到的推进剂平均消耗率仍然是正确的。

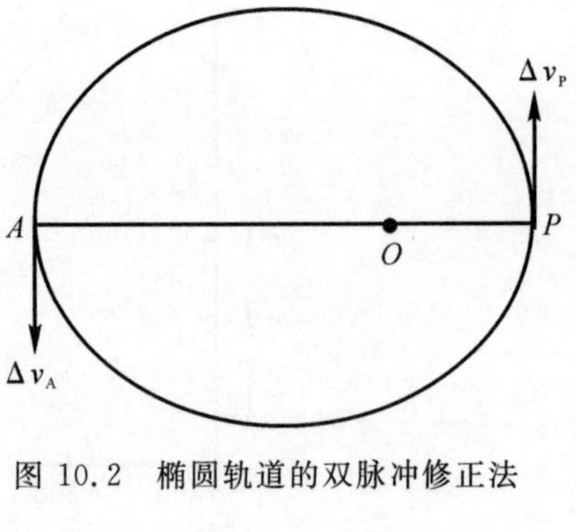

图 10.2 椭圆轨道的双脉冲修正法

根据轨道摄动方程,并且考虑到 P,A 的值:

点 P: $\theta_P=0,r_P=a(1-e),v_P=\sqrt{\mu/p}(1+e)$

点 A: $\theta_A=\pi,r_A=a(1+e),v_A=\sqrt{\mu/p}(1-e)$

得到轨道要素的修正量(以下标 cor 表示)为

$$\left.\begin{aligned} \Delta a_{cor}&=\frac{2a^2}{\sqrt{\mu p}}[(1+e)\Delta v_P+(1-e)\Delta v_A] \\ \Delta e_{cor}&=2\sqrt{\frac{p}{\mu}}(\Delta v_P-\Delta v_A) \end{aligned}\right\} \tag{10.18}$$

显然要求

$$\Delta a_{at}+\Delta a_{cor}=0,\quad \Delta e_{at}+\Delta e_{cor}=0 \tag{10.19}$$

将式(10.18)代入式(10.19),得到所需要的速度脉冲,并除以 σ,得

$$\left.\begin{aligned} p_P&=\frac{\Delta v_P}{\sigma}=\frac{\sqrt{\mu}}{4}\left[-\frac{\sqrt{p}}{a^2}d_a-\frac{1}{\sqrt{p}}(1-e)d_e\right] \\ p_A&=\frac{\Delta v_A}{\sigma}=\frac{\sqrt{\mu}}{4}\left[-\frac{\sqrt{p}}{a^2}d_a+\frac{1}{\sqrt{p}}(1+e)d_e\right] \end{aligned}\right\} \tag{10.20}$$

于是在一圈内需要的总特征速度为

$$\Delta v_{\Sigma}=\Delta v_P+\Delta v_A \tag{10.21}$$

除以 σ,得

$$\Delta p_{\Sigma}=\frac{\Delta v_{\Sigma}}{\sigma}=p_{\mathrm{P}}+p_{\mathrm{A}} \tag{10.22}$$

为了产生 Δv_{Σ}，所需要的推进剂质量为

$$\Delta m_{\mathrm{p}}=m\,\frac{\Delta v_{\Sigma}}{w}$$

式中，w 为有效排气速度，m 为航天器当时质量。除以轨道周期 T，就成为平均推进剂消耗率，即

$$\overline{m}_{\mathrm{p}}=\frac{\Delta m_{\mathrm{p}}}{T}=\frac{m\Delta v_{\Sigma}}{2\pi\sqrt{a^{3}/\mu}\,w} \tag{10.23}$$

由式(10.22)和定义 $\sigma=C_{\mathrm{D}}S/2m$，式(10.23)可以转化成

$$\overline{m}_{\mathrm{p}}=\frac{p_{\Sigma}}{2\pi\sqrt{a^{3}/\mu}}\frac{C_{\mathrm{D}}S}{2w}$$

或表示为

$$\overline{m}_{\mathrm{p}}=\frac{C_{\mathrm{D}}S}{2w}\psi(a,e) \tag{10.24}$$

式中

$$\psi(a,e)=\frac{p_{\Sigma}}{2\pi\sqrt{a^{3}/\mu}} \tag{10.25}$$

函数 $\psi(a,e)$ 仅取决于轨道参数 a，e 及大气模型，而与航天器参数无关。ψ 应按式(10.17)、式(10.20)、式(10.22)、式(10.25)计算得到。对于 CIRA 大气模型 5 号(太阳活动率 $F_{10.7}=150$)，经计算得到的 $\psi(a,e)$ 图线，如图 10.3 所示。对于其他大气模型，也可以得到类似的图线。这样只须按式(10.24)进行简单计算，就能求出为轨道保持所需的推进剂平均消耗率。

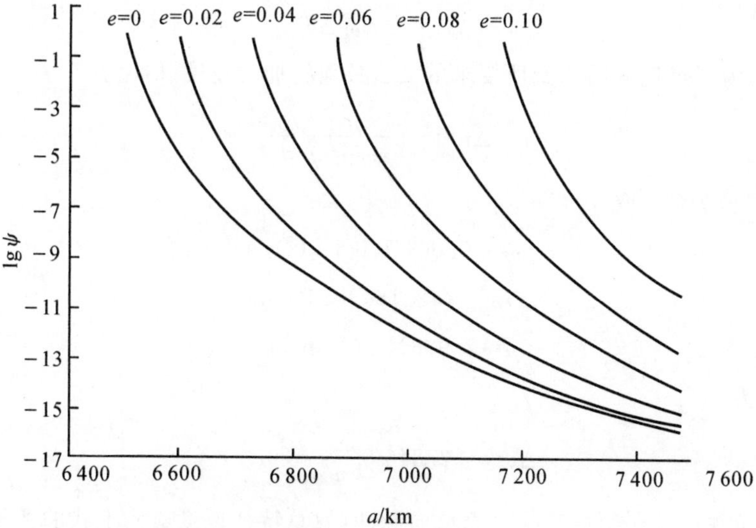

图 10.3　函数 $\psi(a,e)$ 的曲线($F_{10.7}=150$)

例 10.2　给定 $a=7\ 000$ km，$e=0.06$，$C_{\mathrm{D}}=2.2$，$S=10\ \mathrm{m}^{2}$，$w=2\ 500$ m/s，太阳活动率中

等($F_{10.7}=150$)。在图10.3查出$\psi(a,e)=0.001\ 5\ \mathrm{kg/(m\cdot s^2)}$,因而

$$\overline{m}_p=0.001\ 56\times\frac{2.2\times10}{2\times2\ 500}=6.684\times10^{-6}\ \mathrm{kg/s}=0.593\ \mathrm{kg/d}$$

10.2.4 地球静止卫星的位置修正

地球静止卫星应该在地球静止轨道(赤道上空,半径$r_{GSO}=421\ 64\ \mathrm{km}$)上规定的经度上定位。如果由于某种原因,位置发生了偏移,则应进行修正,重新定位。设要求卫星的经度改变$\Delta\lambda$,办法是产生速度脉冲Δv,从而改变运动周期,使卫星与地球不同步,经过若干圈,当卫星到达所要求的经度时,再产生相反的脉冲,使轨道恢复成地球静止轨道。

由于Δv远小于运行速度,所以可以用轨道摄动法即线性化方法来研究这个问题。而线性化是以原来的圆轨道为基准条件进行的。由Δv引起的Δa为

$$\Delta a=\frac{2r^{3/2}}{\sqrt{\mu}}\Delta v$$

由周期公式得到由Δa引起的ΔT为

$$\Delta T=\frac{3\pi}{\sqrt{\mu}}r^{1/2}\Delta a$$

即

$$\Delta T=\frac{6\pi}{\mu}r^2\Delta v$$

周期变化后,每运行一圈造成的经度变化为$\Delta\lambda_1=-\omega_E\Delta T$,这里$\omega_E$是地球旋转角速度。因而运行$n$圈后经度的变化量为

$$\Delta\lambda=-n\omega_E\Delta T \tag{10.26}$$

从而得到,为了经过n圈达到所要求的$\Delta\lambda$,必须施加的速度脉冲为

$$\Delta v=-\frac{\mu}{6\pi\omega_E r_{GSO}^2}\frac{\Delta\lambda}{n} \tag{10.27}$$

若$\Delta\lambda$的单位为(°),取

$$\omega_E=0.004\ 178\ 1\ [(°)/\mathrm{s}]$$

$$r_{GSO}=42.164\times10^6\ (\mathrm{m})$$

$$\mu=3.986\times10^{14}\ [\mathrm{m^3/s^2}]$$

则计算公式成为

$$\Delta v=-2.846\ 9\frac{\Delta\lambda}{n}\quad(\mathrm{m/s}) \tag{10.28}$$

由于到达位置后还必须再产生一次反向脉冲,故总特征速度应为上式的2倍。

例10.3 要求在$n=10$圈,改变经度$\Delta\lambda=-5.73°$,所需单次脉冲量为

$$\Delta v=2.846\ 9\times\frac{5.73}{10}=1.63\ (\mathrm{m/s})$$

10.2.5　多个轨道要素的修正

由式(10.4)和式(10.5)可见，脉冲分量与轨道要素变化量的关系是错综复杂的，为修正某一个要素而施加的速度脉冲会对其他要素产生不希望的影响。所以为了使各个要素得到应有的变化，需要多次施加三个分量的速度脉冲。而且必然存在最优的修正方式，使付出的代价(即总的特征速度)为最少。

为了研究多个轨道要素的修正问题，把方程式(10.4)写成矩阵形式为

$$\begin{bmatrix}\Delta a\\ \Delta e\\ \Delta\Omega\\ \Delta i\\ \Delta\omega\end{bmatrix}=\begin{bmatrix}a_{\mathrm{r}} & a_{\mathrm{u}} & 0\\ e_{\mathrm{r}} & e_{\mathrm{u}} & 0\\ 0 & 0 & \Omega_{\mathrm{h}}\\ 0 & 0 & i_{\mathrm{h}}\\ 0 & \omega_{\mathrm{u}} & \omega_{\mathrm{h}}\end{bmatrix}\begin{bmatrix}\Delta v_{\mathrm{r}}\\ \Delta v_{\mathrm{u}}\\ \Delta v_{\mathrm{h}}\end{bmatrix} \tag{10.29}$$

等号右边的 5×3 维矩阵称为影响系数矩阵，其中非零系数的含义是

$$a_{\mathrm{r}}=\partial\Delta a/\partial\Delta v_{\mathrm{r}}$$

$$a_{\mathrm{u}}=\partial\Delta a/\partial\Delta v_{\mathrm{u}}$$

$$\cdots$$

它们容易由式(10.4)得到。它们不仅取决于轨道要素(p,e,i,ω)，而且取决于当时的位置$(r(\theta),\theta)$。

从这里也可以看到，若给定五个修正量$(\Delta a,\Delta e,\Delta\Omega,\Delta i,\Delta\omega)$，问题是没有解的，即通过一次三分量的速度脉冲不可能同时修正五个轨道要素。但多次施加三分量速度脉冲，还是能解决的。

如果放宽要求，仅要求修正$(\Delta a,\Delta e,\Delta i)$，则修正可以一次完成，要求加速度脉冲量为

$$\begin{bmatrix}\Delta v_{\mathrm{r}}\\ \Delta v_{\mathrm{u}}\\ \Delta v_{\mathrm{h}}\end{bmatrix}=\begin{bmatrix}a_{\mathrm{r}} & a_{\mathrm{u}} & 0\\ e_{\mathrm{r}} & e_{\mathrm{u}} & 0\\ 0 & 0 & i_{\mathrm{h}}\end{bmatrix}^{-1}\begin{bmatrix}\Delta a\\ \Delta e\\ \Delta i\end{bmatrix}$$

结果是

$$\left.\begin{aligned}\Delta v_{\mathrm{r}}&=(e_{\mathrm{u}}\Delta a-a_{\mathrm{u}}\Delta e)/(a_{\mathrm{r}}e_{\mathrm{u}}-a_{\mathrm{u}}e_{\mathrm{r}})\\ \Delta v_{\mathrm{u}}&=(a_{\mathrm{r}}\Delta e-e_{\mathrm{r}}\Delta a)/(a_{\mathrm{r}}e_{\mathrm{u}}-a_{\mathrm{u}}e_{\mathrm{r}})\\ \Delta v_{\mathrm{h}}&=\Delta i/i_{\mathrm{h}}\end{aligned}\right\} \tag{10.30}$$

由于影响系数 $e_{\mathrm{u}},a_{\mathrm{u}},\cdots,i_{\mathrm{h}}$，取决于近点角 θ，故当 $\Delta a,\Delta e,\Delta i$ 给定时，总的特征速度 Δv 取决于 θ，则有

$$\Delta v=\Delta v_{\mathrm{r}}+\Delta v_{\mathrm{u}}+\Delta v_{\mathrm{h}}=f(\theta)$$

由此可以寻找最优的位置 θ。

10.3 轨道转移

10.3.1 轨道转移

航天器为了从初(始)轨道转移到终(止)轨道而进行的可控制运动称为轨道转移机动(maneuver of orbit transfer)或简称“轨道转移”(orbit transfer)。在初始轨道与终轨道之间还可能需要过渡轨道(transition orbit)

为了分析轨道转移所需要的特征速度,这里援引已推导的圆轨道速度 v_C 以及椭圆轨道的近地点速度 v_P 和远地点速度 v_A 的公式,即

$$\left.\begin{aligned} v_C &= \sqrt{\frac{\mu}{r_C}} \\ v_P &= \sqrt{2\mu\frac{r_A}{r_P(r_A+r_P)}} \\ v_A &= \sqrt{2\mu\frac{r_P}{r_A(r_A+r_P)}} \end{aligned}\right\} \tag{10.31}$$

10.3.2 共面圆轨道之间的转移

如果初轨道和终轨道是在同一平面内,而且过渡轨道也在此平面内,则转移称为共面轨道转移。

现在研讨共面圆轨道之间的转移。具体地说,研讨从小圆到大圆的转移。

由于两个同心圆没有共同点(交点或切点),所以必须利用椭圆过渡轨道。为此需要至少两次速度脉冲。以下研讨 3 种转移方式。

1. Hohmann 转移

转移过程见图 10.4。在半径为 r_1 的圆 C_1 的任意点 P 产生第一个速度脉冲 Δv_1,转移到椭圆 E,它的近地点是 P;在 E 的远地点 A 产生第二个速度脉冲 Δv_2,使轨道转移成半径为 r_2 的圆轨道 C_2。这样的双脉冲转移过程称为 Hohmann 轨道转移。

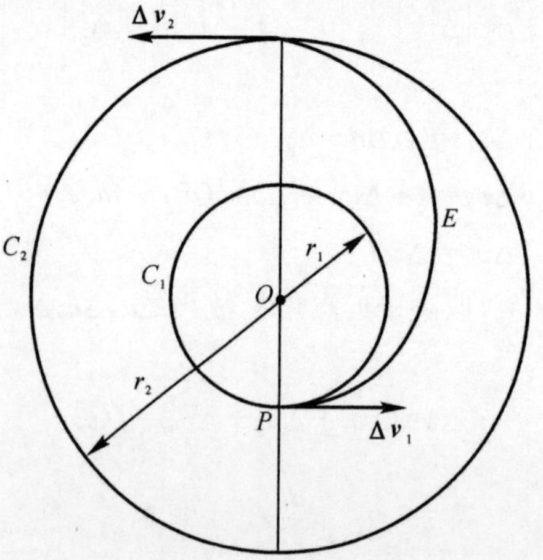

图 10.4 Hohmann 转移

为了求出必需的 Δv_1 和 Δv_2，列出关系方程为

$$\left.\begin{aligned} v_{C_1}+\Delta v_1=v_{EP} \\ v_{EA}+\Delta v_2=v_{C_2} \end{aligned}\right\} \tag{10.32}$$

以及

$$\left.\begin{aligned} v_{C_1}&=\sqrt{\mu/r_1} \\ v_{C_2}&=\sqrt{\mu/r_2} \\ v_{EP}&=\sqrt{2\mu\frac{r_2}{r_1(r_2+r_1)}}=v_{C_1}\sqrt{\frac{2r_2}{r_1+r_2}} \\ v_{EP}&=\sqrt{2\mu\frac{r_1}{r_2(r_2+r_1)}}=v_{C_2}\sqrt{\frac{2r_1}{r_1+r_2}} \end{aligned}\right\} \tag{10.33}$$

需要的特征速度为

$$\left.\begin{aligned} \Delta v_1&=v_{C_1}\left(\sqrt{\frac{2r_2}{r_1+r_2}}-1\right) \\ \Delta v_2&=v_{C_2}\left(1-\sqrt{\frac{2r_1}{r_1+r_2}}\right) \end{aligned}\right\} \tag{10.34}$$

而总的特征速度为

$$\Delta v_{\Sigma}=\Delta v_1+\Delta v_2$$

令 $\gamma=r_2/r_1$，由式(10.33)和式(10.34)得到无因次化的特征速度为

$$\Delta\widetilde{v}_{\Sigma}=\frac{\Delta v_{\Sigma}}{v_{C_1}}=\sqrt{\frac{2\gamma}{1+\gamma}}-1+\frac{1}{\sqrt{\gamma}}(1-\sqrt{\frac{2}{1+\gamma}}) \tag{10.35}$$

此函数关系如图 10.5 所示。极值点为

$$\gamma=15.58,\quad \Delta\widetilde{v}_{\Sigma}=(\Delta\widetilde{v}_{\Sigma})_{\max}=0.536$$

渐近值为

$$\lim_{r\to\infty}\Delta\widetilde{v}_{\Sigma}=\sqrt{2}-1$$

Hohmnn 转移的时间 t_{tr} 等于过渡椭圆轨道的周期的一半

$$t_{tr}=\frac{\pi}{\sqrt{\mu}}(\frac{r_1+r_2}{2})^{3/2} \tag{10.36}$$

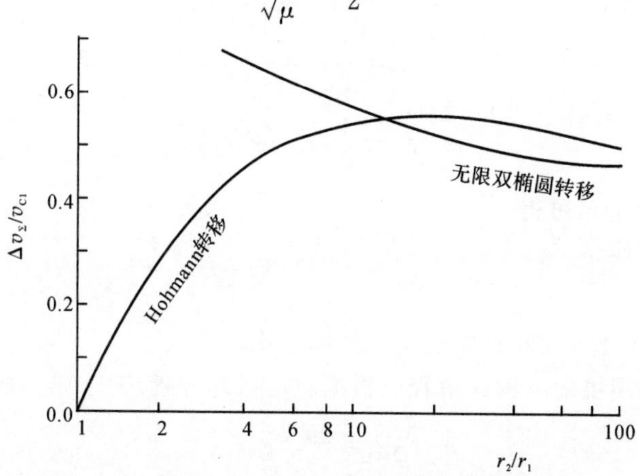

图 10.5　Hohmann 转移和无限椭圆转移的特征速度

用 Hohmann 转移实现航天器交会的条件。设:在初始时刻 t_0,主动航天器(追踪器)A 在半径为 r_1 的圆轨道(称为停泊轨道)的 A_0 点,被动航天器(目标器)在半径为 $r_2(>r_1)$的圆轨道的 P_0 点,且 P_0 超前了一个圆心角 θ_H,如图 10.6 所示。在此时刻,追踪器开始向大圆轨道进行 Hohmann 转移,希望在远地点 R 与目标器交会。实现交会的条件是:A 从 A_0 到 R 的时间等于 P 从 P_0 到 R 的时间,根据轨道周期的公式,上述条件为

$$\frac{1}{2}\frac{2\pi}{\sqrt{\mu}}\left(\frac{r_1+r_2}{2}\right)^{3/2}=\frac{\pi-\theta_H}{2\pi}\frac{2\pi}{\sqrt{\mu}}r_2^{\ 3/2}$$

由此得到必要的提前角为

$$\theta_H=\pi\left[1-\left(\frac{r_1+r_2}{2r_2}\right)^{3/2}\right] \tag{10.37}$$

如果目标航天器的提前角不符合上述条件,例如等于 $\theta_H+\Delta\theta$,则追踪航天器必须在停泊轨道上等待一段时间 Δt,当 $\Delta\theta$ 消除时才开始转移。所需的等待时间为

$$\Delta t_w=\frac{\Delta\theta}{\Omega_1-\Omega_2}$$

式中,Ω_1,Ω_2 为轨道角速度,等于 2π 除以轨道周期,可以推出

$$\Delta t_w=\frac{\Delta\theta}{\sqrt{\mu}\,(r_1^{-3/2}-r_2^{-3/2})} \tag{10.38}$$

由于不可避免的误差,经过上述转移,A 和 P 不可能准确地会合,还需要进行小量修正或近距离制导,才能实现真正的交会和对接。

现在研讨圆轨道微小变轨,即 $\Delta r=r_2-r_1\ll r_1$ 的情况(见图 10.7),有

$$\Delta v_1=v_{C_1}\left(\sqrt{1+\frac{r_2-r_1}{r_1+r_2}}-1\right)\approx v_{C_1}\frac{1}{2}\frac{\Delta r}{r_1+r_2}$$

$$\Delta v_2=v_{C_2}\left(1-\sqrt{\frac{r_2-r_1}{r_1+r_2}}-1\right)\approx v_{C_2}\frac{1}{2}\frac{\Delta r}{r_1+r_2}$$

可得

$$\Delta v_\Sigma=\Delta v_1+\Delta v_2=\frac{v_{C\cdot av}}{2r_{av}}\Delta r$$

式中,下标 av 表示平均值,则有

$$v_{C\cdot av}=\frac{1}{2}(v_{C_1}+v_{C_2})$$

$$r_{av}=\frac{1}{2}(r_1+r_2)$$

利用关系式 $v_C^2=\mu/r$,可得

$$\Delta v_\Sigma=\frac{1}{2}\sqrt{\frac{\mu}{r_{av}^{\ 3}}}\,\Delta r \tag{10.39}$$

可见,需要的特征速度与轨道半径变化量成正比。

上述结果还可以用摄动方程来解释。根据轨道摄动方程,对于第一次脉冲 $\Delta v_1=r_t\Delta t$,有

$$\Delta a_1=\frac{2a^2v}{\mu}\Delta v_1$$

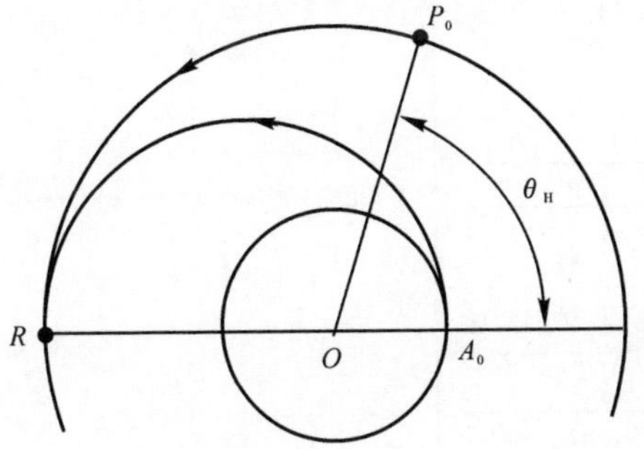

图 10.6　Hohmann 转移交会

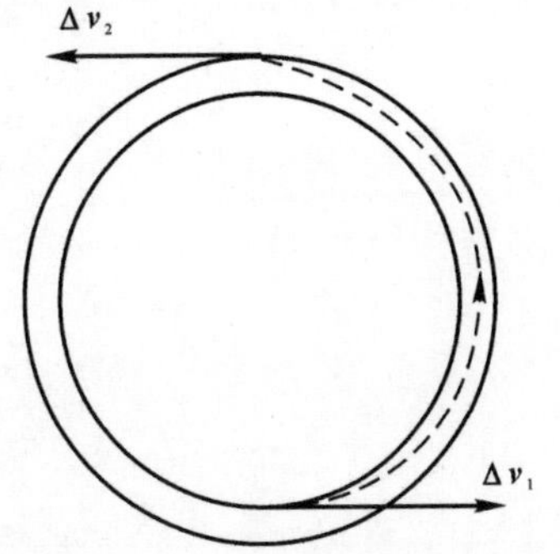

图 10.7　圆轨道的微小转移

由于，$v^2=\mu/a$，故

$$\Delta v_1=\frac{1}{2}\sqrt{\frac{\mu}{a^3}}\Delta a_1$$

$$\Delta a_1=\frac{1}{2}[r_1+(r_1+\Delta r)]-r_1=\frac{1}{2}\Delta r$$

同样地，对于第二次脉冲，有

$$\Delta v_2=\frac{1}{2}\sqrt{\frac{\mu}{a^3}}\Delta a_2$$

$$\Delta a_2=\frac{1}{2}\Delta r$$

综合以上式子，可得

$$\Delta v_\Sigma=\Delta v_1+\Delta v_2=\frac{1}{2}\sqrt{\frac{\mu}{r_{av}^3}}\Delta r$$

与以前的结果式(10.39)完全一样。对于微小轨道机动来说，使用轨道摄动方程是很方便的。

2. 双椭圆转移

如果终轨道半径 r_2 比初始轨道半径 r_1 大得多，则采用双椭圆变轨是较有利的。双椭圆转移的过程如下(见图 10.8)：在圆轨道 C_1 的点 P_1，产生脉冲 Δv_1，使轨道变为椭圆 E_1，它的近地点就是 P_1；然后在椭圆 E_1 的远地点 A(其地心距为 r_A)产生第二个脉冲 Δv_2，使轨道变为椭圆 E_2，它的远地点地心距也是 r_A，而近地点地心距为 r_2；最后在 E_2 的远地点 P_2 沿飞行反方向产生第三个脉冲 Δv_3，使轨道变为半径为 r_2 的圆 C_2。这种转移需要三次脉冲，所以又称为三脉冲转移。

利用关系

$$\left.\begin{aligned} v_{C_1}+\Delta v_1&=v_{E_1 P}\\ v_{E_1 A}+\Delta v_2&=v_{E_2 A}\\ v_{E_2 P}-\Delta v_3&=v_{E_2}\end{aligned}\right\}\qquad(10.40)$$

以及

$$
\left.\begin{aligned}
v_{C_1} &= \sqrt{\mu/r_1} \\
v_{C_2} &= \sqrt{\mu/r_2} \\
v_{E_1 P} &= \sqrt{2\mu \frac{r_A}{r_1(r_1+r_A)}} \\
v_{E_1 A} &= \sqrt{2\mu \frac{r_1}{r_A(r_1+r_A)}} \\
v_{E_2 P} &= \sqrt{2\mu \frac{r_A}{r_2(r_2+r_A)}} \\
v_{E_2 A} &= \sqrt{2\mu \frac{r_2}{r_A(r_2+r_A)}}
\end{aligned}\right\} \tag{10.41}
$$

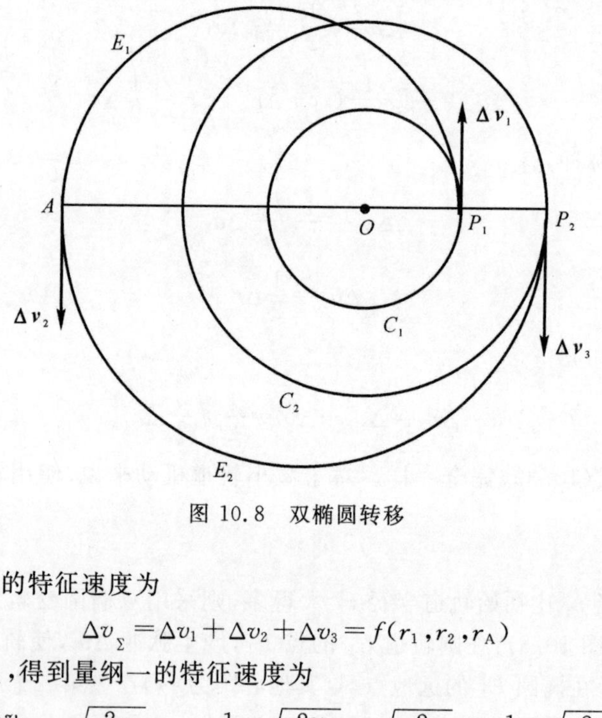

图 10.8 双椭圆转移

由此可以求出总的特征速度为

$$\Delta v_{\Sigma} = \Delta v_1 + \Delta v_2 + \Delta v_3 = f(r_1, r_2, r_A) \tag{10.42}$$

令 $\gamma = r_2/r_1$，$\alpha = r_A/r_1$，得到量纲一的特征速度为

$$\Delta \tilde{v}_{\Sigma} = \frac{\Delta v_{\Sigma}}{v_{C_1}} = \sqrt{\frac{2\alpha}{1+\alpha}} - 1 + \frac{1}{\sqrt{\alpha}}\left(\sqrt{\frac{2\gamma}{\gamma+\alpha}} - \sqrt{\frac{2}{1+\alpha}}\right) + \frac{1}{\sqrt{\gamma}}\left(\sqrt{\frac{2\alpha}{\gamma+\alpha}} - 1\right) \tag{10.43}$$

r_1 和 r_2 是由转移任务决定的，而 r_A 则是选择的。按优化条件

$$\frac{\partial \Delta v_{\Sigma}}{\partial r_A} = 0$$

即可求出最优的 $(r_A)_{\mathrm{opt}}$ 及相应的 $(\Delta v_{\Sigma})_{\min}$。已有的研究结果指出：如果 $(r_A)_{\mathrm{opt}} > r_2$，则以椭圆转移有利；如果 $(r_A)_{\mathrm{opt}} < r_2$，则宁愿采用 Hohmann 转移。

双椭圆转移的极端情况是取 $r_A = +\infty$，这称为无限双椭圆转移。在此极端情况下，过渡轨道几乎是(但尚不是)抛物线轨道。由于 $r_A \to +\infty$，故 $\Delta v_2 \to 0$。而 Δv_1 和 Δv_3 由下列条件决定：

$$\sqrt{\mu/r_1} + \Delta v_1 = \sqrt{2\mu/r_1}$$

$$\sqrt{\mu/r_2}-\Delta v_3=\sqrt{2\mu/r_2}$$

可得

$$\Delta v_1+\Delta v_3=(\sqrt{2}-1)(\sqrt{\mu/r_1}+\sqrt{\mu/r_2})$$

在图 10.5 中，将无限双椭圆转移的特征速度与 Hohmann 转移作比较。两曲线的交点对应于 $r_2/r_1=11.94$。可见，当 $r_2/r_1<11.94$ 时，Hohmann 转移较有利，而当 $r_2/r_1>11.94$ 时，无限双椭圆转移较有利。但由于过渡时间很长，控制也难以施行，所以双椭圆轨道转移的实际意义并不大。

用双椭圆转移实现航天器交会的条件。在初始时刻 t_0，目标航天器在半径为 r_2 的目标轨道的 P_0 点，追踪航天器在半径为 r_1 的停泊轨道的 A_0 点，且 P_0 超前于 A_0 一个相位角 θ_H，如图 10.9 所示。在此时刻 A 开始进行以双椭圆转移，期望在 R 点与 P 会合。交会的条件是：P 从 P_0 沿目标轨道运行到 R 的时间应等于 A 沿椭圆 A_0 从 E_1 运行到 B，然后沿椭圆 E_2 运动到 R 的时间，即

$$\frac{2\pi-\theta_{\mathrm{H}}}{2\pi}\frac{2\pi}{\sqrt{\mu}}r_2^{3/2}=\frac{\pi}{\sqrt{\mu}}\left(\frac{r_1+r_{\mathrm{A}}}{2}\right)^{3/2}+\frac{\pi}{\sqrt{\mu}}\left(\frac{r_{\mathrm{A}}+r_2}{2}\right)^{3/2}$$

由此得到 θ_{H} 和 r_{A} 必须符合的条件为

$$\theta_{\mathrm{H}}=\pi\left[2-\left(\frac{r_1+r_{\mathrm{A}}}{2r_2}\right)^{3/2}-\left(\frac{r_{\mathrm{A}}+r_2}{2r_2}\right)^{3/2}\right] \tag{10.44}$$

3. 快速转移

在某些情况下（例如紧急求援任务）除特征速度外，轨道转移的时间也是重要的因素，这时上述的两种转移方式就不是有利的。在特征速度和机动时间之间的折衷方案是采用与内圆相切、与外圆相交的椭圆轨道作为过渡轨道，如图 10.10 所示。

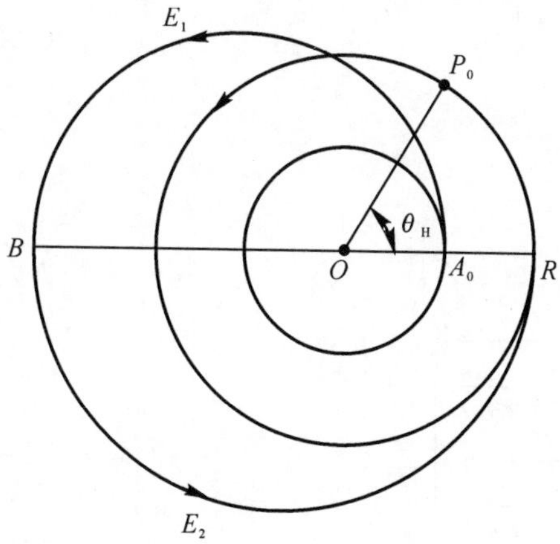

图 10.9　双椭圆转移交会

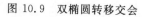

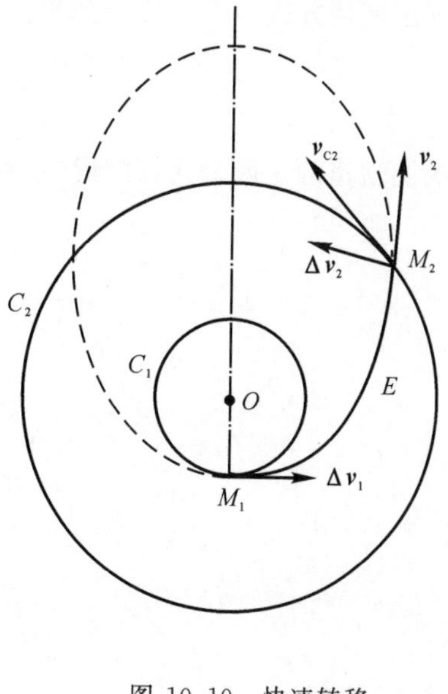

图 10.10　快速转移

在圆 C_1 的 M 点作用第一个脉冲 Δv_1，变成椭圆 E，其中 $r_{\mathrm{P}}=r_1$，r_{A} 待定。在椭圆 E 与圆 C_2 的交点 M_2 作用第二个脉冲 Δv_2，使 $\boldsymbol{v}_{\mathrm{C}_2}=\boldsymbol{v}_2+\Delta\boldsymbol{v}_2$ 恰好是圆 C_2 的轨道速度。这样就迅速地实现轨道转移。随着 r_{A} 的增大，特征速度 $\Delta v_\Sigma=\Delta v_1+\Delta v_2$ 增大，而机动时间减小。兼顾特征

速度和机动时间，可以选择适当的 r_A。

10.3.3 共面椭圆轨道之间的转移

两个共面的椭圆轨道可能有公共点（相交或相切），因此利用单脉冲在相切点改变速度大小或在相交点改变速度大小和方向，从而实现轨道转移是可能的。但并不一定是经济的方式。如果两个椭圆没有公共点，则轨道转移需要至少二次脉冲。

可能有以下 3 种情况。

(1) 两个椭圆轨道的拱线相同，仅大小不同，如图 10.11 所示。首先在初始小椭圆 E_1 的近地点施加第一脉冲 Δv_1，使航天器进入过渡椭圆 E_t，然后在 E_t 的远地点施加第二脉冲 Δv_2，航天器就达到终止椭圆 E_2，完成轨道转移。

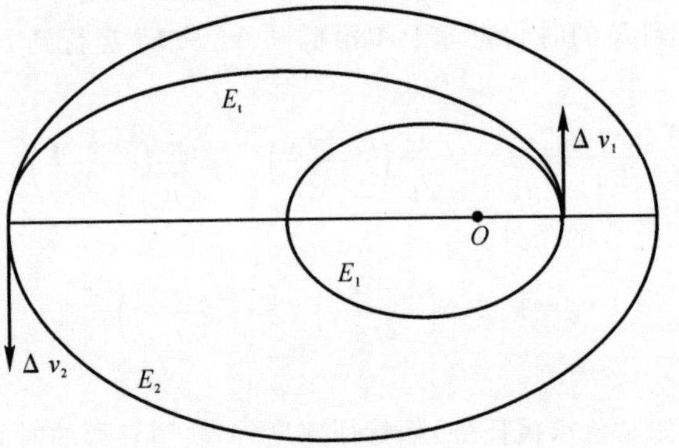

图 10.11 拱线相同的椭圆轨道之间的转移

列出速度方程为

$$\left.\begin{aligned} v_{P_1}+\Delta v_1=v_{Pt} \\ v_{At}+\Delta v_2=v_{A_2} \end{aligned}\right\} \tag{10.45}$$

利用椭圆轨道的一般公式，并且注意到

$$r_{Pt}=r_{P_1}$$
$$r_{At}=r_{A_2}$$

可得

$$\left.\begin{aligned} v_{P_1}&=\sqrt{2\mu\frac{r_{A_1}}{r_{P_1}(r_{A_1}+r_{P_1})}} \\ v_{Pt}&=\sqrt{2\mu\frac{r_{A_2}}{r_{P_1}(r_{A_2}+r_{P_1})}} \\ v_{At}&=\sqrt{2\mu\frac{r_{P_1}}{r_{A_2}(r_{A_2}+r_{P_1})}} \\ v_{A_2}&=\sqrt{2\mu\frac{r_{P_2}}{r_{A_2}(r_{A_2}+r_{P_2})}} \end{aligned}\right\} \tag{10.46}$$

把式(10.46)代入式(10.45)，可求出 Δv_1，Δv_2，然后求出

$$v_\Sigma=\Delta v_1+\Delta v_2$$

可见，v_Σ 完全取决于 $r_{A_1}, r_{P_1}, r_{A_2}, r_{P_2}$。

(2)两个椭圆轨道大小相同，但拱线不同，如图 10.12 所示。

这种转移的唯一目标就是近地点幅角改变 $\Delta\omega$。初始轨道 E_1 与终止轨道 E_2 有两个交点 B 和 H，现考虑上面的交点 B，对于 E_1 来说，B 点的真近点角为 $\theta_B=\pi+\Delta\omega/2$，速度为 v_B，速度倾角为 $\gamma_B<0$。由速度三角关系，所需的速度脉冲为

$$\Delta v=-2v_B\sin\gamma_B$$

代入 $\sin\gamma_B=\frac{1}{v_B}\sqrt{\frac{\mu}{p}}e\sin\theta_B$，则有

$$\Delta v=-2v_B\frac{1}{v_B}\sqrt{\frac{\mu}{p}}e\sin\theta_B$$

可得

$$\Delta v=2e\sqrt{\frac{\mu}{p}}\sin\frac{\Delta\omega}{2} \tag{10.47}$$

可以证明，若在下面的交点 H 进行转移，所需的 Δv 与上述结果相同。

(3)一般情况，即两个椭圆的大小和拱线都不相同，如图 10.13 所示。这时，在初始轨道 E_1 的 D 点产生 Δv_1，进入过渡圆 E_t，在 S 点产生 Δv_2，就到达终止轨道 E_2。至于求 Δv_1 和 Δv_2 的大小和方向的问题，这里不详细讲述。

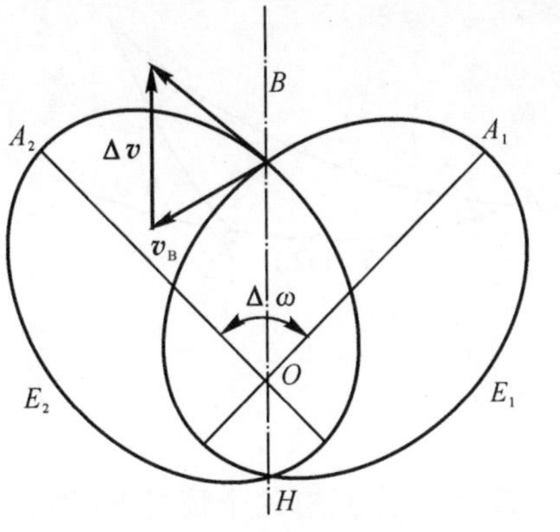

图 10.12　近地点幅角改变

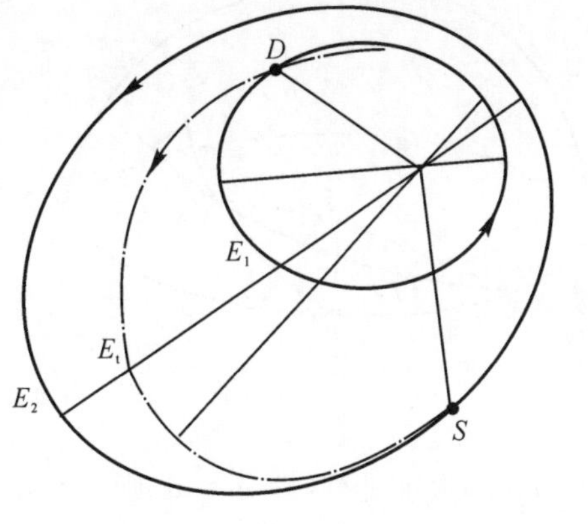

图 10.13　椭圆轨道之间转移的一般情况

10.3.4　非共面轨道转移

如果初轨道与终轨道不在同一个平面内，则这样的转移称为非共面轨道转移。这两个轨道平面之间的角度 δ 称为非共面角。为了改变轨道平面，必须施加速度脉冲 Δv。下述研讨非共面转移的几种典型情况。

1. 半径相同的非共面圆轨道之间的转移

最简单的方式是单脉冲转移。在圆轨道的某点，产生速度脉冲 Δv，使速度矢量由 v_{C_1} 变成 v_{C_2}，而 $v_{C_2}=v_{C_1}=v_C$，达到改变轨道平面的目的。如图 10.14 所示，有

$$\left.\begin{aligned}\Delta v&=2v_C\sin(\delta/2)\\ v_C&=\sqrt{\mu/r}\end{aligned}\right\} \tag{10.48}$$

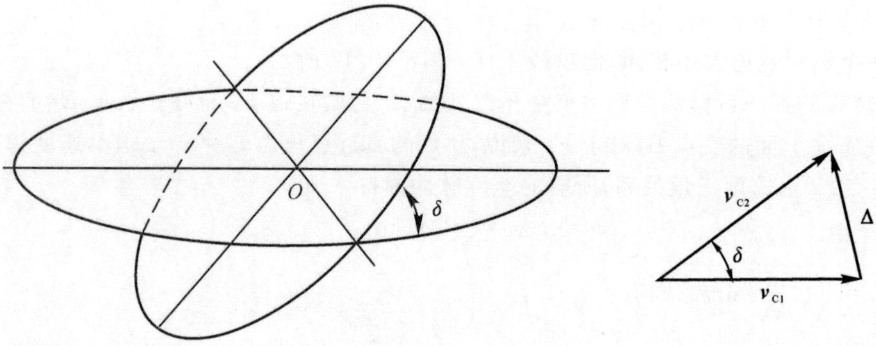

图 10.14　轨道平面的改变

一般情况下，轨道平面的改变 δ 不仅引起轨道倾角 i 的变化，而且引起升交点赤经 Ω 的变化。设原来轨道有 i_1，Ω_1，如图 10.15 所示。在纬度幅角为 u_1 的 C 点进行机动，产生轨道平面改变角 δ，使新轨道具有 i_2，Ω_2。对于球面三角形 CB_1B_2，列出方程

$$\left.\begin{aligned}\cos i_2 &= \cos i_1 \cos\delta - \sin i_1 \sin\delta \cos u_1 \\ \cos\delta &= \cos i_1 \cos i_2 + \sin i_1 \sin i_2 \cos(\Omega_2 - \Omega_1)\end{aligned}\right\} \tag{10.49}$$

由此可得 i_2，Ω_2。可见 $i_2 - i_1$ 并不等于 δ。若给定 i_1，i_1，Ω_1，Ω_2，则可以求出 δ 和 u_1。

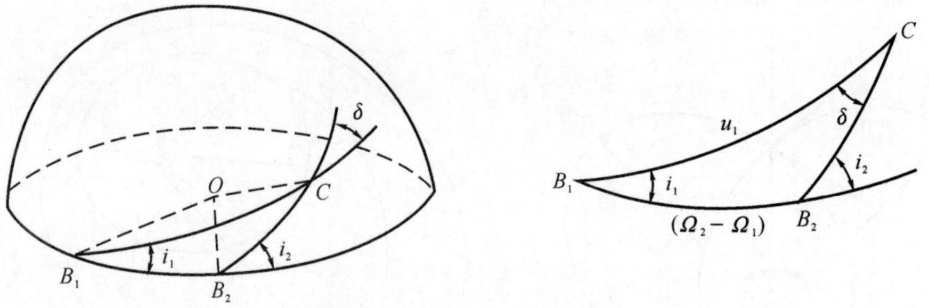

图 10.15　球面三角形 CB_1B_2

如果机动在赤道上进行，即 $u_1 = 0$，则 $i_2 = i_1 + \delta$，且 $\Omega_2 = \Omega_1$。只有这个情况下（即在赤道上进行平面改变），轨道倾角的改变量才等于轨道平面变化角，且轨道升交点不变。

较复杂的（也许较有利）是下述三脉冲转移，如图 10.16 所示。第一个脉冲 Δv_1 使圆 C_1 变成同平面的椭圆 E_1；第二个脉冲 Δv_2 作用在椭圆 E_1 的远地点，使轨道平面改变倾角 δ，轨道成为椭圆 E_2；第三个脉冲 Δv_3 反向地作用在椭圆 E_2 的近地点，使轨道变成半径为 r_0 的圆 C_2。

现在进行分析。圆轨道速度为

$$v_C = \sqrt{\mu / r_C}$$

椭圆轨道近地点距离为 r_C，远地点距离设为 r_A，故近地点速度和远地点速度为

$$v_P = \sqrt{2\mu \frac{r_A}{r_C(r_A + r_C)}}$$

$$v_A = \sqrt{2\mu \frac{r_C}{r_A(r_A + r_C)}}$$

需要的 3 个脉冲及总特征速度为

$$\Delta v_1 = v_P - v_C$$

$$\Delta v_2 = 2v_A \sin(\delta/2)$$

$$\Delta v_3 = \Delta v_1$$

$$\Delta v_\Sigma = \Delta v_1 + \Delta v_2 + \Delta v_3$$

利用以上各表达式，得到无量纲特征速度为

$$\frac{\Delta v_\Sigma}{v_C} = \frac{1}{v_C}(2\Delta v_1 + \Delta v_3) = 2\left[\sqrt{\frac{2\alpha}{\alpha+1}} - 1 + \sqrt{\frac{2\alpha}{\alpha(\alpha+1)}}\sin\frac{\delta}{2}\right] \tag{10.50}$$

式中，$\alpha = r_A/r_C$。

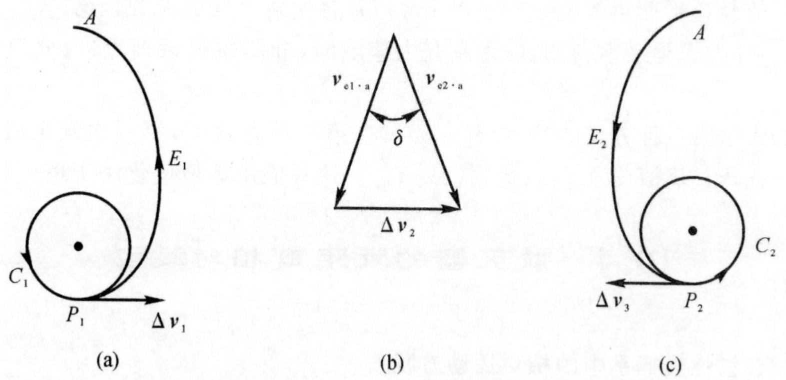

图 10.16　三脉冲非共面轨道转移

(a)在 C_1 平面内；(b)在远地点 A；(c)在 C_2 平面内

令偏导数 $\partial\Delta v_\Sigma/\partial\alpha$ 等于 0，可求出使 Δv_2 达到极小值的 α 值的方程为

$$\alpha^* = (2\alpha^* + 1)\sin(\delta/2)$$

相应的最小特征速度为

$$\left(\frac{\Delta v_\Sigma}{v_C}\right)^* = 2\left[2\sqrt{2\sin\frac{\delta}{2}\left(1-\sin\frac{\delta}{2}\right)} - 1\right] \tag{10.51}$$

从物理意义来分析，α 的有效范围是 $\alpha \geqslant 1$。当 $\delta = 38.94°$ 时，$\alpha^* = 1$，此时三脉冲的 Δv 与单脉冲的 Δv 相同，这是临界情况；当 $\delta > 38.94°$ 时，三脉冲较有利；当 $\delta < 38.94°$ 时，单脉冲较有利上述规律如图 10.17 所示。

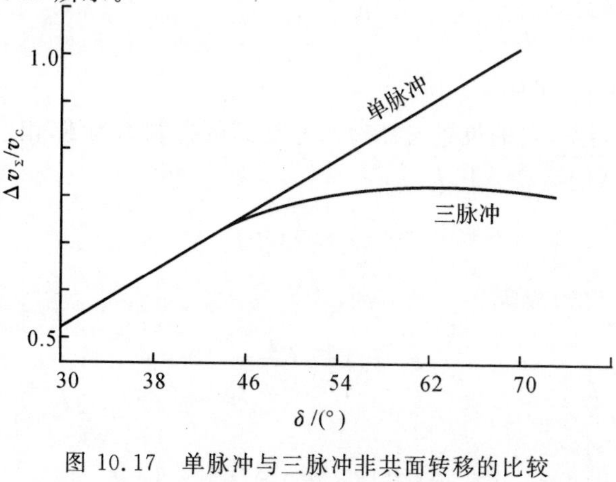

图 10.17　单脉冲与三脉冲非共面转移的比较

2. 半径不同的非共面圆轨道之间的转移

不同半径的非共面圆轨道之间的转移可以通过 3 种方式的双脉冲实现。

(1)第一个脉冲 Δv_1 既改变轨道平面倾角 δ,又增大速度,以致过渡椭圆轨道 E 的远地点距离为 r_2,在过渡椭圆轨道的远地点产生的第二个脉冲 Δv_2,使轨道变成大圆。

(2)第一个脉冲 Δv_1 使圆轨道变成椭圆,在椭圆轨道远地点产生的第二个脉冲既改变轨道平面倾角,又使椭圆变成大圆轨道。

(3)第一个脉冲使轨道平面倾角改变 δ_1,同时使轨道变成椭圆,在椭圆轨道远地点产生的第二脉冲 Δv_2 使轨道平面再改变 δ_2($\delta=\delta_1+\delta_2$),并且使轨道变成大圆轨道。

显然,第一种方式是最不利的,因为它在大速度时(椭圆轨道近地点)改变轨道平面倾角,因而消耗大。

第二种方式是第三种方式的特例($\delta_1=0$)。在第三种方式中,第一次倾角改变量 δ_1 是可选择的。可以选择最优值$(\delta_1)_{\text{opt}}$,以达到$(\Delta v_\Sigma)_{\min}$。这只能用数值优化法实现。

10.4 航天器的近距离相对运动

10.4.1 在惯性坐标系中的相对运动方程

在航天器的空间交会和对接(两个航天器互相接近,直至最后连接成一体的过程)的问题中最重要的是航天器之间的相对运动,包括相对轨道运动和相对姿态运动。本节仅研究相对轨道运动。

在交会任务中常有一个航天器处于消极等待状态,它称为被动航天器或目标航天器;另一个则主动地控制自己的运动,向目标接近,它称为主动航天器或追踪航天器。

前文已经研讨了用 Hohmann 转移和双椭圆转移实现交会的条件,那里涉及的是大幅度、远距离的变轨道机动,称为远程交会。事实上,远程交会的任务只是把主动航天器导引到目标航天器附近(大约相距 100 km),然后就由主动航天器测量它与目标之间的相对运动状态,进行近程导引。

假设被动航天器 P 不受摄动力作用,沿开普勒轨道运动,因而它服从运动方程

$$\frac{\mathrm{d}^2\boldsymbol{r}_{\mathrm{P}}}{\mathrm{d}t^2}+\frac{\mu}{r_{\mathrm{P}}^3}\boldsymbol{r}_{\mathrm{P}}=0 \tag{10.52}$$

式中,$\boldsymbol{r}_{\mathrm{P}}$ 是 P 的位置矢径(见图 10.18)。

主动航天器以 A 表示,它的位置矢径为 $\boldsymbol{r}$,它受到的控制力为 $\boldsymbol{F}$,相应的控制加速度为 $\boldsymbol{f}=\boldsymbol{F}/m$。于是主动航天器的运动方程为

$$\frac{\mathrm{d}^2\boldsymbol{r}}{\mathrm{d}t^2}+\frac{\mu}{r^3}\boldsymbol{r}=\boldsymbol{f} \tag{10.53}$$

式(10.53)减去式(10.52),成为

$$\frac{\mathrm{d}^2}{\mathrm{d}t^2}(\boldsymbol{r}-\boldsymbol{r}_{\mathrm{P}})+\mu\left(\frac{\boldsymbol{r}}{r^3}-\frac{\boldsymbol{r}_{\mathrm{P}}}{r_{\mathrm{P}}^3}\right)=\boldsymbol{f} \tag{10.54}$$

然后改造成

$$\frac{\mathrm{d}^2}{\mathrm{d}t^2}\Delta\boldsymbol{r}+\frac{\mu}{r_{\mathrm{P}}^3}\left[(\boldsymbol{r}_{\mathrm{P}}+\Delta\boldsymbol{r})\frac{r_{\mathrm{P}}^3}{r^3}-\boldsymbol{r}_{\mathrm{P}}\right]=\boldsymbol{f} \tag{10.55}$$

式中 $\Delta \boldsymbol{r}$ 为主动航天器 A 与被动航天器 P 的位置矢量差，即

$$\Delta \boldsymbol{r}=\boldsymbol{r}-\boldsymbol{r}_{\mathrm{P}} \tag{10.56}$$

写出三角形的关系式为

$$r^2=r_{\mathrm{P}}^2+\Delta r^2+2\Delta \boldsymbol{r}\cdot \boldsymbol{r}_{\mathrm{P}}$$

对于近距离相对运动的情况，$\Delta r/r_{\mathrm{P}}\ll 1$，则有

$$\frac{r^2}{r_{\mathrm{P}}^2}=1+\frac{\Delta r^2}{r_{\mathrm{P}}^2}+2\,\frac{\boldsymbol{r}_{\mathrm{P}}\cdot \Delta \boldsymbol{r}}{r_{\mathrm{P}}^2}\approx 1+2\,\frac{\boldsymbol{r}_{\mathrm{P}}\cdot \Delta \boldsymbol{r}}{r_{\mathrm{P}}^2}$$

故

$$\frac{r_{\mathrm{P}}^3}{r^3}\approx\left(1+2\,\frac{\boldsymbol{r}_{\mathrm{P}}\cdot \Delta \boldsymbol{r}}{r_{\mathrm{P}}^2}\right)^{-3/2}\approx 1-3\,\frac{\boldsymbol{r}_{\mathrm{P}}\cdot \Delta \boldsymbol{r}}{r_{\mathrm{P}}^2}$$

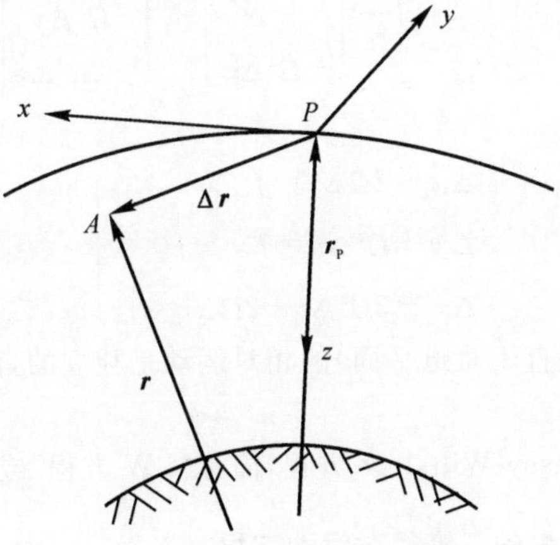

图 10.18　相对位置矢量

将上式代入方程式(10.55)，略去高阶小量，得到在惯性坐标中的相对移动运动的微分方程(矢量形式)为

$$\frac{\mathrm{d}^2}{\mathrm{d}t^2}\Delta \boldsymbol{r}+\frac{\mu}{r_{\mathrm{P}}^3}\left(\Delta \boldsymbol{r}-3\,\frac{\boldsymbol{r}_{\mathrm{P}}\cdot \Delta \boldsymbol{r}}{r_{\mathrm{P}}^2}\boldsymbol{r}_{\mathrm{P}}\right)=\boldsymbol{f} \tag{10.57}$$

10.4.2　在轨道坐标系中的相对运动方程

取被动航天器轨道坐标系 $Px_0y_0z_0$(见图 10.18)，简写为 $Pxyz$(省略下标 0)。轴 z 沿矢径 $\boldsymbol{r}_{\mathrm{P}}$ 反方向，轴 x 在轨道平面内垂直于 $\boldsymbol{r}_{\mathrm{P}}$，指向前，轴 y 垂直于轨道平面，指向右。

设：被动航天器沿圆轨道运动，因而轨道坐标系具有常值角速度，即

$$\Omega=\sqrt{\mu/r_{\mathrm{P}}^3} \tag{10.58}$$

角速度矢量的分量列阵为

$$\boldsymbol{\Omega}=(0\ \ -\Omega\ \ \ 0)^{\mathrm{T}} \tag{10.59}$$

相对位置矢量的分量列阵为

$$\Delta \boldsymbol{r}=(\Delta x\quad \Delta y\quad \Delta z)^{\mathrm{T}} \tag{10.60}$$

根据在活动坐标系中矢量的导数的规则，有

$$\frac{\mathrm{d}\Delta \boldsymbol{r}}{\mathrm{d}t}=\frac{\delta \Delta \boldsymbol{r}}{\delta t}+\boldsymbol{\Omega}\times \Delta \boldsymbol{r}$$

$$\frac{\mathrm{d}^2\Delta\boldsymbol{r}}{\mathrm{d}t^2}=\frac{\delta^2\Delta\boldsymbol{r}}{\delta t^2}+\boldsymbol{\Omega}\times\frac{\delta\Delta\boldsymbol{r}}{\delta t}+\boldsymbol{\Omega}\times\frac{\delta\Delta\boldsymbol{r}}{\delta t}+\boldsymbol{\Omega}\times[\boldsymbol{\Omega}\times\Delta\boldsymbol{r}]+\frac{\delta\boldsymbol{\Omega}}{\delta t}\times\Delta\boldsymbol{r} \tag{10.61}$$

将式(10.57)中的一项加以处理,可得

$$-3\,\frac{\boldsymbol{r}_\mathrm{P}\cdot\Delta\boldsymbol{r}}{r_\mathrm{P}^2}\boldsymbol{r}_\mathrm{P}=-3\,\frac{(0\quad 0\ -r_\mathrm{P})(\Delta x\quad \Delta y\quad \Delta z)^\mathrm{T}}{r_\mathrm{P}^2}(0\quad 0\ -r_\mathrm{p})^\mathrm{T}=-3(0\quad 0\quad \Delta z)^\mathrm{T} \tag{10.62}$$

考虑式(10.58)、式(10.61)及式(10.62),方程式(10.57)成为

$$\frac{\delta^2\Delta\boldsymbol{r}}{\delta t^2}+2\boldsymbol{\Omega}\times\frac{\delta\Delta\boldsymbol{r}}{\delta t}+\boldsymbol{\Omega}\times[\boldsymbol{\Omega}\times\Delta\boldsymbol{r}]+\boldsymbol{\Omega}^2[\Delta\boldsymbol{r}-3(0\quad 0\quad \Delta z)^\mathrm{T}]=\boldsymbol{f} \tag{10.63}$$

展开后成为

$$\begin{bmatrix}\Delta\ddot{x}\\ \Delta\ddot{y}\\ \Delta\ddot{z}\end{bmatrix}+\begin{bmatrix}-2\Omega\Delta\dot{z}\\ 0\\ 2\Omega\Delta\dot{x}\end{bmatrix}+\begin{bmatrix}-\Omega^2\Delta x\\ 0\\ -\Omega^2\Delta z\end{bmatrix}+\begin{bmatrix}\Omega^2\Delta x\\ \Omega^2\Delta y\\ -2\Omega^2\Delta z\end{bmatrix}=\begin{bmatrix}f_x\\ f_y\\ f_z\end{bmatrix}$$

最后结果是

$$\left.\begin{aligned}&\Delta\ddot{x}-2\Omega\Delta\dot{z}=f_x\\ &\Delta\ddot{y}+\Omega^2\Delta y=f_y\\ &\Delta\ddot{z}-3\Omega^2\Delta z+2\Omega\Delta\dot{x}=f_z\end{aligned}\right\} \tag{10.64}$$

此方程表明:沿 y 轴(垂直于轨道平面)的相对运动是独立的,而在轨道平面内沿 z 轴和 x 轴的相对运动是互相耦合的。

方程(10.64)称为 Clohessy-Wiltshire 方程,简称“CW 方程”或“希尔方程”。

10.4.3 在视线坐标系中的二维相对运动方程

视线就是主动航天器位置 A 与被动航天器位置 P 的连线。

现研究二维相对运动的情况,即主动航天器在被动航天器轨道平面内运动的情况。在视线坐标系中相对位置矢量 $\Delta\boldsymbol{r}$ 用两个变量来表示:视线线段 PA 的长度 Δr,视线 AP 与水平轴 Px 之间的角度 α(见图 10.19)。$(\Delta r,\alpha)$就是以 P 为原点的极坐标。

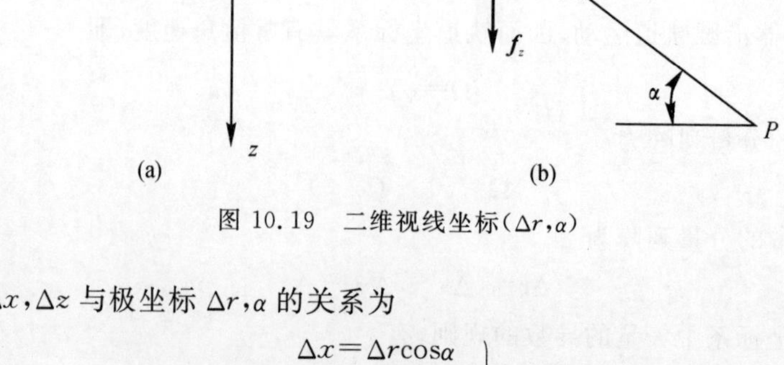

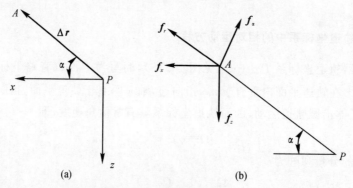

图 10.19 二维视线坐标$(\Delta r,\alpha)$

直角坐标 $\Delta x,\Delta z$ 与极坐标 $\Delta r,\alpha$ 的关系为

$$\left.\begin{aligned}\Delta x&=\Delta r\cos\alpha\\ \Delta z&=-\Delta r\sin\alpha\end{aligned}\right\} \tag{10.65}$$

$$\left.\begin{aligned}\Delta\dot{x}&=\Delta\dot{r}\cos\alpha-\Delta r\dot{\alpha}\sin\alpha\\ \Delta\dot{z}&=-\Delta\dot{r}\sin\alpha-\Delta r\dot{\alpha}\cos\alpha\end{aligned}\right\}\tag{10.66}$$

$$\left.\begin{aligned}\Delta\ddot{x}&=\Delta\ddot{r}\cos\alpha-2\Delta\dot{r}\dot{\alpha}\sin\alpha-\Delta r\dot{\alpha}^2\cos\alpha-\Delta r\ddot{\alpha}\sin\alpha\\ \Delta\ddot{z}&=-\Delta\ddot{r}\sin\alpha-2\Delta\dot{r}\dot{\alpha}\cos\alpha+\Delta r\dot{\alpha}^2\sin\alpha-\Delta r\ddot{\alpha}\cos\alpha\end{aligned}\right\}\tag{10.67}$$

在极坐标系中，控制加速度 f 分解成两个分量：一个是沿视线 PA 的 f_r，以使 Δr 增大为正（当然实际上控制力应力图使 Δr 减小）；另一个是垂直于 PA 的 f_α，以使 α 增大为正。根据图 10.19，有

$$\left.\begin{aligned}f_x&=f_r\cos\alpha-f_\alpha\sin\alpha\\ f_z&=-f_r\sin\alpha-f_\alpha\cos\alpha\end{aligned}\right\}\tag{10.68}$$

将方程式(10.65)～式(10.68)代入方程式(10.64)，可得

$$\left.\begin{aligned}&\sin\alpha\Delta\ddot{r}+2\cos\alpha\Delta\dot{r}\dot{\alpha}-\sin\alpha\Delta r\dot{\alpha}^2+\cos\alpha\Delta r\ddot{\alpha}-3\Omega^2\sin\alpha\Delta r-2\Omega(\cos\alpha\Delta\dot{r}-\sin\alpha\Delta r\dot{\alpha})=\\ &\cos\alpha f_\alpha+\sin\alpha f_r\\ &\cos\alpha\Delta\ddot{r}-2\sin\alpha\Delta\dot{r}\dot{\alpha}-\cos\alpha\Delta r\dot{\alpha}^2-\sin\alpha\Delta r\ddot{\alpha}+2\Omega(\sin\alpha\Delta\dot{r}+\cos\alpha\Delta r\dot{\alpha})=\\ &-\sin\alpha f_\alpha+\cos\alpha f_r\end{aligned}\right\}\tag{10.69}$$

将第一式与 $\sin\alpha$ 的乘积加上第二式与 $\cos\alpha$ 的乘积，并且将第一式与 $\cos\alpha$ 的乘积减去第二式与 $\sin\alpha$ 的乘积，可得

$$\left.\begin{aligned}\Delta\ddot{r}-\Delta r\dot{\alpha}^2+2\Omega\Delta r\dot{\alpha}-3\Omega^2\Delta r\sin^2\alpha&=f_r\\ \Delta r\ddot{\alpha}+2\Delta\dot{r}\dot{\alpha}-2\Omega\Delta\dot{r}-1.5\Omega^2\Delta r\sin2\alpha&=f_\alpha\end{aligned}\right\}\tag{10.70}$$

这就是在视线坐标系中的二维相对运动方程式

如果由于近程交会的时间短而忽略轨道运动的效应，即认为运动是在均匀重力场中进行的，那么可以令 $\Omega=0$，使相对运动方程简化成

$$\left.\begin{aligned}\Delta\ddot{r}-\Delta r\dot{\alpha}^2&=f_r\\ \Delta\ddot{\alpha}+2\Delta\dot{r}\dot{\alpha}&=f_\alpha\end{aligned}\right\}\tag{10.71}$$

这与战术导弹的导引力学方程完全一样。

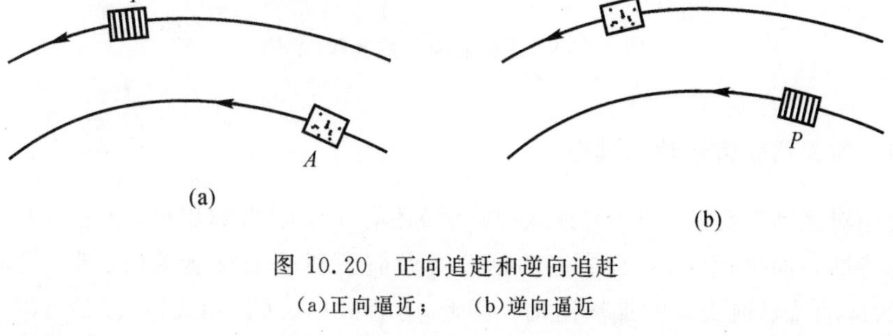

图 10.20　正向追赶和逆向追赶

(a)正向逼近；　(b)逆向逼近

当利用视线进行近程导引时，即使主动航天器并不在被动航天器的轨道平面内运动，仍然可以只使用两个通道（纵向通道 f_r 和横向通道 f_α）来实现交会。

为了在近程引导阶段节约燃料消耗，希望仅施加横向控制 f_α，而使纵向控制 $f_r=0$，这样相对运动方程就成为

$$\left.\begin{aligned}\Delta\ddot{r}-\Delta r\dot{\alpha}^2=0\\ \Delta r\ddot{\alpha}+2\Delta\dot{r}\dot{\alpha}=f_\alpha\end{aligned}\right\}\tag{10.72}$$

为了做到这一点，要求在近程导引之前通过轨道机动使主动航天器 A 处于如下两种相对状态之一：

(1)A 在 P 之后，且 A 的轨道较低[见图 10.20(a)]。这样 A 的轨道速度大于 P 的轨道速度，不需要 f_r 作用，A 自然向 P 靠近，只需要横向控制力 f_α，使视线角速度 $\dot{\alpha}$ 保持为零，从而实现平行接近。这种情况称为正向追踪。

(2)A 在 P 之前，且 A 的轨道较高[见图 10.20(b)]。这时 A 的轨道速度小于 P 的，A 也自然向 P 靠近，这种方法式称为逆向追赶。

在双通道(f_r,f_α)控制的情况下，由于可变推力发动机在技术上的困难，往往采用开关式控制。例如，纵向控制规律取为

$$f_r=f_r(\Delta\dot{r},\Delta\ddot{r})\tag{10.73}$$

注意：正的 f_r 为制动，负的为加速。横向控制规律取为

$$f_\alpha=f_\alpha(\dot{\alpha},\ddot{\alpha})\tag{10.74}$$

如图 10.21 所示，而且阈值 b_1,b_2,b_3,b_4 是随 Δr 的减小而减小的。此外，由于交会控制的大推力发动机只有一台，当由纵向控制转到横向控制时，航天器必须进行 90°的姿态机动，所以控制的切换不能太频繁。

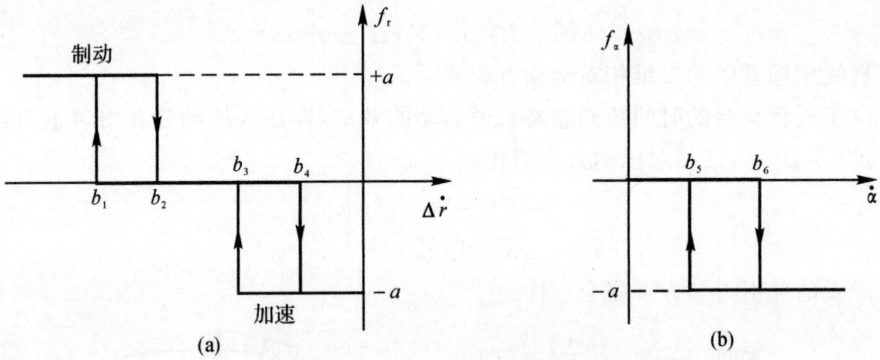

图 10.21　纵向和横向控制律(示例)

10.4.4　航天器轨道运动的模态

航天器相对运动方程式(10.63)或式(10.64)还有一个附带的用处，就是研究航天器轨道运动的模态特性。如果把以 $\boldsymbol{r}_P(t)$ 描述的运动看做航天器的未扰运动(或基准运动)，那么以 $\Delta\boldsymbol{r}(t)$ 描述的运动就是航天器的偏离运动。因此，方程式(10.63)和式(10.64)可以作为航天器的扰动运动方程。

沿 y 向的运动(即偏离轨道平面的运动)是独立的，即

$$(s^2+\Omega^2)\Delta y(s)=0\tag{10.75}$$

其特征值为

$$s_{1,2}=\pm\Omega\mathrm{i}$$

这对应于衰减的振荡运动

$$\Delta y(t)=a_1\cos(\Omega t+a_2) \tag{10.76}$$

常数 a_1,a_2 决定于初始扰动 Δy_0 和 $\dot{y}_0$。

沿 x 和 z 向的运动(即在轨道平面内的运动)是互相耦合的,即

$$\begin{bmatrix} s^2 & -2\Omega s \\ 2\Omega s & s^2-3\Omega^2 \end{bmatrix}\begin{bmatrix} \Delta x(s) \\ \Delta z(s) \end{bmatrix}=0 \tag{10.77}$$

特征方程为

$$s^2(s^2+\Omega^2)=0$$

特征值为

$$s_1=0,\quad s_2=0,\quad s_{3,4}=\pm\Omega\mathrm{i}$$

对应的运动为

$$\left.\begin{aligned} \Delta x(t)&=b_1\cos(\Omega t+b_2)+b_3+b_4 t \\ \Delta z(t)&=0.5b_1\cos(\Omega t+b_2+\pi/2)+b_5 \end{aligned}\right\} \tag{10.78}$$

式中,常数 b_1,b_2,b_3,b_4,b_5 由初始条件决定。

与特征值 $s_{3,4}$ 对应的特征矢量为

$$\boldsymbol{u}_{3,4}=\begin{bmatrix} 1 \\ \pm 0.5\mathrm{i} \end{bmatrix} \tag{10.79}$$

相应的 Argand 图如图 10.22 所示,其表示这两个变量的振幅和相位关系。

10.5　航天器相对运动的转移矩阵

10.5.1　相对运动状态转移方程

现假设 P 点沿圆轨道运动,以 P 为原点建立轨道坐标系 $Pxyz$,如图 10.23 所示。航天器 A 相对于 P 的位置矢量为 $\Delta\boldsymbol{r}(\Delta x,\Delta y,\Delta z)$。相对运动 $\Delta\boldsymbol{r}(t)$ 既可以描述主动航天器 A 相对于作理想圆轨道运动的被动航天器 P 的运动,又可以描述航天器 A 相对于理想轨道的偏离运动。

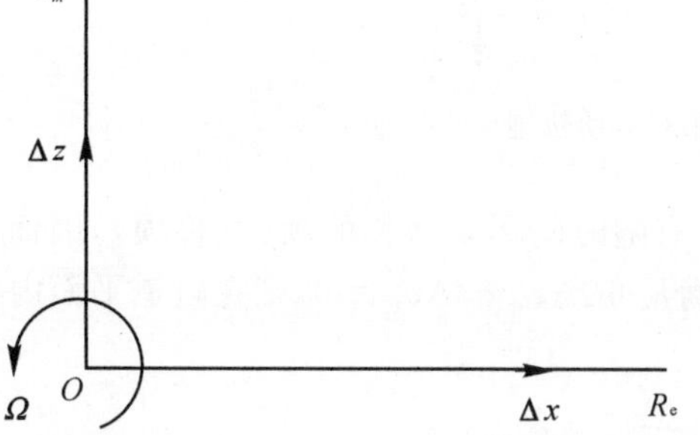

图 10.22　Δx 和 Δz 的 Argand 图

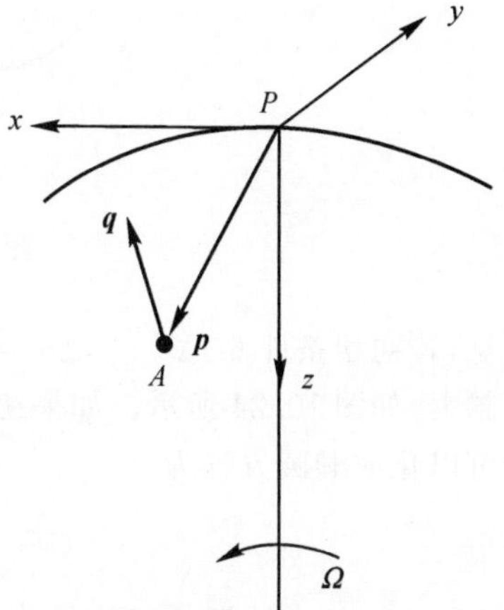

图 10.23　相对运动状态 p,q

在 10.4 节已经推导了在轨道坐标系中相对运动方程式(10.64)。现仅研究自由运动，即作用力为零的情况。于是写出自由相对运动方程为

$$\left.\begin{aligned}&\Delta\ddot{x}-2\Omega\Delta\dot{z}=0\\&\Delta\ddot{y}+\Omega^2\Delta y=0\\&\Delta\ddot{z}+2\Omega\Delta\dot{x}-3\Omega^2\Delta z=0\end{aligned}\right\}\tag{10.80}$$

可见，在轨道平面内沿 x 轴和 z 轴的运动是互相耦合的，而偏离轨道平面的运动即沿 y 轴的运动是独立的。

定义相对速度分量

$$\Delta v_x=\Delta\dot{x},\quad \Delta v_y=\Delta\dot{y},\quad \Delta v_z=\Delta\dot{z}$$

设初始条件为 $t_0,\Delta x_0,\Delta y_0,\Delta z_0,\Delta v_{x_0},\Delta v_{y_0},\Delta v_{z_0}$，于是得到方程式(10.80)的解(读者可以验证)

$$\left.\begin{aligned}&\Delta x=\Delta x_0+\frac{2\Delta v_{z_0}}{\Omega}(1-\cos\Omega\tau)+(\frac{4\Delta v_{x_0}}{\Omega}-6\Delta z_0)\sin\Omega\tau+(6\Omega\Delta z_0-3\Delta v_{x_0})\tau\\&\Delta y=\Delta y_0\cos\Omega\tau+\frac{\Delta v_{y_0}}{\Omega}\sin\Omega\tau\\&\Delta z=4\Delta z_0-\frac{2\Delta v_{x_0}}{\Omega}+(\frac{2\Delta v_{x_0}}{\Omega}-3\Delta z_0)\cos\Omega\tau+\frac{\Delta v_{z_0}}{\Omega}\sin\Omega\tau\\&\Delta v_x=6\Omega\Delta z_0-3\Delta v_{x_0}+(4\Delta v_{x_0}-6\Omega\Delta z_0)\cos\Omega\tau+2\Delta v_{z_0}\sin\Omega\tau\\&\Delta v_y=\Delta v_{y_0}\cos\Omega\tau-\Delta y_0\Omega\sin\Omega\tau\\&\Delta v_z=\Delta v_{z_0}\cos\Omega\tau+(3\Omega\Delta z_0-2\Delta v_{x_0})\sin\Omega\tau\end{aligned}\right\}\tag{10.81}$$

式中，$\tau=t-t_0$。

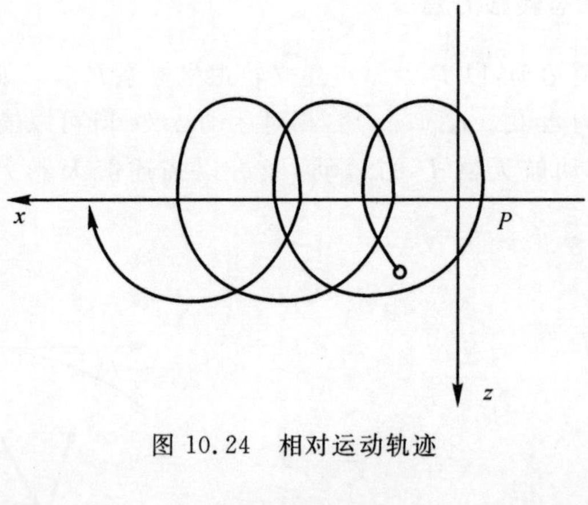

图 10.24　相对运动轨迹

可见，若初始条件 $6\Omega\Delta z_0-3\Delta v_{x_0}\neq0$，则 x 有随时间不断增长的项(漂移项)，因而相对距离越来越大，如图 10.24 所示。如果初始条件满足 $6\Omega\Delta z_0-3\Delta v_{x_0}=0$，则在轨道平面内 $\Delta x,\Delta z$ 的方程可以化成椭圆方程为

$$(\frac{\Delta x-\xi_0}{a})^2+(\frac{\Delta z-\zeta_0}{a/2})^2=1\tag{10.82}$$

即中心在 ξ_0,ζ_0，长半轴为 a，短半轴为 $a/2$ 的椭圆，ξ_0,ζ_0,a 由初始条件决定。这种相对运动的周期为 Ω，即轨道周期。至于偏离轨道平面的运动即沿 y 轴的运动则无论初始条件如何，一定

是以 Ω 为周期的振荡运动。

现定义相对运动状态矢量(严格地说,本节中所谓的矢量应该称为分量列阵)为

$$\boldsymbol{s}=(\Delta x \quad \Delta y \quad \Delta z \quad \Delta v_x \quad \Delta v_y \quad \Delta v_z)^{\mathrm{T}} \tag{10.83}$$

则方程式(10.81)可以写成状态转移方程的形式为

$$\boldsymbol{s}(t)=\boldsymbol{F}(\tau)\boldsymbol{s}(t_0)=\boldsymbol{F}(t-t_0)\boldsymbol{s}(t_0) \tag{10.84}$$

式中,6×6 维矩阵 $\boldsymbol{F}(\tau)$ 称为状态转移矩阵,因为它们的作用是将状态 $\boldsymbol{s}(t_0)$ 转移到 $\boldsymbol{s}(t)$。

更有用的办法是,定义相对位置矢量 $\boldsymbol{p}$ 和相对速度矢量 $\boldsymbol{q}$ 为

$$\left.\begin{aligned}\boldsymbol{p}&=(\Delta x,\Delta y,\Delta z)^{\mathrm{T}}\\ \boldsymbol{q}&=(\Delta v_x,\Delta v_y,\Delta v_z)^{\mathrm{T}}\end{aligned}\right\} \tag{10.85}$$

把方程式(10.81)改写成

$$\begin{bmatrix}\boldsymbol{p}(t)\\ \boldsymbol{q}(t)\end{bmatrix}=\begin{bmatrix}\boldsymbol{A}(\tau) & \boldsymbol{B}(\tau)\\ \boldsymbol{C}(\tau) & \boldsymbol{D}(\tau)\end{bmatrix}\begin{bmatrix}\boldsymbol{p}(t_0)\\ \boldsymbol{q}(t_0)\end{bmatrix} \tag{10.86}$$

其中

$$\left.\begin{aligned}
\boldsymbol{A}&=\begin{bmatrix}1 & 0 & 6(\Omega\tau-\sin\Omega\tau)\\ 0 & \cos\Omega\tau & 0\\ 0 & 0 & 4-3\cos\Omega\tau\end{bmatrix}\\
\boldsymbol{B}&=\begin{bmatrix}\dfrac{4}{\Omega}\sin\Omega\tau-3\tau & 0 & \dfrac{2}{\Omega}(1-\cos\Omega\tau)\\ 0 & \dfrac{1}{\Omega}\sin\Omega\tau & 0\\ \dfrac{2}{\Omega}(-1+\cos\Omega\tau) & 0 & \dfrac{1}{\Omega}\sin\Omega\tau\end{bmatrix}\\
\boldsymbol{C}&=\begin{bmatrix}0 & 0 & 6\Omega(1-\cos\Omega\tau)\\ 0 & -\Omega\sin\Omega\tau & 0\\ 0 & 0 & 3\Omega\sin\Omega\tau\end{bmatrix}\\
\boldsymbol{D}&=\begin{bmatrix}-3+4\cos\Omega\tau & 0 & 2\sin\Omega\tau\\ 0 & \cos\Omega\tau & 0\\ -2\sin\Omega\tau & 0 & \cos\Omega\tau\end{bmatrix}
\end{aligned}\right\} \tag{10.87}$$

它们表示初始的位置和速度对以后的位置和速度的影响。方程式(10.86)对于研究三维轨道交会和轨道修正都具有十分重要的意义。

10.5.2　状态转移方程在双脉冲轨道转移中的应用

现在用状态转移方程式(10.86)来研究双脉冲的轨道交会轨道修正问题。设在初始时刻 t_0 相对位置矢量 $\boldsymbol{p}(t_0)=(\Delta x_0 \ \Delta y_0 \ \Delta z_0)^{\mathrm{T}}$,相对速度矢量 $\boldsymbol{q}(t_0)=(\Delta v_{x_0} \ \Delta v_{y_0} \ \Delta_{z_0})^{\mathrm{T}}$。要求在给定时刻 $t_{\mathrm{f}}=t_0+\tau_{\mathrm{f}}$,使相对状态成为 $\boldsymbol{p}(t_{\mathrm{f}})$ 和 $\boldsymbol{q}(t_{\mathrm{f}})$。为此,需要在初始时刻和终止时刻产生两次速度脉冲。设脉冲发动机的持续时间 $\varepsilon\approx 0$,在初始时刻 t_0 产生速度脉冲 $\Delta\boldsymbol{u}_0$,则在脉冲之后的时刻 $t_0+\varepsilon$,状态矢量为

$$\left.\begin{aligned}\boldsymbol{p}(t_0+\varepsilon)&=\boldsymbol{p}(t_0)\\ \boldsymbol{q}(t_0+\varepsilon)&=\boldsymbol{q}(t_0)+\Delta\boldsymbol{u}_0\end{aligned}\right\} \tag{10.88}$$

利用状态转移矩阵,得到在时刻 $t_{\mathrm{f}}-\varepsilon$ 的状态为

$$\left.\begin{aligned}\boldsymbol{p}(t_f-\varepsilon)=\boldsymbol{A}(\tau_f)\boldsymbol{p}(t_0+\varepsilon)+\boldsymbol{B}(\tau_f)\boldsymbol{q}(t_0+\varepsilon)\\\boldsymbol{q}(t_f-\varepsilon)=\boldsymbol{q}(\tau_f)\boldsymbol{p}(t_0+\varepsilon)+\boldsymbol{D}(\tau_f)\boldsymbol{q}(t_0+\varepsilon)\end{aligned}\right\}\tag{10.89}$$

其中,利用了条件 $\boldsymbol{A}(\tau_f-2\varepsilon)\approx\boldsymbol{A}(\tau_f)$,等等。若在时刻 $t_f-\varepsilon$ 产生第二个脉冲 $\Delta\boldsymbol{u}_f$,则在脉冲结束后(时刻 t_f)的状态为

$$\left.\begin{aligned}\boldsymbol{p}(t_f)=\boldsymbol{p}(t_f-\varepsilon)\\\boldsymbol{q}(t_f)=\boldsymbol{q}(t_f-\varepsilon)+\Delta\boldsymbol{u}_f\end{aligned}\right\}\tag{10.90}$$

由方程式(10.88)~式(10.90)求出所需要的脉冲为

$$\left.\begin{aligned}\Delta\boldsymbol{u}_0=(\Delta u_{0x}\ \Delta u_{0y}\ \Delta u_{0z})^{\mathrm{T}}=\boldsymbol{B}^{-1}(\tau_f)[\boldsymbol{p}(t_f)-\boldsymbol{A}(\tau_f)\boldsymbol{p}(t_0)]-\boldsymbol{q}(t_0)\\\Delta\boldsymbol{u}_f=(\Delta u_{fx}\ \Delta u_{fy}\ \Delta u_{fz})^{\mathrm{T}}=\boldsymbol{q}(\tau_f)-\boldsymbol{C}(t_f)\boldsymbol{p}(t_0)-\boldsymbol{D}(\tau_f)[\boldsymbol{q}(t_0)+\Delta\boldsymbol{u}_0]\end{aligned}\right\}\tag{10.91}$$

第一式表示为了时刻 t_f 达到位置 $\boldsymbol{p}(t_f)$所需要的第一个脉冲;第二式则表示为了达到速度 $\boldsymbol{q}(t_f)$所需要的第二个脉冲。状态变化的过程如图 10.25 所示。

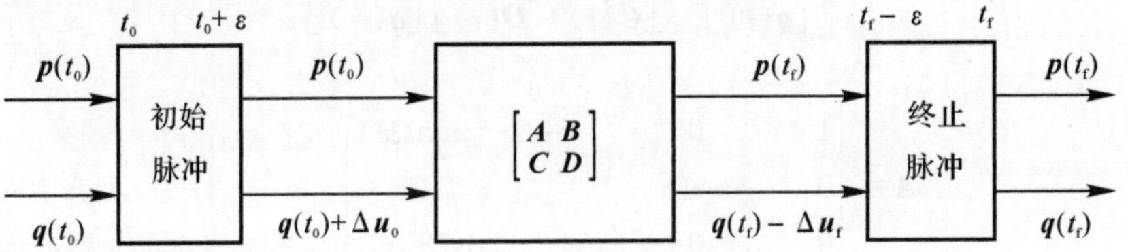

图 10.25　状态变化过程

在交会任务中,往往要求在时刻 t_f 满足 $\boldsymbol{p}(t_f)=0$(即两个航天器会合)及 $\boldsymbol{q}(t_f)=0$(即进行无冲击的对接),这情况下解成为

$$\left.\begin{aligned}&\Delta\boldsymbol{u}_0=-\boldsymbol{B}^{-1}(\tau_f)\boldsymbol{A}(\tau_f)\boldsymbol{p}(t_0)-\boldsymbol{q}(t_0)\\&\Delta\boldsymbol{u}_f=-\boldsymbol{C}(\tau_f)\boldsymbol{p}(t_0)-\boldsymbol{D}(\tau_f)[\boldsymbol{q}(t_0)+\Delta\boldsymbol{u}_0]=[\boldsymbol{D}(\tau_f)\boldsymbol{B}^{-1}(\tau_f)\boldsymbol{A}(\tau_f)-\boldsymbol{C}(\tau_f)]\boldsymbol{p}(t_0)\end{aligned}\right\}\tag{10.92}$$

在双脉冲机动中,总特征速度 Δu_Σ 是转移时间 τ_f 的函数,即

$$\Delta u_\Sigma=\Delta u_0+\Delta u_f=f(\tau_f)\tag{10.93}$$

可用数值法找出使 Δu_Σ 极小的转移时间 τ_f 或者在 Δu_Σ 和 τ_f 之间进行折衷。

10.5.3　状态转移方程在多脉冲轨道交会中的应用

现应用状态转移方程来研究多脉冲轨道交会问题。

将状态转移矩阵 $\boldsymbol{F}(\tau)$分成以下两部分,即

$$\boldsymbol{F}(\tau)=\begin{bmatrix}A(\tau) & B(\tau)\\C(\tau) & D(\tau)\end{bmatrix}=[F_p(\tau)\quad F_q(\tau)]\tag{10.94}$$

设:为了控制相对运动轨道,产生 N 个控制脉冲 $\Delta\boldsymbol{u}_1(t_1),\Delta\boldsymbol{u}_2(t_2),\cdots,\Delta\boldsymbol{u}_N(t_N)$,则在终止时刻 t_f 达到的状态为

$$\boldsymbol{s}(t_f)=\boldsymbol{F}(t_f-t_0)\boldsymbol{s}(t_0)+\sum_{j=1}^{N}\boldsymbol{F}_q(t_f-t_j)\Delta\boldsymbol{u}_j\tag{10.95}$$

等号右边第一项是初始条件 $\boldsymbol{s}(t_0)$的效果,第二项是控制脉冲的效果。

令

$$\Delta\boldsymbol{s}_f=\boldsymbol{s}(t_f)-\boldsymbol{F}(t_f-t_0)\boldsymbol{s}(t_0)$$

$$\Delta\boldsymbol{u}=[\Delta\boldsymbol{u}_1^{\mathrm{T}}(t_1)\quad\Delta\boldsymbol{u}_2^{\mathrm{T}}(t_2)\quad\cdots\quad\Delta\boldsymbol{u}_N^{\mathrm{T}}(t_N)]^{\mathrm{T}}$$

$$\boldsymbol{\Phi}=[\boldsymbol{F}_q(t_f-t_1)\quad\boldsymbol{F}_q(t_f-t_2)\quad\cdots\quad\boldsymbol{F}_q(t_f-t_N)]^{\mathrm{T}}$$

则式(10.95)可以写成

$$\Delta s_f = \Phi^T \Delta u$$

由此可以求出为了达到状态 $s(t_f)$ 所需要的多脉冲控制为

$$\Delta u = (\Phi\Phi^T)^{-1}\Phi\Delta s_f \tag{10.96}$$

复习思考题 10

1. 解释轨道机动。
2. 解释保持与校正。
3. 解释轨道转移。
4. 解释空间交会。
5. 解释脉冲式机动、双脉冲机动、多脉冲机动。
6. 解释连续式机动。
7. 解释共面轨道转移、非共面轨道转移。
8. 轨道机动的分类有哪几种?
9. 轨道机动的燃料消耗计算方法是什么?
10. 如何确定典型轨道机动(Hohmann、双椭圆)的特征速度?简述共面圆轨道转移的种类和过程、共面椭圆轨道转移的种类和过程、非共面轨道转移的种类和过程。
11. 简述空间交会的种类和过程、远程交会的条件的确定。
12. C－W 方程的使用条件是什么?其描述的近距离相对运动有哪些主要特性?
13. 说明双脉冲相对轨道机动的过程和特征速度的求解。
14. 推导近距离相对运动方程、状态转移矩阵的建立。

第 11 章　再入段弹道

远程火箭的被动段飞行弹道，根据其受力情况不同，可分为自由段和再入段。在再入段，飞行器受到地球引力、空气动力和空气动力矩的作用。正是由于空气动力的作用，飞行器在再入段具有以下特点：

(1)飞行器运动参数与真空飞行时有较大的区别。

(2)由于飞行器以高速进入稠密大气层，受到强大的空气动力作用而产生很大的过载，且飞行器表面也显著加热。这些在研究飞行器的落点精度和进行飞行器强度设计及防热措施时，都是应予以重视的问题。

(3)可以利用空气动力的升力特性，进行再入机动飞行。

根据上述再入段的特点，有必要对飞行器的再入段运动进行深入的研究。

当然，自由段和再入段的界限是选在大气的任意界面上，其高度与要解决的问题、飞行器的特性、射程(或航程)等有关。例如，大气对远程弹头的运动参数开始产生影响的高度约为 80～100 km，通常取 80 km 作为再入段起点，有时为了讨论问题方便，也以主动终点高度作为划分的界限。实际上，即使在自由段，飞行器也会受到微弱的空气动力作用，特别对近程弹道导弹，由于弹道高度不高，情况更是如此。因此，本章将建立的考虑空气动力的再入段运动方程，也可用于研究考虑空气动力后的自由段，从而使自由段弹道精确化。

航天器再入(回收)前，由于离大气层的“界面”相距较远，所以还需用止推发动机使航天器的速度下降，以逐渐降低航天器的高度，使航天器在预定的位置达到大气层的“界面”，然后进入再入段飞行。因此，航天器再入前尚需要一个过渡段，由于学时有限，本书对过渡段就不做讨论。

11.1　再入段运动方程

在再入段，飞行器是处于仅受地球引力、空气动力和空气动力矩作用的无动力、无控制的常质量飞行段，很容易由第 3 章空间一般运动方程简化，得到再入运动方程。

11.1.1　矢量形式的再入段动力学方程

在式(3.2)中，取 $\boldsymbol{P}=0$，$\boldsymbol{F}_c=0$，$\boldsymbol{F}'_k=0$；在式(3.4)中，取 $\boldsymbol{M}_c=0$，$\boldsymbol{M}'_{rel}=0$，$\boldsymbol{M}'_k=0$，可得在惯性空间中以矢量形式描述的再入段质心移动的动力学方程

$$m\frac{\mathrm{d}^2\boldsymbol{r}}{\mathrm{d}t^2}=\boldsymbol{R}+m\boldsymbol{g} \tag{11.1}$$

和在平移坐标系中建立的绕质心转动的动力学方程

$$\boldsymbol{I}\cdot\frac{\mathrm{d}\boldsymbol{\omega}_{\mathrm{T}}}{\mathrm{d}t}+\boldsymbol{\omega}_{\mathrm{T}}\times(\boldsymbol{I}\cdot\boldsymbol{\omega}_{\mathrm{T}})=\boldsymbol{M}_{\mathrm{st}}+\boldsymbol{M}_{\mathrm{d}} \tag{11.2}$$

其中

$$\boldsymbol{\omega}_{\mathrm{T}}=\boldsymbol{\omega}+\boldsymbol{\omega}_{\mathrm{e}} \tag{11.3}$$

式中，$\boldsymbol{\omega}$ 为飞行器姿态相对于发射坐标系的转动角速度；$\boldsymbol{\omega}_{\mathrm{e}}$ 为地球自转角速度。

11.1.2 地面发射坐标系中再入段空间运动方程

对微分方程式(11.1)、式(11.2)的求解须将其投影到选定的坐标系中。当考虑地球为均质旋转球体时，在地面发射坐标系中的再入段空间运动方程，可由式(3.45)简化得到。

(1)由于是无动力飞行，故可在质心动力学方程中，取 $P_{\mathrm{e}}=0$。

(2)当再入是无控制飞行状态时，可去掉3个控制方程，且在动力学方程中，取

$$Y_{1c}=Z_{1c}=0$$

$$\delta_\varphi=\delta_\psi=\delta_\gamma=0$$

(3)再入飞行器无燃料消耗，在理想条件下，为常质量质点系，故可去掉1个质量计算方程，且

$$\dot{m}=0,\quad \dot{I}_{x_1}=\dot{I}_{y_1}=\dot{I}_{z_1}=0$$

(4)考虑到再入段飞行的时间很短，且 ω_{e} 为 10^{-4} 量级，故可近似取 $\omega_{\mathrm{T}}=\omega$，即

$$\begin{bmatrix}\omega_{\mathrm{T}x_1}\\ \omega_{\mathrm{T}y_1}\\ \omega_{\mathrm{T}z_1}\end{bmatrix}=\begin{bmatrix}\omega_{x_1}\\ \omega_{y_1}\\ \omega_{z_1}\end{bmatrix}$$

且

$$\begin{bmatrix}\omega_{\mathrm{T}}\\ \psi_{\mathrm{T}}\\ \gamma_{\mathrm{T}}\end{bmatrix}=\begin{bmatrix}\omega\\ \psi\\ \gamma\end{bmatrix}$$

则可去掉 $\omega_{\mathrm{T}x_1},\omega_{\mathrm{T}y_1},\omega_{\mathrm{T}z_1}$ 与 $\omega_{x_1},\omega_{y_1},\omega_{z_1}$ 之间的联系方程和 $\varphi_{\mathrm{T}},\psi_{\mathrm{T}},\gamma_{\mathrm{T}}$ 与 φ,ψ,γ 之间的联系方程，有6个。

综上所述，在式(3.45)的32个方程的基础上，已去掉了10个方程，余下的22个方程也进行了简化，得到的地面发射坐标系中的再入段空间运动方程如下：

$$
\left.\begin{aligned}
& m\begin{bmatrix}\dfrac{\mathrm{d}v_x}{\mathrm{d}t}\\ \dfrac{\mathrm{d}v_y}{\mathrm{d}t}\\ \dfrac{\mathrm{d}v_z}{\mathrm{d}t}\end{bmatrix}=\boldsymbol{G}_{\mathrm{V}}\begin{bmatrix}-X\\ Y\\ Z\end{bmatrix}+m\frac{g_r'}{r}\begin{bmatrix}x+R_{0x}\\ y+R_{0y}\\ z+R_{0z}\end{bmatrix}+m\frac{g_{\omega e}}{\omega_{\mathrm{e}}}\begin{bmatrix}\omega_{\mathrm{e}x}\\ \omega_{\mathrm{e}y}\\ \omega_{\mathrm{e}z}\end{bmatrix}-\\
&\qquad m\begin{bmatrix}a_{11} & a_{12} & a_{13}\\ a_{21} & a_{22} & a_{23}\\ a_{31} & a_{32} & a_{33}\end{bmatrix}\begin{bmatrix}x+R_{0x}\\ y+R_{0y}\\ z+R_{0z}\end{bmatrix}-m\begin{bmatrix}b_{11} & b_{12} & b_{13}\\ b_{21} & b_{22} & b_{23}\\ b_{31} & b_{32} & b_{33}\end{bmatrix}\begin{bmatrix}v_x\\ v_y\\ v_z\end{bmatrix}\\
& \begin{bmatrix}I_{x_1}\dfrac{\mathrm{d}\omega_{x_1}}{\mathrm{d}t}\\ I_{y_1}\dfrac{\mathrm{d}\omega_{y_1}}{\mathrm{d}t}\\ I_{z_1}\dfrac{\mathrm{d}\omega_{z_1}}{\mathrm{d}t}\end{bmatrix}+\begin{bmatrix}(I_{z_1}-I_{y_1})\omega_{z_1}\omega_{y_1}\\ (I_{x_1}-I_{z_1})\omega_{x_1}\omega_{z_1}\\ (I_{y_1}-I_{x_1})\omega_{y_1}\omega_{x_1}\end{bmatrix}=\begin{bmatrix}0\\ m_{y_1\mathrm{st}}qS_{\mathrm{M}}l_{\mathrm{K}}\\ m_{z_1\mathrm{st}}qS_{\mathrm{M}}l_{\mathrm{K}}\end{bmatrix}+\begin{bmatrix}m_{x_1}^{\bar{\omega}_{x_1}}qS_{\mathrm{M}}l_{\mathrm{K}}\bar{\omega}_{x_1}\\ m_{y_1}^{\bar{\omega}_{y_1}}qS_{\mathrm{M}}l_{\mathrm{K}}\bar{\omega}_{y_1}\\ m_{z_1}^{\bar{\omega}_{z_1}}qS_{\mathrm{M}}l_{\mathrm{K}}\bar{\omega}_{z_1}\end{bmatrix}\\
& \begin{bmatrix}\dfrac{\mathrm{d}x}{\mathrm{d}t}\\ \dfrac{\mathrm{d}y}{\mathrm{d}t}\\ \dfrac{\mathrm{d}z}{\mathrm{d}t}\end{bmatrix}=\begin{bmatrix}v_x\\ v_y\\ v_z\end{bmatrix}\\
& \begin{bmatrix}\omega_{x_1}\\ \omega_{y_1}\\ \omega_{z_1}\end{bmatrix}=\begin{bmatrix}\dot{\gamma}-\dot{\varphi}\sin\psi\\ \dot{\psi}\cos\gamma+\dot{\varphi}\cos\psi\sin\gamma\\ \dot{\varphi}\cos\psi\cos\gamma-\dot{\psi}\sin\gamma\end{bmatrix}\\
& \theta=\arctan\frac{v_y}{v_x}\\
& \sigma=-\arcsin\frac{v_z}{v}\\
& \sin\beta=\cos(\theta-\varphi)\cos\sigma\sin\psi\cos\gamma-\sin(\theta-\varphi)\cos\sigma\sin\gamma-\sin\sigma\cos\psi\cos\gamma\\
& -\sin\alpha\cos\beta=\cos(\theta-\varphi)\cos\sigma\sin\psi\sin\gamma+\sin(\theta-\varphi)\cos\sigma\cos\gamma-\sin\sigma\cos\psi\sin\gamma\\
& \sin\nu=\frac{1}{\cos\sigma}(\cos\alpha\cos\psi\sin\gamma-\sin\psi\sin\alpha)\\
& r=\sqrt{(x+R_{0x})^2+(y+R_{0y})^2+(z+R_{0z})^2}\\
& \sin\phi=\frac{(x+R_{0x})\omega_{\mathrm{e}x}+(\mathrm{y}+\mathrm{R}_{0y})\omega_{\mathrm{e}y}+(z+R_{0z})\omega_{\mathrm{e}z}}{r\omega_{\mathrm{e}}}\\
& R=\frac{a_{\mathrm{e}}b_{\mathrm{e}}}{\sqrt{a_{\mathrm{e}}^2\sin^2\phi+b_{\mathrm{e}}^2\cos^2\phi}}\\
& h=r-R\\
& v=\sqrt{v_x^2+v_y^2+v_z^2}
\end{aligned}\right\}\qquad(11.4)
$$

式(11.4)共22个方程,包含22个未知量:

$$v_x, v_y, v_z, \omega_{x_1}, \omega_{y_1}, \omega_{z_1}, x, y, z, \varphi, \psi, \gamma, \theta, \sigma, \beta, \alpha, \nu, r, \phi, R, h, v$$

给出起始条件，便可进行弹道计算，但要注意的是：

(1)22 个起始条件不是任意给定的，只要给前 12 个方程属于微分方程的 $v_x, v_y, v_z, \omega_{x_1}, \omega_{y_1}, \omega_{z_1}, x, y, z, \varphi, \psi, \gamma$ 等 12 个参数的初值，则后 10 个参数 $\theta, \sigma, \beta, \alpha, \nu, r, \phi, R, h, v$ 的起始值可相应地算出。

(2)为了进行弹道数值计算，需将式(11.4)中 $\omega_{x_1}, \omega_{y_1}, \omega_{z_1}$ 与 $\dot{\varphi}, \dot{\psi}, \dot{\gamma}$ 的关系式整理成以下形式：

$$\begin{bmatrix}\dot{\varphi}\\ \dot{\psi}\\ \dot{\gamma}\end{bmatrix}=\begin{bmatrix}\dfrac{1}{\cos\psi}(\omega_{y_1}\sin\gamma+\omega_{z_1}\cos\gamma)\\ \omega_{y_1}\cos\gamma-\omega_{z_1}\sin\gamma\\ \omega_{x_1}+\tan\psi(\omega_{x_1}\sin\gamma+\omega_{z_1}\cos\gamma)\end{bmatrix} \tag{11.5}$$

(3)当 α,β 为小角度时，力矩系数 $m_{y_{1\mathrm{st}}}, m_{z_{1\mathrm{st}}}$ 也常表示为

$$m_{y_{1\mathrm{st}}}=m_{y_1}^{\beta}\cdot\beta$$

$$m_{z_{1\mathrm{st}}}=m_{z_1}^{\alpha}\cdot\alpha$$

11.1.3　以总攻角、总升力表示的再入段空间弹道方程

在式(11.4)所示的再入段空间弹道方程中，气动力 $\boldsymbol{R}$ 表示在速度坐标系中，分别为阻力 $\boldsymbol{X}$、升力 $\boldsymbol{Y}$ 和侧力 $\boldsymbol{Z}$。这里，引入总攻角、总升力的概念，将气动力 $\boldsymbol{R}$ 用总攻角、总升力等表示，则可推导出适用于各种再入飞行器的再入段空间运动方程的另一种常用形式。

如图 11.1 所示，定义总攻角为速度轴 O_1x_{v} 与飞行器纵轴 O_1x_1 之夹角，记作 η，则空气动力 $\boldsymbol{R}$ 必定在 $O_1x_1x_{\mathrm{v}}$ 所决定的平面内，称为总攻角平面。显然，在总攻角平面内，将气动力 $\boldsymbol{R}$ 沿飞行器纵轴方向 $\boldsymbol{x}_1^0$ 及垂直于 $\boldsymbol{x}_1^0$ 的方向 $\boldsymbol{n}^0$ 分解，可得

$$\boldsymbol{R}=-X_1\boldsymbol{x}_1^0+N\boldsymbol{n}^0 \tag{11.6}$$

式中，X_1 为轴向力，N 称为总法向力。由图 11.1 可知

$$N\boldsymbol{n}^0=Y_1\boldsymbol{y}_1^0+Z_1\boldsymbol{z}_1^0 \tag{11.7}$$

由此推断出，$\boldsymbol{n}^0$ 沿 $O_1z_1y_1$ 平面与 $O_1x_1x_{\mathrm{v}}$ 平面的交线 O_1p_1 方向。

同理，在总攻角平面内，可将气动力 $\boldsymbol{R}$ 沿速度轴方向 $\boldsymbol{x}_{\mathrm{v}}^0$ 及垂直于速度轴的 $\boldsymbol{l}^0$ 分解，可得

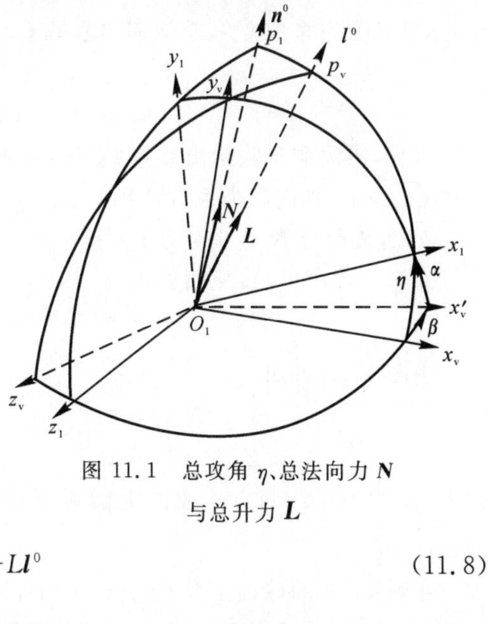

图 11.1　总攻角 η、总法向力 $\boldsymbol{N}$ 与总升力 $\boldsymbol{L}$

$$\boldsymbol{R}=-X\boldsymbol{x}_{\mathrm{v}}^0+L\boldsymbol{l}^0 \tag{11.8}$$

其中，X 为阻力，L 称为总升力。由图 11.1 可知

$$L\boldsymbol{l}^0=Y\boldsymbol{y}_{\mathrm{v}}^0+Z\boldsymbol{z}_{\mathrm{v}}^0 \tag{11.9}$$

显然，$\boldsymbol{l}^0$ 沿 $O_1z_{\mathrm{v}}y_{\mathrm{v}}$ 平面与 $O_1x_1x_{\mathrm{v}}$ 平面的交线 O_1p_{v} 方向。

应当指出，气动力 $\boldsymbol{R}$ 的作用点在压心，而不是质心 O_1。为了讨论问题的方便，在作图中，$\boldsymbol{R}$ 过质心 O_1。下面先讨论总攻角 η、总法向力 $\boldsymbol{N}$、总升力 $\boldsymbol{L}$ 与攻角 α、侧滑角 β、法向力 $\boldsymbol{Y}_1$、横向力 $\boldsymbol{Z}_1$ 及升力 $\boldsymbol{Y}$、侧力 $\boldsymbol{Z}$ 之间的关系，最后导出以总攻角、总升力等表示的再入段空间运

动方程。

1. 总攻角 η 与攻角 α、侧滑角 β 之间的关系式

由图 11.1 可以看出

$$\cos\eta = \cos\beta \cdot \cos\alpha \tag{11.10}$$

式(11.10)即为总攻角 η 与攻角 α、侧滑角 β 之间的准确关系式。

由式(11.10)可得

$$\sin^2\eta = \sin^2\alpha + \sin^2\beta - \sin^2\alpha \cdot \sin^2\beta \tag{11.11}$$

当 α,β 为小角度时,η 也为小角度,在准确到小角度平方量级时,则有近似关系式

$$\eta = \sqrt{\alpha^2 + \beta^2} \tag{11.12}$$

2. 轴向力 $\boldsymbol{X}_1$、总法向力 $\boldsymbol{N}$ 与阻力 $\boldsymbol{X}$、总升力 $\boldsymbol{L}$ 之间的关系

由于 $\boldsymbol{X}_1$,$\boldsymbol{N}$ 与 $\boldsymbol{X}$,$\boldsymbol{L}$ 均在 $O_1x_1x_v$ 所决定的平面内见图 11.2,则

$$\begin{aligned} X &= N\sin\eta + X_1\cos\eta \\ L &= N\cos\eta - X_1\sin\eta \end{aligned} \tag{11.13}$$

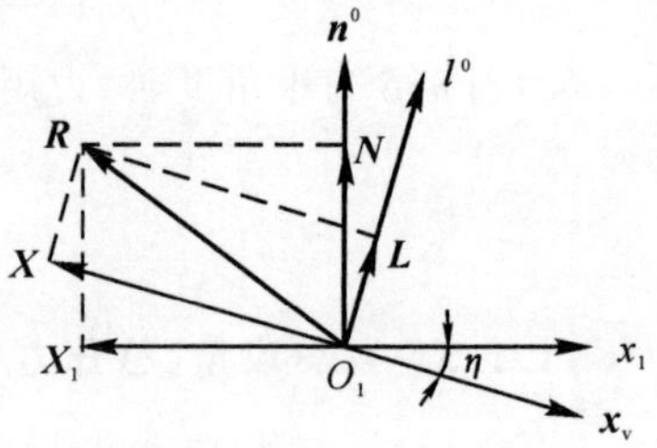

图 11.2 阻力 $\boldsymbol{X}$、总升力 $\boldsymbol{L}$ 与轴向力 $\boldsymbol{X}_1$、总法向力 $\boldsymbol{N}$ 的关系

注意到

$$\begin{aligned} X &= C_x q S_M \\ L &= C_L q S_M \\ X_1 &= C_{x_1} q S_M \\ N &= C_N q S_M \end{aligned}$$

于是,轴向阻力系数 C_{x_1}、总法向力系数 C_N 与阻力系数 C_x、总升力系数 C_L 的关系为

$$\begin{aligned} C_x &= C_N\sin\eta + C_{x_1}\cos\eta \\ C_L &= C_N\cos\eta - X_{x_1}\sin\eta \end{aligned} \tag{11.14}$$

可见,由风洞试验给出 C_{x_1},C_N 后,便可由此关系式得到 C_x,C_L。有的资料中,阻力系数也常用 C_D 表示,轴向阻力系数常用 C_A 表示。

3. 总法向力 $\boldsymbol{N}$ 与法向力 $\boldsymbol{Y}_1$、横向力 $\boldsymbol{Z}_1$ 之间的关系

注意到式(11.7),$\boldsymbol{N}$ 的大小为

$$N = \sqrt{Y_1^2 + Z_1^2} \tag{11.15}$$

由图 11.3 可知

$$\left.\begin{aligned} Y_1 &= N\cos\phi_1 \\ Z_1 &= -N\sin\phi_1 \end{aligned}\right\} \tag{11.16}$$

式中,ϕ_1 为 y_1,p_1 两点连成的大圆弧所对应的球心角,即 $\overset{\frown}{y_1p_1} = \phi_1$。

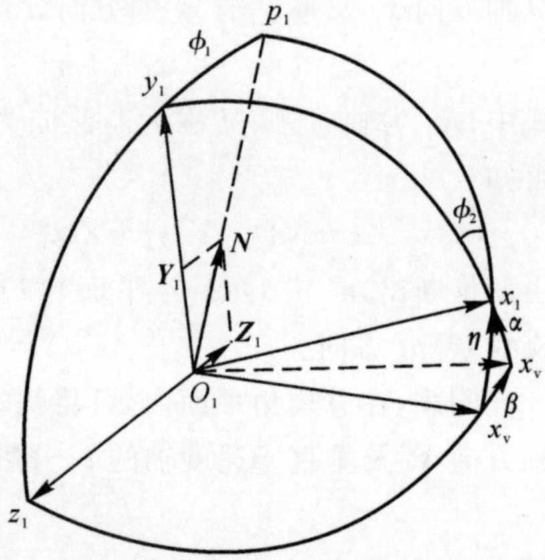

图 11.3 总法向力 $\boldsymbol{N}$ 与法向力 $\boldsymbol{Y}_1$、横向力 $\boldsymbol{Z}_1$ 的关系

在图 11.3 的球面三角形 $y_1x_1p_1$ 中,记 $\angle y_1x_1p_1 = \phi_2$,由于 O_1x_1 轴垂直于 $y_1O_1p_1$ 平面,因此

$$\phi_1 = \phi_2$$

在球面三角形 $x_vx'_vx_1$ 中,$\angle x_vx'_vx_1 = 90°$,故球面三角形 $x_vx'_vx_1$ 为一球面直角三角形,则

$$\sin\phi_2=\frac{\sin\beta}{\sin\eta} \tag{11.17}$$

又由余弦公式

$$\cos\beta=\cos\alpha\cos\eta+\sin\alpha\sin\eta\cos\phi_2$$

得到

$$\cos\phi_2=\frac{\cos\beta-\cos\alpha\cos\eta}{\sin\alpha\sin\eta}$$

将式(11.10)代入上式，可得

$$\cos\phi_2=\frac{\sin\alpha\cos\beta}{\sin\eta} \tag{11.18}$$

注意到 $\phi_1=\phi_2$，并将式式(11.17)、式(11.18)代入式(11.16)，可得

$$\left.\begin{aligned}Y_1&=N\frac{\sin\alpha\cos\beta}{\sin\eta}\\Z_1&=-N\frac{\sin\beta}{\sin\eta}\end{aligned}\right\} \tag{11.19}$$

亦可写成系数形式为

$$\left.\begin{aligned}C_{y_1}&=C_N\frac{\sin\alpha\cos\beta}{\sin\eta}\\C_{z_1}&=-C_N\frac{\sin\beta}{\sin\eta}\end{aligned}\right\} \tag{11.20}$$

且总法向力系数 C_N 与法向力系数 C_{y_1}、横向力系数 C_{z_1} 有以下关系：

$$C_N^2=C_{y_1}^2+C_{z_1}^2 \tag{11.21}$$

4. 总升力 $\boldsymbol{L}$ 与升力 $\boldsymbol{Y}$、侧力 $\boldsymbol{Z}$ 之间的关系

由式(11.9)知，总升力的大小为

$$L=\sqrt{Y^2+Z^2} \tag{11.22}$$

由图 11.4 知

$$\begin{aligned}Y&=L\cos\phi_3\\Z&=-L\sin\phi_3\end{aligned} \tag{11.23}$$

式中，ϕ_3 为 y_v，p_v 两点连成的大圆弧所对应的球心角，即 $\overset{\frown}{y_vp_v}=\phi_3$。

在图 11.4 中，记 $\angle y_vx_vp_v=\phi_4$，由于 O_1x_v 垂直于 $O_1y_vp_v$ 平面，故

$$\phi_3=\phi_4$$

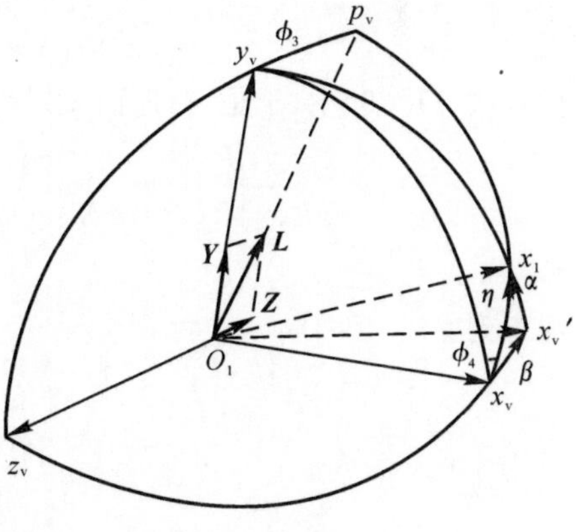

图 11.4　总升力 $\boldsymbol{L}$ 与升力 $\boldsymbol{Y}$、侧力 $\boldsymbol{Z}$ 的关系

注意到球面三角形 $x_vx'_vx_1$ 中，$\angle x_1x_vx'_v=90°-\phi_4$，则

$$\left.\begin{aligned}\frac{\sin\alpha}{\sin(90°-\phi_4)}&=\frac{\sin\eta}{\sin 90°}\\\cos\phi_4&=\frac{\sin\alpha}{\sin\eta}\end{aligned}\right\} \tag{11.24}$$

而由余弦公式

$$\cos\alpha=\cos\beta\cos\eta+\sin\beta\sin\eta\cos(90°-\phi_4)$$

利用式(11.10),可得

$$\sin\phi_4=\frac{\cos\alpha\sin\beta}{\sin\eta} \tag{11.25}$$

由于 $\phi_3=\phi_4$,将式(11.24)、式(11.25)代入式(11.23)得到

$$\left.\begin{aligned}Y&=L\,\frac{\sin\alpha}{\sin\eta}\\ Z&=-L\,\frac{\cos\alpha\sin\beta}{\sin\eta}\end{aligned}\right\} \tag{11.26}$$

显然,也可得到升力系数 C_y、侧力系数 C_z 与总升力系数 C_L 之间的关系为

$$\left.\begin{aligned}C_y&=C_\mathrm{L}\,\frac{\sin\alpha}{\sin\eta}\\ C_z&=-C_\mathrm{L}\,\frac{\cos\alpha\sin\beta}{\sin\eta}\end{aligned}\right\} \tag{11.27}$$

且有

$$C_\mathrm{L}^2=C_y^2+C_z^2 \tag{11.28}$$

5. 气动力 $\boldsymbol{R}$ 在地面发射坐标系中的表示

如图 11.5 所示,单位矢量 $\boldsymbol{l}^0$ 与 $\boldsymbol{x}_1^2$,$\boldsymbol{x}_\mathrm{v}^0$ 之间的关系为

$$\boldsymbol{x}_1^0=\cos\eta\boldsymbol{x}_\mathrm{v}^0+\sin\eta\,\boldsymbol{l}^0$$

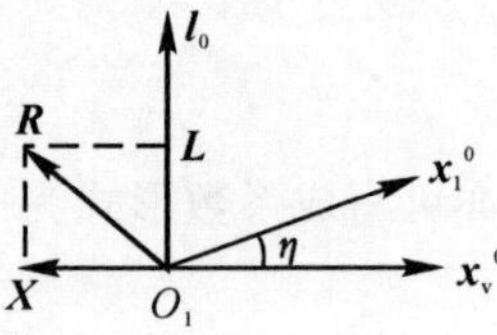

图 11.5　单位矢量 $\boldsymbol{l}^0$ 与 $\boldsymbol{x}_1^0$,$\boldsymbol{x}_\mathrm{v}^0$ 的关系

则

$$\boldsymbol{R}=-X\boldsymbol{x}_\mathrm{v}^0+L\boldsymbol{l}^0=-X\boldsymbol{x}_\mathrm{v}^0+\frac{L}{\sin\eta}(\boldsymbol{x}_1^0-\cos\eta\boldsymbol{x}_\mathrm{v}^0) \tag{11.29}$$

利用箭体坐标系 $O_1x_1y_1z_1$ 与地面发射坐标系 $Oxyz$ 的方向余弦阵 $\boldsymbol{G}_\mathrm{B}$,以及速度坐标系 $O_1x_\mathrm{v}y_\mathrm{v}z_\mathrm{v}$ 与 $Oxyz$ 的方向余弦阵 $\boldsymbol{G}_\mathrm{V}$,可将 $\boldsymbol{x}_1^0$,$\boldsymbol{x}_\mathrm{v}^0$ 用 $\boldsymbol{x}^0$,$\boldsymbol{y}^0$,$\boldsymbol{z}^0$ 表示,即

$$\boldsymbol{x}_1^0=\cos\varphi\cos\psi\boldsymbol{x}^0+\sin\varphi\cos\psi\boldsymbol{y}^0-\sin\psi\,\boldsymbol{z}^0$$

$$\boldsymbol{x}_\mathrm{v}^0=\cos\varphi\cos\sigma\boldsymbol{x}^0+\sin\theta\cos\sigma\boldsymbol{y}^0-\sin\sigma\,\boldsymbol{z}^0$$

代入式(11.29)中,于是,在地面发射坐标系中 $\boldsymbol{R}$ 可表示为

$$\boldsymbol{R}=\begin{bmatrix}R_x\\R_y\\R_z\end{bmatrix}=-X\begin{bmatrix}\cos\theta\cos\sigma\\ \sin\theta\cos\sigma\\ -\sin\sigma\end{bmatrix}+\frac{L}{\sin\eta}\begin{bmatrix}\cos\varphi\cos\psi-\cos\eta\cos\theta\cos\sigma\\ \sin\varphi\cos\psi-\cos\eta\sin\theta\cos\sigma\\ -\sin\psi+\cos\eta\sin\sigma\end{bmatrix} \tag{11.30}$$

注意到

$$v_x=v\cos\theta\cos\sigma$$

$$v_y=v\sin\theta\cos\sigma$$

$$v_z=-v\sin\sigma$$

$\boldsymbol{R}$ 又可写成

$$\boldsymbol{R}=-X\begin{bmatrix}\dfrac{v_x}{v}\\[2ex] \dfrac{v_y}{v}\\[2ex] \dfrac{v_z}{v}\end{bmatrix}+\frac{L}{\sin\eta}\begin{bmatrix}\cos\varphi\cos\psi-\cos\eta\,\dfrac{v_x}{v}\\[2ex] \sin\varphi\cos\psi-\cos\eta\,\dfrac{v_y}{v}\\[2ex] -\sin\psi-\cos\eta\,\dfrac{v_z}{v}\end{bmatrix} \tag{11.31}$$

6. 稳定力矩 $\boldsymbol{M}_{st}$ 的表示

当飞行器的质心与压心同位于纵轴 O_1x_1 上时，有

$$\boldsymbol{M}_{st}=\begin{bmatrix}M_{x_1 st}\\ M_{y_1 st}\\ M_{z_1 st}\end{bmatrix}=\begin{bmatrix}0\\ Z_1(x_p-x_g)\\ -Y_1(x_p-x_g)\end{bmatrix}$$

将式(11.19)代入上式，得

$$\boldsymbol{M}_{st}=\begin{bmatrix}0\\ -N\dfrac{\sin\beta}{\sin\eta}(x_p-x_g)\\ -N\dfrac{\sin\alpha\cos\beta}{\sin\eta}(x_p-x_g)\end{bmatrix}=\begin{bmatrix}0\\ -C_N qS_M l_K(\bar{x}_p-\bar{x}_g)\dfrac{\sin\beta}{\sin\eta}\\ -C_N qS_M l_K(\bar{x}_p-\bar{x}_g)\dfrac{\sin\alpha\cos\beta}{\sin\eta}\end{bmatrix}$$

记

$$m_n=C_N(\bar{x}_P-\bar{x}_g)$$

m_n 称为稳定力矩系数，则

$$\boldsymbol{M}_{st}=\begin{bmatrix}0\\ -m_n qS_M l_K\dfrac{\sin\beta}{\sin\eta}\\ -m_n qS_M l_K\dfrac{\sin\alpha\cos\beta}{\sin\eta}\end{bmatrix}\tag{11.32}$$

根据以上讨论，在式(11.4)，气动力 $\boldsymbol{R}$ 和稳定力矩 $\boldsymbol{M}_{st}$ 分别采用式(11.31)、式(11.32)的表示形式，并去掉计算 v 的第 17 个方程，而增加计算总攻角 η 的方程，则得到以总攻角、总升力表示的再入段空间弹道方程。此时的质心动力学方程、绕质心动力学方程形式为

$$m\begin{bmatrix}\dfrac{dv_x}{dt}\\ \dfrac{dv_y}{dt}\\ \dfrac{dv_z}{dt}\end{bmatrix}=-X\begin{bmatrix}\dfrac{v_x}{v}\\ \dfrac{v_y}{v}\\ \dfrac{v_z}{v}\end{bmatrix}+\frac{L}{\sin\eta}\begin{bmatrix}\cos\varphi\cos\psi-\dfrac{v_x}{v}\cos\eta\\ \sin\varphi\cos\psi-\dfrac{v_y}{v}\cos\eta\\ -\sin\psi-\dfrac{v_z}{v}\cos\eta\end{bmatrix}+\frac{mg_r'}{r}\begin{bmatrix}x+R_{0x}\\ y+R_{0y}\\ z+R_{0z}\end{bmatrix}+\frac{mg_{\omega e}}{\omega_e}\begin{bmatrix}\omega_{ex}\\ \omega_{ey}\\ \omega_{ez}\end{bmatrix}-$$
$$m\begin{bmatrix}a_{11}&a_{12}&a_{13}\\ a_{21}&a_{22}&a_{23}\\ a_{31}&a_{32}&a_{33}\end{bmatrix}\begin{bmatrix}x+R_{0x}\\ x+R_{0y}\\ x+R_{0z}\end{bmatrix}-m\begin{bmatrix}b_{11}&b_{12}&b_{13}\\ b_{21}&b_{22}&b_{23}\\ b_{31}&b_{32}&b_{33}\end{bmatrix}\begin{bmatrix}v_x\\ v_y\\ v_z\end{bmatrix}$$

$$\begin{bmatrix}I_{x_1}\dfrac{d\omega_{x_1}}{dt}\\ I_{y_1}\dfrac{d\omega_{y_1}}{dt}\\ I_{z_1}\dfrac{d\omega_{z_1}}{dt}\end{bmatrix}=\begin{bmatrix}0\\ -m_n qS_M l_K\dfrac{\sin\beta}{\sin\eta}\\ -m_n qS_M l_K\dfrac{\sin\alpha\cos\beta}{\sin\eta}\end{bmatrix}+\begin{bmatrix}m_{x_1}^{\bar{\omega}_{x_1}}qS_M l_K\bar{\omega}_{x_1}\\ m_{y_1}^{\bar{\omega}_{y_1}}qS_M l_K\bar{\omega}_{y_1}\\ m_{z_1}^{\bar{\omega}_{z_1}}qS_M l_K\bar{\omega}_{z_1}\end{bmatrix}+\begin{bmatrix}(I_{y_1}-I_{z_1})\omega_{y_1}\omega_{z_1}\\ (I_{z_1}-I_{x_1})\omega_{z_1}\omega_{x_1}\\ (I_{x_1}-I_{y_1})\omega_{x_1}\omega_{y_1}\end{bmatrix}\tag{11.33}$$

总攻角 η 的计算方程为

$$\cos\eta=\cos\alpha\cos\beta$$

以上关于 $v_x,v_y,v_z,\omega_{x_1},\omega_{y_1},\omega_{z_1},\eta$ 等未知量的 7 个方程，加上与式(11.4)相同的计算 x，

$y,z,\varphi,\psi,\gamma,\theta,\sigma,\beta,\alpha,r,\phi,R,h,v$ 等15个未知量的15个计算方程，共22个未知量，22个方程，便构成一套闭合的空间弹道方程。

11.1.4 简化的再入段平面运动方程

考虑到再入飞行器，特别是弹道导弹在再入段飞行的射程较小，飞行时间也较短，因此在研究其运动时，可做下述假设：

(1)不考虑地球旋转，即 $\omega_e=0$；

(2)地球为一圆球，即引力场为一与地心距平方成反比的有心力场，令 $g=\dfrac{\mu}{r^2}$；

(3)认为飞行器的纵轴始终处于由再入点的速度矢量 $\boldsymbol{V}_e$ 及地心矢 $\boldsymbol{r}_e$ 所决定的射面内，即侧滑角为0。

根据上述假设可知，飞行器在理想条件下的再入段运动将不存在垂直射面的侧力，因而整个再入段运动为一平面运动。

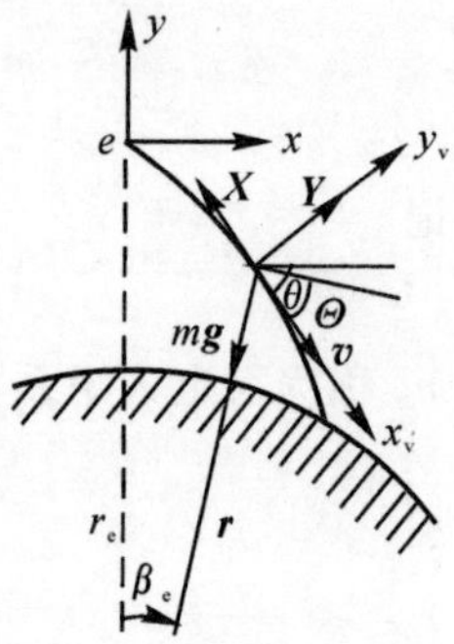

图11.6 再入段坐标系与力

如图11.6所示，建立原点在再入点 e 的直角坐标系 $exyz$，exy 平面为再入点地心矢 $\boldsymbol{r}_e$ 与速度矢 $\boldsymbol{V}_e$ 所决定的平面，ey 轴沿 $\boldsymbol{r}_e$ 的方向，ex 轴垂直于 ey 轴，指向运动方向为正，ez 轴由右手规则确定。exy 所在平面即为再入段的运动平面。记再入弹道上任一点地心矢 $\boldsymbol{r}$ 与 $\boldsymbol{r}_e$ 的夹角为 β_e，称为再入段射程角，飞行速度 $\boldsymbol{V}$ 对 ex 轴的倾角为 θ，而 $\boldsymbol{V}$ 对当地水平线的倾角为 Θ，θ 与 Θ 均为负值。于是，当飞行器的运动为平面运动时，速度 $\boldsymbol{V}$ 既可用速度在 exy 平面内的分量 v_x,v_y 表示，也可用速度大小 v 和当地速度倾角 Θ 表示；位置 $\boldsymbol{r}$ 既可用在 exy 平面内的位置分量 x,y 表示，也可用地心距 r 和射程角 β_e 表示。下面建立的是以 v,Θ,r,β_e 对时间 t 的微分方程。

根据质量为 m 的飞行器再入段矢量运动方程，即

$$m\frac{\mathrm{d}\boldsymbol{V}}{\mathrm{d}t}=\boldsymbol{R}+m\boldsymbol{g} \tag{11.34}$$

将式(11.34)向速度坐标系投影，就能获得投影形式的运动的方程。

注意到速度矢量的转动角速度为 $\dot{\theta}$，则

$$\frac{\mathrm{d}\boldsymbol{V}}{\mathrm{d}t}=\frac{\mathrm{d}v}{\mathrm{d}t}\boldsymbol{x}_v^0+v\frac{\mathrm{d}\theta}{\mathrm{d}t}\boldsymbol{y}_v^0 \tag{11.35}$$

由图11.6可见

$$\left.\begin{aligned} R_{xv}&=-X\\ R_{yv}&=Y\\ g_{xv}&=-g\sin\Theta\\ g_{yv}&=-g\cos\Theta \end{aligned}\right\} \tag{11.36}$$

将(11.34)在速度坐标系上投影，可得

$$\left.\begin{aligned} \frac{\mathrm{d}v}{\mathrm{d}t}&=-\frac{X}{m}-g\sin\Theta\\ \frac{\mathrm{d}\theta}{\mathrm{d}t}&=\frac{Y}{mv}-\frac{g}{v}\cos\Theta \end{aligned}\right\} \tag{11.37}$$

由图11.6还可看出 θ,Θ 有几何关系

$$\Theta=\theta+\beta_e \tag{11.38}$$

故有

$$\dot{\Theta}=\dot{\theta}+\dot{\beta}_e \tag{11.39}$$

又由于速度矢量 $\boldsymbol{V}$ 在径向 $\boldsymbol{r}$ 及当地水平线方向(顺飞行器运动方向为正)上的投影分别为

$$\left.\begin{aligned}\dot{r}&=v\sin\Theta\\ r\dot{\beta}_e&=v\cos\Theta\end{aligned}\right\} \tag{11.40}$$

综合式(11.37)和式(11.40),便得到飞行器在大气中的运动微分方程为

$$\left.\begin{aligned}\frac{dv}{dt}&=-\frac{X}{m}-g\sin\Theta\\ \frac{d\Theta}{dt}&=\frac{Y}{mv}+\left(\frac{v}{r}-\frac{g}{v}\right)\cos\Theta\\ \frac{dr}{dt}&=v\sin\Theta\\ \frac{d\beta_e}{dt}&=\frac{v}{r}\cos\Theta\end{aligned}\right\} \tag{11.41}$$

上述方程中,气动力 X,Y 与攻角 α 有关,因此含 5 个未知量;v,Θ,r,β_e,α 仅 4 个方程,要求解,还需补充以下方程:

$$\left.\begin{aligned}&I_{z_1}\frac{d\omega_{z_1}}{dt}=m_{z_1}^{\bar{\omega}_{z_1}}qS_M l_K\bar{\omega}_{z_1}+m_{z_1 st}qS_M l_K\\ &\frac{d\varphi}{dt}=\omega_{z_1}\\ &\alpha=\varphi+\beta_e-\Theta\end{aligned}\right\} \tag{11.42}$$

综合式(11.41)式、(11.42),便得到闭合的再入段平面质心运动方程。这里 φ 为弹体纵轴 O_1x_1 与 ex 轴的夹角,O_1x_1 轴在 ex 轴下方时,φ 为负值。当给定再入段起点(也即自由段终点)e 的初始条件:$t=t_e$,$v=v_e$,$\Theta=\Theta_e$,$r=r_e$,$\beta_e=0$,$\omega_{z_1}=\omega_{z_{1e}}$,$\varphi=\varphi_e$,$\alpha=\varphi_e-\Theta_e$ 后,可进行数值积分,直到 $r=R$ 为止,即得到整再入段的弹道参数。

显然,如果当整个被动段弹道均要计及空气动力的作用,只需以主动段终点的参数作为起始条件来求数值解,则可得整个被动段的弹道参数。

11.2　零攻角再入时运动参数的近似计算

一般来说,飞行器是以任意姿态进入大气层的,其运动包含质心运动和绕质心运动。但对于静稳定的再入飞行器,当有攻角时,稳定力矩将使其减小,通常在气动力较小时就使飞行器稳定下来。此时 $\eta=0$,速度方向与飞行器纵轴重合,飞行器不再受到升力的作用,这样的再入称为"弹道再入"或称"零攻角再入""零升力再入"。反之,如果在再入过程中,$\eta\neq0$,飞行器受到升力的作用,这种再入称为"有升力再入"。对于零攻角的再入弹道和有升力的再入弹道,将分别介绍。下面先介绍零攻角再入情况。

无论飞行器是采用零攻角再入,还是有升力再入,用计算机数值积分求解完整的再入弹道都不是困难的事情。但在飞行器的初步设计中,希望能迅速地求得飞行器的运动参数,分析各种因素对运动参数的影响。例如,在导弹初步设计中,对弹头结构所能承受的最小负加速度、

热流及烧蚀问题感兴趣，便希望能有近似的解析计算最小负加速度、最大热流等。显然用再入段的空间弹道方程式(11.4)是得不到近似的解析解的。因此，在研究再入段运动参数的近似解时，一般都采用简化的再入段平面运动方程式(11.41)。

对零攻角再入，因 $\eta=0$，故 $L=0$，即 $Y=Z=0$，由式(11.41)可写出零攻角再入时的运动微分方程

$$\left.\begin{aligned}\frac{\mathrm{d}v}{\mathrm{d}t}&=-\frac{X}{m}-g\sin\Theta\\ \frac{\mathrm{d}\Theta}{\mathrm{d}t}&=\left(\frac{v}{r}-\frac{g}{v}\right)\cos\Theta\\ \frac{\mathrm{d}r}{\mathrm{d}t}&=v\sin\Theta\\ \frac{\mathrm{d}\beta_e}{\mathrm{d}t}&=\frac{v}{r}\cos\Theta\end{aligned}\right\}\tag{11.43}$$

注意到上式中第一式

$$\frac{\mathrm{d}v}{\mathrm{d}t}=-C_x\frac{\rho v^2 S_M}{2m}-g\sin\Theta$$

为得到近似的解析解，假设大气密度 ρ 的标准分布和主动段一样，是按指数函数规律变化，即

$$\rho=\rho_0\mathrm{e}^{-\beta h}\quad(\beta\text{ 为常数})$$

由于密度随高度变化有这样的近似解析式，所以再入段运动参数的近似解一般不以时间 t 为自变量，而以高度 h 为自变量。

11.2.1 再入段最小负加速度的近似计算

当飞行器以高速进入稠密大气层时，在巨大的空气阻力作用下，使飞行器受到一个很大的加速度。该加速度方向与速度方向相反，当加速度的绝对值达到最大时，称为最小负加速度。对于远程导弹而言，最小负加速度可达数十个 g，这就使弹头的结构强度，以及弹头内的控制仪表的正常工作受到很大的影响。因此，最小负加速度是导弹初步设计中必须考虑的问题之一。

为了能找出最小负加速度的解析表达式，现做如下假设：

(1)忽略引力作用。除飞行器刚刚进入大气层的一小段弹道外，大部分弹道上的空气阻力远远大于引力，因此，这种假设是合理的。此时，再入段弹道为一直线弹道。

(2)当地水平线的转动角速度为零，又由于前已假设再入弹道为一直线弹道，则 $\dot{\Theta}=0$，这是由于再入段射程角很小，可近似将球面看作平面。

(3)阻力系数 C_x 为常数。因为飞行器在达到最小负加速度以前，其飞行速度还相当大，即 Ma 相当大，此时阻力系数随 Ma 的变化仍很缓慢，故可忽略这种变化。

根据上述假设，运动方程式(11.43)可简化为

$$\left.\begin{aligned}\frac{\mathrm{d}v}{\mathrm{d}t}&=-\frac{X}{m}\\ \frac{\mathrm{d}r}{\mathrm{d}t}&=v\sin\Theta_e\end{aligned}\right\}\tag{11.44}$$

注意到

$$X=\frac{1}{2}C_xS_M\rho v^2=\frac{C_xS_M}{2}\rho_0 e^{-\beta h_m}v^2$$

$$r=R+h$$

则有

$$\left.\begin{aligned}\frac{\mathrm{d}v}{\mathrm{d}t}&=-B\rho_0\mathrm{e}^{-\beta h}v^2\\ \frac{\mathrm{d}h}{\mathrm{d}t}&=v\sin\Theta_e\end{aligned}\right\}\tag{11.45}$$

式中

$$B=\frac{C_xS_M}{2m}$$

B 称为弹道系数。由于

$$\frac{\mathrm{d}v}{\mathrm{d}t}=\frac{\mathrm{d}v}{\mathrm{d}h}\cdot\frac{\mathrm{d}h}{\mathrm{d}t}$$

将式(11.45)代入上式，即得

$$\frac{\mathrm{d}v}{\mathrm{d}h}=-\frac{B\rho_0}{\sin\Theta_e}\mathrm{e}^{-\beta h}v\tag{11.46}$$

因此

$$\frac{\mathrm{d}v}{v}=\frac{B\rho_0}{\beta\sin\Theta_e}\mathrm{e}^{-\beta h}\mathrm{d}(-\beta h)$$

对上式积分可得

$$\ln\frac{v}{v_e}=\frac{B}{\beta\sin\Theta_e}(\rho-\rho_e)$$

考虑到再入点高度较高，故可取 $\rho_e=0$，则

$$v=v_e\exp\left(\frac{B\rho_0}{\beta\sin\Theta_e}\mathrm{e}^{-\beta h}\right)\tag{11.47}$$

此即为在前述假设条件下，速度随高度变化的规律。再观察式(11.45)中第一式可知 $\dot{v}$ 是 h 的函数。现将该式对 h 微分，可得

$$\frac{\mathrm{d}\dot{v}}{\mathrm{d}h}=B\rho_0\mathrm{e}^{-\beta h}\left(\beta v^2-2v\frac{\mathrm{d}v}{\mathrm{d}h}\right)$$

将式(11.46)代入上式即得

$$\frac{\mathrm{d}\dot{v}}{\mathrm{d}h}=B\rho v^2\left(\beta+\frac{2B\rho}{\sin\Theta_e}\right)\tag{11.48}$$

为求最小负加速度发生的高度 h_m，可令式(11.48)等号右端等于零。显然，$B\rho v^2$ 不为零，则有

$$\beta+\frac{2B\rho_m}{\sin\Theta_e}=0$$

可得

$$\rho_m=-\frac{\beta\sin\Theta_e}{2B}\tag{11.49}$$

即

$$\rho_0 e^{-\beta h_m} = -\frac{\beta \sin\Theta_e}{2B}$$

由此可得

$$h_m = \frac{1}{\beta}\ln\left(-\frac{2B\rho_0}{\beta\sin\Theta_e}\right)$$

即

$$h_m = \frac{1}{\beta}\ln\left(-\frac{C_x S_M \rho_0}{m\beta\sin\Theta_e}\right) \tag{11.50}$$

可以看出，m 和$|\Theta_e|$愈大，或 C_x，S_M 愈小，则最小负加速度产生的高度就愈低。而且还有一个有趣的结论，即最小负加速度的高度与再入点速度 v_e 的大小无关。

当 $h=h_m$ 时，由式(11.47)可得

$$v_m = v_e \exp\left(\frac{B\rho_m}{\beta\sin\Theta_e}\right)$$

再将式(11.49)代入上式，则有

$$v_m = v_e e^{-\frac{1}{2}} \tag{11.51}$$

即

$$v_m \approx 0.61 v_e \tag{11.52}$$

由此说明，在前述假设条件下，飞行器处于最小负加速度时，其速度与飞行器的质量、尺寸及再入角 Θ_e 无关，而只与再入速度 v_e 有关。

将式(11.52)代入式(11.45)中第一式，即得飞行器在再入段的最小负加速度为

$$\dot{v}_m = -B\rho_m v_m^2$$

将式(11.49)及式(11.51)代入上式，得

$$\dot{v}_m = \frac{\beta v_e^2}{2e}\sin\Theta_e \tag{11.53}$$

可见，最小负加速度 $\dot{v}_m$ 只与飞行器再入点的运动参数 v_e，Θ_e 有关，而与飞行器的重量、尺寸无关。因此，为使$|\dot{v}_m|$减小，或是减小 v_e，或是减小$|\Theta_e|$。

11.2.2 热流的近似计算

飞行器再入时很重要的一个问题是防热问题。再入时飞行器的巨大能量要通过大气的制动使机械能变成热能，并扩散到周围空气中去，可使空气的温度达到几千摄氏度，这是一般结构材料承受不了的。由于飞行器表面的温度很低，而围绕飞行器周围的空气温度很高，就形成了气流向再入飞行器传递热量。如何计算传递的热流，对再入飞行器的防热设计是很重要的。准确确定热交换过程及结构的温度场是一个很复杂的问题。这里只提供热流的计算公式，它是防热设计的基础。

热流计算主要考虑平均单位面积对流热流 q_{av}、驻点的单位面积的对流热流 q_s 和总的吸热量 Q3 个量。需说明的是，热流量的大小与围绕飞行器表面的流场的性质有关，由于出现最大热流的高度比较高，围绕飞行器表面的气流是层流，所以下面推导的实际上是层流的热流计算公式，而且主要是用来比较各类弹道的优劣，完全用它来确定结构的工作环境是不够的。以下推导中假设条件与求最小负加速度时的假设相同。

1. 平均热流 q_{av}

$$q_{av}=\frac{1}{S_T}\int_S q\mathrm{d}S$$

式中，q 是飞行器表面单位时间单位面积由空气传给飞行器的热量，J/(m^2 · s)；S_T 为总面积，m^2。

根据热力学原理，有

$$q_{av}=\frac{1}{4}c'_f\rho v^3 \tag{11.54}$$

式中，c'_f 为与飞行器外形有关的常数；ρ 为大气密度；v 为飞行速度。

将式(11.47)写成

$$v=v_e e^{\frac{B}{\beta\sin\Theta_e}\rho} \tag{11.55}$$

代入式(11.54)，可得

$$q_{av}=\frac{1}{4}c'_f v_e^3\rho e^{\frac{3B}{\beta\sin\Theta_e}\rho} \tag{11.56}$$

将式(11.46)对密度 ρ 微分，有

$$\frac{\mathrm{d}q_{av}}{\mathrm{d}\rho}=\frac{1}{4}c'_f v_e^3\left(e^{\frac{3B}{\beta\sin\Theta_e}\rho}+\frac{3B}{\beta\sin\Theta_e}\rho e^{\frac{3B}{\beta\sin\Theta_e}\rho}\right)$$

当 q_{av} 达到最大值时，应满足 $\frac{\mathrm{d}q_{av}}{\mathrm{d}\rho}=0$，对应的密度记为 ρ_{m1}。显然，$\frac{1}{4}c'_f v_e^3$ 不为零，则必有

$$e^{\frac{3B}{\beta\sin\Theta_e}\rho_{m1}}+\frac{3B}{\beta\sin\Theta_e}\rho_{m1}e^{\frac{3B}{\beta\sin\Theta_e}\rho_{m1}}=0$$

求得

$$\rho_{m1}=-\frac{\beta\sin\Theta_e}{3B} \tag{11.57}$$

即

$$\rho_0 e^{-\beta h_{m1}}=-\frac{\beta\sin\Theta_e}{3B}$$

由此得到 q_{av} 达到最大值时的高度为

$$h_{m1}=\frac{1}{\beta}\ln\left(-\frac{3B\rho_0}{\beta\sin\Theta_e}\right)$$

即

$$h_{m1}=\frac{1}{\beta}\ln\left(-\frac{3C_xS_M\rho_0}{2m\beta\sin\Theta_e}\right) \tag{11.58}$$

当 $h=h_{m1}$ 时，由式(11.55)可得

$$v_{m1}=v_e e^{\frac{B}{\beta\sin\Theta_e}\rho_{m1}}$$

再将式(11.57)代入上式，则有

$$v_{m1}=v_e e^{-\frac{1}{3}} \tag{11.59}$$

因此

$$v_{m1}\approx 0.72v_e \tag{11.60}$$

最大平均热流为

$$(q_{av})_{max}=\frac{1}{4}c'_f\rho_{m1}v_{m1}^3$$

即

$$(q_{\mathrm{av}})_{\max}=-\frac{\beta}{6e}\frac{mc_{\mathrm{f}}'}{C_xS_{\mathrm{M}}}v_{\mathrm{e}}^3\sin\Theta_{\mathrm{e}} \tag{11.61}$$

2. 驻点热流 q_{s}

驻点热流是对头部驻点的热流，它是最严重的情况。根据热力学原理

$$q_{\mathrm{s}}=k_{\mathrm{s}}\sqrt{\rho}v^3 \tag{11.62}$$

式中，k_{s} 为取决于头部形状的系数。

将式(11.55)代入式(11.62)，得

$$q_{\mathrm{s}}=k_{\mathrm{s}}\sqrt{\rho}v_{\mathrm{e}}^3\mathrm{e}^{\frac{3B}{\beta\sin\Theta_{\mathrm{e}}}\rho} \tag{11.63}$$

令 $\mathrm{d}q_{\mathrm{s}}/\mathrm{d}\rho=0$，求得出现最大驻点热流 $(q_{\mathrm{s}})_{\max}$ 时的密度 ρ_{m2} 为

$$\rho_{\mathrm{m2}}=-\frac{\beta\sin\Theta_{\mathrm{e}}}{6B}$$

即

$$\rho_0\mathrm{e}^{-\beta h_{\mathrm{m2}}}=-\frac{\beta\sin\Theta_{\mathrm{e}}}{6B} \tag{11.64}$$

由此得出，发生 $(q_{\mathrm{s}})_{\max}$ 的高度 h_{m2} 为

$$\left.\begin{aligned} h_{\mathrm{m2}}&=\frac{1}{\beta}\ln\left(-\frac{6B\rho_0}{\beta\sin\Theta_{\mathrm{e}}}\right)\\ h_{\mathrm{m2}}&=\frac{1}{\beta}\ln\left(-\frac{3C_xS_{\mathrm{M}}\rho_0}{m\beta\sin\Theta_{\mathrm{e}}}\right)\end{aligned}\right\} \tag{11.65}$$

当 $h=h_{\mathrm{m2}}$ 时，由式(11.55)可得

$$v_{\mathrm{m2}}=v_{\mathrm{e}}\mathrm{e}^{\frac{B}{\beta\sin\Theta_{\mathrm{e}}}\rho_{\mathrm{m2}}}$$

将式(11.64)代入上式，便得

$$v_{\mathrm{m2}}=v_{\mathrm{e}}\mathrm{e}^{-\frac{1}{6}} \tag{11.66}$$

即

$$v_{\mathrm{m2}}\approx 0.85v_{\mathrm{e}} \tag{11.67}$$

将式(11.64)、式(11.66)代入式(11.62)，得到最大驻点热流为

$$(q_{\mathrm{s}})_{\max}=k_{\mathrm{s}}\sqrt{\rho_{\mathrm{m2}}}\,v_{\mathrm{m2}}^3$$

即

$$(q_{\mathrm{s}})_{\max}=k_{\mathrm{s}}\sqrt{\frac{-m\beta\sin\Theta_{\mathrm{e}}}{3eC_xS_{\mathrm{M}}}}\,v_{\mathrm{e}}^3 \tag{11.68}$$

3. 总吸热量 Q

总吸热量计算公式为

$$Q=\int_0^t q_{\mathrm{av}}S_{\mathrm{T}}\mathrm{d}t$$

即

$$Q=\int_0^t\frac{1}{4}c_{\mathrm{f}}'\rho v^3S_{\mathrm{T}}\mathrm{d}t \tag{11.69}$$

注意到

$$\mathrm{d}h=v\sin\Theta_{\mathrm{e}}\mathrm{d}t$$

$$\mathrm{d}\rho=-\beta\rho\mathrm{d}h$$

可得

$$\mathrm{d}t=-\frac{1}{\beta\rho v\sin\Theta_e}\mathrm{d}\rho$$

代入式(11.69)，有

$$Q=-\int_{\rho_e}^{\rho}\frac{c_f'S_T}{4\beta\sin\Theta_e}v^2\mathrm{d}\rho \tag{10.70}$$

将式(11.55)代入式(11.70)，可得

$$Q=-\int_{\rho_e}^{\rho}\frac{c_f'S_T v_e^2}{4\beta\sin\Theta_e}\mathrm{e}^{\frac{3B}{\beta\sin\Theta_e}\rho}\mathrm{d}\rho$$

于是

$$Q=\frac{c_f'S_T}{8B}v_e^2(\mathrm{e}^{\frac{2B}{\beta\sin\Theta_e}\rho_e}-\mathrm{e}^{\frac{2B}{\beta\sin\Theta_e}\rho})$$

即

$$Q=\frac{mc_f'S_T}{4C_xS_M}v_e^2\left[\mathrm{e}^{\frac{2B}{\beta\sin\Theta_e}\rho_e}-\mathrm{e}^{\frac{2B}{\beta\sin\Theta_e}\rho}\right] \tag{11.71}$$

如果再入点高度 h_e 很高，则 ρ_e 很小，可近似取

$$\mathrm{e}^{\frac{2B}{\beta\sin\Theta_e}\rho_e}=1$$

而落地时，$\rho=\rho_0$，速度近似为

$$v_c=v_e\mathrm{e}^{\frac{2B}{\beta\sin\Theta_e}\rho_0} \tag{11.72}$$

故，飞行器从再入至落地总的吸热量为

$$Q=\frac{mc_f'S_T}{4C_xS_M}(v_e^2-v_c^2) \tag{11.73}$$

将以上推导与最小负加速度的推导进行比较，可以看出，在同样的假设条件下，有以下近似的结果：

(1)当 m 和 $|\Theta_e|$ 愈大，或 C_x，S_M 愈小时，则最大平均热流 $(q_{av})_{max}$ 和最大驻点热流 $(q_s)_{max}$ 产生的高度 h_{m1}，h_{m2} 就愈低，而且 h_{m1}，h_{m2} 与再入点速度 v_e 的大小无关；

(2)飞行器处于最大平均热流和最大驻点热流时的速度 v_{m1}，v_{m1} 与飞行器的重量、尺寸及再入角 Θ_e 无关，而只与再入速度 v_e 有关。

不同于最小负加速度的是：热流的最大值与飞行器的结构参数 m，C_x，S_M 直接有关。增大 C_x 和 S_M，或减小 m，可以减小 $(q_{av})_{max}$ 及 $(q_s)_{max}$。

分析 $(q_s)_{max}$ 与总吸热量 Q，还看到存在这样的问题：如果 $|\Theta_e|$ 增大，则 $(q_s)_{max}$ 要增加，由式(11.72)知，v_e 将减小，则使 Q 减小。为了减小 $(q_s)_{max}$，应减小再入角 $|\Theta_e|$，但 $|\Theta_e|$ 过小，又增加了飞行时间，使总吸热量加大，这也是不利的。因此，合理地选择一个再入角 Θ_e 是弹道再入中的一个重要问题。

11.2.3 运动参数的近似计算

大量计算结果说明，在大多数场合下，飞行器在再入段上的速度受空气阻力作用减小到 v_e 值的一半以前，就会使飞行器的加速度达到最小负加速度值。因此，对于具有较大再入速度 v_e 的飞行器要求其最小负加速度时，忽略引力的作用是可行的。但当欲求飞行器在整个再入段的运动参数时，则会因再入段的速度愈来愈小，如再忽略引力将引起较大的误差。不过，

由于再入段引力加速度 g 的大小变化不大，故可取 $g=g_0$，以便求出运动参数的解析表达式。

1. 速度 v 和当地速度倾角 Θ 的近似计算

首先，从动量矩定理出发来进行讨论。显然，弹道上任一点飞行器对地心的动量矩为 $mrv\cos\Theta$，而所有外力对地心的力矩就是阻力 X 对地心的外力矩，即为 $-rX\cos\Theta$，故由动量矩定理有

$$\frac{\mathrm{d}}{\mathrm{d}t}(rv\cos\Theta)=-r\frac{X}{m}\cos\Theta=-r\frac{C_xS_{\mathrm{M}}}{2m}\rho v^2\cos\Theta \tag{11.74}$$

注意到

$$\frac{\mathrm{d}h}{\mathrm{d}t}=v\sin\Theta \tag{11.75}$$

用式(11.74)除以(11.75)，则得

$$\frac{\mathrm{d}}{\mathrm{d}h}(rv\cos\Theta)=-rv\cos\Theta\frac{C_xS_{\mathrm{M}}}{2m\sin\Theta}\rho$$

记

$$k=\frac{C_xS_{\mathrm{M}}}{2m\sin\Theta}$$

代入前式，则有

$$\frac{\mathrm{d}}{\mathrm{d}h}(rv\cos\Theta)=-rv\cos\Theta k\rho$$

即

$$\frac{\mathrm{d}(rv\cos\Theta)}{rv\cos\Theta}=-k\rho\mathrm{d}h=-k\rho_0\mathrm{e}^{-\beta h}\mathrm{d}h \tag{11.76}$$

在实际计算中发现，对于再入倾角 $|\Theta_{\mathrm{e}}|$ 较大的飞行器而言，在再入段可近似认为 k 为一常数。这是由于飞行器再入时，速度不断减小，故马赫数 Ma 也不断增小，不过 Ma 仍然较 1 大得多。根据 C_x-Ma 曲线可知，此时 C_x 将随马赫数 Ma 减小而增大，因此 k 式的分子是不断增加的。此外，k 的分母值也由于引力作用使得 $|\Theta_{\mathrm{e}}|$ 不断增大而逐渐增大，故可认为 k 近似为常数。不难看出，由于再入段 Θ 是一负值，故 k 也为小于零的值。

对式(11.76)两端从再入点 e 积分至再入段任一点，得

$$\ln\frac{rv\cos\Theta}{r_{\mathrm{e}}v_{\mathrm{e}}\cos\Theta_{\mathrm{e}}}=\frac{k\rho_0}{\beta}(\mathrm{e}^{-\beta h}-\mathrm{e}^{-\beta h_{\mathrm{e}}})$$

亦即

$$rv\cos\Theta=r_{\mathrm{e}}v_{\mathrm{e}}\cos\Theta_{\mathrm{e}}\exp\left[\frac{k}{\beta}(\rho-\rho_{\mathrm{e}})\right] \tag{11.77}$$

若认为再入点处 $\rho_{\mathrm{e}}=0$，则

$$rv\cos\Theta=r_{\mathrm{e}}v_{\mathrm{e}}\cos\Theta_{\mathrm{e}}\mathrm{e}^{\frac{k}{\beta}\rho} \tag{11.78}$$

不难理解，若再入段处于真空，则 $\rho=0$，因此有

$$rv\cos\Theta=r_{\mathrm{e}}v_{\mathrm{e}}\cos\Theta_{\mathrm{e}}$$

即满足动量矩守恒，也即为椭圆弹道的结果。而式(11.78)说明，考虑空气阻力后，有一个修正系数 $\mathrm{e}^{\frac{k}{\beta}\rho}$，由于 $k<0$，故 $\mathrm{e}^{\frac{k}{\beta}\rho}<1$，所以空气阻力的作用使得动量矩减小。

式(11.78)中有三个未知数 r,v,Θ，即使以 r 为自变量，亦须补充一个关系式。为此，注意

到由动量矩对 t 的微分可得

$$\frac{\mathrm{d}}{\mathrm{d}t}(rv\cos\Theta)=v\frac{\mathrm{d}}{\mathrm{d}t}(r\cos\Theta)+r\cos\Theta\frac{\mathrm{d}v}{\mathrm{d}t}$$

由于前面已假设 $g=g_0$，故有

$$\frac{\mathrm{d}v}{\mathrm{d}t}=-\frac{X}{m}-g_0\sin\Theta$$

将其代入上式得

$$\frac{\mathrm{d}}{\mathrm{d}t}(rv\cos\Theta)=v\frac{\mathrm{d}}{\mathrm{d}t}(r\cos\Theta)-r\frac{X}{m}\cos\Theta-rg_0\sin\Theta\cos\Theta$$

将该式等号右端与式(11.74)右端相比较，可知

$$v\frac{\mathrm{d}}{\mathrm{d}t}(r\cos\Theta)=r\,g_0\sin\Theta\cos\Theta$$

根据式(11.75)，可将上式写为

$$\frac{\mathrm{d}(r\cos\Theta)}{r\cos\Theta}=\frac{g_0}{v^2}\mathrm{d}h$$

运用式(11.78)，上式还可进一步改写成

$$\frac{\mathrm{d}(r\cos\Theta)}{r^3\cos^3\Theta}=\frac{g_0}{r_e^2v_e^2\cos^2\Theta_e}\mathrm{e}^{-2\frac{k}{\beta}\rho}\mathrm{d}h \tag{11.79}$$

令

$$\eta=-\frac{2k}{\beta}\rho_0\mathrm{e}^{-\beta h} \tag{11.80}$$

则
$$\mathrm{d}\eta=2k\rho_0\mathrm{e}^{-\beta h}\mathrm{d}h$$

所以
$$\mathrm{d}h=-\frac{\mathrm{d}\eta}{\beta\eta}$$

将其代入式(11.79)，即为

$$\frac{\mathrm{d}(r\cos\Theta)}{r^3\cos^3\Theta}=\frac{g_0}{\beta r_e^2v_e^2\cos^2\Theta_e}\cdot\frac{\mathrm{e}^\eta}{\eta}\mathrm{d}h$$

由再入点 e 积分上式至再入段任一点，则有

$$\frac{1}{2r_e^2\cos^2\Theta_e}-\frac{1}{2r^2\cos^2\Theta}=-\frac{g_0}{\beta r_e^2v_e^2\cos^2\Theta_e}\int_{\eta_e}^{\eta}\frac{\mathrm{e}^\eta}{\eta}\mathrm{d}h$$

即

$$\frac{1}{2r^2\cos^2\Theta}-\frac{1}{2r_e^2\cos^2\Theta}=\frac{g_0}{\beta r_e^2v_e^2\cos^2\Theta_e}\left(\int_0^{\eta}\frac{\mathrm{e}^\eta}{\eta}\mathrm{d}h-\int_0^{\eta_e}\frac{\mathrm{e}^\eta}{\eta}\mathrm{d}h\right) \tag{11.81}$$

记

$$E(\eta)=\int_0^{\eta}\frac{\mathrm{e}^\eta}{\eta}\mathrm{d}h \tag{11.82}$$

此为超越函数，其数值可根据 η 查表得到。因而式(11.81)可写成

$$\frac{1}{2r^2\cos^2\Theta}-\frac{1}{2r_e^2\cos^2\Theta_e}=\frac{g_0}{\beta r_e^2v_e^2\cos^2\Theta_e}[E(\eta)-E(\eta_e)]$$

经过整理，可得

$$r\cos\Theta=\frac{r_e\cos\Theta_e}{\sqrt{1+\frac{2g_0}{\beta v_e^2}[E(\eta)-E(\eta_e)]}} \tag{11.83}$$

由式(11.78)和式(11.83)即可求出以 r 为自变量的再入段任一点的速度 v 和当地速度倾角 Θ,特别当 $r=R$ 时,有 $\rho=\rho_0,\eta=\eta_0=-2k\rho_0/\beta$,则可由式(11.83)求得落角 Θ_c,即

$$\cos\Theta_c=\frac{r_e\cos\Theta_e}{R}\frac{1}{\sqrt{1+\frac{2g_0}{\beta v_e^2}[E(\eta_0)-E(\eta_e)]}} \tag{11.84}$$

从而代入式(11.78),即可求得落速为

$$v_c=\frac{r_e v_e\cos\Theta_e}{R\cos\Theta_e}e^{-\frac{\eta_0}{2}} \tag{11.85}$$

需指出的是,若在整个再入段上将 k 看成常数误差过大,则可将 k 分段视为常数,以提高精度。

2. 再入段射程 L_e 的近似计算

由于再入段射程 L_e 的变化率可写为

$$\frac{dL_e}{dh}=\frac{dL_e}{dt}\cdot\frac{dt}{dh}$$

注意到式(11.43)及式(11.75),可得

$$\frac{dL_e}{dh}=\frac{R}{r}\cot\Theta \tag{11.86}$$

对式(11.86)积分,从再入点至弹道上任一点的射程为

$$L_e=R\int_{h_e}^{h}\frac{\cot\Theta}{R+h}dh \tag{11.87}$$

由于再入段射程小,可近似认为 $\Theta=\Theta_e$,则

$$L_e=R\cot\Theta_e\ln\frac{R+h}{R+h_e} \tag{11.88}$$

特别地,当 $h=0$ 时,得到整个再入段射程为

$$L_e=R\cot\Theta_e\ln\frac{R}{R+h_e} \tag{11.89}$$

11.3 有升力再入弹道

对再入飞行器,无论是弹头,还是航天器(卫星、飞船和航天飞机),都涉及再入弹道问题。飞行器以什么样的弹道再入,再入过程中是否对升力进行控制,与飞行器的特性和所要完成的任务有关。

本节从飞行器采用弹道式再入时存在的问题出发,讨论有升力的再入弹道问题。

11.3.1 问题的提出及技术途径

1. 弹头再入机动

随着弹道导弹武器的迅速发展,导弹的威力越来越大,命中精度也越来越高,目前已发展到携带多个数十万吨 TNT 当量子弹头的洲际导弹,其命中精度已达到近 100 m 的圆概率偏差,具有摧毁加固地下井的打击能力。因而为了对付攻方弹道导弹的袭击,出现了反弹道导弹的反导弹武器和反导防御体系。反导武器通常配置于所要保卫目标的附近,可成圆周形配置,也可配置于敌方可能实施突击的方向上。预警雷达测得敌方来袭的弹道导弹参数后,将参数传送给反导系统,使反导系统在敌方导弹进入防御空间时用高空拦截武器进行拦截。若有弹

道导弹突破高空拦截区，还可使用低空拦截武器实施攻击。无论是高空拦截武器还是低空拦截武器，都有一定的防御空间，通常称为杀伤区。而弹道导弹飞行速度大，相应穿过杀伤区的时间是短的，因此拦截武器反击时间是有限的，而且要求拦截武器有较好的机动性能。关于反导弹武器设计问题，不属于本门课程讨论范围。正因为反导弹武器的出现，势必刺激战略进攻武器的进一步完善和发展，要求弹道导弹具有突破对方反导防御体系的能力。

目前，主要的突防技术为采用多弹头和施放诱饵等手段。而在大气层中的再入突防，一种有效的办法是进行再入弹道机动，在导弹弹道接近目标时，突然改变其原来的弹道做机动飞行，亦称机动变轨。其目的是造成反导导弹的脱靶量，或避开反导导弹的拦截区攻击目标。突防采用的弹道如图 11.7 所示。

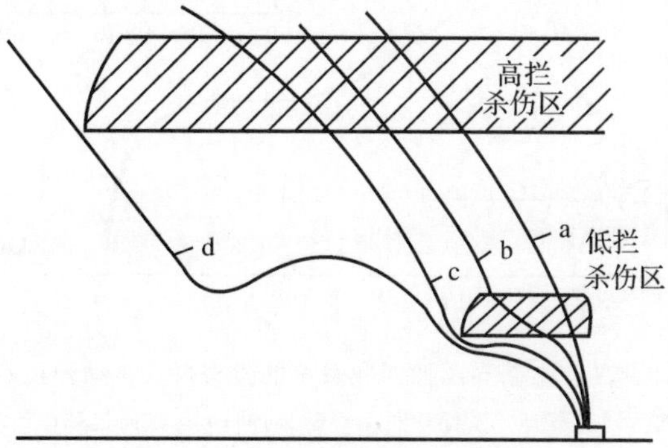

图 11.7　弹道导弹突防示意图

图 11.7 中，除弹道 a 外，其余的 3 条弹道 b，c，d 均是机动弹道。

(1) 弹道 a，以陡峭再入角 Θ_e，进行弹道再入，即 $|\Theta_e|$ 较大，高速穿过杀伤区，以减少穿过杀伤区的时间，从而减小反导弹武器拦截的杀伤概率；

(2)弹道 b，弹头的再入弹道经过杀伤区，弹头进入杀伤区后，利用弹道的机动，造成低空反导武器有较大的脱靶量；

(3)弹道 c，弹头的再入机动弹道避开低拦杀伤区去袭击目标；

(4)弹道 d，对高拦杀伤区和低拦杀伤区，采用再入机动弹道躲避开这两个杀伤区。

这就从弹头的突防提出了再入机动弹道的研究问题。图 11.8 所示为某种具有末制导图像匹配的系统的再入弹头攻击地面固定目标时，为保证末制导系统良好的工作条件和弹头落地速度要求时，采用的再入机动弹道示意图。

为实现弹头再入弹道的机动，可调节升力，即通过改变弹头的姿态产生一定的攻角来完成。而改变弹头的姿态可以用弹头尾部装发动机，装伸缩块(或称调整片、配平翼)，或者利用质心偏移的办法来产生控制力矩。

2. 航天器的再入

航天器要脱离运动轨道返回地面，可通过制动火箭给航天器一个速度增量 $\Delta \boldsymbol{V}$，使飞行器进入与地球大气相交的椭圆轨道，然后进入大气层。从进入大气层到着陆系统开始工作(如降落伞打开)的这一飞行段为再入段。

航天器在地球大气中可能的降落轨道有弹道式轨道、升力式轨道、跳跃式轨道和椭圆衰减式轨道。前三种轨道示意图如图 11.9 所示。轨道 a 为沿陡峭弹道的弹道式再入；轨道 b 为沿倾斜弹道的弹道式再入；轨道 c 为升力式轨道；轨道 d 为跳跃式轨道，航天器以较小的再入角进入大气层后，依靠升力，再次冲出大气层，做一段弹道式飞行，然后再进入大气层，也可以多次出入大气层，每进入一次大气层就利用大气进行一次减速，这种返回轨道的高度有较大起伏的变化，故称作跳跃式轨道。对进入大气层后虽不再跳出大气层，但可靠升力使轨道高度有较大起伏变化的轨道，也称作跳跃式轨道。对于弹道式再入和升力式再入，下面将予以介绍。

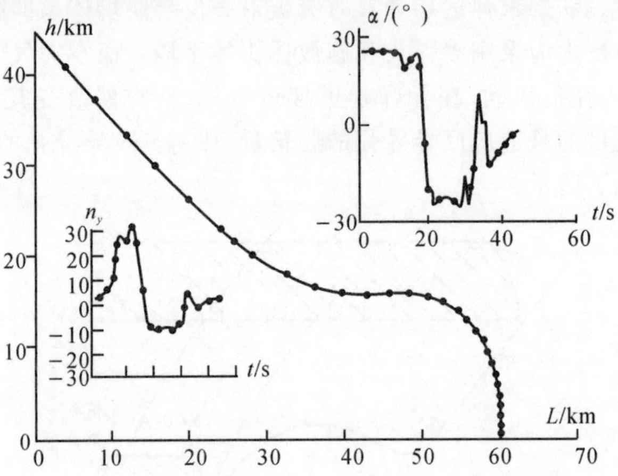

图 11.8　具有末制导图像匹配系统的弹头再入机动弹道示意图

L—再入段射程；h—飞行高度；t—飞行时间；n_y—法向过载；α—攻角

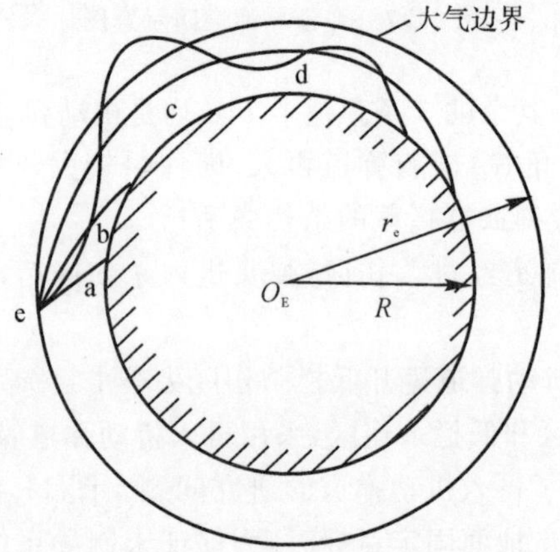

图 11.9　宇宙飞行器可能降落轨道

如果航天器采用弹道式再入，存在以下的主要问题。

(1)着陆点散布大。由于航天器在大气层的运动处于无控状态，航天器落点位置的准确程度，主要取决于制动火箭的姿态和推力，而在制动结束后的降落过程中没有修正偏差的可能，因此需要有一个广阔的回收区。此外，还必须等到星下点轨道恰好经过预想的落点上空。解决以上问题最可行的办法是在再入过程中，利用空气动力的升力特性来改变轨道，也即通过控制升力，使航天器具有一定的纵向机动和侧向机动的能力。

(2)再入走廊狭窄。弹道式再入时，轨道的形状完全取决于航天器进入大气层时的初始条件，即取决于再入时的速度大小 v_e 和再入角 Θ_e。由式(11.53)分析可知，最小负加速度与运动参数 v_e，Θ_e 有关，理论上讲，适当地控制再入角 Θ_e 和速度 v_e 的大小，可以使最大过载不超过允许值。实际上，用减小速度 v_e 的办法来减小最大过载值是不可取的。因为速度 v_e 的减小有赖于制动速度的增大，这将使制动火箭的总冲增加，使航天器质量增大，所以控制弹道式再入航天器最大过载的主要办法就是控制再入角 Θ_e。

若 $|\Theta_e|$ 过大，则轨道过陡，受到的空气动力作用过大，减速过于激烈，以致使航天器受到的减速过载和气动热超过航天器的结构、仪器设备或宇航员所能承受的过载，或使航天器严重烧蚀，不能正常再入，因此存在一个最大再入角 $|\Theta_e|_{max}$。若 $|\Theta_e|$ 过小，可能使航天器进入大气层后受到的空气动力作用过小，不足以使它继续深入大气层，可能会在稠密大气层的边缘掠过而进入不了大气层，也不能正常再入。因此，存在一个最小再入角 $|\Theta_e|_{min}$。可见，为了实现正常再入，再入角 $|\Theta_e|$ 应满足：

$$|\Theta_e|_{min} \leqslant |\Theta_e| \leqslant |\Theta_e|_{max}$$

称这个范围为再入走廊。$\Delta\Theta_e = |\Theta_e|_{max} - |\Theta_e|_{min}$，为再入走廊的宽度，如图 11.10 所示。

不同的航天器有不同的气动特性、不同的防热结构和最大过载允许值，因而有不同的再入走廊。一般来说，航天器的再入走廊都比较狭窄。为了加宽再入走廊，可通过使航天器再入时具有一定的负升力来实现。当航天器有一定的负攻角时，那么它将以一定的负升力进入大气层，负升力使航天器的再入轨道向内弯曲，从而可以使航天器在 $|\Theta_e| < |\Theta_e|_{min}$ 的某些情况下也可实现再入。与此类似，一个具有升力的航天器，以一定的正攻角再入，其正升力可以使轨道变缓，从而可以降低最大过载和热流峰值。这样就加大了再入走廊的宽度。综上所述，采用弹道式再入的航天器存在落点散布大、再入走廊狭窄等问题，而解决问题的方法就是采用升力的再入机动弹道。

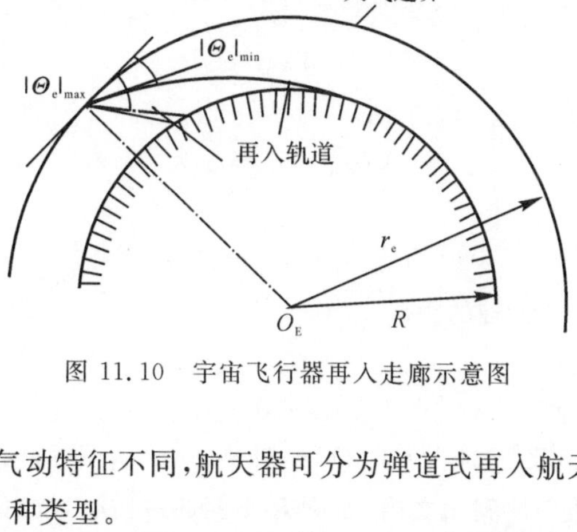

图 11.10　宇宙飞行器再入走廊示意图

目前，根据航天器的气动特征不同，航天器可分为弹道式再入航天器、弹道-升力再入航天器和升力式再入航天器 3 种类型。

(1)弹道式再入航天器。虽然弹道式再入存在落点散布大和再入走廊狭窄等主要问题，但由于再入大气层不产生升力或不控制升力，再入轨道比较陡峭，所经历的航程和时间较短，因而气动加热的总量也较小，防热问题较易处理。此外，它的气动外形也不复杂，可做成简单的旋成体。上述两点都使它的结构和防热设计大为简化，因而成为最先发展的一类再入航天器。

(2)弹道-升力式再入航天器。在弹道式再入航天器的基础上，通过配置质心的办法，使航天器进入大气层时产生一定升力就成为弹道-升力式再入航天器。其质心不配置在再入航天器的中心轴线上，而配置在偏离中心轴线一段很小的距离处，同时使质心在压心之前。这样，航天器在大气中飞行时，在某一个攻角下，空气动力对质心的力矩为零，这个攻角称为配平攻角，记作 η_{tr}，如图 11.11 所示。在配平攻角飞行状态下，航天器相应地产生一定的升力，此升力一般不大于阻力的一半，即升阻比小于 0.5。

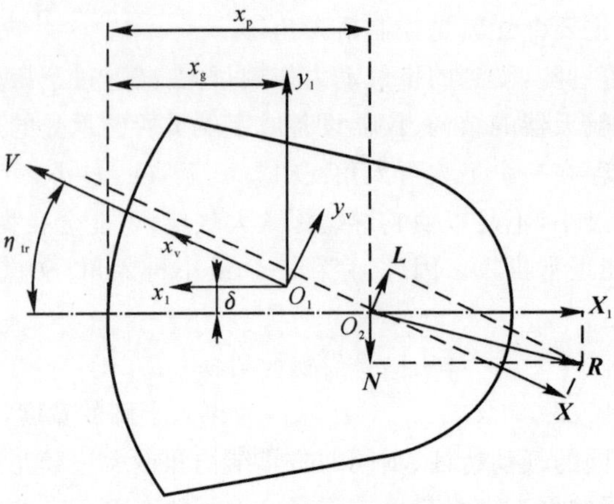

图 11.11　以配平攻角飞行时作用在航天器上的空气动力

以配平攻角飞行时的特性如下：

1)根据配平攻角的定义，空气动力 $\boldsymbol{R}$ 对质心 O_1 的力矩为零，而 $\boldsymbol{R}$ 的压心为 O_2，故空气动力 $\boldsymbol{R}$ 通过航天器的压心和质心。

2)由于 $\boldsymbol{R}$ 通过航天器的压心和质心，且再入航天器为旋成体，其压心 O_2 在再入航天器的几何纵轴上，所以 $\boldsymbol{R}$ 在 $O_1x_1y_1$ 平面内。又 $\boldsymbol{R}$ 在 $O_1x_vx_1$ 平面内，故 O_1x_v 轴在 $O_1x_vy_1$ 平面内，即侧滑角

$$\beta=0$$

3)以配平攻角飞行时，由图 11.11 知

$$N(x_p-x_g)=x_1\delta$$

即

$$C_N(x_p-x_g)=C_{x_1}\delta \tag{11.90}$$

式中，δ 为质心 O_1 偏离几何纵轴的距离。

4)以配平攻角飞行时，有

$$\alpha<0$$

这是因为以配平攻角飞行时，$\beta=0$，O_1x_v 轴在 $O_1x_vy_1$ 平面内，此时 O_1x_v 的正向必在 O_1x_1 轴正向及 O_1y_1 轴正向所夹角之内，否则 $\boldsymbol{R}$ 不能通过质心，故由 α 的定义，得到 $\alpha<0$。

关于配平攻角 η_{tr} 的求取，注意到式(11.90)，C_N，C_{x_1}，x_p 为攻角(即 α)、马赫数 Ma 及飞行高度 h 的函数。因此，对于一定的 Ma 及 h 值下，若某一 η(或 α)对应的 C_N，C_{x_1} 及 x_p 满足于式(11.90)，则该 η(或 α)值就是再入航天器在该 Ma 及 h 下的配平攻角 η_{tr}(或 α_{tr})。

弹道-升力式再入航天器的外形如图 11.11 所示，为简单的旋成体，在再入飞行过程中，通过姿态控制系统将再入航天器绕本身纵轴转动一个角度，就可以改变升力在当地铅垂平面和水平平面的分量。因此，以一定的逻辑程序控制滚动角 γ，就可以控制航天器在大气中的运动轨道，从而在一定范围内可以控制航天器的落点位置，其最大过载也大大地小于弹道式再入时的最大过载。

(3)升力式再入航天器。当要求再入航天器水平着陆时，例如航天飞机，必须给再入航天器足够大的升力。而能够实现水平着陆的升力式再入航天器的升阻比一般都大于 1，也就是说升力大于阻力，这样大升力不能再用偏离对称中心轴线配置质心的办法获得。因此，升力式再入航天器不能再用旋成体，只能采用不对称的升力体。现有的和正在研制的升力式再入航天器，都是带翼的升力体，形状与飞机相似，主要由机翼产生升力和控制升力，以及反作用喷气与控制相结合的办法来控制它的机动飞行、下滑和水平着陆，并着陆到指定的机场跑道上。

与弹道-升力式再入相比，升力式再入具有再入过载小、机动范围大和着陆精度高的三个特点。

11.3.2　再入走廊的确定

应当指出，随着航天技术的发展，再入走廊的定义已发展为多样化，例如，可将再入走廊定义为导向予定着陆目标的“管子”。在此“管子”内，再入航天器满足所有的限制，如过载限制、热流限制、动压限制等。图 11.12 所示为某一航天器的再入走廊示意图和在此走廊内设计的一条再入基准轨道。图中 v 为飞行速度，D 为阻力加速度，4 条边界分别为满足法向过载限制、动压限制、最大热流限 D 制和平衡滑翔要求时，阻力加速度 D 随速度 v 的变化曲线。

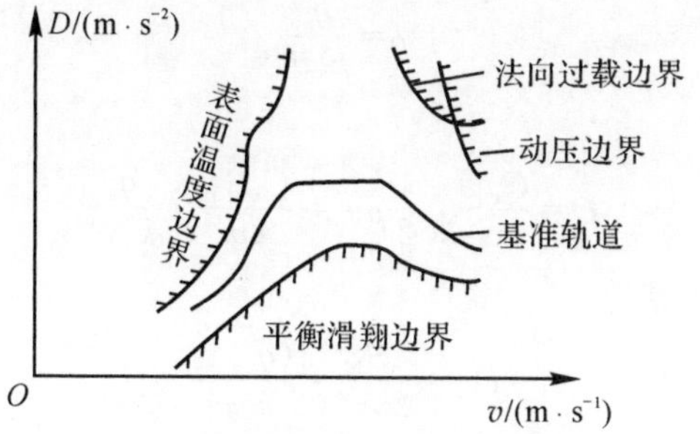

图 11.12　再入走廊示意图

下述介绍对一事先装订好总攻角 η 与飞行速度 v 的关系的航天器，其再入走廊的确定。

1. 法向过载的限制

法向过载 n_y 应满足

$$n_y \leqslant n_{y\max} \tag{11.91}$$

由于讨论中设侧滑角 $\beta=0$，故 $Y=L$，且注意到

$$n_y=\frac{L}{mg_0}=\frac{C_L qS_M}{mg_0} \tag{11.92}$$

$$D=\frac{X}{m}=\frac{C_x qS_M}{m} \tag{11.93}$$

将式(11.93)除以式(11.92)，可得

$$\frac{D}{n_y}=\frac{C_x g}{C_L}$$

于是，满足法向过载限制的边界为

$$D=\frac{C_x}{C_L}gn_{y\max} \tag{11.94}$$

由于已装订好总攻角 η 与飞行速度 v 的关系，于是给定 v 值，可得到相应的 C_L，C_x 值，从而得到阻力加速度 D 与飞行速度 v 的对应关系，故由式(11.94)得到满足法向过载限制的边界。

2. 动压的限制

动压 q 应满足

$$q \leqslant q_{max} \tag{11.95}$$

由式(11.93)可知，满足动压限制的边界为

$$D = \frac{C_x}{m} S_M q_{max} \tag{11.96}$$

3. 最大热流限制

驻点热流是最严重的情况，应满足

$$q_s \leqslant (q_s)_{max} \tag{11.97}$$

由于

$$q_s = k_s \sqrt{\rho} v^3$$

可得

$$\rho = \frac{q_s^2}{k_s^2 v^6}$$

而阻力加速度

$$D = \frac{C_x}{m} S_M \frac{1}{2} \rho v^2 = \frac{C_x S_M}{2m} \cdot \frac{q_s^2}{k_s^2 v^4}$$

故，满足最大热流限制的边界为

$$D = \frac{C_x S_M}{2m} \cdot \frac{(q_s)_{max}^2}{k_s^2 v^4} \tag{11.98}$$

4. 平衡滑翔边界

为使再入航天器返回地面，再入大气层时应使 $\mathrm{d}\Theta/\mathrm{d}t \leqslant 0$，即存在一个平衡滑翔边界：

$$\frac{\mathrm{d}\Theta}{\mathrm{d}t} = 0 \tag{11.99}$$

由式(11.41)知，亦即

$$\frac{L}{mv} + \left(\frac{v}{r} - \frac{g}{v}\right)\cos\Theta = 0$$

当 $|\Theta|$ 较小时，可近似地认为 $\cos\Theta = 1$，则有

$$\frac{L}{mv} = \frac{g}{v} - \frac{v}{r}$$

即

$$\frac{q S_M}{m} = \frac{g - \frac{v^2}{r}}{C_L}$$

故，平衡滑翔边界为

$$D = \left(g - \frac{v^2}{r}\right) \frac{C_x}{C_L} \tag{11.100}$$

式中，r 为飞行器质心到地心的距离，可近似取 $r = r_e$，便得到 D 与 v 的对应关系。

复习思考题 11

1. 解释总攻角、总升力、总攻角平面。
2. 解释弹道再入(零攻角再入、零升力再入)。
3. 解释杀伤区。
4. 解释再入走廊。
5. 解释配平攻角。
6. 再入段的运动有什么特点?
7. 再入有哪些类型?各有什么特点?
8. 再入段设计分析分析中主要考虑的因素有哪些?如何确定?
9. 航天器再入轨道有哪些类型?各有什么特点?
10. 再入航天器有哪些类型?各有什么特点?

第 12 章 多级火箭

12.1 多级火箭相关概念

为了准确理解本节讨论的内容及正确使用所导出的结果，首先对多级火箭有关术语进行定义。多级火箭的“级”与“子火箭”是两个概念。“级”是一个完整的推进装置，它包括发动机、推进剂输送系统、推进剂、贮箱和控制系统部分设备等。当这一级的推进剂全部消耗完时，这一级就被整个地抛掉。“子火箭”则是一个完整的运载火箭，它由连同有效载荷、控制系统在内的一级或多级火箭组成。以一个串联式三级火箭为例(见图 12-1)，该火箭有 3 个级和 3 个子火箭：第一子火箭就是整个运载火箭；第二子火箭就是第一子火箭减去第一级；第三子火箭就是第二子火箭减去第二级，或者等同于有效载荷加上第三级。由图 12-1 还可看出，第三子火箭的有效载荷即为运载火箭的实际有效载荷 M_u，据此可推广定义第二子火箭的有效载荷即为第三子火箭，第一子火箭的有效载荷即为第二子火箭。

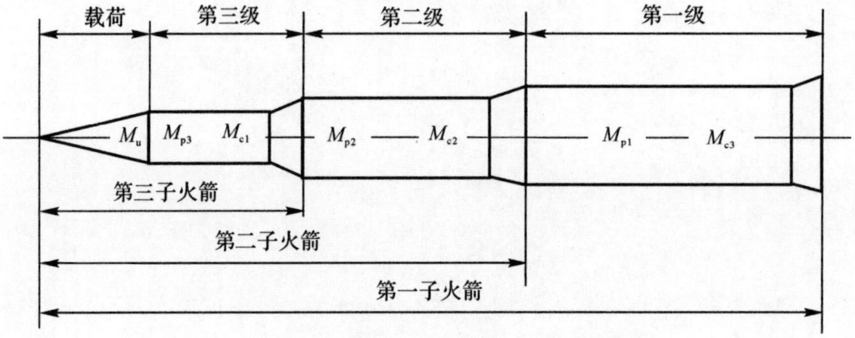

图 12-1 多级火箭的“子火箭”和“级”的定义

根据上述定义，可推广写出一个 N 级火箭的一般文字表达式：

$$\begin{cases}\text{第 1 子火箭} = \text{整个运载火箭} \\ \text{第}(i+1)\text{子火箭} = \text{第 } i \text{ 子火箭} - \text{第 } i \text{ 级} \\ \text{第 } i \text{ 子火箭有效载荷} = \text{第}(i+1)\text{子火箭} \\ \text{第 } N \text{ 子火箭有效载荷} = \text{实际有效载荷}\end{cases}$$

其中，$i=1,2,\cdots,N-1$。

12.2　多级火箭主动段的运动

在了解了多级火箭的相关概念后，接下来建立描述多级火箭运动规律的数学模型。根据多级火箭飞行中有控制作用和受力特点，可将整个弹道分为主动段和被动段两部分。相应地，描述其运动规律的微分方程也就有主动段和被动段，本节仅讨论多级火箭主动段运动微分方程组的建立方法和运动规律。

由于控制系统结构形式以及所给定的弹道初始条件的差异，描述多级火箭主动段运动规律的弹道方程不完全相同。本节讨论由两级固体火箭发动机推动，采用平台计算机惯性制导方案，并以摆动发动机作为姿态控制执行机构的火箭的主动段弹道方程。由于这类多级火箭自身的特点和所给出的初始条件不同及考虑对其运动影响因素的增加，因而其主动段弹道方程式不但与一般弹道方程式有较大差别，而且方程个数增加许多，多达数十个乃至近百个。本节讨论的主动段运动微分方程组，便是顾及上述情况并以发射坐标系作为参考的多级火箭主动段弹道方程组。

1. 质心运动方程

根据在发射坐标系内建立火箭质心运动方程的原理及作用在其上的力，可得火箭质心运动方程为

$$\left.\begin{aligned}\begin{bmatrix}\dot V_x\\ \dot V_y\\ \dot V_z\end{bmatrix}&=\boldsymbol{A}_{\mathrm g}^{\mathrm b}\begin{bmatrix}\dot W_{x1}\\ \dot W_{y1}\\ \dot W_{z1}\end{bmatrix}+\begin{bmatrix}g_x+\dot V_{\mathrm{e}x}+\dot V_{\mathrm{c}x}\\ g_y+\dot V_{\mathrm{e}y}+\dot V_{\mathrm{c}y}\\ g_z+\dot V_{\mathrm{e}z}+\dot V_{\mathrm{c}z}\end{bmatrix}\\ \begin{bmatrix}\dot x\\ \dot y\\ \dot z\end{bmatrix}&=\begin{bmatrix}V_x\\ V_y\\ V_z\end{bmatrix}\end{aligned}\right\}\tag{12.1}$$

式中，$\boldsymbol{A}_{\mathrm g}^{\mathrm b}$ 为发射坐标系与箭体坐标系间的方向余弦矩阵式，即

$$\boldsymbol{A}_{\mathrm g}^{\mathrm b}=\begin{bmatrix}\cos\varphi\cos\psi & \cos\varphi\sin\psi\sin\gamma-\sin\varphi\cos\gamma & \cos\varphi\sin\psi\cos\gamma+\sin\varphi\sin\gamma\\ \sin\varphi\cos\psi & \sin\varphi\sin\psi\sin\gamma+\cos\varphi\cos\gamma & \sin\varphi\sin\psi\cos\gamma-\cos\varphi\sin\gamma\\ -\sin\psi & \cos\psi\sin\gamma & \cos\psi\cos\gamma\end{bmatrix}\tag{12.2}$$

轴向、法向和横向视加速度表达式为

$$\begin{bmatrix}\dot W_{x1}\\ \dot W_{y1}\\ \dot W_{z1}\end{bmatrix}=\frac{1}{m}\left(\boldsymbol{C}_{\mathrm b}^{\mathrm c}\begin{bmatrix}-X\\ Y\\ Z\end{bmatrix}+\begin{bmatrix}P_{x1}\\ P_{y1}\\ P_{z1}\end{bmatrix}\right)\tag{12.3}$$

式中，箭体坐标系与速度坐标系间的方向余弦矩阵式为

$$\boldsymbol{C}_{\mathrm b}^{\mathrm c}=\begin{bmatrix}\cos\alpha\cos\beta & \sin\alpha & -\cos\alpha\sin\beta\\ -\sin\alpha\cos\beta & \cos\alpha & \sin\alpha\sin\beta\\ \sin\beta & 0 & \cos\beta\end{bmatrix}\tag{12.4}$$

空气动力表达式为

$$\begin{bmatrix} X \\ Y \\ Z \end{bmatrix} = \begin{bmatrix} C_x q S_{\rm m} \\ C_y^\alpha \alpha q S_{\rm m} \\ -C_y^\alpha \beta q S_{\rm m} \end{bmatrix} \tag{12.5}$$

有效推力和控制力表达式为

$$\begin{bmatrix} P_{x1} \\ P_{y1} \\ P_{z1} \end{bmatrix} = \begin{cases} \begin{bmatrix} P\cos\mu\cos\delta_\varphi\cos\delta_\psi \\ R'\sin\delta_\varphi\cos\delta_\psi \\ -R'\sin\delta_\psi\cos\delta_\varphi \end{bmatrix} & (\text{一级}) \\ \begin{bmatrix} P_z + R'\cos\mu(\cos\delta_\varphi + \cos\delta_\psi) \\ R'\sin\delta_\varphi \\ -R'\sin\delta_\psi \end{bmatrix} & (\text{二级}) \end{cases} \tag{12.6}$$

式中

$$R' = \begin{cases} \dfrac{\sqrt{2}}{2}P & \text{一级} \\ \dfrac{1}{2}P_{\rm u} & \text{二级} \end{cases} \tag{12.7}$$

引力加速度表达式为

$$\begin{bmatrix} g_x \\ g_y \\ g_z \end{bmatrix} = \begin{bmatrix} g_r \dfrac{x + R_{0x}}{r} + g_\omega \dfrac{\omega_x}{\omega} + \delta g_x \times 10^{-5} \\ g_r \dfrac{y + R_{0y}}{r} + g_\omega \dfrac{\omega_y}{\omega} + \delta g_y \times 10^{-5} \\ g_r \dfrac{z + R_{0z}}{r} + g_\omega \dfrac{\omega_z}{\omega} + \delta g_z \times 10^{-5} \end{bmatrix} \tag{12.8}$$

式中

$$\left.\begin{aligned} g_r &= -\frac{fM}{r^2} + \frac{\mu}{r^4}(5\sin^2\varphi_{\rm s} - 1) \\ g_\omega &= -\frac{2\mu}{r^4}\sin\varphi_{\rm s} \end{aligned}\right\} \tag{12.9}$$

式(12.8)中，$\delta g_x, \delta g_y, \delta g_z$（单位为毫伽）为扰动引力加速度。如果不考虑空间重力异常对火箭运动的影响，则扰动引力分量 $\delta g_x, \delta g_y, \delta g_z$ 均记为零。

牵连加速度和柯氏加速度表达式为

$$\begin{bmatrix} \dot{V}_{\rm ex} \\ \dot{V}_{\rm ey} \\ \dot{V}_{\rm ez} \end{bmatrix} = \begin{bmatrix} a_{11} & a_{12} & a_{13} \\ a_{21} & a_{22} & a_{23} \\ a_{31} & a_{32} & a_{33} \end{bmatrix} \begin{bmatrix} x + R_{0x} \\ y + R_{0y} \\ z + R_{0z} \end{bmatrix} \tag{12.10}$$

$$\begin{bmatrix} \dot{V}_{\rm cx} \\ \dot{V}_{\rm cy} \\ \dot{V}_{\rm cz} \end{bmatrix} = \begin{bmatrix} 0 & b_{12} & b_{13} \\ b_{21} & 0 & b_{23} \\ b_{31} & b_{32} & 0 \end{bmatrix} \begin{bmatrix} V_x \\ V_y \\ V_z \end{bmatrix} \tag{12.11}$$

式中

$$\left.\begin{aligned}
a_{11} &= \omega^2 - \omega_x^2 \\
a_{12} &= a_{21} = -\omega_x \omega_y \\
a_{13} &= a_{31} = -\omega_x \omega_z \\
a_{22} &= \omega^2 - \omega_y^2 \\
a_{23} &= a_{32} = -\omega_y \omega_z \\
a_{33} &= \omega^2 - \omega_z^2 \\
b_{12} &= -b_{21} = 2\omega_z \\
b_{31} &= -b_{13} = 2\omega_y \\
b_{23} &= -b_{32} = 2\omega_x
\end{aligned}\right\} \tag{12.12}$$

$$\left.\begin{aligned}
\omega_x &= \omega \cos B_T \cos A_T \\
\omega_y &= \omega \sin B_T \\
\omega_z &= -\omega \cos B_T \sin A_T
\end{aligned}\right\} \tag{12.13}$$

发射点地心纬度、地心距离及其在发射坐标系内的坐标为

$$\left.\begin{aligned}
\varphi_{s0} &= \arcsin \frac{z_0}{R_0} \\
R_0 &= \sqrt{x_0^2 + y_0^2 + z_0^2} = \sqrt{R_{0x}^2 + R_{0y}^2 + R_{0z}^2}
\end{aligned}\right\} \tag{12.14}$$

和

$$\begin{bmatrix} R_{0x} \\ R_{0y} \\ R_{0z} \end{bmatrix} = \begin{bmatrix} d_{11} & d_{21} & d_{31} \\ d_{12} & d_{22} & d_{32} \\ d_{13} & d_{23} & d_{33} \end{bmatrix} \begin{bmatrix} x_0 \\ y_0 \\ z_0 \end{bmatrix} \tag{12.15}$$

式中，x_0, y_0, z_0 为发射点地心矢径在地心大地直角坐标系中的坐标。

空间任一点的地心大地直角坐标、地心距离、地心经度和地心纬度表达式为

$$\begin{bmatrix} x_s \\ y_s \\ z_s \end{bmatrix} = \begin{bmatrix} d_{11} & d_{12} & d_{13} \\ d_{21} & d_{22} & d_{23} \\ d_{31} & d_{32} & d_{33} \end{bmatrix} \begin{bmatrix} x \\ y \\ z \end{bmatrix} + \begin{bmatrix} x_0 \\ y_0 \\ z_0 \end{bmatrix} \tag{12.16}$$

$$\left.\begin{aligned}
r &= \sqrt{x_s^2 + y_s^2 + z_s^2} \\
\lambda_s &= \frac{y_s}{|y_s|}\left(\frac{\pi}{2} - \arcsin \frac{x_s}{\sqrt{x_s^2 + y_s^2}}\right) \\
\varphi_s &= \arcsin \frac{z_s}{r}
\end{aligned}\right\} \tag{12.17}$$

式中

$$\left.\begin{aligned}
d_{11} &= -\sin\lambda_T \sin A_T - \cos\lambda_T \cos A_T \sin B_T \\
d_{12} &= \cos\lambda_T \cos B_T \\
d_{13} &= -\sin\lambda_T \cos A_T + \cos\lambda_T \sin A_T \sin B_T \\
d_{21} &= \cos\lambda_T \sin A_T - \sin\lambda_T \cos A_T \sin B_T \\
d_{22} &= \sin\lambda_T \cos B_T \\
d_{23} &= \cos\lambda_T \cos A_T + \sin\lambda_T \sin A_T \sin B_T \\
d_{31} &= \cos A_T \cos B_T \\
d_{32} &= \sin B_T \\
d_{33} &= -\sin A_T \cos B_T
\end{aligned}\right\} \tag{12.18}$$

式中，λ_T，B_T 及 A_T 分别为发射点天文经度、天文纬度和天文瞄准方位角。

地球为正常椭球体时其表面上任意点的地心距离表达式为

$$R=a(1-\tilde{\alpha})\sqrt{\frac{1}{\sin^2\varphi_s+(1-\tilde{\alpha})^2\cos^2\varphi_s}} \tag{12.19}$$

式中，$\tilde{\alpha}$ 为椭球体地球扁率。

2. 姿态控制方程

众所周知，火箭在理想条件下飞行时，其俯仰角 φ 基本上随飞行程序角 $\varphi_{cx}(t)$ 而变化，而且其纵对称面与射面基本相重合。如果火箭因外界干扰作用而偏离预定弹道，出现姿态角偏差 $\Delta\varphi=\tilde{\varphi}-\varphi_{cx}(t)$ 或 $\tilde{\psi}$，$\tilde{\gamma}$ 时，则控制系统将根据这些姿态角误差信号及时地使发动机摆动 δ_φ 或 δ_ψ，δ_γ，产生控制力和控制力矩，以纠正外界干扰引起的姿态角误差，确保火箭沿着预定弹道飞行。这就是火箭姿态控制的基本原理。

为实现这一基本原理，如果火箭在第一级采用姿态角和姿态角变化率控制方案，而在第二级采用纯姿态角加横法向导引控制方案，那么这类多级火箭因滚动运动很小而被略去时的姿态控制方程可表示为

$$\left.\begin{aligned}\delta_\varphi&=a_0^\varphi\Delta\varphi+m'\\ \delta_\psi&=a_0^\psi\tilde{\psi}+n'\end{aligned}\right\} \tag{12.20}$$

式中

$$\left.\begin{aligned}&\Delta\varphi=\tilde{\varphi}-\varphi_{cx}(t)\\ &\tilde{\varphi}=\arcsin(a'_{11}\sin\varphi-a'_{12}\cos\varphi)\\ &\tilde{\psi}=\arcsin(a'_{33}\sin\psi-a'_{31}\cos\varphi\cos\psi-a'_{32}\sin\varphi\cos\psi)\\ &m'=\begin{cases}g_z^\varphi\dot{W}_{y1} & (\text{一级})\\ K_{u0}^\varphi u_\varphi & (\text{二级})\end{cases}\\ &n'=\begin{cases}g_z^\psi\dot{W}_{z1} & (\text{一级})\\ K_{u0}^\psi u_\psi & (\text{二级})\end{cases}\end{aligned}\right\} \tag{12.21}$$

式中：u_φ，u_ψ 分别为法向、横向导引信号；$\dot{W}_{y1}$，$\dot{W}_{z1}$ 分别为法向、横向视加速度；K_{u0}^φ，K_{u0}^ψ 分别为法向、横向导引信号放大系数；g_z^φ，g_z^ψ 分别为法向、横向视加速度放大系数。

3. 联系方程

$$\left.\begin{aligned}&\varphi=\theta+\alpha\\ &\psi=\beta+\sigma\\ &\theta=\begin{cases}\arcsin\dfrac{V_y}{\sqrt{V_x^2+V_y^2}} & V_x\geqslant 0\\ -\left(\pi+\arcsin\dfrac{V_y}{\sqrt{V_x^2+V_y^2}}\right) & V_x<0\end{cases}\\ &\sigma=-\arcsin\frac{V_z}{V}\end{aligned}\right\} \tag{12.22}$$

4. 瞬时平衡方程

火箭垂直起飞几秒钟后，弹轴将根据飞行程序的要求，逐渐地进行倾斜转弯，但因这种转动进行得很慢，以致可假设为火箭在各瞬时的转动加速度 ω_1 和角加速度 $\dot{\omega}_1$ 均等于零。也就是说，火箭每时每刻均处于转动的"瞬时平衡"状态，因而作用于火箭上的外力矩矢量和为零。根据这一假设，则有

$$\begin{cases} I_{x_1}\dfrac{\mathrm{d}\omega_{x_1}}{\mathrm{d}t}=\sum M_{x_1}=0 \\ I_{y_1}\dfrac{\mathrm{d}\omega_{y_1}}{\mathrm{d}t}=0 \\ I_{z_1}\dfrac{\mathrm{d}\omega_{z_1}}{\mathrm{d}t}=0 \end{cases}$$

已知作用于火箭上的力矩有空气动力矩、控制力矩和阻尼力矩。由于火箭飞行中的转动角速度小,由此产生的气动阻尼力矩也不大,可以略去。若将控制力矩和空气动力矩的表达式代入上式,且略去滚动运动方程,则得“瞬时平衡”方程为

$$\begin{cases} -R'(x_{ry}-x_z)\delta_\varphi - C_n^\alpha qS_\mathrm{m}(x_y-x_z)\alpha=0 \\ -R'(x_{ry}-x_z)\delta_\psi - C_n^\alpha qS_\mathrm{m}(x_y-x_z)\beta=0 \end{cases}$$

上述方程的物理意义是,作用于火箭上的控制力矩与空气动力矩在其主动段的每一瞬时均处于平衡状态。也就是说,火箭在控制力矩和空气动力矩共同作用下的转动运动是瞬时完成的,而不考虑其转动的过程。这将使火箭绕质心的复杂转动问题,转化为较简单的静平衡问题。

将其姿态控制方程式(12.20)和几何联系方程式(12.22)代入上述“瞬时平衡”方程,经过整理,得火箭瞬时平衡时的冲角 α 及侧滑角 β 为

$$\left.\begin{aligned} &\alpha=A^\varphi\left[\varphi_{\mathrm{cx}}(t)-\omega_z t_\mathrm{s}-\theta-\frac{m'}{a_0^\varphi}\right] \\ &\beta=A^\psi\left[(\omega_x\sin\varphi-\omega_y\cos\varphi)t_\mathrm{s}-\sigma-\frac{n'}{a_0^\psi}\right] \\ &A^\varphi=A^\psi=\frac{a_0^\varphi R'(x_{ry}-x_z)}{a_0^\varphi R'(x_{ry}-x_z)+C_n^\alpha qS_m(x_y-x_z)} \end{aligned}\right\} \tag{12.23}$$

式中,t_s 为从火箭起飞起计算的时间。

5.发动机推力和推进剂秒流量计算式

$$\left.\begin{aligned} &P=P_0+S_a p_0\left(1-\frac{p}{p_0}\right)+\frac{\partial P}{\partial \dot G}(\delta\dot G_y+\delta\dot G_R) \quad (\text{一级主发动机}) \\ &P_z=P_{zz0}-S_{az}p_0\left(\frac{p}{p_0}\right)+\left(\frac{\partial P}{\partial \dot G}\right)(\delta\dot G_{yz}+\delta\dot G_{Rz}) \quad (\text{二级主发动机}) \\ &P_u=P_{uz0}-S_{au}p_0\left(\frac{p}{p_0}\right)+\left(\frac{\partial P}{\partial \dot G}\right)(\delta\dot G_{yu}+\delta\dot G_{Ru}) \quad (\text{二级游动发动机}) \\ &\dot G=\dot G_R+\dot G_y \\ &\dot G_R=\dot G_{R0}+\delta\dot G_R \\ &\dot G_y=\dot G_{y0}+\delta\dot G_R \\ &\delta\dot G_R=C_{11}\delta p_{0R}+C_{12}\delta p_{0y}+C_{14}\delta\gamma_R+C_{15}\delta\gamma_y \\ &\delta\dot G_y=C_{21}\delta p_{0R}+C_{22}\delta p_{0y}+C_{24}\delta\gamma_R+C_{25}\delta\gamma_y \\ &\delta p_{0R}=(p_R-p_{0R})+C_{41}n_x+C_{42} \\ &\delta p_{0y}=(p_y-p_{0y})+C_{51}n_x+C_{52} \\ &p_R=p_{Rz}+0.1\gamma_{R0}h_R n_x+C_{pR} \\ &p_y=p_{yz}+0.1\gamma_{y0}h_y n_x+C_{py} \\ &\delta\gamma_R=\gamma_R-\gamma_{R0} \\ &\delta\gamma_y=\gamma_y-\gamma_{y0} \end{aligned}\right\} \tag{12.24}$$

上述推进剂秒流量偏差计算式对一级、二级主发动机和游动发动机均适用。但由于一级

主发动机是由 4 台发动机并联组合而成的，而且推进剂供给系统相互独立，故计算一级推进剂秒流量偏差 $\delta\dot{G}_y$ 及 $\delta\dot{G}_R$ 时需在等式右端乘以 4。而对于二级游动发动机，虽亦为 4 台发动机并联组成，但其推进剂均用同一动力系统供给，故可直接按上述公式计算。

6. 其他弹道参数计算式

(1) 火箭质心相对地面的速度为

$$V=\sqrt{V_x^2+V_y^2+V_z^2} \tag{12.25}$$

(2) 火箭质心相对椭球面的高度为

$$h=r-R \tag{12.26}$$

(3) 火箭质心切向、法向和横向加速度为

$$\left.\begin{aligned}\dot{V}&=\frac{1}{V}(V_x\dot{V}_x+V_y\dot{V}_y+V_z\dot{V}_z)\\ V\dot{\theta}&=-\dot{V}_x\sin\theta+\dot{V}_y\cos\theta\\ V\dot{\sigma}&=-\dot{V}_z-\sigma\dot{V}\end{aligned}\right\} \tag{12.27}$$

(4) 当地弹道倾角 Θ 和航程角 f。火箭在任一位置时的速度与当地水平面的夹角，称为当地弹道倾角，用 Θ 表示。所谓当地水平面是指过火箭质心的地心矢径与地球表面的交点的切平面（见图 12-2）。

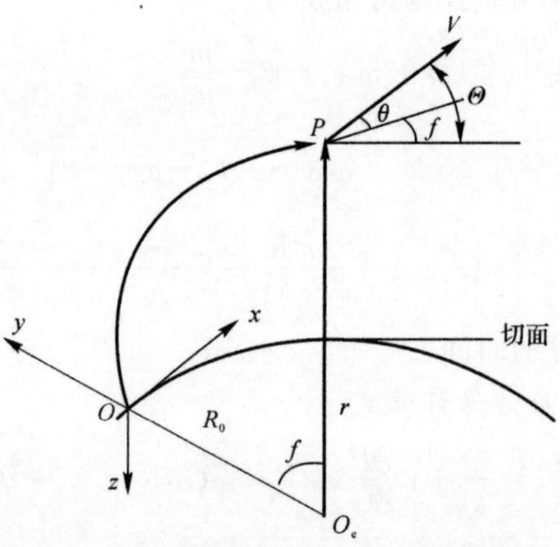

图 12-2　当地弹道倾角和航程角示意图

由矢量点积的定义和性质，有

$$\boldsymbol{r}\cdot\boldsymbol{V}=rV\sin\Theta$$

而

$$\begin{cases}\boldsymbol{r}=(x+R_{0x})\,\boldsymbol{x}^0+(y+R_{0y})\,\boldsymbol{y}^0+(z+R_{0z})\,\boldsymbol{z}^0\\ \boldsymbol{V}=V_x\,\boldsymbol{x}^0+V_y\,\boldsymbol{y}^0+V_z\,\boldsymbol{z}^0\end{cases}$$

因此

$$\sin\Theta=\frac{V_x(x+R_{0x})+V_y(y+R_{0y})+V_z(z+R_{0z})}{rV}$$

或

$$\Theta=\arcsin\frac{V_x(x+R_{0x})+V_y(y+R_{0y})+V_z(z+R_{0z})}{rV} \tag{12.28}$$

火箭任一位置的地心矢径与发射点地心矢径 $\boldsymbol{R}_0$ 间的夹角，称为航程角，用 f 表示。根据

图 12－2,采用与式(12.28) 相类似的推导方法,可得

$$f=\arccos\left(\frac{R_0}{r}+\frac{xR_{0x}+yR_{0y}+zR_{0z}}{rR_0}\right) \tag{12.29}$$

由图 12－2 也不难得关系式

$$\Theta=\theta+f \tag{12.30}$$

对式(12.30) 求导数得

$$\dot{\Theta}=\dot{\theta}+\dot{f}$$

由于

$$V\cos\Theta=r\dot{f}$$

所以

$$\left.\begin{aligned}\dot{f}&=\frac{V\cos\Theta}{r}\\ \dot{\Theta}&=\dot{\theta}+\frac{V\cos\Theta}{r}\end{aligned}\right\} \tag{12.31}$$

(5) 火箭射程为

$$L=\tilde{R}f \tag{12.32}$$

(6) 航偏角。发射点至火箭任一位置的矢径 $\boldsymbol{\rho}$ 在发射坐标系 Oxz 平面内的投影与 Ox 轴间的夹角,称为航偏角,以 ξ 表示。由图 12－3 可得

$$\tan\xi=\frac{z}{x}$$

即

$$\xi=\arctan\frac{z}{x} \tag{12.33}$$

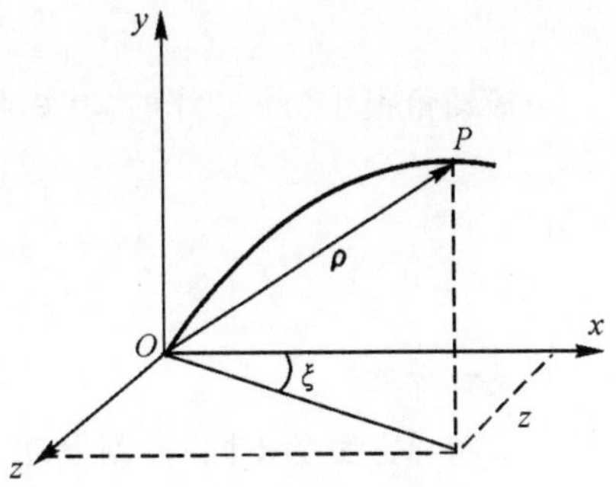

图 12－3　偏航角示意图

(7) 箭下点对应的大地纬度

$$B=\arctan(1.006\ 738\ 5\tan\varphi_s) \tag{12.34}$$

7. 视加速度、视速度及其积分

惯性坐标系中各坐标轴方向上的视加速度分量、视速度分量及其积分(省去上标“a”) 为

$$\begin{bmatrix}\dot{W}_x\\ \dot{W}_y\\ \dot{W}_z\end{bmatrix}=\boldsymbol{D}_{\mathrm{a}}^{\mathrm{g}}\cdot\boldsymbol{A}_{\mathrm{g}}^{\mathrm{b}}\begin{bmatrix}\dot{W}_{x1}\\ \dot{W}_{y1}\\ \dot{W}_{z1}\end{bmatrix} \tag{12.35}$$

$$\begin{bmatrix}\underset{\cdot}{\dot{W}}_x\\ \underset{\cdot}{\dot{W}}_y\\ \underset{\cdot}{\dot{W}}_z\end{bmatrix}=\begin{bmatrix}W_x\\ W_y\\ W_z\end{bmatrix} \tag{12.36}$$

$$\begin{bmatrix}\underset{\cdot\cdot}{\dot{W}}_x\\ \underset{\cdot\cdot}{\dot{W}}_y\\ \underset{\cdot\cdot}{\dot{W}}_z\end{bmatrix}=\begin{bmatrix}\underset{\cdot}{W}_x\\ \underset{\cdot}{W}_y\\ \underset{\cdot}{W}_z\end{bmatrix} \tag{12.37}$$

式中,$\boldsymbol{D}_{\mathrm{a}}^{\mathrm{g}}$ 中各矩阵元素为

$$
\left.\begin{aligned}
a'_{11} &= 1-\frac{1}{2}(\omega^2-\omega_x^2)t_s^2 \\
a'_{12} &= \frac{1}{2}\omega_x\omega_y t_s^2-\omega_z t_s \\
a'_{13} &= \frac{1}{2}\omega_x\omega_z t_s^2+\omega_y t_s \\
a'_{21} &= \frac{1}{2}\omega_x\omega_y t_s^2+\omega_z t_s \\
a'_{22} &= 1-\frac{1}{2}(\omega^2-\omega_y^2)t_s^2 \\
a'_{23} &= \frac{1}{2}\omega_y\omega_z t_s^2-\omega_x t_s \\
a'_{31} &= \frac{1}{2}\omega_x\omega_z t_s^2-\omega_y t_s \\
a'_{32} &= \frac{1}{2}\omega_y\omega_z t_s^2+\omega_x t_s \\
a'_{33} &= 1-\frac{1}{2}(\omega^2-\omega_z^2)t_s^2
\end{aligned}\right\}
\tag{12.38}
$$

当滚动角很小($\gamma \approx 0$)时,其矩阵 $\boldsymbol{A}_g^b$ 为

$$
\boldsymbol{A}_g^b=\begin{bmatrix}
\cos\varphi\cos\psi & -\sin\varphi & \cos\varphi\sin\psi \\
\sin\varphi\cos\psi & \cos\varphi & \sin\varphi\sin\psi \\
-\sin\psi & 0 & \cos\psi
\end{bmatrix}
\tag{12.39}
$$

8.关机方程

由于制导方案的不同,控制发动机关机的控制方程形式也不一样。例如,以视速度及其积分为参数的摄动射程关机方程为

$$
\left.\begin{aligned}
&W=\widetilde{W} \\
&W=k_1W_x+k_2W_y+k_3W_z+k_4\underset{\cdot}{W}_x+k_5\underset{\cdot}{W}_y+k_6\underset{\cdot}{W}_z-(b_x\underset{\cdot\cdot}{W}_x+b_y\underset{\cdot\cdot}{W}_y+b_z\underset{\cdot\cdot}{W}_z)+f(\Delta t) \\
&\widetilde{W}=k_1\widetilde{W}_x+k_2\widetilde{W}_y+k_3\widetilde{W}_z+k_4\underset{\cdot}{\widetilde{W}}_x+k_5\underset{\cdot}{\widetilde{W}}_y+k_6\underset{\cdot}{\widetilde{W}}_z-(b_x\underset{\cdot\cdot}{\widetilde{W}}_x+b_y\underset{\cdot\cdot}{\widetilde{W}}_y+b_z\underset{\cdot\cdot}{\widetilde{W}}_z)
\end{aligned}\right\}
\tag{12.40}
$$

式中:$\widetilde{W}$ 为标准关机装订量值(或关机特征值),预先给定且装订;W 为实际关机装订量值(或关机特征值),由箭载计算机实时进行计算;$k_j(j=1,\cdots,6)$,$b_i(i=x,y,z)$ 为关机方程系数,对于给定射程其值为常数;$f(\Delta t)$ 为引力补偿修正量,是时间的函数,在不同的飞行阶段,取不同的值。

综合上述各方程,便得发射坐标系内的多级主动段运动微分方程组。由于标准弹道方程组都是非线性变系数微分方程组,而且许多变系数值又不是以解析式的形式给出的,因此只能应用数值积分的方法求解数值解。此外,又因为弹道方程组十分庞杂,所以一般要借助电子计算机进行求解。

复习思考题12

1. 什么是多级火箭?
2. 研究多级火箭的意义何在?
3. 论述多级火箭的优缺点。
4. 多级火箭主动段运动方程组由哪些方程构成?
5. 推导多级火箭主动段运动方程。

附　录

附录 A　雷诺迁移定理

定理：连续运动的流体场中同一部分的流体质点上，标量或矢量点函数体积分的全导数和该点函数局部导数的体积之间有如下关系：

$$\frac{\mathrm{d}}{\mathrm{d}t}\int_V A\,\mathrm{d}V=\int_V \frac{\partial A}{\partial t}\mathrm{d}V+\int_S A(\boldsymbol{V}\cdot\boldsymbol{n})\mathrm{d}S$$

式中，A 为标量场或矢量场；V 为所研究部分流体的体积；S 为所研究部分流体的表面积；$\boldsymbol{V}$ 为表面 S 上流体质点的运动速度矢量；$\boldsymbol{n}$ 为表面 S 外法向的单位矢量。

证明：设点函数 A 是封闭界面 S 所包含同一部分流体且具有体积 V 内的位置和时间的函数：$A=A[t,r(t)]$，由于流体运动时，所研究的这一部分流体的位置和形状都在发生变化，则点函数 A 将相应变化。

根据导数定义，有

$$\frac{\mathrm{d}}{\mathrm{d}t}\int_V A\,\mathrm{d}V=\lim_{\Delta t\to 0}\frac{1}{\Delta t}\left\{\int_{V_0+V_2} A[t+\Delta t,r(t+\Delta t)]\mathrm{d}V-\int_{V_0+V_1} A[t,r(t)]\mathrm{d}V\right\} \tag{A.1}$$

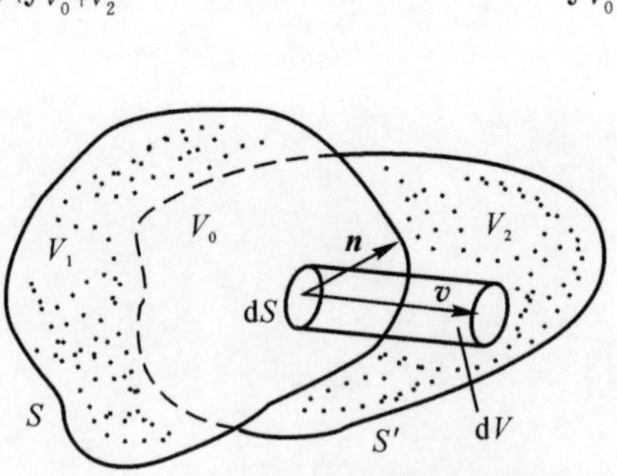

图 A.1　流体的控制面和控制体

由图 A.1 可见，流体体积 $V(t)$ 与 $V(t+\Delta t)$ 具有共同的部分 V_0，对于这部分体积面言，A 是同一坐标 r 的函数，则有

$$\lim_{\Delta t\to 0}\frac{1}{\Delta t}\int_{V_0}[A(t+\Delta t,r)]-A(t,r)]\mathrm{d}V=\int_V \frac{\partial A}{\partial t}\mathrm{d}V \tag{A.2}$$

式(A.1)可写为

$$\frac{\mathrm{d}}{\mathrm{d}t}\int_V A\,\mathrm{d}V=\int_V \frac{\partial A}{\partial t}\mathrm{d}V+\lim_{\Delta t\to 0}\left\{\int_{V_2} A[t+\Delta t,r(t+\Delta t)]\mathrm{d}V-\int_{V_1} A[t,r(t)]\mathrm{d}V\right\} \tag{A.3}$$

式(A.3)右端大括号一项实质上表示边界 S 上 A 值乘以界面上质点在时间间隔 Δt 内运动所扫过的体积，$\mathrm{d}V=\mathrm{d}S(\boldsymbol{V}\cdot\boldsymbol{n})\Delta t$，再沿界面 S 的面积分，故可写成

$$\frac{\mathrm{d}}{\mathrm{d}t}\int_V A\,\mathrm{d}V=\int_V \frac{\partial A}{\partial t}\mathrm{d}V+\int_S A(\boldsymbol{V}\cdot\boldsymbol{n})\mathrm{d}S \tag{A.4}$$

式(A.4)即为雷诺迁移定理。

由奥氏定理有

$$\int_S A(\boldsymbol{V}\cdot\boldsymbol{n})\mathrm{d}S=\int_V \mathrm{div}(A\boldsymbol{V})\mathrm{d}V \tag{A.5}$$

将式(A.5)代入式(A.4)，并根据 A 为标量或矢量时，可导得：

当 A 为标量时，有

$$\frac{\mathrm{d}}{\mathrm{d}t}\int_V A\,\mathrm{d}V=\int_V \left[\frac{\partial A}{\partial t}+\nabla\cdot(A\boldsymbol{V})\right]\mathrm{d}V \tag{A.6}$$

当 $\boldsymbol{A}$ 为矢量时，有

$$\frac{\mathrm{d}}{\mathrm{d}t}\int_V \boldsymbol{A}\,\mathrm{d}V=\int_V \left[\frac{\partial \boldsymbol{A}}{\partial t}+\boldsymbol{A}(\nabla\cdot\boldsymbol{V})+(\boldsymbol{V}\cdot\nabla)\boldsymbol{A}\right]\mathrm{d}V \tag{A.7}$$

式中，“∇”为哈密顿算子：

$$\nabla=\boldsymbol{i}\frac{\partial}{\partial x}+\boldsymbol{j}\frac{\partial}{\partial y}+\boldsymbol{k}\frac{\partial}{\partial z} \tag{A.8}$$

式(A.6)与式(A.7)即是 A 为标量或矢量的雷诺迁移定理，现就 A 为一定的物理量进行讨论。

1. 设 A 为流体密底 ρ，此为一标量场

由式(A.6)可知

$$\frac{\mathrm{d}}{\mathrm{d}t}\int_V \rho\,\mathrm{d}V=\int_V \left[\frac{\partial \rho}{\partial t}+\nabla\cdot(\rho\boldsymbol{V})\right]\mathrm{d}V \tag{A.9}$$

因研究的是同一部分流体，故质量不变，则有

$$\frac{\mathrm{d}}{\mathrm{d}t}\int_V \rho\,\mathrm{d}V=0$$

由式(A.9)，可得

$$\frac{\partial \rho}{\partial t}+\nabla\cdot(\rho\boldsymbol{V})=0$$

上式展开，则有

$$\frac{\partial \rho}{\partial t}+\frac{\partial \rho}{\partial x}v_x+\frac{\partial \rho}{\partial y}v_y+\frac{\partial \rho}{\partial z}v_z+\rho\left(\frac{\partial v_x}{\partial x}+\frac{\partial v_y}{\partial y}+\frac{\partial v_z}{\partial z}\right)=0$$

亦即

$$\frac{\partial \rho}{\partial t}+\rho(\nabla\cdot\boldsymbol{V})=0 \tag{A.10}$$

该式称为质量守恒方程，它表示流体流动时应遵循的连续性方程。

2. 设 $\boldsymbol{A}$ 为矢量函数，它是密度 ρ(标量)与矢量点函数 $\boldsymbol{H}$ 的乘积

$$\boldsymbol{A}=\rho\boldsymbol{H}$$

对于具有流动且形状(体积)固定，并且内部运动的流体，即有这类结果。设固定形状的体积为 V，基表面为 S，流体流经 S 时，相对于 S 的速度为 $\boldsymbol{V}_{\mathrm{rel}}$，流体的绝对速度为 $\boldsymbol{V}$，因此表面 S

的速度为

$$\boldsymbol{V}_S=\boldsymbol{V}-\boldsymbol{V}_{\rm rel} \tag{A.11}$$

则由式(A.4),可得

$$\frac{\mathrm{d}}{\mathrm{d}t}\int_V \rho\boldsymbol{H}\mathrm{d}V=\int_V \frac{\partial(\rho\boldsymbol{H})}{\partial t}\mathrm{d}V+\int_S \rho\boldsymbol{H}(\boldsymbol{V}_{\rm s}\cdot\boldsymbol{n})\mathrm{d}S$$

将式(A.11)代入上式,则有

$$\frac{\mathrm{d}}{\mathrm{d}t}\int_V \rho\boldsymbol{H}\mathrm{d}V=\int_V \frac{\partial(\rho\boldsymbol{H})}{\partial t}\mathrm{d}V+\int_S \rho\boldsymbol{H}(\boldsymbol{V}\cdot\boldsymbol{n})\mathrm{d}S-\int_S \rho\boldsymbol{H}(\boldsymbol{V}_{\rm rel}\cdot\boldsymbol{n})\mathrm{d}S$$

利用奥氏定理,将上式中右端的第一个面积分改成体积分后,则有

$$\frac{\mathrm{d}}{\mathrm{d}t}\int_V \rho\boldsymbol{H}\mathrm{d}V=\int_V \left[\frac{\partial(\rho\boldsymbol{H})}{\partial t}+\rho\boldsymbol{H}(\nabla\cdot\boldsymbol{V})+(\boldsymbol{V}\cdot\nabla)\rho\boldsymbol{H}\right]\mathrm{d}V-\int_S \rho\boldsymbol{H}(\boldsymbol{V}_{\rm rel}\cdot\boldsymbol{n})\mathrm{d}S \tag{A.12}$$

由于

$$\frac{\partial(\rho\boldsymbol{H})}{\partial t}+(\boldsymbol{V}\cdot\nabla)\rho\boldsymbol{H}=\frac{\mathrm{d}(\rho\boldsymbol{H})}{\mathrm{d}t}=\frac{\mathrm{d}\rho}{\mathrm{d}t}\boldsymbol{H}+\rho\frac{\mathrm{d}\boldsymbol{H}}{\mathrm{d}t}$$

将其代入式(A.12)并注意到质量守恒方程,最终可化成

$$\frac{\mathrm{d}}{\mathrm{d}t}\int_V \rho\boldsymbol{H}\mathrm{d}V=\int_V \frac{\mathrm{d}\boldsymbol{H}}{\mathrm{d}t}\rho\mathrm{d}V-\int_S \rho\boldsymbol{H}(\boldsymbol{V}_{\rm rel}\cdot\boldsymbol{n})\mathrm{d}S \tag{A.13}$$

应用时常以 $\delta/\delta t$ 代替 $\mathrm{d}/\mathrm{d}t$,以表示一旋转系统中的导数,同时考虑到 $\mathrm{d}m=\rho\mathrm{d}V$,则式(A.13)写成

$$\int_m \frac{\delta\boldsymbol{H}}{\delta t}\mathrm{d}m=\frac{\delta}{\delta t}\int_m \boldsymbol{H}\mathrm{d}m+\int_S \boldsymbol{H}(\rho\boldsymbol{V}_{\rm rel}\cdot\boldsymbol{n})\mathrm{d}S \tag{A.14}$$

附录 B 球面三角学

航天器飞行动力学的许多方程和公式的推导离不开球面三角学。这里简要地介绍球面三角形的定义,并且不加推导地列出球面三角学的基本公式。

通过球心的平面与圆球表面的相交线称为大圆。

三个大圆在圆球表面上构成的图形称为球面三角形。

球面三角形 ABC(见图 B.1)的角是相应的大圆平面 BOC,COA,AOB 之间的二面角,以大写字母 A,B,C 表示。

球面三角形的边是圆弧 BC,CA,AB 的长度。由于规定圆球的半径为单位长度,所以边就是该圆弧所对的中心角,以小写字母 a,b,c 表示。

根据球面三角形的特点,可分为以下 3 种类型:

球面斜三角形:有任意的边与角。虽然大多数球面几何关系在角度达 360°时仍成立,但一般限定边与角在0°~180°之间。

球面直角三角形:即球面三角形中至少有一个角为直角(与平面三角形不同,球面三角形中可以有 1 个、2 个或

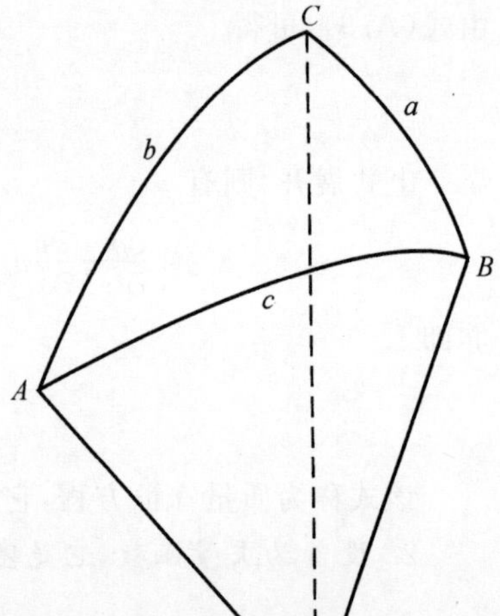

图 B.1 球面三角形

3个直角)。

球面象限三角形:至少有一边的弧长为90°。

1. 球面斜三角形

下述给出一组适合于任意球面三角形的基本法则。只要知道任意3个边和角,利用这些一般法则就可以写出其它要素的公式。以下公式对任意球面三角形都成立。

正弦定律:

$$\frac{\sin a}{\sin A}=\frac{\sin b}{\sin B}=\frac{\sin c}{\sin C}$$

边的余弦定律:

$$\cos a=\cos b\cos c+\sin b\sin c\cos A$$
$$\cos b=\cos c\cos a+\sin c\sin a\cos B$$
$$\cos c=\cos a\cos b+\sin a\sin b\cos C$$

角的余弦定律:

$$\cos A=-\cos B\cos C+\sin B\sin C\cos a$$
$$\cos B=-\cos C\cos A+\sin C\sin A\cos b$$
$$\cos C=-\cos A\cos B+\sin A\sin B\cos c$$

高斯公式:

$$\sin\frac{A-B}{2}=\frac{\sin\frac{a-b}{2}}{\sin\frac{c}{2}}\cos\frac{C}{2}$$

常用的导出公式:

$$c=\arctan(\tan b\cos A)\pm\arctan(\tan a\cos B)$$

$$C=\arctan\frac{1}{\tan A\cos b}\pm\arctan\frac{1}{\tan B\cos a}$$

2. 球面直角三角形

一旦给定除直角外的要素(边和角)中任意两个(包括余下的两个角),则球面三角形就完全确定。设 C 为直角。表B.1中“解法”一栏每个公式的右边一列表明解答所处的象限,譬如 $Q(A)=Q(a)$ 表明角 A 与边 a 同象限;而“两个可能解”表明两个象限值都能满足求解的要求。

表B.1　球面直角三角形解法

已知	解法	
a,b	$\cos c=\cos a\cos b$	$Q(c)=\{Q(a)Q(b)\}^{*}$
	$\tan A=\tan a/\sin b$	$Q(A)=Q(a)$
	$\tan B=\tan b/\sin a$	$Q(B)=Q(b)$
a,c	$\cos b=\cos c/\cos a$	$Q(b)=\{Q(a)/Q(c)\}^{**}$
	$\sin A=\sin a/\sin c$	$Q(A)=Q(a)$
	$\cos B=\tan a/\tan c$	$Q(B)=\{Q(a)/Q(c)\}^{**}$

续　表

已知	解法	
c,A	$\sin a=\sin c\sin A$	$Q(a)=Q(A)$
	$\tan b=\tan c\cos A$	$Q(b)=\{Q(A)/Q(c)\}^{**}$
	$\tan B=1/\cos c\tan A$	$Q(B)=\{Q(A)/Q(c)\}^{**}$
b,c	$\cos a=\cos c/\cos b$	$Q(a)=\{Q(b)/Q(c)\}^{**}$
	$\cos A=\tan b/\tan c$	$Q(A)=\{Q(b)/Q(c)\}^{**}$
	$\sin B=\sin b/\sin c$	$Q(B)=Q(b)$
a,A	$\sin b=\tan a/\tan A$	两个可能解
	$\sin c=\sin a/\sin A$	两个可能解
	$\sin B=\cos A/\cos a$	两个可能解
a,B	$\tan b=\sin a\tan B$	$Q(b)=Q(B)$
	$\tan c=\tan a/\cos B$	$Q(c)=\{Q(a)Q(B)\}^{*}$
	$\cos A=\cos a\sin B$	$Q(A)=Q(a)$
b,A	$\tan a=\sin b\tan A$	$Q(a)=Q(A)$
	$\tan c=\tan b/\cos A$	$Q(c)=\{Q(b)Q(A)\}^{*}$
	$\cos B=\cos b\sin A$	$Q(B)=Q(b)$
b,B	$\sin a=\tan b/\tan B$	两个可能解
	$\sin c=\sin b/\sin B$	两个可能解
	$\sin A=\cos B/\cos b$	两个可能解
c,B	$\sin b=\sin c\sin B$	$Q(b)=Q(B)$
	$\tan a=\tan c\cos B$	$Q(a)=\{Q(B)/Q(c)\}^{**}$
	$\tan A=1/\cos c\tan B$	$Q(A)=\{Q(B)/Q(c)\}^{**}$
A,B	$\cos a=\cos A/\sin B$	$Q(a)=Q(A)$
	$\cos b=\cos B/\sin A$	$Q(b)=Q(B)$
	$\cos c=1/\tan A\tan B$	$Q(c)=\{Q(A)Q(B)\}^{*}$

$$*\{Q(x)Q(y)\}=\begin{cases}\text{第一象限},Q(x)=Q(y)\\ \text{第二象限},Q(x)\neq Q(y)\end{cases};$$

$$**\{Q(x)/Q(c)\}=\begin{cases}\text{与 }x\text{ 同象限},c>90^\circ\\ \text{与 }x\text{ 反象限},c\leqslant 90^\circ\end{cases}$$

3. 球面象限三角形

与球面直角三角形一样，余下的 5 种要素中任意给定两个，则球面三角形就完全确定。

设 $c=90^\circ$。表 B. 2 中“求”一栏每个公式的右边一列表明解答所处的象限，譬如 $Q(A)=Q(a)$ 表明角 A 与边 a 同象限；而“两个可能解”表明两个象限值都能满足求解的要求。

表 B.2　球面象限三角形解法

已知	解法	
A,B	$\cos C=-\cos A\cos B$	$Q(C)=\{Q(A)Q(B)\}^{*}$
	$\tan a=\tan A/\sin B$	$Q(a)=Q(A)$
	$\tan b=\tan B/\sin A$	$Q(b)=Q(B)$
A,C	$\cos B=-\cos C/\cos A$	$Q(B)=\{Q(A)/Q(C)\}^{**}$
	$\sin a=\sin A/\sin C$	$Q(a)=Q(A)$
	$\cos b=-\tan A/\tan C$	$Q(b)=\{Q(A)/Q(C)\}^{**}$
B,C	$\cos A=-\cos C/\cos B$	$Q(A)=\{Q(B)/Q(C)\}^{**}$
	$\cos a=-\tan B/\tan C$	$Q(a)=\{Q(B)/Q(C)\}^{**}$
	$\sin b=\sin B/\sin C$	$Q(b)=Q(B)$
A,a	$\sin B=\tan A/\tan a$	两个可能解
	$\sin C=\sin A/\sin a$	两个可能解
	$\sin b=\cos a/\cos A$	两个可能解
A,b	$\tan B=\sin A\tan b$	$Q(B)=Q(b)$
	$\tan C=-\tan A/\cos b$	$Q(C)=\{Q(A)Q(b)\}^{*}$
	$\cos a=\cos A\sin b$	$Q(a)=Q(A)$
B,a	$\tan A=\sin B\tan a$	$Q(A)=Q(a)$
	$\tan C=-\tan B/\cos a$	$Q(C)=\{Q(B)Q(a)\}^{*}$
	$\cos b=\cos B\sin a$	$Q(b)=Q(B)$
B,b	$\sin A=\tan B/\tan b$	两个可能解
	$\sin C=\sin B/\sin b$	两个可能解
	$\sin a=\cos b/\cos B$	两个可能解
C,a	$\sin A=\sin C\sin a$	$Q(A)=Q(a)$
	$\tan B=-\tan C\cos a$	$Q(B)=\{Q(a)/Q(C)\}^{**}$
	$\tan b=-1/\cos C\tan a$	$Q(b)=\{Q(a)/Q(C)\}^{**}$
C,b	$\sin B=\sin C\sin b$	$Q(B)=Q(b)$
	$\tan A=-\tan C\cos b$	$Q(A)=\{Q(b)/Q(C)\}^{**}$
	$\tan a=-1/\cos C\tan b$	$Q(a)=\{Q(b)/Q(C)\}^{**}$
a,b	$\cos A=\cos a/\sin b$	$Q(A)=Q(a)$
	$\cos B=\cos b/\sin a$	$Q(B)=Q(b)$
	$\cos C=-1/\tan a\mathrm{tna} b$	$Q(C)=\{Q(a)Q(b)\}^{*}$

$*\{Q(x)Q(y)\}=\begin{cases}\text{第一象限}, Q(x)=Q(y)\\ \text{第二象限}, Q(x)\neq Q(y)\end{cases}$;

$**\{Q(x)/Q(C)\}=\begin{cases}\text{与 } x \text{ 同象限}, C>90^\circ\\ \text{与 } x \text{ 反象限}, C\leqslant 90^\circ\end{cases}$

参考文献

[1] 贾沛然,陈克俊,何力. 远程火箭弹道学[M]. 长沙:国防科技大学出版社,1993.

[2] 方群. 导弹飞行力学基础[M]. 西安:西北工业大学出版社, 1996.

[3] 任萱. 人造地球卫星轨道力学[M]. 长沙:国防科技大学出版社,1988.

[4] 王希季. 航天器进入与返回技术[M]. 北京:宇航出版社,1991.

[5] 肖业伦. 航天器飞行动力学原理[M]. 北京:宇航出版社,1995.

[6] 章仁为. 卫星轨道姿态动力学与控制[M].北京:北京航空航天大学出版社,1998.

[7] 曾颖超. 航天器飞行力学[M]. 西安:西北工业大学出版社,1993.

[8] 张毅,肖龙旭,王顺宏. 弹道导弹弹道学[M]. 长沙:国防科技大学出版社,2005.

[9] 王竹溪,郭敦仁. 特殊函数概论[M]. 北京:科学出版社,1963.

[10] 陈龙玄,高瑞. 现代工程数学手册[M]. 武汉:华中工学院出版社,1985.

[11] 刘德贵,费景高. 动力学系统数字仿真算法[M]. 北京:科学出版社,2000.

[12] 王志刚,施志佳. 远程火箭与卫星轨道力学基础[M]. 西安:西北工业大学出版社, 2005.

[13] WERTZ R, LARSON W J. 航天任务的分析与设计:下册[M]. 王长龙,张照炎,陈义庆,等译. 北京:航空工业出版社,1992.

[14] 方群,朱战霞,王志刚,等. 航天飞行动力学[M]. 西安:西北工业大学出版社,2015.